2019 年度

中国科技论文统计与分析

年度研究报告

中国科学技术信息研究所

科学技术文献出版社
SCIENTIFIC AND TECHNICAL DOCUMENTATION PRESS

·北京·

图书在版编目（CIP）数据

2019 年度中国科技论文统计与分析：年度研究报告 / 中国科学技术信息研究所著 . —北京：科学技术文献出版社，2021.9

ISBN 978-7-5189-7783-3

Ⅰ . ① 2… Ⅱ . ①中… Ⅲ . ①科学技术—论文—统计分析—研究报告—中国—2019 Ⅳ . ① N53

中国版本图书馆 CIP 数据核字（2021）第 061789 号

2019年度中国科技论文统计与分析（年度研究报告）

策划编辑：张 丹 责任编辑：张 丹 邱晓春 李 鑫 责任校对：文 浩 责任出版：张志平

出 版 者	科学技术文献出版社	
地　　　址	北京市复兴路15号　邮编　100038	
编 务 部	（010）58882938，58882087（传真）	
发 行 部	（010）58882868，58882870（传真）	
邮 购 部	（010）58882873	
官 方 网 址	www.stdp.com.cn	
发 行 者	科学技术文献出版社发行　全国各地新华书店经销	
印 刷 者	北京地大彩印有限公司	
版　　　次	2021 年 9 月第 1 版　2021 年 9 月第 1 次印刷	
开　　　本	787×1092　1/16	
字　　　数	523千	
印　　　张	23	
书　　　号	ISBN 978-7-5189-7783-3	
定　　　价	150.00元	

主　　编：

潘云涛　马　峥

编写人员（按姓氏笔画排序）：

马　峥　　王　璐　　王海燕　　田瑞强　　刘　琳

刘亚丽　许晓阳　杨　帅　　宋　扬　　李曼迪

张玉华　张贵兰　郑雯雯　　俞征鹿　　贾　佳

高继平　盖双双　焦一丹　　翟丽华　　潘　尧

潘云涛

目　录

1 绪论

"2019 年度中国科技论文统计与分析"项目现已完成，统计结果和简要分析分列于后。为使广大读者能更好地了解我们的工作，本章将对中国科技论文引文数据库（CSTPCD）的统计来源期刊（中国科技核心期刊）的选取原则、标准及调整做一简要介绍；对国际论文统计选用的国际检索系统（包括 SCI、Ei、Scopus、CPCI–S、SSCI、MEDLINE 和 Derwent 专利数据库等）的统计标准和口径、论文的归属统计方式和学科的设定等方面做出必要的说明。自 1987 年以来连续出版的《中国科技论文统计与分析(年度研究报告）》和《中国科技期刊引证报告（核心版）》，是中国科技论文统计分析工作的主要成果，受到广大科研人员、科研管理人员和期刊编辑人员的关注和欢迎。我们热切希望大家对论文统计分析工作继续给予支持和帮助。

1.1 关于统计源

1.1.1 国内科技论文统计源

国内科技论文的统计分析是使用中国科学技术信息研究所自行研制的中国科技论文与引文数据库（CSTPCD），该数据库选用中国各领域能反映学科发展的重要期刊和高影响期刊作为"中国科技核心期刊"（中国科技论文统计源期刊）。来源期刊的语种分布包括中文和英文，学科分布范围覆盖全部自然科学领域和社会科学领域，少量交叉学科领域的期刊同时分别列入自然科学领域和社会科学领域。中国科技核心期刊遴选过程和遴选程序在中国科学技术信息研究所网站进行公布。每年公开出版的《中国科技期刊引证报告（核心版）》和《中国科技论文统计和分析（年度研究报告）》公布期刊的各项指标和相关统计分析数据结果。此项工作不向期刊编辑部收取任何费用。

中国科技核心期刊的选择过程和选取原则如下：

一、遴选原则

按照公开、公平、公正的原则，采取以定量评估数据为主、专家定性评估为辅的方法，开展中国科技核心期刊遴选工作。遴选结果通过网上发布和正式出版《中国科技期刊引证报告（核心版）》两种方式向社会公布。

参加中国科技核心期刊遴选的期刊须具备下述条件：

①有国内统一刊号（CN ××–××××/×××），且已经完整出版 2 卷（年）；

②属于学术和技术类科技期刊，科普、编译、检索和指导等类期刊不列入核心期刊遴选范围；

③报道内容以科学发现和技术创新成果为主，刊载文献类型属于原创性科技论文。

二、遴选程序

中国科技核心期刊每年评估一次。评估工作在每年的 3—9 月进行。

1. 样刊报送

期刊编辑部在正式参加评估的前一年，须在每期期刊出刊后，将样刊寄到中国科技信息研究所科技论文统计组。这项工作用来测度期刊出版是否按照出版计划定期定时，是否有延期出版的情况。

2. 申请

一般情况下，期刊编辑出版单位须在每年 3 月 1 日前，通过中国科技核心期刊网上申报系统（https：//cjcr-review.istic.ac.cn/）在线完成提交申请，并下载申请书电子版。申请书打印盖章后，附上一年度出版的样刊，寄送到中国科学技术信息研究所。申报项目主要包括如下几项。

（1）总体情况

包括期刊的办刊宗旨、目标、主管单位、主办单位、期刊沿革、期刊定位、所属学科、期刊在学科中的作用、期刊特色、同类期刊的比较、办刊单位背景、单位支持情况、主编及主创人员情况。

（2）审稿情况

包括期刊的投稿和编辑审稿流程，是否有严谨的同行评议制度。编辑部需提供审稿单的复印件，举例说明本期刊的审稿流程，并提供主要审稿人名单。

（3）编委会情况

包括编委会的人员名单、组成，编委情况，编委责任。

（4）其他材料

包括体现期刊质量和影响的各种补充材料，如期刊获奖情况、各级主管部门（学会）的评审或推荐材料、被各重要数据库收录情况。

3. 定量数据采集与评估

①中国科学技术信息研究所制定中国科技期刊综合评价指标体系，用于中国科技核心期刊遴选评估。中国科技期刊综合评价指标体系对外公布。

②中国科学技术信息研究所科技论文统计组按照中国科技期刊综合评价指标体系，采集当年申报的期刊各项指标数据，进行数据统计和各项指标计算，并在期刊所属的学科内进行比较，确定各学科均线和入选标准。

4. 专家评审

①定性评价分为专家函审和终审两种形式。

②对于所选指标加权评分数排在本学科前 1/3 的期刊，免于专家函审，直接进入年度入选候选期刊名单；定量指标在均线以上的或新创刊五年以内的新办期刊，需要通过

专家函审才能入选候选期刊名单。

③对于需函审的期刊，邀请多位学科专家对期刊进行函审。其中有 2/3 以上函审专家同意，则视为该期刊通过专家函审。

④由中国科学技术信息研究所成立的专家评审委员会对年度入选候选期刊名单进行审查，采用票决制确定年度入选中国科技核心期刊名单。

三、退出机制

中国科技核心期刊制订了退出机制。指标表现反映出严重问题或质量和影响持续下降的期刊将退出中国科技核心期刊。存在违反出版管理各项规定、存在学术诚信和出版道德问题的期刊也将退出中国科技核心期刊。对指标表现反映出存在问题趋向的期刊采取两步处理：首先采用预警信方式向期刊编辑出版单位通报情况，进行提示和沟通；若预警后仍没有明显改进，则将退出中国科技核心期刊。

1.1.2 国际科技论文统计源

考虑到论文统计的连续性，2019 年度的国际论文数据仍采集自 SCI、Ei、CPCI-S、SSCI、Medline 和 Scopus 等论文检索系统和 Derwent 专利数据库等。

SCI 是 Science Citation Index 的缩写，由美国科学情报所（ISI，现并入科睿唯安公司）创制。SCI 不仅是功能较为齐全的检索系统，同时也是文献计量学研究和应用的科学评估工具。

要说明的是，本报告所列出的"中国论文数"同时存在 2 个统计口径：在比较各国论文数排名时，统计中国论文数包括中国作为第一作者和非第一作者参与发表的论文，这与其他各个国家论文数的统计口径是一致的；在涉及中国具体学科、地区等统计结果时，统计范围只是中国内地作者为论文第一作者的论文。本报告附表中所列的各系列单位排名是按第一作者论文数作为依据排出的。在很多高校和研究机构的配合下，对于 SCI 数据加工过程中出现的各类标识错误，我们尽可能地做了更正。

Ei 是 Engineering Index 的缩写，创办于 1884 年，已有 100 多年的历史，是世界著名的工程技术领域的综合性检索工具。主要收集工程和应用科学领域 5000 余种期刊、会议论文和技术报告的文献，数据来自 50 多个国家和地区，语种达 10 余个，主要涵盖的学科有：化工、机械、土木工程、电子电工、材料、生物工程等。

我们以 Ei Compendex 核心部分的期刊论文作为统计来源。在我们的统计系统中，由于有关国际会议的论文已在我们所采用的另一专门收录国际会议论文的统计源 CPCI-S 中得以表现，故在作为地区、学科和机构统计用的 Ei 论文数据中，已剔除了会议论文的数据，仅包括期刊论文，而且仅选择核心期刊采集出的数据。

CPCI-S（Conference Proceedings Citation Index-Science）目前是科睿唯安公司的产品，从 2008 年开始代替 ISTP（Index to Scientific and Technical Proceeding）。在世界每年召开的上万个重要国际会议中，该系统收录了 70% ～ 90% 的会议文献，汇集了自然科学、农业科学、医学和工程技术领域的会议文献。在科研产出中，科技会议文献是对期刊文献的重要补充，所反映的是学科前沿性、迅速发展学科的研究成果，一些新的创新思想和概念往往先于期刊出现在会议文献中，从会议文献可以了解最新概念的出现和发展，并可掌握某一学科最新的研究动态和趋势。

SSCI（Social Science Citation Index）是科睿唯安编制的反映社会科学研究成果的大型综合检索系统，已收录了社会科学领域期刊 3000 多种，另对约 1400 种与社会科学交叉的自然科学期刊中的论文予以选择性收录。其覆盖的领域涉及人类学、社会学、教育、经济、心理学、图书情报、语言学、法学、城市研究、管理、国际关系、健康等 55 个学科门类。通过对该系统所收录的中国论文的统计和分析研究，可以从一个方面了解中国社会科学研究成果的国际影响和国际地位。为了帮助广大社会科学工作者与国际同行交流与沟通，也为促进中国社会科学及与之交叉的学科的发展，从 2005 年开始，我们对 SSCI 收录的中国论文情况做出统计和简要分析。

Medline（美国《医学索引》）创刊于 1879 年，由美国国立医学图书馆（National Library of Medicine）编辑出版，收集世界 70 多个国家和地区、40 多种文字、4800 种生物医学及相关学科期刊，是当今世界较权威的生物医学文献检索系统，收录文献反映了全球生物医学领域较高水平的研究成果，该系统还有较为严格的选刊程序和标准。从 2006 年度起，我们就已利用该系统对中国的生物医学领域的成果进行统计和分析。

Scopus 数据库是 Elsevier 公司研制的大型文摘和引文数据库，收录全世界范围内经过同行评议的学术期刊、书籍和会议录等类型的文献内容，其中包括丰富的非英语发表的文献内容。Scopus 覆盖的领域包括科学、技术、医学、社会科学、艺术与人文等领域。

对 SCI、Medline、CPCI-S、Scopus 系统采集的数据时间按照出版年度统计；Ei 系统采用的是按照收录时间统计，即统计范围是在当年被数据库系统收录的期刊文献。其中基于 WoS 平台的 SCI、CPCI-S 数据库从 2020 年开始对"出版年度"的定义将有所调整，将扩大至涵盖实际出版的年度和在线预出版的年度，意味着统计时间范围相对往年会有一定程度扩大。

1.2 论文的选取原则

在对 SCI、Ei、CPCI-S 和 Scopus 收录的论文进行统计时，为了能与国际做比较，选用第一作者单位属于中国的文献作为统计源。在 SCI 数据库中，涉及的文献类型包括 Article、Review、Letter、News、Meeting Abstracts、Correction、Editorial Material、Book Review、Biographical-Item 等。从 2009 年度起选择其中部分主要反映科研活动成果的文献类型作为论文统计的范围。初期是以 Article、Review、Letter 和 Editorial Material 4 类文献作论文来统计 SCI 收录的文献，近年来，中国作者在国际期刊中发表的文献数量越来越多，为了鼓励和引导科技工作者们发表内容比较翔实的文献，而且便于和国际检索系统的统计指标相比较，选取范围又进一步调整。目前，SCI 论文的统计和机构排名中，我们仅选 Article、Review 两类文献作为进行各单位论文数的统计依据。这两类文献报道的内容详尽，叙述完整，著录项目齐全。

在统计国内论文的文献时，也参考了 SCI 的选用范围，对选取的论文做了如下的限定：

①论著：记载科学发现和技术创新的学术研究成果；

②综述和评论：评论性文章、研究述评；

③一般论文和研究快报：短篇论文、研究快报、文献综述、文献复习；

④工业工程设计：设计方案、工业或建筑规划、工程设计。

在中国科技核心期刊上发表研究材料和标准文献、交流材料、书评、社论、消息动态、译文、文摘和其他文献不计入论文统计范围。

1.3 论文的归属（按第一作者的第一单位归属）

作者发表论文时的署名不仅是作者的权益和学术荣誉，更重要的是还要承担一定的社会和学术责任。按国际文献计量学研究的通行做法，论文的归属按第一作者所在的地区和单位确定，所以中国的论文数量是按论文第一作者属于中国大陆的数量而定的。例如，一位外国研究人员所从事的研究工作的条件由中国提供，成果公布时以中国单位的名义发表，则论文的归属应划作中国，反之亦然。若出现第一作者标注了多个不同单位的情况，按作者署名的第一单位统计。

为了尽可能全面统计出各高等院校、研究院（所）、医疗机构和公司企业的论文产出量，我们尽量将各类实验室所产出论文归到其所属的机构进行统计。经教育部正式批准合并的高等院校，我们也随之将原各校的论文进行了合并。由于部分高等学校改变了所属关系，进行了多次更名和合并，使高等学校论文数的统计和排名可能会有微小差异，敬请谅解。

1.4 论文和期刊的学科确定

论文统计学科的确定依据是国家技术监督局颁布的 GB/T 13745—2009《学科分类与代码》，在具体进行分类时，一般是依据参考论文所载期刊的学科类别和每篇论文的内容。由于学科交叉和细分，论文的学科分类问题十分复杂，现暂仅分类至一级学科，共划分了 39 个自然科学学科类别，且是按主分类划分。一篇文献只作一次分类。在对 SCI 文献进行分类时，我们主要依据 SCI 划分的主题学科进行归并，综合类学术期刊中的论文分类将参看内容进行。Ei、Scopus 的学科分类参考了检索系统标引的分类代码。

通过文献计量指标对期刊进行评估，很重要的一点是要分学科进行。目前，我们对期刊学科的划分大部分仅分到一级学科，主要是依据各期刊编辑部在申请办刊时选定，但有部分期刊，由于刊载的文献内容并未按最初的规定刊发文章，出现了一些与刊名及办刊宗旨不符的内容，使期刊的分类不够准确。而对一些期刊数量（种类）较多的学科，如医药、地学类，我们对期刊又做了二级学科细分。

1.5 关于中国期刊的评估

科技期刊是反映科学技术产出水平的窗口之一，一个国家科技水平的高低可通过期刊的状况得以反映。从论文统计工作开始之初，我们就对中国科技期刊的编辑状况和质量水平十分关注。1990 年，我们首次对 1227 种统计源期刊的 7 项指标做了编辑状况统计分析，统计结果为我们调整统计源期刊提供了编辑规范程度的依据。1994 年，我们开始了国内期刊论文的引文统计分析工作，为期刊的学术水平评价建立了引文数据库，从 1997 年开始，编辑出版《中国科技期刊引证报告》，对期刊的评价设立了多项指标。为使各期刊编辑部能更多地获取科学指标信息，在基本保持了上一年所设立的评价指标的基础上，常用指标的数量保持不减，并根据要求和变化增加一些指标。主要指标的定义如下。

（1）核心总被引次数

期刊自创刊以来所登载的全部论文在统计当年被引用的总次数，可以显示该期刊被使用和受重视的程度，以及在科学交流中的绝对影响力的大小。

（2）核心影响因子

期刊评价前两年发表论文的篇均被引用的次数，用于测度期刊学术影响力。

（3）核心即年指标

期刊当年发表的论文在当年被引用的情况，表征期刊即时反应速率的指标。

（4）核心他引率

期刊总被引次数中，被其他期刊引用次数所占的比例，测度期刊学术传播能力。

（5）核心引用刊数

引用被评价期刊的期刊数，反映被评价期刊被使用的范围。

（6）核心开放因子

期刊被引次数的一半所分布的最小施引期刊数量，体现学术影响的集中度。

（7）核心扩散因子

期刊当年每被引 100 次所涉及的期刊数，测度期刊学术传播范围。

（8）学科扩散指标

在统计源期刊范围内，引用该刊的期刊数量与其所在学科全部期刊数量之比。

（9）学科影响指标

期刊所在学科内，引用该刊的期刊数占全部期刊数量的比例。

（10）核心被引半衰期

该期刊在统计当年被引用的全部次数中，较新一半是在多长一段时间内发表的。被引半衰期是测度期刊老化速度的一种指标，通常不是针对个别文献或某一组文献，而是对某一学科或专业领域的文献总和而言。

（11）权威因子

利用 PageRank 算法计算出来的来源期刊在统计当年的 PageRank 值。与其他单纯计算被引次数的指标不同的是，权威因子考虑了不同引用之间的重要性区别，重要的引用被赋予更高的权值，因此能更好地反映期刊的权威性。

（12）来源文献量

符合统计来源论文选取原则的文献的数量。在期刊发表的全部内容中，只有报道科学发现和技术创新成果的学术技术类文献可以作为中国科技论文统计工作的数据来源。

（13）文献选出率

来源文献量与期刊全年发表的所有文献总量之比，用于反映期刊发表内容中，报道学术技术类成果的比例。

（14）AR 论文量

期刊所发表的文献中，文献类型为 Article 和 Review 的论文数量，用于反映期刊发表的内容中学术性成果的数量。

（15）论文所引用的全部参考文献数

是衡量该期刊科学交流程度和吸收外部信息能力的一个指标。

（16）平均引文数

指来源期刊每一篇论文平均引用的参考文献数。

（17）平均作者数

来源期刊每一篇论文平均拥有的作者数，是衡量该期刊科学生产能力的一个指标。

（18）地区分布数

来源期刊登载论文所涉及的地区数，按全国 31 个省、自治区和直辖市计（不含港澳台）。这是衡量期刊论文覆盖面和全国影响力大小的一个指标。

（19）机构分布数

来源期刊论文的作者所涉及的机构数，是衡量期刊科学生产能力的另一个指标。

（20）海外论文比

来源期刊中，海外作者发表论文数量占全部论文数量的比例，是衡量期刊国际交流程度的一个指标。

（21）基金论文比

来源期刊中，国家级、省部级以上及其他各类重要基金资助的论文数量占全部论文数量的比例，是衡量期刊论文学术质量的重要指标。

（22）引用半衰期

该期刊引用的全部参考文献中，较新一半是在多长一段时间内发表的。通过这个指标可以反映出作者利用文献的新颖度。

（23）离均差率

期刊的某项指标与其所在学科的平均值之间的差距与平均值的比例。通过这项指标可以反映期刊的单项指标在学科内的相对位置。

（24）红点指标

该期刊发表的论文中，关键词与其所在学科排名前 1% 的高频关键词重合的论文所占的比例。通过这个指标可以反映出期刊论文与学科研究热点的重合度，从内容层面对期刊的质量和影响潜力进行预先评估。

（25）综合评价总分

根据中国科技期刊综合评价指标体系，计算多项科学计量指标，采用层次分析法确定重要指标的权重，分学科对每种期刊进行综合评定，计算出每个期刊的综合评价总分。

期刊的引证情况每年会有变化，为了动态表达各期刊的引证情况，《中国科技期刊引证报告》将每年公布，以提供一个客观分析工具，促进中国期刊更好的发展。在此需强调的是，期刊计量指标只是评价期刊的一个重要方面，对期刊的评估应是一个综合的工程。因此，在使用各计量指标时应慎重对待。

1.6 关于科技论文的评估

随着中国科技投入的加大，中国论文数越来越多，但学术水平参差不齐，为了促进中国高影响高质量科技论文的发表，进一步提高中国的国际科技影响力，我们需要做一些评估，以引领优秀论文的出现。

基于研究水平和写作能力的差异，科技论文的质量水平也是不同的。根据多年来对科技论文的统计和分析，中国科学技术信息研究所提出一些评估论文质量的文献计量指标，供读者参考和讨论。这里所说的"评估"是"外部评估"，即文献计量人员或科技管理人员对论文的外在指标的评估，不同于同行专家对论文学术水平的评估。

这里提出的仅是对期刊论文的评估指标，随着统计工作的深入和指标的完善，所用指标会有所调整。

（1）论文的类型

作为信息交流的文献类型是多种多样的，但不同类型的文献，其反映内容的全面性、文献著录的详尽情况是不同的。一般来说，各类文献检索系统依据自身的情况和检索系统的作用，收录的文献类型也是不同的。目前，我们在统计 SCI 论文时将文献类型是 Article 和 Review 的作为论文统计；统计 Ei 论文时将文献类型是 Journal Article（JA）的作为论文统计；在统计中国科技论文引文数据库（CSTPCD）时将论著、研究型综述、一般论文、工业工程设计类型的文献作为论文统计。

（2）论文发表的期刊影响

在评定期刊的指标中，较能反映期刊影响的指标是期刊的总被引次数和影响因子。我们通常说的影响因子是指期刊的影响情况，是表示期刊中所有文献被引次数的平均值，即篇均被引次数，并不是指哪一篇文献的被引用数值。影响因子的大小受多个因素的制约，关键是刊发的文献的水平和质量。一般来说，在高影响因子期刊中能发表的文献都应具备一定的水平，发表的难度也较大。影响因子的相关因素较多，一定要慎用，而且要分学科使用。

（3）文献发表的期刊的国际显示度

期刊被国际检索系统收录的情况及主编和编辑部的国际影响。

（4）论文的基金资助情况（评估论文的创新性）

一般来说，申请科研基金的条件之一是项目具有创新性，或成果具有明显的应用价值。特别是一些经过跨国合作、受多项资助产生的研究成果的科技论文更具重要意义。

（5）论文合著情况

合作（国际、国内合作）研究是增强研究力量、互补优势的方式，特别是一些重大研究项目，单靠一个单位，甚至一个国家的科技力量都难以完成。因此，合作研究也是一种趋势，这种合作研究的成果产生的论文显然是重要的。特别是要关注以中国为主的国际合作产生的成果。

（6）论文的即年被引用情况

论文被他人引用数量的多少是表明论文影响力的重要指标。论文发表后什么时候能被引用、被引数多少等因素与论文所属的学科密切相关。论文发表后能在较短时间内被引用，反映这类论文的研究项目往往是热点，是科学界本领域非常关注的问题，这类论文是值得重视的。

（7）论文的合作者数

论文的合作者数可以反映项目的研究力量和强度。一般来说，研究作者多的项目研究强度高，产生的论文影响力，可按研究合作者数大于、等于和低于该学科平均作者数统计分析。

（8）论文的参考文献数

论文的参考文献数是该论文吸收外部信息能力的重要依据，也是显示论文质量的指标。

（9）论文的下载率和获奖情况

可作为评价论文的实际应用价值及社会与经济效益的指标。

（10）发表于世界著名期刊的论文

世界著名期刊往往具有较大的影响力，世界上较多的原创论文都首发于这些期刊中，这类期刊中发表的文献其被引用率也较高。尽管在此类期刊中发表文献的难度也大，但世界各国的学者们还是很倾向于在此类刊物中发表文献以显示其成就，实现和世界同行的广泛交流。

（11）作者的贡献

在论文的署名中，作者的排序（署名位置）一般情况可作为作者对本篇论文贡献大小的评估指标。

　　根据以上的指标，课题组在咨询部分专家的基础上，选择了论文发表期刊的学术影响位置、论文的原创性、世界著名期刊中发表的论文情况、论文即年被引情况、论文的参考文献数及论文的国际合作情况等指标，对 SCI 收录的论文做了综合评定，选出了百篇国际高影响力的优秀论文。对 CSTPCD 中高被引的论文进行了评定，也选出了百篇国内高影响力的优秀论文。

2 中国国际科技论文数量总体情况分析

2.1 引言

科技论文作为科技活动产出的一种重要形式，从一个侧面反映了一个国家基础研究、应用研究等方面的情况，在一定程度上反映了一个国家的科技水平和国际竞争力水平。本章利用 SCI、Ei 和 CPCI–S 三大国际检索系统数据，结合 ESI（Essential Science Indicators，基本科学指标数据库）的数据，对中国论文数和被引用情况进行统计，分析中国科技论文在世界所占的份额及位置，对中国科技论文的发展状况做出评估。

2.2 数据与方法

SCI、CPCI–S、ESI 的数据取自科睿唯安的 Web of Knowledge 平台，Ei 数据取自 Engineering Village 平台。

2.3 研究分析与结论

2.3.1 SCI 收录中国科技论文情况

2019 年，SCI 数据库世界科技论文总数为 229.28 万篇，比 2018 年增加了 10.8%。2019 年收录中国科技论文为 49.59 万篇，连续第 11 年排在世界第 2 位（如表 2-1 所示），占世界科技论文总数的 21.6%，所占份额提升了 1.4 个百分点。排在世界前 5 位的分别是美国、中国、英国、德国和日本。排在第 1 位的美国，其论文数量为 58.61 万篇，是中国的 1.2 倍，占世界份额的 25.6%。

中国作为第一作者共计发表 45.02 万篇论文，比 2018 年增加 19.6%，占世界总数的 19.6%。如按此论文数排序，中国也排在世界第 2 位，仅次于美国。

表 2-1 SCI 收录的中国科技论文数量世界排名变化

年份	2010	2011	2012	2013	2014	2015	2016	2017	2018	2019
世界排名	2	2	2	2	2	2	2	2	2	2

2.3.2 Ei 收录中国科技论文情况

2019 年，Ei 数据库收录世界科技论文总数为 80.01 万篇，比 2018 年增长 6.8%。

Ei 收录中国科技论文总数为 28.76 万篇，比 2018 年增长 7.4%，占世界科技论文总数的 35.9%，所占份额增加 0.1 个百分点，排在世界第 1 位。排在世界前 5 位的国家分别是中国、美国、印度、德国和英国。

Ei 收录的第一作者为中国的科技论文共计 27.15 万篇，比 2018 年增长了 7.6%，占世界科技论文总数的 33.9%，较 2018 年度增长了 0.6 个百分点。

2.3.3　CPCI-S 收录中国科技会议论文情况

2019 年，CPCI-S 收录世界重要会议论文为 47.66 万篇，比 2018 年减少了 4.8%。CPCI-S 共收录了中国科技会议论文 5.85 万篇，比 2018 年减少了 14.5%，占世界科技会议论文总数的 13.2%，排在世界第 2 位。排在世界前 5 位的国家分别是美国、中国、英国、德国和日本。CPCI-S 收录的美国科技会议论文 15.28 万篇，占世界科技会议论文总数的 32.1%。

CPCI-S 收录第一作者单位为中国的科技会议论文共计 5.12 万篇。2019 年中国科技人员共参加了在 120 个国家（地区）召开的 2120 个国际会议。

2019 年中国科技人员发表国际会议论文数最多的 10 个学科分别为：电子、通信与自动控制，临床医学，计算技术，物理学，基础医学，能源科学技术，地学，材料科学，化学和机械工程学。

2.3.4　SCI、Ei 和 CPCI-S 收录中国科技论文情况

2019 年，SCI、Ei 和 CPCI-S 三系统共收录中国科技人员发表的科技论文 842023 篇，比 2018 年增加了 88980 篇，增长 11.8%。中国科技论文数占世界科技论文总数的 23.6%，比 2018 年的 22.7% 增加了 0.9 个百分点。由表 2-2 看，近几年，中国科技论文数占世界论文数的比例一直保持上升态势。

表 2-2　2009—2019 年三系统收录中国科技论文数及其在世界排名

年份	论文篇数	比上年增加篇数	增长率	占世界比例	世界排名
2009	280158	9280	3.4%	12.3%	2
2010	300923	20765	7.4%	13.7%	2
2011	345995	45072	15.0%	15.1%	2
2012	394661	48666	14.1%	16.5%	2
2013	464259	69598	17.6%	17.3%	2
2014	494078	29819	6.4%	18.4%	2
2015	586326	92248	18.7%	19.8%	2
2016	628920	42594	7.3%	20.0%	2
2017	662831	33911	5.4%	21.2%	2
2018	753043	90212	13.6%	22.7%	2
2019	842023	88980	11.8%	23.6%	2

由表 2-3 看，近 5 年，中国论文数排名一直稳定在世界第 2 位，排在美国之后。2019 年排名居前 6 位的国家分别为美国、中国、英国、德国、日本和印度。2015—2019 年，中国科技论文的年均增长率达 11.1%，与其他几个国家相比，中国科技论文年均增长率排名居第 1 位，印度科技论文年均增长率排名居第 2 位，达到 6.3%，日本科技论文年均增长率最小，只有 1.8%。

表 2-3　2015—2019 年三系统收录的部分国家科技论文数增长情况

国家	2015 年		2016 年		2017 年		2018 年		2019 年		年均增长率	2019 年占世界总数比例
	排名	论文篇数	排名	论文篇数	排名	论文篇数	排名	论文篇数	排名	论文篇数		
美国	1	721792	1	762105	1	780040	1	831413	1	877664	5.0%	24.6%
中国	2	586326	2	628920	2	662831	2	753043	2	842023	9.5%	23.6%
英国	3	208118	3	213990	3	215762	3	236902	3	252298	4.9%	7.1%
德国	4	191949	4	197212	4	194081	4	202673	4	214675	2.8%	6.0%
日本	5	152456	5	156038	5	154295	5	160775	5	163691	1.8%	4.6%
印度	7	126174	6	139813	6	137890	6	147971	6	161122	6.3%	4.5%
意大利	8	125880	8	128539	8	125374	8	132332	7	144284	3.5%	4.0%

2.3.5　中国科技论文被引情况

2010—2020 年（截至 2020 年 10 月）中国科技人员共发表国际论文 301.91 万篇，继续排在世界第 2 位，数量比 2019 年统计时增加了 15.8%；论文共被引 3605.71 万次，增加了 26.7%，排在世界第 2 位。中国国际科技论文被引次数增长的速度显著超过其他国家。2020 年，中国平均每篇论文被引 11.94 次，比 2019 年度统计时的 10.92 次提高了 9.3%。世界整体篇均被引次数为 13.26 次，中国平均每篇论文被引次数与世界水平还有一定的差距（如表 2-4 所示）。

表 2-4　中国各十年段科技论文被引次数世界排名变化

时间段	1998—2008 年	1999—2009 年	2000—2010 年	2001—2011 年	2002—2012 年	2003—2013 年	2004—2014 年	2005—2015 年	2006—2016 年	2007—2017 年	2008—2018 年	2009—2019 年	2010—2020 年
世界排名	10	9	8	7	6	5	4	4	4	2	2	2	2

注：根据 ESI 数据库统计。

2010—2020 年发表科技论文累计超过 20 万篇的国家（地区）共有 22 个，按平均每篇论文被引次数排名，中国排在第 16 位，与 2019 年度持平。每篇论文被引次数大于世界整体水平（13.26 次 / 篇）的国家有 13 个。瑞士、荷兰、比利时、英国、瑞典、美国、加拿大、德国、法国、澳大利亚、意大利和西班牙的论文篇均被引次数超过 15 次。（如表 2-5 所示）。

表 2-5　2010—2020 年发表科技论文数 20 万篇以上的国家（地区）论文数及被引情况

国家（地区）	论文数		被引次数		篇均被引次数	
	篇数	排名	次数	排名	次数	排名
美国	4205934	1	80453805	1	19.13	6
中国	3019068	2	36057149	2	11.94	16
英国	1068746	4	21240295	3	19.87	4
德国	1131812	3	20708536	4	18.3	8
法国	773555	6	13818958	5	17.86	9
加拿大	712343	7	13040162	6	18.31	7
意大利	704225	8	11845007	7	16.82	11
澳大利亚	637463	10	11334092	8	17.78	10
日本	847352	5	11307529	9	13.34	13
西班牙	610413	11	9933003	10	16.27	12
荷兰	420842	14	9350962	11	22.22	2
瑞士	314919	17	7330311	12	23.28	1
韩国	587993	12	7293015	13	12.4	14
印度	656758	9	6797314	14	10.35	18
瑞典	284063	19	5579579	15	19.64	5
比利时	231108	22	4667754	16	20.2	3
巴西	466067	13	4611085	17	9.89	19
中国台湾	281521	20	3476899	18	12.35	15
伊朗	328477	16	3134120	19	9.54	20
波兰	280990	21	2930617	20	10.43	17
俄罗斯	357473	15	2761637	21	7.73	22
土耳其	298834	18	2461328	22	8.24	21

注：根据 ESI 数据库统计。

2.3.6　高质量国际论文

中国科学技术信息研究所经过调研分析，将各学科影响因子和总被引次数位居本学科前 10%，且每年刊载的学术论文及述评文章数大于 50 篇的期刊，遴选为世界各学科代表性科技期刊，在其上发表的论文属于高质量国际论文。2019 年共有 394 种国际科技期刊入选世界各学科代表性科技期刊，发表高质量国际论文 190661 篇。中国发表高质量国际论文 59867 篇，占发表高质量国际论文数的 31.4%，排在世界第 2 位。排在首位的美国发表高质量国际论文 62717 篇，占 32.9%（如表 2-6 所示）。

表 2-6　2019 年发表高质量国际论文的国家（地区）论文数排名

排名	国家 / 地区	高质量国际论文篇数	占高质量国际论文比例
1	美国	62717	32.89%
2	中国	59867	31.40%
3	英国	19875	10.42%

排名	国家/地区	高质量国际论文篇数	占高质量国际论文比例
4	德国	16515	8.66%
5	加拿大	11232	5.89%
6	法国	11204	5.88%
7	澳大利亚	10990	5.76%
8	西班牙	8760	4.59%
9	意大利	8418	4.42%
10	日本	7927	4.16%

2.3.7　中国 TOP 论文情况

根据 ESI 数据统计，中国 TOP 论文居世界第 2 位，为 37261 篇（如表 2-7 所示）。其中美国以 75216 篇遥遥领先，英国以 31507 篇居第 3 位。分列第 4～第 10 位的国家有：德国、加拿大、澳大利亚、法国、意大利、荷兰和西班牙。

表 2-7　世界 TOP 论文居前 10 位的国家

排名	国家	TOP 论文篇数	排名	国家	TOP 论文篇数
1	美国	75216	6	澳大利亚	13161
2	中国	37261	7	法国	12874
3	英国	30011	8	意大利	11035
4	德国	19420	9	荷兰	10619
5	加拿大	13598	10	西班牙	9321

2.3.8　中国高被引论文情况

2010—2020 年各学科论文被引次数处于世界前 1% 的论文称为高被引论文。根据 ESI 数据统计，中国高被引论文居世界第 2 位，为 37170 篇（如表 2-8 所示）。其中美国以 75146 篇遥遥领先，英国以 31468 篇居第 3 位。分列第 4～第 10 位的国家有：德国、加拿大、澳大利亚、法国、意大利、荷兰和西班牙。高被引论文与 TOP 论文居前 10 位的国家一样。

表 2-8　世界高被引论文居前 10 位的国家

排名	国家	高被引论文篇数	排名	国家	高被引论文篇数
1	美国	75146	6	澳大利亚	13144
2	中国	37170	7	法国	12858
3	英国	29976	8	意大利	11025
4	德国	19397	9	荷兰	10610
5	加拿大	13582	10	西班牙	9311

2.3.9 中国热点论文情况

近两年间发表的论文在最近两个月得到大量引用，且被引次数进入本学科前 1‰ 的论文称为热点论文。根据 ESI 数据统计，中国热点论文居世界第 2 位，为 1375 篇（如表 2-9 所示）。其中美国以 1586 篇遥遥领先位居第 1 位，英国以 864 篇居第 3 位。分列第 4～第 10 位的国家有：德国、澳大利亚、加拿大、法国、意大利、荷兰和西班牙。热点论文与 TOP 论文前 10 位的国家一样。

表 2-9 世界热点论文居前 10 位的国家

排名	国家	热点论文篇数	排名	国家	热点论文篇数
1	美国	1586	6	加拿大	412
2	中国	1375	7	法国	361
3	英国	864	8	意大利	320
4	德国	540	9	荷兰	287
5	澳大利亚	437	10	西班牙	273

2.4 讨论

2019 年，SCI 收录中国科技论文为 49.59 万篇，连续 11 年排在世界第 2 位，占世界科技论文总数的 21.6%，所占份额提升了 1.4 个百分点。Ei 收录中国论文为 28.76 万篇，占世界论文总数的 35.9%，数量比 2018 年增长 7.4%，排在世界第 1 位。CPCI-S 收录了中国论文 5.85 万篇，比 2018 年减少了 14.5%，占世界科技论文总数的 13.2%，排在世界第 2 位。总体来说，三系统收录中国科技论文 84.20 万篇，占世界科技论文总数的 23.6%，发表国际科技论文数量和占比都是上升的。

2010—2020 年（截至 2020 年 10 月）中国科技人员发表国际论文共被引 3605.71 万次，增加了 26.7%，排在世界第 2 位，与 2019 年位次一样。中国国际科技论文被引次数增长的速度显著超过其他国家。2020 年，中国平均每篇论文被引 11.94 次，比 2019 年度统计时的 10.92 次提高了 9.3%。世界整体篇均被引次数为 13.26 次，中国平均每篇论文被引次数与世界平均值还有一定的差距。中国 TOP 论文、高被引论文和热点论文均居世界第 2 位。

3 中国科技论文学科分布情况分析

3.1 引言

美国著名高等教育专家伯顿·克拉克认为，主宰学者工作生活的力量是学科而不是所在院校，学术系统中的核心成员单位是以学科为中心的。学科指一定科学领域或一门科学的分支，如自然科学中的化学、物理学；社会科学中的法学、社会学等。学科是人类科学文化成熟的知识体系和物质体现，学科发展水平既决定着一所研究机构人才培养质量和科学研究水平，也是一个地区乃至一个国家知识创新力和综合竞争力的重要表现。学科的发展和变化无时不在进行，新的学科分支和领域也在不断涌现，这给许多学术机构的学科建设带来了一些问题，如重点发展的学科及学科内的发展方向。因此，详细分析了解学科的发展状况将有助于解决这些问题。

本章运用科学计量学方法，通过对各学科被国际重要检索系统 SCI、Ei、CPCI–S 和 CSTPCD 收录，以及被 SCI 引用情况的分析，研究了中国各学科发展的状况、特点和趋势。

3.2 数据与方法

3.2.1 数据来源

（1）CSTPCD

"中国科技论文与引文数据库"（CSTPCD）是中国科学技术信息研究所在 1987 年建立的，收录中国各学科重要科技期刊，其收录期刊称为"中国科技论文统计源期刊"，即中国科技核心期刊。

（2）SCI

SCI 即"科学引文索引数据库"（Science Citation Index）。

（3）Ei

Ei 即"工程索引数据库"（The Engineering Index）创刊于 1884 年，是美国工程信息公司（Engineering information Inc.）出版的著名工程技术类综合性检索工具。

（4）CPCI–S

CPCI–S（Conference Proceedings Citation Index–Science），原名 ISTP。ISTP 即"科技会议录索引"（Index to Scientific & Technical Proceedings）创刊于 1978 年。该索引收录生命科学、物理与化学科学、农业、生物和环境科学、工程技术和应用科学等学科的会议文献，包括一般性会议、座谈会、研究会、讨论会、发表会等。

3.2.2　学科分类

学科分类采用《中华人民共和国学科分类与代码国家标准》（简称《学科分类与代码》，标准号是 "GB/T 13745—1992"）。《学科分类与代码》共设 5 个门类、58 个一级学科、573 个二级学科和近 6000 个三级学科。我们根据《学科分类与代码》并结合工作实际制定本书的学科分类体系（如表 3–1 所示）。

表 3–1　中国科学技术信息研究所学科分类体系

学科名称	分类代码	学科名称	分类代码
数学	O1A	工程与技术基础学科	T3
信息、系统科学	O1B	矿山工程技术	TD
力学	O1C	能源科学技术	TE
物理学	O4	冶金、金属学	TF
化学	O6	机械、仪表	TH
天文学	PA	动力与电气	TK
地学	PB	核科学技术	TL
生物学	Q	电子、通信与自动控制	TN
预防医学与卫生学	RA	计算技术	TP
基础医学	RB	化工	TQ
药物学	RC	轻工、纺织	TS
临床医学	RD	食品	TT
中医学	RE	土木建筑	TU
军事医学与特种医学	RF	水利	TV
农学	SA	交通运输	U
林学	SB	航空航天	V
畜牧、兽医	SC	安全科学技术	W
水产学	SD	环境科学	X
测绘科学技术	T1	管理学	ZA
材料科学	T2	其他	ZB

3.3　研究分析与结论

3.3.1　2019 年中国各学科收录论文的分布情况

我们对不同数据库收录的中国论文按照学科分类进行分析，主要分析各数据库中排名居前 10 位的学科。

（1）SCI

2019 年，SCI 收录中国论文居前 10 位的学科如表 3–2 所示，所有学科发表的论文都超过 1.5 万篇。

表 3-2　2019 年 SCI 收录中国论文居前 10 位的学科

排名	学科	论文篇数	排名	学科	论文篇数
1	化学	61656	6	电子、通信与自动控制	29619
2	生物学	49850	7	基础医学	25740
3	临床医学	47683	8	地学	17549
4	物理学	36842	9	环境科学	17462
5	材料科学	34891	10	计算技术	17098

（2）Ei

2019 年，Ei 收录中国论文居前 10 位的学科如表 3-3 所示，所有学科发表的论文都超过 1.4 万篇。

表 3-3　2019 年 Ei 收录中国论文居前 10 位的学科

排名	学科	论文篇数	排名	学科	论文篇数
1	生物学	30181	6	物理学	18338
2	土木建筑	26361	7	能源科学技术	17786
3	电子、通信与自动控制	22260	8	化学	16680
4	材料科学	22024	9	地学	15941
5	动力与电气	19420	10	计算技术	14305

（3）CPCI-S

2019 年，CPCI-S 收录中国论文居前 10 位的学科如表 3-4 所示，其中，居第 1 位的计算技术学科发表的论文超过 1.3 万篇，遥遥领先于其他学科。

表 3-4　2019 年 CPCI-S 收录中国论文居前 10 位的学科

排名	学科	论文篇数	排名	学科	论文篇数
1	计算技术	13489	6	基础医学	3497
2	电子、通信与自动控制	9463	7	工程与技术基础学科	3153
3	临床医学	5084	8	化学	1840
4	能源科学技术	3620	9	地学	1468
5	物理学	3503	10	材料科学	1466

（4）CSTPCD

2019 年，CSTPCD 收录中国论文居前 10 位的学科如表 3-5 所示，前 10 个学科发表的论文都超过 1.1 万篇，其中临床医学将近 12 万篇，远远领先于其他学科。

表 3-5 CSTPCD 收录中国论文居前 10 位的学科

排名	学科	论文篇数	排名	学科	论文篇数
1	临床医学	118071	6	预防医学与卫生学	14562
2	计算技术	27795	7	地学	14145
3	电子、通信与自动控制	24903	8	环境科学	14093
4	中医学	21605	9	土木建筑	13306
5	农学	21603	10	化工	11843

3.3.2 各学科产出论文数量及影响与世界平均水平比较分析

分析各学科论文数量和被引数及其占世界的比例，中国有 8 个学科产出论文的比例超过世界该学科论文的 20%，分别是：化学、计算机科学、工程与技术基础学科、地学、材料科学、数学、分子生物学与遗传学和物理学。

从论文被引情况来看，材料科学、化学、工程与技术基础学科等 3 个学科论文的被引次数排名世界第 1 位。有 9 个学科论文的被引次数排名世界第 2 位，分别是：农业科学、生物与生物化学、计算机科学、环境与生态学、地学、数学、药学与毒物学、物理学和植物学与动物学。综合类、微生物学和分子生物学与遗传学居世界第 3 位，免疫学居世界第 5 位。与 2018 年度相比，有 7 个学科的论文被引次数排名有所上升（如表 3-6 所示）。

表 3-6 2010—2020 年中国各学科产出论文与世界平均水平比较

学科	论文篇数	占世界比例	被引次数	占世界比例	世界排名	位次变化趋势	篇均被引次数	相对影响
农业科学	75508	16.38%	795839	16.99%	2	—	10.54	1.04
生物与生物化学	138151	17.85%	1684592	12.36%	2	—	12.19	0.69
化学	516127	28.25%	8215221	28.12%	1	—	15.92	1.00
临床医学	326651	11.10%	3273179	8.28%	6	↑ 1	10.02	0.75
计算机科学	108137	26.45%	940420	27.00%	2	—	8.70	1.02
经济贸易	22098	7.34%	165611	5.67%	7	↑ 1	7.49	0.77
工程与技术基础学科	415934	27.89%	3824857	27.17%	1	—	9.20	0.97
环境与生态学	115497	19.79%	1313965	16.48%	2	—	11.38	0.83
地学	111055	22.10%	1337564	19.49%	2	—	12.04	0.88
免疫学	28346	10.40%	359405	6.84%	5	—	12.68	0.66
材料科学	348953	35.41%	5748403	36.16%	1	—	16.47	1.02
数学	98963	21.57%	499826	22.76%	2	—	5.05	1.05
微生物学	33262	15.01%	348087	9.72%	3	↑ 1	10.47	0.65
分子生物学与遗传学	106242	21.19%	1540655	12.72%	3	↑ 1	14.50	0.60
综合类	3419	14.61%	62360	14.71%	3	—	18.24	1.01
神经科学与行为学	52823	9.79%	657275	6.55%	6	↑ 2	12.44	0.67
药学与毒物学	83319	19.13%	862383	14.94%	2	—	10.35	0.78
物理学	268479	24.09%	2776267	20.94%	2	—	10.34	0.87
植物学与动物学	98757	12.69%	993526	12.74%	2	—	10.06	1.00

学科	论文篇数	占世界比例	被引次数	占世界比例	世界排名	位次变化趋势	篇均被引次数	相对影响
精神病学与心理学	16717	3.72%	140573	2.43%	12	↑ 1	8.41	0.65
社会科学	34374	3.36%	289482	3.62%	7	↑ 6	8.42	1.08
空间科学	16256	10.51%	227659	7.81%	13	↓ 4	14.00	0.74

注：1. 统计时间截至 2020 年 9 月。

2. "↑ 1" 的含义是：与上年度统计相比，排名上升了 1 位；"—"表示排名未变。

3. 相对影响：中国篇均被引次数与该学科世界平均值的比值。

3.3.3　学科的质量与影响力分析

科研活动具有继承性和协作性，几乎所有科研成果都是以已有成果为前提的。学术论文、专著等科学文献是传递新学术思想、成果的最主要的物质载体，它们之间并不是孤立的，而是相互联系的，突出表现在相互引用的关系，这种关系体现了科学工作者们对以往的科学理论、方法、经验及成果的借鉴和认可。论文之间的相互引证，能够反映学术研究之间的交流与联系。通过论文之间的引证与被引证关系，我们可以了解某个理论与方法是如何得到借鉴和利用的。某些技术与手段是如何得到应用和发展的。从横向的对应性上，我们可以看到不同的实验或方法之间是如何互相参照和借鉴的。我们也可以将不同的结果放在一起进行比较，看它们之间的应用关系。从纵向的继承性上，我们可以看到一个课题的基础和起源是什么，我们也可以看到一个课题的最新进展情况是怎样的。关于反面的引用，它反映的是某个学科领域的学术争鸣。论文间的引用关系能够有效地阐明学科结构和学科发展过程，确定学科领域之间的关系，测度学科影响。

表 3-7 显示的是 2010—2019 年 SCIE 收录的中国科技论文累计被引次数居前 10 位的学科分布情况，由表可见，中国国际论文篇数较多的 10 个学科主要分布在基础学科、医学领域和工程技术领域。其中，化学被引次数超过了 911 万次，以较大优势领先其他学科。

表 3-7　2010—2019 年 SCIE 收录的中国科技论文累计被引次数居前 10 位的学科

排名	学科	被引次数	排名	学科	被引次数
1	化学	9113388	6	基础医学	1616598
2	生物学	4055177	7	电子、通信与自动控制	1441102
3	材料科学	3164299	8	环境科学	1408017
4	临床医学	3022406	9	地学	1263125
5	物理学	2783792	10	计算技术	1255982

3.4　讨论

中国近 10 年来的学科发展相当迅速，不仅论文的数量有明显的增加，并且被引次数也有所增长。但是数据显示，中国的学科发展呈现一种不均衡的态势，有些学科的论文篇均被引次数的水平已经接近世界平均水平，但仍有一些学科的该指标值与世界平均水平差别较大。

中国有 8 个学科产出论文的比例超过世界该学科论文的 20%，分别是：化学、计算机科学、工程与技术基础学科、地学、材料科学、数学、分子生物学与遗传学和物理学。从论文的被引情况来看，中国学科发展不均衡。材料科学、化学、工程与技术基础学科等 3 个学科论文的被引次数排名居世界第 1 位。社会科学、精神病学与心理学等学科论文的被引次数排名居世界第 13 位。

目前我们正在建设创新型国家，应该在加强相对优势学科领域的同时，将资源重点向农学、卫生医药、高新技术等领域倾斜。

4 中国科技论文地区分布情况分析

本章运用文献计量学方法对中国 2019 年的国际和国内科技论文的地区分布进行了分析，并结合国家统计局科技经费数据和国家知识产权局专利统计数据对各地区科研经费投入及产出进行了分析。通过研究分析出了中国科技论文的高产地区、快速发展地区和高影响力地区和城市，同时分析了各地区在国际权威期刊上发表论文的情况，从不同角度反映了中国科技论文在 2019 年度的地区特征。

4.1 引言

科技论文作为科技活动产出的一种重要形式，能够反映基础研究、应用研究等方面的情况。对全国各地区的科技论文产出分布进行统计与分析，可以从一个侧面反映出该地区的科技实力和科技发展潜力，是了解区域优势及科技环境的决策参考因素之一。

本章通过对中国 31 个省（市、自治区，不含港澳台地区）的国际国内科技论文产出数量、论文被引情况、科技论文数 3 年平均增长率、各地区科技经费投入、论文产出与发明专利产出状况等数据的分析与比较，反映中国科技论文在 2019 年度的地区特征。

4.2 数据与方法

本章的数据来源：①国内科技论文数据来自中国科学技术信息研究所自行研制的"中国科技论文与引文数据库"（CSTPCD）；②国际论文数据采集自 SCI、Ei 和 CPCI-S 检索系统；③各地区国内发明专利数据来自国家知识产权局 2019 年专利统计年报；④各地区 R&D 经费投入数据来自国家统计局全国科技经费投入统计公报。

本章运用文献计量学方法对中国 2019 年的国际科技论文和中国国内论文的地区分布、论文数增长变化、论文影响力状况进行了比较分析，并结合国家统计局全国科技经费投入数据及国家知识产权局专利统计数据对 2019 年中国各地区科研经费的投入与产出进行了分析。

4.3 研究分析与结论

4.3.1 国际论文产出分析

（1）国际论文产出地区分布情况

本章所统计的国际论文数据主要来自国际上颇具影响的文献数据库：SCI、Ei 和 CPCI-S。2019 年，国际论文数（SCI、Ei、CPCI-S 三大检索论文总数）产出居前 10 位的地区与 2018 年基本相同（如表 4–1 所示）。

表 4-1 2019 年中国国际论文数居前 10 位的地区

排名	地区	2018 年论文篇数	2019 年论文篇数	增长率
1	北京	114070	122683	7.55%
2	江苏	72437	81187	12.08%
3	上海	54395	58795	8.09%
4	广东	43881	50155	14.30%
5	陕西	42378	46090	8.76%
6	湖北	37769	42216	11.77%
7	山东	34103	37984	11.38%
8	浙江	32127	37496	16.71%
9	四川	31290	35340	12.94%
10	辽宁	26278	28809	9.63%

（2）国际论文产出快速发展地区

科技论文数量的增长率可以反映该地区科技发展的活跃程度。2017—2019 年各地区的国际科技论文数都有不同程度的增长。如表 4-2 所示，论文基数较大的地区不容易有较高增长率，增速较快的地区多数是国际论文数较少的地区。论文基数较小的地区，如宁夏、西藏等地区的论文年均增长率都较高。这些地区的科研水平暂时不高，但是具有很大的发展潜力，广东是论文数排名居前 10 位、增速排名也居前 10 位的地区。

表 4-2 2017-2019 年国际科技论文数增长率居前 10 位的地区

地区	国际科技论文篇数			年均增长率	排名
	2017 年	2018 年	2019 年		
宁夏	599	798	1112	36.25%	1
西藏	64	94	107	29.30%	2
海南	1155	1367	1832	25.94%	3
贵州	2494	2986	3883	24.78%	4
江西	6496	7401	9404	20.32%	5
内蒙古	2046	2288	2914	19.34%	6
广西	4476	5148	6345	19.06%	7
山西	6200	7257	8718	18.58%	8
广东	36061	43796	50155	17.93%	9
青海	551	640	750	16.67%	10

注：1. "国际科技论文数"指 SCI、Ei 和 CPCI-S 三大检索系统收录的中国科技人员发表的论文数之和。

2. 年均增长率 $= \left(\sqrt{\dfrac{2019年国际科技论文数}{2017年国际科技论文数}} - 1 \right) \times 100\%$。

（3）SCI 论文 10 年被引地区排名

论文被他人引用数量的多少是表明论文影响力的重要指标。一个地区的论文被引数量不仅可以反映该地区论文的受关注程度，同时也是该地区科学研究活跃度和影响力的重要指标。2010—2019 年度 SCI 收录论文被引篇数、被引次数和篇均被引次数情况如表 4-3 所示。其中，SCI 收录的北京地区论文被引篇数和被引次数以绝对优势位居榜首。

表 4-3　2010—2019 年 SCI 收录论文各地区被引情况

地区	被引论文篇数	被引次数	被引次数排名	篇均被引次数	篇均被引次数排名
北京	367050	6076083	1	16.55	5
天津	63800	987488	12	15.48	8
河北	24817	268500	20	10.82	23
山西	20227	229289	23	11.34	21
内蒙古	6127	55739	27	9.10	27
辽宁	81371	1212341	9	14.90	12
吉林	54670	924846	14	16.92	1
黑龙江	58778	842431	15	14.33	14
上海	197426	3303353	3	16.73	4
江苏	224361	3353021	2	14.94	11
浙江	112466	1691071	6	15.04	10
安徽	57931	971731	13	16.77	3
福建	44008	743742	16	16.90	2
江西	21189	255731	21	12.07	19
山东	108467	1406784	8	12.97	16
河南	45110	500174	18	11.09	22
湖北	114676	1820109	5	15.87	6
湖南	73242	1063406	11	14.52	13
广东	133968	2031262	4	15.16	9
广西	15822	162504	24	10.27	25
海南	4346	39230	28	9.03	28
重庆	47447	635911	17	13.40	15
四川	89023	1086029	10	12.20	18
贵州	7852	75207	26	9.58	26
云南	21076	238978	22	11.34	20
西藏	179	1297	31	7.25	31
陕西	109817	1408875	7	12.83	17
甘肃	31307	490320	19	15.66	7
青海	1702	14801	30	8.70	30
宁夏	2073	18532	29	8.94	29
新疆	9762	104322	25	10.69	24

　　各个地区的国际论文被引次数与该地区国际论文总数的比值（篇均被引次数）是衡量一个地区论文质量的重要指标之一。该值消除了论文数量对各个地区的影响，篇均被引次数可以反映出各地区论文的平均影响力。从 SCI 收录论文 10 年的篇均被引次数看，各省（市）的排名顺序依次是吉林、福建、安徽、上海、北京、湖北、甘肃、天津、广

东和浙江。其中，北京、上海、广东、湖北和浙江这 5 个省（市）的被引次数和篇均被引次数均居全国前 10 位。

（4）SCI 收录论文数较多的城市

如表 4-4 所示，2019 年，SCI 收录论文较多的城市除北京、上海、天津 3 个直辖市外，南京、广州、武汉、西安、成都、杭州和长沙等省会城市被收录的论文也较多，论文数均超过了 10000 篇。

表 4-4　2019 年 SCI 收录论文数居前 10 位的城市

排名	城市	SCI 收录论文总篇数	排名	城市	SCI 收录论文总篇数
1	北京	66310	6	西安	21325
2	上海	35349	7	成都	17613
3	南京	28412	8	杭州	15866
4	广州	22891	9	长沙	13806
5	武汉	22309	10	天津	13127

（5）卓越国际论文数较多的地区

若在每个学科领域内，按统计年度的论文被引次数世界均值画一条线，则高于均线的论文为卓越论文，即论文发表后的影响超过其所在学科的一般水平。2009 年我们第一次公布了利用这一方法指标进行的统计结果，当时称为"表现不俗论文"，受到国内外学术界的普遍关注。

根据 SCI 统计，2019 年中国作者为第一作者的论文共 495875 篇，其中卓越国际论文数为 252748 篇，占总数的 50.97%。产出卓越国际论文居前 3 位的地区为北京、江苏和上海，卓越国际论文数排名居前 10 位的地区卓越论文数占其 SCI 论文总数的比例均在 47% 以上。其中，湖北、湖南和广东的比例最高，均在 53% 以上，具体如表 4-5 所示。

表 4-5　2019 年卓越国际论文数居前 10 位的地区

排名	地区	卓越国际论文篇数	SCI 收录论文总篇数	卓越论文占比
1	北京	32551	66310	49.09%
2	江苏	24194	47225	51.23%
3	上海	18052	35349	51.07%
4	广东	17343	32633	53.15%
5	湖北	13090	24219	54.05%
6	山东	13068	25117	52.03%
7	陕西	11788	24440	48.23%
8	浙江	11725	23033	50.91%
9	四川	9745	20505	47.52%
10	湖南	8694	16345	53.19%

从城市分布看，与 SCI 收录论文较多的城市相似，产出卓越论文较多的城市除北京、上海、天津 3 个直辖市外，南京、广州、武汉、西安、杭州、成都和长沙等省会城市的

卓越国际论文也较多（如表 4-6 所示）。在发表卓越国际论文较多的城市中，广州、武汉和长沙的卓越论文数占 SCI 收录论文总数的比例较高，均在 53% 以上。

表 4-6 2019 年卓越国际论文数居前 10 位的城市

排名	城市	卓越国际论文篇数	SCI 收录论文总篇数	卓越论文占比
1	北京	32551	66310	49.09%
2	上海	18052	35349	51.07%
3	南京	14562	28412	51.25%
4	广州	12302	22891	53.74%
5	武汉	12226	22309	54.80%
6	西安	10092	21325	47.32%
7	成都	8490	17613	48.20%
8	杭州	8125	15866	51.21%
9	长沙	7479	13806	54.17%
10	天津	6825	13127	51.99%

（6）在高影响国际期刊中发表论文数量较多的地区

按期刊影响因子可以将各学科的期刊划分为几个区，发表在学科影响因子前 1/10 的期刊上的论文即为在高影响国际期刊中发表的论文。虽然将期刊影响因子直接作为评价学术论文质量的指标具有一定的局限性，但是基于论文作者、期刊审稿专家和同行评议专家对于论文质量和水平的判断，高学术水平的论文更容易发表在具有高影响因子的期刊上。在相同学科和时域范围内，以影响因子比较期刊和论文质量，具有一定的可比性，因此发表在高影响期刊上的论文也可以从一个侧面反映出一个地区的科研水平。如表 4-7 所示为 2019 年高影响国际期刊上发表论文数居前 10 位的地区。由表可知，北京在高影响国际期刊上发表的论文数位居榜首。

表 4-7 在学科影响因子前 1/10 的期刊上发表论文数居前 10 位的地区

排名	地区	前 1/10 论文篇数	SCI 收录论文总篇数	占比
1	北京	10195	66310	15.37%
2	江苏	6198	47225	13.12%
3	广东	5150	32633	15.78%
4	上海	5081	35349	14.37%
5	湖北	3752	24219	15.49%
6	浙江	3166	23033	13.75%
7	陕西	3076	24440	12.59%
8	山东	3014	25117	12.00%
9	四川	2302	20505	11.23%
10	天津	2010	13127	15.31%

从城市分布看，与发表卓越国际论文较多的城市情况相似，在学科影响因子前 1/10

的期刊上发表论文数较多的城市除北京、上海和天津 3 个直辖市外，南京、武汉、广州、西安、杭州、成都和长沙等省会城市发表论文也较多（如表 4-8 所示）。在发表高影响国际论文数量较多的城市中，武汉、广州、北京、天津、杭州在学科前 1/10 期刊上发表的论文数占其 SCI 收录论文总数的比例较高，均在 15% 以上。

表 4-8　在学科影响因子前 1/10 的期刊上发表论文数居前 10 位的城市

排名	城市	前 1/10 论文篇数	SCI 收录论文总篇数	占比
1	北京	10195	66310	15.37%
2	上海	5081	35349	14.37%
3	南京	4038	28412	14.21%
4	武汉	3621	22309	16.23%
5	广州	3543	22891	15.48%
6	西安	2582	21325	12.11%
7	杭州	2387	15866	15.04%
8	成都	2072	17613	11.76%
9	天津	2010	13127	15.31%
10	长沙	1679	13806	12.16%

4.3.2　国内论文产出分析

（1）国内论文产出较多的地区

本章所统计的国内论文数据主要来自 CSTPCD，2019 年国内论文数除了浙江上升到第 10 位、辽宁下降出前 10 位外，其余居前 9 位的地区与 2018 年的排名相同，这些省（市）的论文数比 2018 年都有不同程度的减少（如表 4-9 所示）。

表 4-9　2019 年中国国内论文数居前 10 位的地区

排名	地区	2018 年论文篇数	2019 年论文篇数	增长率
1	北京	61885	60222	-2.69%
2	江苏	40213	38466	-4.34%
3	上海	27922	27659	-0.94%
4	陕西	27319	26767	-2.02%
5	广东	25817	25751	-0.26%
6	湖北	23949	23055	-3.73%
7	四川	21770	21507	-1.21%
8	山东	20393	20197	-0.96%
9	河南	18234	17518	-3.93%
10	浙江	17561	17446	-0.65%

（2）国内论文增长较快的地区

国内论文数 3 年年均增长率居前 10 位的地区如表 4-10 所示。国内论文数增长较快的地区为青海和西藏，这 2 个省（自治区）的 3 年年均增长率均在 10% 以上。通过与表 4-2，即 2017—2019 年国际论文数增长率居前 10 位的地区相比较发现，青海、西藏、山西、天津和贵州，这 5 个省（市、自治区）不仅国际论文总数 3 年平均增长率居全国前 10 位，而且国内论文总数 3 年平均增长率亦是如此。这表明，2017—2019 年，这些地区的科研产出水平和科研产出质量都取得了快速发展。

表 4-10　2017—2019 年国内科技论文数增长率居前 10 位的地区

排名	地区	国内科技论文篇数			年均增长率
		2017 年	2018 年	2019 年	
1	青海	1551	1989	2173	18.37%
2	西藏	321	370	398	11.35%
3	海南	3147	3244	3465	4.93%
4	山西	7950	7904	8497	3.38%
5	贵州	6169	6166	6553	3.07%
6	安徽	11751	11865	12050	1.26%
7	甘肃	7695	7649	7888	1.25%
8	广西	8069	7659	7936	−0.83%
9	河南	18008	18234	17518	−1.37%
10	内蒙古	4524	4231	4393	−1.46%

注：年均增长率 $= \left(\sqrt{\dfrac{2019\text{年国内科技论文数}}{2017\text{年国内科技论文数}}} - 1 \right) \times 100\%$。

（3）中国卓越国内科技论文较多的地区

根据学术文献的传播规律，科技论文发表后会在 3 ~ 5 年的时间内形成被引用的峰值。这个时间窗口内较高质量科技论文的学术影响力会通过论文的引用水平表现出来。为了遴选学术影响力较高的论文，我们为近 5 年中国科技核心期刊收录的每篇论文计算了"累计被引用时序指标"——n 指数。

n 指数的定义方法是：若一篇论文发表 n 年之内累计被引次数达到 n 次，同时在 $n+1$ 年累计被引次数不能达到 $n+1$ 次，则该论文的"累计被引用时序指标"的数值为 n。

对各个年度发表在中国科技核心期刊上的论文被引次数设定一个 n 指数分界线，各年度发表的论文中，被引次数超越这一分界线的就被遴选为"卓越国内科技论文"。我们经过数据分析测算后，对近 5 年的"卓越国内科技论文"分界线定义为：论文 n 指数大于发表时间的论文是"卓越国内科技论文"。例如，论文发表 1 年之内累计被引用达到 1 次的论文，n 指数为 1；发表 2 年之内累计被引用超过 2 次，n 指数为 2。以此类推，发表 5 年之内累计被引用达到 5 次，n 指数为 5。

按照这一统计方法，我们据近 5 年（2015—2019 年）的"中国科技论文与引文数据库"CSTPCD 统计，共遴选出"卓越国内科技论文"16.17 万篇，占这 5 年 CSTPCD 收录全部论文的比例约为 6.8%，表 4-11 为 2015—2019 年中国卓越国内科技论文居前 10 位的地区，由表可见，发表卓越国内科技论文居前 10 位的地区排名与去年一致。

表 4-11　2015—2019 年卓越国内科技论文居前 10 位的地区

排名	地区	卓越国内论文篇数	排名	地区	卓越国内论文篇数
1	北京	29559	6	湖北	7827
2	江苏	14080	7	四川	7254
3	上海	9084	8	山东	6918
4	广东	9021	9	浙江	6396
5	陕西	8816	10	辽宁	5873

4.3.3　各地区 R&D 投入产出分析

据国家统计局全国科技经费投入统计公报中的定义，研究与试验发展（R&D）经费是指该统计年度内全社会实际用于基础研究、应用研究和试验发展的经费。包括实际用于 R&D 活动的人员劳务费、原材料费、固定资产购建费、管理费及其他费用支出。基础研究是指为了获得关于现象和可观察事实的基本原理的新知识（揭示客观事物的本质、运动规律，获得新发展、新学说）而进行的实验性或理论性研究，它不以任何专门或特定的应用或使用为目的。应用研究是指为了确定基础研究成果可能的用途，或是为达到预定的目标探索应采取的新方法（原理性）或新途径而进行的创造性研究。应用研究主要针对某一特定的目的或目标。试验发展是指利用从基础研究、应用研究和实际经验所获得的现有知识，为产生新的产品、材料和装置，建立新的工艺、系统和服务，以及对已产生和建立的上述各项做实质性的改进而进行的系统性工作。

2019 年，全国共投入研究与试验发展（R&D）经费 22143.6 亿元，比 2018 年增加 2465.7 亿元，增长 12.5%；R&D 经费投入强度（R&D 经费与国内生产总值之比）为 2.23%，比 2018 年提高 0.09 个百分点。按 R&D 人员（全时当量）计算的人均经费为 46.1 万元，比 2018 年增加 1.2 万元。其中，用于基础研究的经费为 1335.6 亿元，比 2018 年增长 22.5%；应用研究经费 2498.5 亿元，增长 14.0%；试验发展经费 18309.5 亿元，增长 11.7%。基础研究经费、应用研究经费和试验发展经费占 R&D 经费当量的比例分别为 6.0%、11.3% 和 82.7%。

从地区分布看，2019 年 R&D 经费较多的 6 个省（市）为广东（3098.5 亿元）、江苏（2779.5 亿元）、北京（2233.6 亿元）、浙江（1669.8 亿元）、上海（1524.6 亿元）和山东（1494.7 亿元）。R&D 经费投入强度（地区 R&D 经费与地区生产总值之比）达到或超过全国平均水平的地区有北京、上海、天津、广东、江苏、浙江和陕西 7 个省（市）。

R&D 经费投入可以作为评价国家或地区科技投入、规模和强度的指标，同时科技论文和专利又是 R&D 经费产出的两大组成部分。充足的 R&D 经费投入可以为地区未来几年科技论文产出、发明专利活动提供良好的经费保障。

从 2017—2018 年 R&D 经费与 2019 年的科技论文和专利授权情况看（如表 4-12 所示），经费投入量较大的广东、江苏、北京、山东、浙江、上海、湖北和四川等地区，论文产出和专利授权数也居前 10 位。2017—2018 年广东在 R&D 经费投入方面居全国首位，其 2018 年国际与国内论文发表总数和国内发明专利授权数分别居全国各省（市、自治区）的第 4 和第 1 位。北京在 R&D 经费投入方面落后于广东、江苏，居全国第 3 位，但其 2019 年国际与国内发表论文总数和获得国内发明专利授权数分别居全国第 1 和第 2 位。

表 4-12 2019 年各地区论文数、专利数与 2017—2018 年 R&D 经费比较

地区	2019 年国际与国内发表论文情况		2019 年国内发明专利授权数情况		R&D 经费 / 亿元			
	篇数	排名	件数	排名	2017 年	2018 年	2017—2018 年合计	排名
北京	126532	1	53127	2	1579.7	1870.8	3450.5	3
天津	25794	13	5025	17	458.7	492.4	951.1	15
河北	20785	16	5130	16	452	499.7	951.7	14
山西	13596	21	2300	22	148.2	175.8	324	20
内蒙古	6111	27	911	26	132.3	129.2	261.5	23
辽宁	33256	10	7501	13	429.9	460.1	890	16
吉林	18495	18	3006	20	128	115	243	24
黑龙江	21792	15	4144	18	146.6	135	281.6	22
上海	63008	3	22735	5	1205.2	1359.2	2564.4	6
江苏	85691	2	39681	3	2260.1	2504.4	4764.5	2
浙江	40479	9	33964	4	1266.3	1445.7	2712	5
安徽	23996	14	14958	7	564.9	649	1213.9	11
福建	17294	19	8963	11	543.1	642.8	1185.9	12
江西	12035	23	2744	21	255.8	310.7	566.5	18
山东	45314	7	20652	6	1753	1643.3	3396.3	4
河南	28882	11	6991	14	582.1	671.5	1253.6	9
湖北	47274	6	14178	8	700.6	822.1	1522.7	7
湖南	28342	12	8479	12	568.5	658.3	1226.8	10
广东	58384	4	59742	1	2343.6	2704.7	5048.3	1
广西	11999	24	3413	19	142.2	144.9	287.1	21
海南	4784	28	530	29	23.1	26.9	50	29
重庆	20753	17	6988	15	364.6	410.2	774.8	17
四川	42012	8	12053	9	637.8	737.1	1374.9	8
贵州	9151	25	1900	24	95.9	121.6	217.5	25
云南	12373	22	2174	23	157.8	187.3	345.1	19
西藏	477	31	79	31	2.9	3.7	6.6	31
陕西	51207	5	9843	10	460.9	532.4	993.3	13
甘肃	13673	20	1154	25	88.4	97.1	185.5	26
青海	2676	29	292	30	17.9	17.3	35.2	30
宁夏	2625	30	598	28	38.9	45.6	84.5	28
新疆	8878	26	856	27	57	64.3	121.3	27

注：1. "国际论文"指 SCI 收录的中国科技人员发表的论文。

2. "国内论文"指中国科学技术信息研究所研制的 CSTPCD 收录的自然科学领域和社会科学领域的论文。

3. 专利数据来源：2019 年国家知识产权局统计数据。

4. R&D 经费数据来源：2017 年和 2018 年全国科技经费投入统计公报。

图 4-1 为 2019 年中国各地区的 R&D 经费投入及论文和专利产出情况。由图中不难看出，目前中国各地区的论文产出水平和专利产出水平仍存在较大差距。论文总数显著高过发明专利数，反映出专利产出能力依旧薄弱的状况。加强中国专利的生产能力是我们需要重视的问题。此外，一些省（市）R&D 经费投入虽然不是很大，但相对的科技产出量还是较大的，如安徽和福建这两个地区的投入量分别排在第 14 与第 19 位，但专利授权数分别排在第 7 和第 11 位。

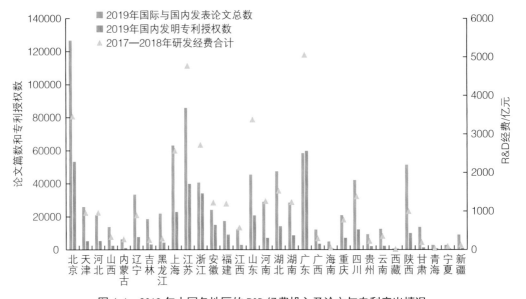

图 4-1　2019 年中国各地区的 R&D 经费投入及论文与专利产出情况

4.3.4　各地区科研产出结构分析

（1）国际国内论文比

国际国内论文比是某些地区当年的国际论文总数除以该地区当年的国内论文总数，该比值能在一定程度上反映该地区的国际交流能力及影响力。

2019 年中国国际国内论文比居前 10 位的地区大部分与 2017 年的相同，如表 4-13 所示。总体上，这 10 个地区的国际国内论文比都大于 1，表明这 10 个地区的国际论文产量均超过了国内论文。与 2018 年中国国际国内论文比居前 10 位的地区情况不同的是，2019 年，山东取代天津进入排名的前 10 位。国际国内论文比大于 1 的地区还有湖北、天津、安徽、陕西、辽宁、四川、重庆、江西、甘肃、河南和山西。国际国内论文比较小的地区为西藏、青海这两个边远的省（自治区），这两个地区的国际国内论文比低于 0.50。

表4-13　2019年各地区中国国际国内论文比情况

排名	地区	国际论文总篇数	国内论文总篇数	国际国内论文比
1	吉林	17924	7593	2.36
2	湖南	28205	11997	2.35
3	黑龙江	22229	10062	2.21
4	浙江	37496	17446	2.15
5	上海	58795	27659	2.13
6	江苏	81187	38466	2.11
7	北京	122683	60222	2.04
8	广东	50155	25751	1.95
9	福建	15189	7837	1.94
10	山东	37984	20197	1.88
11	湖北	42216	23055	1.83
12	天津	22747	12667	1.80
13	安徽	21021	12050	1.74
14	陕西	46090	26767	1.72
15	辽宁	28809	17195	1.68
16	四川	35340	21507	1.64
17	重庆	17160	10683	1.61
18	江西	9404	6324	1.49
19	甘肃	9470	7888	1.20
20	河南	18108	17518	1.03
21	山西	8718	8497	1.03
22	云南	6981	7789	0.90
23	广西	6345	7936	0.80
24	河北	10658	14817	0.72
25	内蒙古	2914	4393	0.66
26	贵州	3883	6553	0.59
27	宁夏	1112	1906	0.58
28	海南	1832	3465	0.53
29	新疆	3379	6651	0.51
30	青海	750	2173	0.35
31	西藏	107	398	0.27

（2）国际权威期刊载文分析

SCIENCE、*NATURE* 和 *CELL* 是国际公认的3个享有最高学术声誉的科技期刊。发表在三大名刊上的论文，往往都是经过世界范围内知名专家层层审读、反复修改而成的高质量、高水平的论文。2019年统计 Article 和 Review 两种类型的论文，中国论文数为155篇。

如表4-14所示，按第一作者地址统计，2019年中国内地第一作者在三大名刊上发表的论文（文献类型只统计了 Article 和 Review）共155篇，其中在 *NATURE* 上发

表 69 篇，*SCIENCE* 上发表 60 篇，*CELL* 上发表 26 篇。这 155 篇论文中，北京以发表 68 篇排名居第 1 位；上海以发表 28 篇排名居第 2 位；杭州以发表 9 篇排名居第 3 位；合肥以发表 9 篇并列第 3 位；西安以发表 8 篇排名居第 5 位；南京和深圳各发表 6 篇，并列第 6 位；武汉发表 4 篇，排名居第 8 位；广州和天津各发表 3 篇，并列第 9 位，其他城市均发表 1 篇。

表 4-14　2019 年中国内地第一作者发表在三大名刊上的论文城市分布

城市	机构总数	论文篇数	城市	机构总数	论文篇数
北京	23	68	沈阳	2	2
上海	14	28	成都	1	1
杭州	3	9	哈尔滨	1	1
合肥	1	9	济南	1	1
西安	4	8	昆明	1	1
南京	2	6	南昌	1	1
深圳	4	6	青岛	1	1
武汉	3	4	咸阳	1	1
广州	3	3	重庆	1	1
天津	1	3	珠海	1	1

注：　"机构总数"指在 *SCIENCE*、*NATURE* 和 *CELL* 上发表的论文第一作者单位属于该地区的机构总数。

4.4　讨论

2019 年中国科技人员作为第一作者共发表国际论文 770910 篇。北京、江苏、上海、广东、陕西、湖北、山东、浙江、四川和辽宁为产出国际论文数居前 10 位的地区；从论文被引情况看，这 10 个地区的论文被引次数也是排名居前 10 位的地区。西藏、宁夏和贵州等偏远地区由于论文基数较小，3 年国际论文总数平均增长速度较快。广东和山东是论文数排名居前 10 位、增速排名也居前 10 位的地区。

2019 年中国科技人员作为第一作者共发表国内论文 447830 篇。北京、天津、河北、山西、内蒙古、辽宁、吉林、黑龙江、上海地区较为高产，情况与 2018 年有所不同。青海、西藏和海南等省（自治区）3 年国内论文总数平均增长率位居全国前列，是 2019 年国内论文快速发展地区。

从 2017—2018 年 R&D 经费与 2019 年的科技论文和专利授权情况看，经费投入量较大的广东、江苏、北京、山东、浙江、上海、湖北和四川等地区，论文产出和专利授权数也居前 10 位。2017—2018 年广东在 R&D 经费投入方面居全国首位，其 2018 年国际与国内论文发表总数和国内发明专利授权数分别居全国各省（市、自治区）的第 4 和第 1 位。北京在 R&D 经费投入方面落后于广东、江苏，居全国第 3 位，但其 2019 年国际与国内发表论文总数和获得国内发明专利授权数分别居全国第 1 和第 2 位。

国际论文产量在所有科技论文中所占比例越来越大，国际论文数量超过国内论文数量的省（市）已达 21 个。2019 年中国内地第一作者在三大名刊上发表的论文共 155 篇，分属 20 个城市。其中，北京在三大名刊上发表的论文数最多，上海次之。

参考文献

[1]　中国科学技术信息研究所 . 2018 年度中国科技论文统计与分析（年度研究报告）[M]. 北京：
　　科学技术文献出版社，2018：22-34.

[2]　中国科学技术信息研究所 . 2017 年度中国科技论文统计与分析（年度研究报告）[M]. 北京：
　　科学技术文献出版社，2017：22-34.

[3]　国家知识产权局 . http：//www.sipo.gov.cn/tjxx/.

5 中国科技论文的机构分布情况

5.1 引言

科技论文作为科技活动产出的一种重要形式，能够在很大程度上反映科研机构的研究活跃度和影响力，是评估科研机构科技实力和运行绩效的重要依据。为全面系统考察2019年中国科研机构的整体发展状况及发展趋势，本章从国际上 3 个重要的检索系统（SCI、Ei、CPCI-S）和中国科技论文与引文数据库（CSTPCD）出发，从发文量、被引总次数、学科分布等多角度分析了 2019 年中国不同类型科研机构的论文发表状况。

5.2 数据与方法

SCI 数据采自汤森路透公司的国际上权威的科学文献数据库——"科学引文索引"（Science Citation Index Expanded）。CPCI-S 数据采自汤森路透公司的 Conference Proceedings Citation Index-Science 数据库。Ei 数据采自 Ei 工程索引数据库。在国内期刊上发表的论文采集自 CSTPCD。从以上数据库分别采集"地址"字段中含有"中国"的论文数据。

SCI 数据是基于 Article 和 Review 两类文献进行统计，CSTPCD 数据是基于论著、综述、研究快报和工业工程设计四类文献进行统计。还需指出的是，机构类型由二级单位性质决定，如高等院校附属医院归类于医疗机构。

下载的数据通过自编程序导入数据库 Foxpro 中。尽管这些数据库整体数据质量都不错，但还是存在不少不完全、不一致甚至是错误的现象，在统计分析之前，必须对数据进行清洗规范。本章所涉及的数据处理主要包括以下 3 项。

①分离出论文的第一作者及第一作者单位。

②作者单位不同写法标准化处理。例如，把单位的中文写法、英文写法、新旧名、不同缩写形式等采用程序结合人工方式统一编码处理。

③单位类型编码。采用机器结合人工方式给单位类型编码。

本章主要采用的方法有文献计量法、文献调研法、数据可视化分析等。为更好地反映中国科研机构研究状况，基于文献计量法思想，我们设计了发文量、被引总次数、篇均被引次数、未被引率等指标。

5.3　研究分析与结论

5.3.1　各机构类型 2019 年发表论文情况分析

2019年SCI、CPCI-S、Ei和CSTPCD收录中国科技论文的机构类型分布如表5-1所示。由表5-1可以看出，不论是国际论文（SCI、CPCI-S、Ei）还是国内论文（CSTPCD），高等院校都是中国科技论文产出的主要贡献者。与国际论文份额相比，高等院校的国内论文份额相对较低，为49.41%。研究机构发表国内论文占比11.64%，SCI占比9.43%，CPCI-S占比13.71%，Ei占比15.52%，占比较为接近。医疗机构发表国内论文占比较高，达29.26%。

表 5-1　2019 年 SCI、CPCI-S、Ei、CSTPCD 收录中国科技论文的机构类型分布

机构类型	SCI		CPCI-S		Ei		CSTPCD		合计	
	论文篇数	占比	论文篇数	占比	论文篇数	占比	论文篇数	占比	论文篇数	占比
高等院校	319794	75.09%	38355	74.92%	221696	77.10%	221283	49.41%	801128	66.07%
研究机构	40166	9.43%	7019	13.71%	44617	15.52%	52123	11.64%	143925	11.87%
医疗机构	62398	14.65%	3620	7.07%	4209	1.46%	131028	29.26%	201255	16.60%
企业	899	0.21%	2131	4.16%	616	0.21%	27967	6.25%	31613	2.61%
其他	2642	0.62%	70	0.14%	16412	5.71%	15429	3.45%	34553	2.85%
总计	425899	100.00%	51195	100.00%	287550	100.00%	447830	100.00%	1212474	100.00%

5.3.2　各机构类型被引情况分析

论文的被引情况可以大致反映论文的质量。表5-2为2010—2019年SCI收录的中国科技论文的各机构类型被引情况。由表5-2可以看出，中国科技论文的篇均被引次数为12.96次，未被引论文占比为13.15%。从篇均被引次数来看，研究机构发表论文的篇均被引次数最高，为16.72，高于平均水平12.96。除高等院校（13.03次）略高外，其他类型机构发表论文的篇均被引次数均低于平均水平，依次为医疗机构9.24次和企业9.26次。从未被引论文占比来看，研究机构发表的论文中未被引论文占比最低，为10.59%。其次为高等院校的13.14%，这两者都低于平均水平。高于平均水平的为企业的22.55%和医疗机构的15.36%。

表 5-2　SCI 收录的中国科技论文的各机构类型被引情况

机构类型	发文篇数	未被引论文篇数	总被引次数	篇均被引次数	未被引论文占比
高等院校	1882838	247375	24533003	13.03	13.14%
研究机构	277543	29382	4641294	16.72	10.59%
医疗机构	311956	47921	2881749	9.24	15.36%
企业	4958	1118	45896	9.26	22.55%
总计	2477295	325796	32101942	12.96	13.15%

数据来源：2010—2019 年 SCI 收录的中国科技论文。

5.3.3 各机构类型发表论文学科分布分析

表 5-3 为 CSTPCD 收录的各机构类型发表论文占比居前 10 位的学科分布。由表可以看出，在高等院校发表论文中，数学，信息、系统科学，管理学，力学，计算技术，物理学，材料科学，工程与技术基础学科，机械、仪表，动力与电气等学科论文占比较高，均超过了 70%，其中数学超过了 95%。从学科性质看，高等院校是基础科学等理论性研究的绝对主体。在研究机构发表的论文中，天文学，核科学技术，水产学，农学，航空航天，地学，林学，畜牧、兽医，预防医学与卫生学，能源科学技术等偏工程技术方面的应用性研究学科方面占比较多。在医疗机构发表论文中，学科占比居前 10 位的为临床医学、军事医学与特种医学、药物学、基础医学、中医学、预防医学与卫生学、生物学、核科学技术、管理学和计算技术。值得注意的是，其中生物学，查看其详细论文列表可以发现，生物学中多是分子生物学等与医学关系密切的学科。在企业发表的论文中，学科占比居前 10 位的为矿业工程技术，能源科学技术，交通运输，冶金、金属学，化工，轻工、纺织，土木建筑，动力与电气，核科学技术和电子、通信与自动控制。

表 5-3 CSTPCD 收录的各机构类型发表论文占比居前 10 位的学科分布

高等院校		研究机构		医疗机构		企业	
学科	占比	学科	占比	学科	占比	学科	占比
数学	96.82%	天文学	45.34%	临床医学	85.37%	矿业工程技术	36.00%
信息、系统科学	91.13%	核科学技术	44.54%	军事医学与特种医学	71.98%	能源科学技术	29.46%
管理学	90.15%	水产学	34.04%	药物学	52.87%	交通运输	25.64%
力学	85.05%	农学	33.16%	基础医学	49.32%	冶金、金属学	20.99%
计算技术	82.79%	航空航天	30.92%	中医学	45.11%	化工	18.64%
物理学	79.14%	地学	28.05%	预防医学与卫生学	37.80%	轻工、纺织	17.99%
材料科学	76.87%	林学	26.67%	生物学	6.45%	土木建筑	17.29%
工程与技术基础学科	76.68%	畜牧、兽医	23.28%	核科学技术	1.21%	动力与电气	15.80%
机械、仪表	75.74%	预防医学与卫生学	23.25%	管理学	1.04%	核科学技术	15.52%
动力与电气	73.90%	能源科学技术	23.23%	计算技术	0.83%	电子、通信与自动控制	14.99%

5.3.4 SCI、CPCI-S、Ei 和 CSTPCD 收录论文较多的高等院校

由表 5-4 可以看出，2019 年 SCI 收录中国论文数居前 10 位的高等院校总发文数 63766 篇，占收录的所有高等院校论文数的 19.94%；CPCI-S 收录中国论文数居前 10 位的高等院校总发文数 10766 篇，占所有高等院校论文数的 28.07%；Ei 收录中国论文数居前 10 位的高等院校总发文数 39881 篇，占所有高等院校论文数的 17.99%；CSTPCD

收录中国论文数居前 10 位的高等院校总发文数 37026 篇，占所有高等院校论文数的 16.73%。这说明中国高等院校发文集中在少数高等院校，并且国际论文的集中度高于国内论文的集中度。

表 5-4 2019 年 SCI、CPCI-S、Ei、CSTPCD 收录的高等院校 TOP 10 论文占比

SCI			CPCI-S			Ei			CSTPCD		
TOP 10 篇数	总篇数	占比	TOP 10 篇数	总篇数	占比	TOP 10 篇数	总篇数	占比	TOP 10 篇数	总篇数	占比
63766	319794	19.94%	10766	38355	28.07%	39881	221696	17.99%	37026	221283	16.73%

表 5-5 列出了 2019 年 SCI、CPCI-S、Ei 和 CSTPCD 收录论文数居前 10 位的高等院校。4 个列表进入前 10 位的高等院校有：上海交通大学、浙江大学和华中科技大学。进入 3 个列表的高等院校有：西安交通大学、清华大学和北京大学。进入 2 个列表的高等院校有：中南大学、中山大学、哈尔滨工业大学、吉林大学、四川大学。只进入 1 个列表的高等院校有：南京医科大学、复旦大学、电子科技大学、首都医科大学、北京邮电大学、华南理工大学、大连理工大学、天津大学和武汉大学。应该指出的是，我们不能简单地认为 4 个列表均进入前 10 位的学校就比只进入 2 个或 1 个前 10 位列表的学校要好。但是，进入前 10 位列表越多，大致可以说明该高等院校学科发展的覆盖程度和均衡程度较好。

由表 5-5 还可以看出，在被收录论文数居前的高等院校中，被收录的国际论文数已经超出了国内论文数。这说明中国较好高等院校的科研人员倾向在国际期刊、国际会议上发表论文。

表 5-5 2019 年 SCI、CPCI-S、Ei 和 CSTPCD 发表论文前 10 的高等院校

排名	SCI 高等院校（论文篇数）	CPCI-S 高等院校（论文篇数）	Ei 高等院校（论文篇数）	CSTPCD 高等院校（论文篇数）
1	浙江大学（8416）	清华大学（1493）	清华大学（4944）	首都医科大学（6028）
2	上海交通大学（8119）	上海交通大学（1333）	哈尔滨工业大学（4618）	上海交通大学（5594）
3	四川大学（6300）	北京大学（1256）	浙江大学（4519）	北京大学（4084）
4	中南大学（6296）	浙江大学（1181）	上海交通大学（4225）	四川大学（3641）
5	华中科技大学（6156）	电子科技大学（1025）	天津大学（4074）	武汉大学（3325）
6	清华大学（5968）	哈尔滨工业大学（960）	西安交通大学（3920）	华中科技大学（2962）
7	吉林大学（5940）	中山大学（905）	中南大学（3649）	浙江大学（2929）
8	中山大学（5769）	西安交通大学（889）	华中科技大学（3451）	吉林大学（2905）
9	北京大学（5445）	北京邮电大学（866）	华南理工大学（3339）	复旦大学（2840）
10	西安交通大学（5357）	华中科技大学（858）	大连理工大学（3142）	南京医科大学（2718）

注：按第一作者第一单位统计。

5.3.5　SCI、CPCI-S、Ei 和 CSTPCD 收录论文较多的研究机构

由表5-6可以看出，2019年SCI收录中国论文数居前10位的研究机构总论文数6697篇，占收录的所有研究机构论文数的16.67%；CPCI-S收录中国论文数居前10位的研究机构总论文数1378篇，占收录的所有研究机构论文数的19.63%；Ei收录中国论文数居前10位的研究机构总论文数5155篇，占收录的所有研究机构论文数的11.55%；CSTPCD收录中国论文数居前10位的研究机构总论文数6008篇，占收录的所有研究机构论文数的11.53%。和高等院校情况类似，中国研究机构发文也较为集中在少数研究机构，并且国际论文的集中度高于国内论文的集中度。与TOP 10高等院校被收录论文占比相比，TOP 10研究机构在SCI、CPCI-S、Ei和CSTPCD中被收录论文的占比要低于高等院校。说明研究机构在SCI、CPCI-S、Ei和CSTPCD中的集中度低于高等院校。

表 5-6　2019 年 SCI、CPCI-S、Ei、CSTPCD 收录的研究机构 TOP 10 论文占比

SCI			CPCI-S			Ei			CSTPCD		
TOP 10 篇数	总篇数	占比	TOP 10 篇数	总篇数	占比	TOP 10 篇数	总篇数	占比	TOP 10 篇数	总篇数	占比
6697	40166	16.67%	1378	7019	19.63%	5155	44617	11.55%	6008	52123	11.53%

表5-7列出了2019年SCI、CPCI-S、Ei和CSTPCD收录论文数居前10位的研究机构。中国工程物理研究院是唯一进入4个列表前10位的研究机构。中国科学院合肥物质科学研究院是唯一进入3个列表前10的研究机构。进入2个列表前10位的研究机构有：中国医学科学院肿瘤研究所、中国科学院长春应用化学研究所、中国科学院化学研究所、中国科学院金属研究所、中国科学院大连化学物理研究所、中国林业科学研究院、中国科学院地理科学与资源研究所、中国科学院合肥物质科学研究院和中国科学院生态环境研究中心。只进入1个列表前10位的研究机构有：中国水产科学研究院、中国科学院自动化研究所、中国科学院计算技术研究所、中国科学院电子学研究所、中国热带农业科学院、中国科学院上海硅酸盐研究所、中国中医科学院、中国科学院深圳先进技术研究院、中国科学院海洋研究所、山西省农业科学院、中国疾病预防控制中心、中国科学院物理研究所、中国食品药品检定研究院、中国科学院西安光学精密机械研究所、中国科学院半导体研究所、中国科学院信息工程研究所、中国科学院遥感与数字地球研究所、中国科学院长春光学精密机械与物理研究所。由表5-7可以看出，在被收录论文数靠前的研究机构中，被收录的国际科技论文数也超出了国内科技论文数。

表 5-7　2019 年 SCI、CPCI-S、Ei 和 CSTPCD 收录论文数居前 10 位的研究机构

排名	SCI	CPCI-S	Ei	CSTPCD
	研究机构（论文篇数）	研究机构（论文篇数）	研究机构（论文篇数）	研究机构（论文篇数）
1	中国工程物理研究院（1007）	中国科学院深圳先进技术研究院（199）	中国科学院合肥物质科学研究院（810）	中国中医科学院（1315）
2	中国科学院合肥物质科学研究院（814）	中国科学院计算技术研究所（176）	中国工程物理研究院（682）	中国疾病预防控制中心（769）

续表

排名	SCI	CPCI-S	Ei	CSTPCD
	研究机构（论文篇数）	研究机构（论文篇数）	研究机构（论文篇数）	研究机构（论文篇数）
3	中国科学院化学研究所（713）	中国科学院自动化研究所（167）	中国科学院金属研究所（554）	中国林业科学研究院（707）
4	中国科学院地理科学与资源研究所（711）	中国科学院信息工程研究所（157）	中国科学院长春应用化学研究所（506）	中国水产科学研究院（542）
5	中国科学院生态环境研究中心（701）	中国医学科学院肿瘤研究所（147）	中国科学院化学研究所（483）	中国科学院地理科学与资源研究所（519）
6	中国科学院长春应用化学研究所（641）	中国工程物理研究院（137）	中国科学院生态环境研究中心（460）	中国工程物理研究院（484）
7	中国科学院大连化学物理研究所（556）	中国科学院西安光学精密机械研究所（116）	中国科学院物理研究所（457）	中国食品药品检定研究院（460）
8	中国林业科学研究院（531）	中国科学院电子学研究所（105）	中国科学院大连化学物理研究所（426）	中国热带农业科学院（450）
9	中国科学院金属研究所（526）	中国科学院半导体研究所（88）	中国科学院上海硅酸盐研究所（400）	山西省农业科学院（386）
10	中国科学院海洋研究所（497）	中国科学院遥感与数字地球研究所（86）	中国科学院长春光学精密机械与物理研究所（377）	中国医学科学院肿瘤研究所（376）

注：按第一作者第一单位统计。

5.3.6 SCI、CPCI-S 和 CSTPCD 收录论文较多的医疗机构

由表 5-8 可以看出，2019 年 SCI 收录的中国论文数居前 10 位的医疗机构总发文数 9337 篇，占收录的所有医疗机构论文数的 14.96%；CPCI-S 收录的中国论文数居前 10 位的医疗机构总发文数 1401 篇，占收录的所有研究机构论文数的 38.70%；CSTPCD 收录的中国论文数居前 10 位的医疗机构总发文数 10781 篇，占收录的所有医疗机构发文数的 8.23%。和高等院校、研究机构情况类似的是，中国医疗机构国际论文的集中度高于国内论文的集中度，其中，国际会议论文的 TOP10 医疗机构的占比最高，为 29.70%。国内论文中居前 10 位医疗机构占医疗机构总发文数的 8.23%，与高等院校的 16.73% 和研究机构的 11.53% 相比差距较大。

表 5-8 2019 年 SCI、CPCI-S、CSTPCD 收录的医疗机构 TOP 10 论文占比

SCI			CPCI-S			CSTPCD		
TOP 10 篇数	总篇数	占比	TOP 10 篇数	总篇数	占比	TOP 10 篇数	总篇数	占比
9337	62398	14.96%	1401	3620	38.70%	10781	131028	8.23%

表 5-9 列出了 2019 年 SCI、CPCI-S 和 CSTPCD 收录的论文数居前 10 位的医疗机构。3 个列表均进入前 10 位的医疗机构有 3 个：解放军总医院、四川大学华西医院和江苏省人民医院。2 个列表进入前 10 位的医疗机构有 5 个：浙江大学第一附属医院、北京

协和医院、郑州大学第一附属医院、华中科技大学同济医学院附属同济医院和复旦大学附属中山医院。只进入 1 个列表前 10 位的有：中国医科大学附属盛京医院、吉林大学白求恩第一医院、中山大学附属第一医院、北京大学第一医院、哈尔滨医科大学附属第一医院、复旦大学附属肿瘤医院、中南大学湘雅医院、武汉大学人民医院、中山大学肿瘤防治中心、西安交通大学医学院第一附属医院和山东省肿瘤医院。除四川大学华西医院以外，被收录的论文数居前的医疗机构一般国际论文数要少于国内论文数。

表 5-9　2019 年 SCI、CPCI-S 和 CSTPCD 收录的论文居前 10 位的医疗机构

排名	SCI	CPCI-S	CSTPCD
	医疗机构（篇数）	医疗机构（篇数）	医疗机构（篇数）
1	四川大学华西医院（1881）	四川大学华西医院（310）	解放军总医院（1952）
2	北京协和医院（961）	解放军总医院（156）	四川大学华西医院（1468）
3	解放军总医院（951）	复旦大学附属肿瘤医院（132）	北京协和医院（1211）
4	中南大学湘雅医院（913）	中山大学附属第一医院（128）	武汉大学人民医院（1172）
5	浙江大学第一附属医院（856）	江苏省人民医院（124）	中国医科大学附属盛京医院（1000）
6	吉林大学白求恩第一医院（843）	浙江大学第一附属医院（123）	郑州大学第一附属医院（960）
7	郑州大学第一附属医院（831）	北京大学第一医院（115）	江苏省人民医院（771）
8	华中科技大学同济医学院附属同济医院（712）	中山大学肿瘤防治中心（106）	西安交通大学医学院第一附属医院（753）
9	复旦大学附属中山医院（704）	山东省肿瘤医院（104）	华中科技大学同济医学院附属同济医院（750）
10	江苏省人民医院（685）	复旦大学附属中山医院（103）	哈尔滨医科大学附属第一医院（744）

5.4　讨论

从国内外 4 个重要检索系统收录 2019 年中国科技论文的机构分布情况可以看出，高等院校是国际论文（SCI、Ei、CPCI-S）发表的绝对主体，平均占比约 75.70%，在国内论文发表上占据 49.41%，将近一半。医疗机构是国内论文发表的重要力量，占 29.26%，但它的国际论文占比要小得多。

从篇均被引次数和未被引率来看，研究机构发表论文的总体质量相对是最高的，其次为高等院校。

从学科性质看，高等院校是基础科学等理论性研究的绝对主体；研究机构在应用性研究学科方面相对活跃；医疗机构是医学领域研究的重要力量；企业在矿业工程技术，能源科学技术，交通运输、冶金、金属学，化工，轻工、纺织，土木建筑，动力与电气，核科学技术和电子、通信与自动控制等领域相对活跃。

中国高等院校发文集中度高，并且国际论文集中度高于国内论文的集中度。中国研究机构发文集中度也高，国际论文的集中度高于国内论文的集中度。医疗机构国内论文

的集中度远远低于高等院校和研究机构。

在被收录论文数居前的高等院校和研究机构中，国际论文发表数已经超出了国内论文发表数。除四川大学华西医院以外，被收录论文数的医疗机构一般国际论文数要少于国内论文数。

参考文献

[1]　中国科学技术信息研究所. 2017 年度中国科技论文统计与分析（年度研究报告）[M]. 北京：科学技术文献出版社，2019.

[2]　中国科学技术信息研究所. 2018 年度中国科技论文统计与分析（年度研究报告）[M]. 北京：科学技术文献出版社，2020.

6 中国科技论文被引情况分析

6.1 引言

论文是科研工作产出的重要体现。对科技论文的评价方式主要有 3 种：基于同行评议的定性评价、基于科学计量学指标的定量评价及二者相结合的评价方式。虽然对具体的评价方法存在诸多争议，但被引情况仍不失为重要的参考指标。在《自然》（NATURE）的一项关于计量指标的调查中，当允许被调查者自行设计评价的计量指标时，排在第 1 位的是在高影响因子的期刊上所发表的论文数量，被引情况排在第 3 位。

分析研究中国科技论文的国际、国内被引情况，可以从一个侧面揭示中国科技论文的影响，为管理决策部门和科研工作提供数据支撑。

6.2 数据与方法

本章在进行被引情况国际比较时，采用的是科睿唯安（Clarivate Analytics）出版的 ESI 数据。ESI 数据包括第一作者单位和非第一作者单位的数据统计。具体分析地区、学科和机构等分布情况时采用的数据有：2009—2019 年 SCI 收录的中国科技人员作为第一作者的论文累计被引数据；1988—2019 年 CSTPCD 收录的论文在 2019 年度被引数据。

6.3 研究分析与结论

6.3.1 国际比较

（1）总体情况

2010—2020 年（截至 2020 年 10 月）中国科技人员共发表国际论文 301.91 万篇，继续排在世界第 2 位，数量比 2019 年统计时增加了 15.8%；论文共被引 3605.71 万次，增加了 26.7%，排在世界第 2 位（表 6-1）。美国仍然保持在世界第 1 位。

表 6-1　中国各十年段科技论文被引次数世界排名变化

时间段	1998—2008 年	1999—2009 年	2000—2010 年	2001—2011 年	2002—2012 年	2003—2013 年	2004—2014 年	2005—2015 年	2006—2016 年	2007—2017 年	2008—2018 年	2009—2019 年	2010—2020 年
世界排名	10	9	8	7	6	5	4	4	4	2	2	2	2

注：按 SCI 数据库统计，检索时间 2020 年 9 月。

中国平均每篇论文被引 11.94 次，比 2019 年度统计时的 10.92 次 / 篇提高了 9.3%。世界整体篇均被引次数为 13.26 次，中国平均每篇论文被引次数与世界水平仍有一定的差距。

在 2010—2020 年发表科技论文累计超过 20 万篇以上的国家（地区）共有 22 个，按平均每篇论文被引次数排序，中国排在第 16 位。每篇论文被引次数大于世界整体水平的国家有 13 个。瑞士、荷兰、比利时、英国、瑞典、美国、加拿大、德国、法国、澳大利亚、意大利和西班牙的论文篇均被引次数超过 15 次（如表 6-2 所示）。

表 6-2　2010—2020 年发表科技论文数 20 万篇以上的国家（地区）论文数及被引情况

国家（地区）	论文数		被引情况		篇均被引情况	
	篇数	排名	次数	排名	次数	排名
美国	4205934	1	80453805	1	19.13	6
中国	3019068	2	36057149	2	11.94	16
英国	1068746	4	21240295	3	19.87	4
德国	1131812	3	20708536	4	18.30	8
法国	773555	6	13818958	5	17.86	9
加拿大	712343	7	13040162	6	18.31	7
意大利	704225	8	11845007	7	16.82	11
澳大利亚	637463	10	11334092	8	17.78	10
日本	847352	5	11307529	9	13.34	13
西班牙	610413	11	9933003	10	16.27	12
荷兰	420842	14	9350962	11	22.22	2
瑞士	314919	17	7330311	12	23.28	1
韩国	587993	12	7293015	13	12.40	14
印度	656758	9	6797314	14	10.35	18
瑞典	284063	19	5579579	15	19.64	5
比利时	231108	22	4667754	16	20.20	3
巴西	466067	13	4611085	17	9.89	19
中国台湾	281521	20	3476899	18	12.35	15
伊朗	328477	16	3134120	19	9.54	20
波兰	280990	21	2930617	20	10.43	17
俄罗斯	357473	15	2761637	21	7.73	22
土耳其	298834	18	2461328	22	8.24	21

注：1. 以 SCI 数据库统计，检索时间 2020 年 9 月。

　　2. 中国数据包括中国香港和澳门。

（2）学科比较

表 6-3 列出了 2010—2020 年中国各学科产出论文与世界平均水平对比。分析各学科论文数量、被引次数及其占世界的比例，中国有 8 个学科产出论文的比例超过世界该学科论文的 20%，分别是：化学、计算机科学、工程与技术基础学科、地学、材料科学、数学、分子生物学与遗传学和物理学。材料科学、化学和工程与技术基础学科等 3 个领

域论文的被引次数排名居世界第 1 位，农业科学、生物与生物化学、计算机科学、环境与生态学、地学、数学、药学与毒物学、物理学、植物学与动物学等 9 个领域论文的被引次数排名世界居第 2 位，综合类、微生物学和分子生物学与遗传学等 3 个领域论文的被引次数排名居世界第 3 位，免疫学排名世界居第 5 位。与 2019 年度相比，7 个学科领域的论文被引次数排位有所上升。

表 6-3　2010—2020 年中国各学科产出论文与世界平均水平比较

学科	论文情况		被引情况			排名变化	篇均被引次数	相对影响
	论文数量（篇）	占世界比例	被引次数	占世界比例	世界排名			
农业科学	75508	16.38%	795839	16.99%	2	—	10.54	1.04
生物与生物化学	138151	17.85%	1684592	12.36%	2	—	12.19	0.69
化学	516127	28.25%	8215221	28.12%	1	—	15.92	1.00
临床医学	326651	11.10%	3273179	8.28%	6	↑ 1	10.02	0.75
计算机科学	108137	26.45%	940420	27.00%	2	—	8.70	1.02
经济贸易	22098	7.34%	165611	5.67%	7	↑ 1	7.49	0.77
工程与技术基础学科	415934	27.89%	3824857	27.17%	1	—	9.20	0.97
环境与生态学	115497	19.79%	1313965	16.48%	2	—	11.38	0.83
地学	111055	22.10%	1337564	19.49%	2	—	12.04	0.88
免疫学	28346	10.40%	359405	6.84%	5	—	12.68	0.66
材料科学	348953	35.41%	5748403	36.16%	1	—	16.47	1.02
数学	98963	21.57%	499826	22.76%	2	—	5.05	1.05
微生物学	33262	15.01%	348087	9.72%	3	↑ 1	10.47	0.65
分子生物学与遗传学	106242	21.19%	1540655	12.72%	3	↑ 1	14.50	0.60
综合类	3419	14.61%	62360	14.71%	3	—	18.24	1.01
神经科学与行为学	52823	9.79%	657275	6.55%	6	↑ 2	12.44	0.67
药学与毒物学	83319	19.13%	862383	14.94%	2	—	10.35	0.78
物理学	268479	24.09%	2776267	20.94%	2	—	10.34	0.87
植物学与动物	98757	12.69%	993526	12.74%	2	—	10.06	1.00
精神病学与心理学	16717	3.72%	140573	2.43%	12	↑ 1	8.41	0.65
社会科学	34374	3.36%	289482	3.62%	7	↑ 6	8.42	1.08
空间科学	16256	10.51%	227659	7.81%	13	↓ 4	14.00	0.74

注：1. 统计时间截至 2020 年 9 月。

　　2.“↑ 1”的含义是：与上年度统计相比，位次上升了 1 位；“—”表示位次未变。

　　3. 相对影响：中国篇均被引次数与该学科世界平均值的比值。

（3）热点论文

近两年发表的论文在最近两个月得到大量引用，且被引次数进入本学科前 1‰的论文称为热点论文，这样的文章往往反映了最新的科学发现和研究动向，可以说是科学研究前沿的风向标。截至 2020 年 9 月，统计的中国热点论文数为 1375 篇，占世界热点论文总数的 38.4%，排在世界第 2 位，位次与 2019 年度保持不变。美国热点论文数最多，为 1586 篇，占世界热点论文总量的 44.3%，英国排名第 3 位，热点论文数 864 篇，德国和法国分别居第 4 位和第 5 位，热点论文数分别是 540 篇和 361 篇。

其中被引最高的一篇论文是 2020 年 2 月发表在 *LANCET* 上的，题为 "*Clinical features of patients infected with 2019 novel coronavirus in Wuhan，China*"。截至 2020 年 11 月已被引 6999 次，由 16 位作者署名、14 个机构参与。该论文是科技部重点专项资助产出的成果。

（4）CNS 论文

《科学》（*SCIENCE*）、《自然》（*NATURE*）和《细胞》（*CELL*）是国际公认的 3 个享有最高学术声誉的科技期刊。发表在三大名刊上的论文，往往都是经过世界范围内知名专家层层审读、反复修改而成的高质量、高水平论文。2019 年以上 3 种期刊共刊登论文 6456 篇，比 2018 年减少了 185 篇。其中中国论文为 425 篇，论文数减少了 4 篇，排在世界第 4 位，与 2018 年持平。美国仍然排在首位，论文数为 2562 篇。英国、德国分列第 2、第 3 位，排在中国之前。若仅统计 Article 和 Review 两种类型的论文，则中国有 335 篇，排在世界第 4 位，与 2018 年持平。

（5）最具影响力期刊上发表的论文

2019 年被引次数超过 10 万次且影响因子超过 30 的国际期刊有 8 种（*NATURE*、*SCIENCE*、*NEW ENGLAND JOURNAL OF MEDICINE*、*CELL*、*LANCET*、*CHEMICAL REVIEWS*、*JAMA-JOURNAL OF THE AMERICAN MEDICAL ASSOCIATION*、*CHEMICAL SOCIETY REVIEWS*），2019 年共发表论文 11893 篇，其中中国论文 796 篇，占总数的 6.7%，排在世界第 4 位。若仅统计 Article 和 Review 两种类型的论文，则中国有 522 篇，排在世界第 4 位，与 2018 年持平。

各学科领域影响因子最高的期刊可以被看作是世界各学科最具影响力期刊。2019 年 178 个学科领域中高影响力期刊共有 155 种，2019 年各学科高影响力期刊上的论文总数为 58290 篇。中国在这些期刊上发表的论文数为 13068 篇，比 2018 年增加 1750 篇，占世界的 22.4%，排在世界第 2 位。美国有 19561 篇，占 33.6%。

中国在这些高影响力期刊上发表的论文中有 9198 篇是受国家自然科学基金资助产出的，占 70.4%。发表在世界各学科高影响力期刊上的论文较多的高校是：中国科学院大学（627 篇）、清华大学（444 篇）、哈尔滨工业大学（399 篇）、浙江大学（391 篇）、上海交通大学（390 篇）和中国石油大学（370 篇）。

6.3.2 时间分布

图 6-1 为 2010—2019 年 SCI 被引情况时间分布。可以发现，SCI 被引的峰值为 2013 年和 2014 年，表明 SCI 收录论文更倾向于引用较早出版的文献。

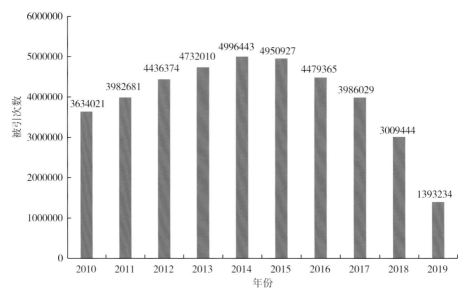

图 6-1　2010—2019 年 SCI 被引情况时间分布

6.3.3　地区分布

2010—2019 年 SCI 收录论文总被引次数居前 3 位的地区为北京、江苏和上海，篇均被引次数居前 3 位的地区为福建、上海和安徽，未被引论文比例较低的 3 个地区为甘肃、湖北和黑龙江（如表 6-4 所示）。进入 3 个排名列表前 10 位的地区有江苏、湖北、北京和上海；进入 2 个排名列表前 10 位的地区有福建、辽宁、天津、甘肃和浙江；只进入 1 个列表前 10 位的地区有陕西、四川、安徽、黑龙江、广东、山东、湖南和吉林。

表 6-4　2010—2019 年 SCI 收录中国科技论文被引情况地区分布

排名	总被引情况		篇均被引情况		未被引情况	
	地区	总被引次数	地区	篇均被引次数	地区	占比
1	北京	6076083	福建	14.40	甘肃	13.96%
2	江苏	3353021	上海	14.20	湖北	14.35%
3	上海	3303353	安徽	14.15	黑龙江	14.73%
4	广东	2031262	吉林	14.14	福建	14.80%
5	湖北	1820109	北京	13.99	江苏	15.06%
6	浙江	1691071	湖北	13.59	湖南	15.08%
7	陕西	1408875	甘肃	13.48	天津	15.12%
8	山东	1406784	天津	13.14	上海	15.12%
9	辽宁	1212341	江苏	12.69	辽宁	15.38%
10	四川	1086029	浙江	12.61	北京	15.47%

6.3.4　学科分布

2010—2019 年 SCI 收录论文总被引次数居前 3 位的学科为化学、生物学和材料科学，篇均被引次数居前 3 位的学科为化学、能源科学技术和化工，未被引论文比例较低的 3 个学科为动力与电气、安全科学技术和能源科学技术（如表 6-5 所示）。进入 3 个排名列表前 10 位的学科有化学、环境科学学科；进入 2 个排名列表前 10 位的学科有生物学、天文学、材料科学、动力与电气、能源科学技术、管理学、化工、安全科学技术学科；只进入 1 个前 10 位列表的学科有电子、通信与自动控制，物理学，轻工、纺织，力学，计算技术，临床医学，地学和基础医学。

表 6-5 2010—2019 年 SCI 收录中国科技论文被引情况学科分布

排名	总被引情况		篇均被引情况		未被引情况	
	学科	总被引次数	学科	篇均被引次数	学科	占比
1	化学	9113388	化学	20.65	动力与电气	7.13%
2	生物学	4055177	能源科学技术	18.12	安全科学技术	8.15%
3	材料科学	3164299	化工	16.81	能源科学技术	8.27%
4	临床医学	3022406	环境科学	16.24	化工	8.38%
5	物理学	2783792	材料科学	14.82	化学	9.44%
6	基础医学	1616598	安全科学技术	14.41	轻工、纺织	9.51%
7	电子、通信与自动控制	1441102	天文学	14.33	天文学	9.99%
8	环境科学	1408017	动力与电气	13.90	环境科学	10.14%
9	地学	1263125	管理学	13.49	管理学	10.40%
10	计算技术	1255982	生物学	12.90	力学	11.30%

6.3.5 高被引论文

中国各学科论文在 2010—2020 年的被引次数进入世界前 1% 的高被引国际论文为 37170 篇，占世界份额为 23.0%，数量比 2019 年增加了 20.9%，排在世界第 2 位，位次与 2019 年度保持不变，占世界份额提升了近 3 个百分点。美国排在第 1 位，高被引论文数为 75146 篇，占世界份额为 46.4%。英国排名第 3 位，高被引论文数为 29976 篇，占世界份额为 18.5%。德国和法国分别排在第 4 和第 5 位，高被引论文数分别为 19397 篇和 12858 篇，分别占世界份额为 12.0% 和 7.9%。表 6-6 列出了 2010—2020 年中国高被引论文中被引次数居前 10 位的论文。

表 6-6 2010—2020 年中国高被引论文中被引次数居前 10 位的论文

学科	累计被引次数	第一作者单位	前三作者	来源
临床医学	7832	中国医学科学院肿瘤医院	CHEN W Q, ZHENG R S, BAADE P D	*CA-A CANCER JOURNAL FOR CLINICIANS* 2016，66（2）：115–132

续表

学科	累计被引次数	第一作者单位	前三作者	来源
化学	5479	北京科技大学	LU T，CHEN F W	*JOURNAL OF COMPUTATIONAL CHEMISTRY* 2012，33（5）：580–592
化学	5162	南华大学	WANG G P，ZHANG L，ZHANG J J	*CHEMICAL SOCIETY REVIEWS* 2012，41（2）：797–828
生物学与生物化学	4457	华大基因	QIN J J，LI R Q，RAES J	*NATURE* 2010，464（7285）：59–70
化学	4049	浙江大学	CUI Y J，YUE Y F，QIAN G D	*CHEMICAL REVIEWS* 2012，112（2）：1126–1162
材料科学	3949	复旦大学	LI L K，YU Y J，YE G J	*NATURE NANOTECHNOLOGY* 2014，9（5）：372–377
工程与技术基础学科	3628	中国科学技术大学	REN S Q，HE K M，GIRSHICK R	*IEEE TRANSACTIONS ON PATTERN ANALYSIS AND MACHINE INTELLIGENCE* 2017，39（6）：1137–1149
环境生态学	3394	广东工业大学	FU F L，WANG Q	*JOURNAL OF ENVIRONMENTAL MANAGEMENT* 2011，92（3）：407–418
物理学	3178	华南理工大学	HE Z C，ZHONG C M，SU S J	*NATURE PHOTONICS* 2012，6（9）：591–595
材料科学	2970	中国科学院金属研究所	LIU C，LI F，MA L P	*ADVANCED MATERIALS* 2010，22（8）：28

注：1. 统计截至 2020 年 9 月。

2. 对于作者总人数超过 3 人的论文，本表作者栏中仅列出前 3 位。

6.3.6　机构分布

（1）高等院校

表 6-7 列出了 CSTPCD 被引篇数、被引次数、SCI 被引篇数、被引次数这 4 个列表中排名靠前的高等院校。

其中，上海交通大学的 CSTPCD 被引篇数排名第一，北京大学 CSTPCD 被引次数排名第一；浙江大学的 SCI 被引篇数及被引次数均排名第一；清华大学的 SCI 被引次数排名第二，SCI 被引篇数排名第三；上海交通大学的 SCI 被引篇数排名第二，SCI 被引次数排名第三。

表 6-7 CSTPCD 和 SCI 被引情况排名居前的高等院校

高等院校	CSTPCD 被引情况				SCI 被引情况			
	篇数	排名	次数	排名	篇数	排名	次数	排名
上海交通大学	16444	1	26646	2	777993	2	50284	3
首都医科大学	15264	2	23713	3	149614	28	14475	50
北京大学	14994	3	29100	1	702153	4	36747	4
浙江大学	11735	4	21827	4	918751	1	52772	1
武汉大学	10844	5	20014	5	402725	14	23991	16
中南大学	10776	6	18226	7	416416	10	29349	14
四川大学	10419	7	17191	9	474464	5	34805	9
同济大学	10346	8	17670	8	324524	18	21338	21
华中科技大学	9727	9	16603	11	560289	6	33638	6
中山大学	9341	10	16088	12	526807	8	31351	7
清华大学	8903	11	19185	6	855637	3	40468	2
复旦大学	8633	12	15150	14	614777	7	32615	5
吉林大学	8408	13	14369	17	430818	9	29856	12
中国石油大学	7657	14	14485	15	162846	35	12675	41
西北农林科技大学	7553	15	15294	13	154160	42	11555	46

（2）研究机构

表 6-8 列出了 CSTPCD 被引篇数、被引次数和 SCI 被引篇数、被引次数排名居前的研究机构。其中，中国中医科学院的 CSTPCD 被引篇数排名第一；中国科学院地理科学与资源研究所的 CSTPCD 被引次数排名第一；中国疾病预防控制中心的 CSTPCD 被引篇数和被引次数均排名第三。

表 6-8 CSTPCD 和 SCI 被引情况排名居前的研究机构

研究机构	CSTPCD 被引情况				SCI 被引情况			
	篇数	排名	次数	排名	篇数	排名	次数	排名
中国中医科学院	4697	1	8314	2	1594	44	19564	60
中国科学院地理科学与资源研究所	3291	2	11164	1	3863	9	67494	16
中国疾病预防控制中心	3028	3	6918	3	2367	25	49671	20
中国林业科学研究院	2790	4	5411	4	2275	29	24258	50
中国水产科学研究院	2727	5	4779	6	2332	27	23679	51
中国科学院长春光学精密机械与物理研究所	1605	6	2649	13	1831	37	28438	40
江苏省农业科学院	1570	7	2779	12	1009	77	10573	94
中国科学院地质与地球物理研究所	1465	8	4828	5	3439	14	64624	17
中国科学院寒区旱区环境与工程研究所	1382	9	2992	11	1577	45	27560	43
中国热带农业科学院	1377	10	2103	18	1163	65	12097	89
中国科学院生态环境研究中心	1217	11	3218	10	4666	6	110549	6

研究机构	CSTPCD 被引情况				SCI 被引情况			
	篇数	排名	次数	排名	篇数	排名	次数	排名
中国工程物理研究院	1192	12	1571	30	4966	5	44539	23
中国医学科学院肿瘤研究所	1126	13	3251	8	1609	43	23485	53
中国环境科学研究院	1014	14	2138	16	1010	76	17669	70
中国水利水电科学研究院	1010	15	1934	22	737	98	6720	121

（3）医疗机构

表 6-9 列出了 CSTPCD 被引篇数、被引次数和 SCI 被引篇数、被引次数排名居前的医疗机构。其中，解放军总医院的 CSTPCD 被引篇数和被引次数均排名第一；四川大学华西医院的 CSTPCD 被引篇数排名第二，CSTPCD 被引篇数排名第三；北京协和医院的 CSTPCD 被引篇数排名第三、CSTPCD 被引次数排名第二；四川大学华西医院的 SCI 被引篇数和被引次数排名第一；解放军总医院的 SCI 被引篇数和被引次数排名第二。

表 6-9 CSTPCD 和 SCI 被引情况排名居前的医疗机构

医疗机构	CSTPCD 被引情况				SCI 被引情况			
	篇数	排名	次数	排名	篇数	排名	次数	排名
解放军总医院	8872	1	13379	1	8419	2	98415	2
四川大学华西医院	3632	2	5953	3	10495	1	121120	1
北京协和医院	3506	3	6002	2	4349	5	46113	14
武汉大学人民医院	2342	4	3392	8	2695	27	27694	34
中国医科大学附属盛京医院	2310	5	3459	7	2501	29	24453	41
华中科技大学同济医学院附属同济医院	2298	6	3662	5	4567	3	60560	3
北京大学第一医院	2155	7	3696	4	2160	35	27183	35
郑州大学第一附属医院	2116	8	3332	9	3543	15	34559	26
北京大学第三医院	2068	9	3500	6	1985	41	22979	44
中国人民解放军东部战区总医院	1992	10	3211	10	2619	28	39672	20
江苏省人民医院	1901	11	2882	13	3975	8	58461	4
海军军医大学第一附属医院（上海长海医院）	1791	12	2833	14	2387	31	31534	28
北京大学人民医院	1766	13	3097	11	2105	37	24945	40
首都医科大学宣武医院	1751	14	2791	15	1540	58	18590	58
首都医科大学附属北京安贞医院	1729	15	2503	20	1489	60	15090	67

6.4 讨论

从 10 年段国际被引来看，中国科技论文被引次数、世界排名均呈逐年上升趋势，这说明中国科技论文的国际影响力在逐步上升。尽管中国平均每篇论文被引次数与世界平均值还有一定的差距，但提升速度相对较快。

中国各学科论文在 2010—2020 年累计被引次数进入世界前 1% 的高被引国际论文为 37170 篇，占世界份额为 23.0%，数量比 2019 年增加了 20.9%，排在世界第 2 位，位次与 2019 年度保持不变，占世界份额提升了近 3 个百分点。近两年间发表的论文在最近两个月得到大量引用，且被引次数进入本学科前 1‰的论文称为热点论文，这样的文章往往反映了最新的科学发现和研究动向，可以说是科学研究前沿的风向标。截至 2020 年 9 月统计的中国热点论文数为 1375 篇，占世界热点论文总数的 38.4%，排在世界第 2 位，位次与 2019 年度保持不变。2019 年 *SCIENCE*、*NATURE* 和 *CELL* 三大名刊上共刊登论文 6456 篇，比 2018 年减少了 185 篇。其中中国论文为 425 篇，论文数减少了 4 篇，排在世界第 4 位，与 2018 年持平。

2010—2019 年 SCI 收录论文总被引次数居前 3 位的地区为北京、江苏和上海，篇均被引次数居前 3 位的地区为福建、上海和安徽，未被引论文比例较低的 3 个地区为甘肃、湖北和黑龙江。

2010—2019 年 SCI 收录论文总被引次数居前 3 位的学科为化学、生物和材料科学，篇均被引次数居前 3 位的学科为化学、能源科学技术和化工，未被引论文比例较低的 3 个学科为动力与电气、安全科学技术和能源科学技术。

7 中国各类基金资助产出论文情况分析

本章以 2019 年 CSTPCD 和 SCI 为数据来源，对中国各类基金资助产出论文情况进行了统计分析，主要分析了基金资助来源、基金论文的文献类型分布、机构分布、学科分布、地区分布、合著情况及其被引情况，此外还对 3 种国家级科技计划项目的投入产出效率进行了分析。统计分析表明，中国各类基金资助产出的论文处于不断增长的趋势之中，且已形成了一个以国家自然科学基金、科技部计划项目资助为主，其他部委和地方基金、机构基金、公司基金、个人基金和海外基金为补充的、多层次的基金资助体系。对比分析发现，CSTPCD 和 SCI 数据库收录的基金论文在基金资助来源、机构分布、学科分布、地区分布上存在一定的差异，但整体上保持了相似的分布格局。

7.1 引言

早在 17 世纪之初，弗兰西斯·培根就曾在《学术的进展》一书中指出，学问的进步有赖于一定的经费支持。科学基金制度的建立和科学研究资助体系的形成为这种支持的连续性和稳定性提供了保障。中华人民共和国成立以来，中国已经初步形成了国家（国家自然科学基金、科技部 973 计划、863 计划和科技支撑计划等基金）为主，地方（各省级基金）、机构（大学、研究机构基金）、公司（各公司基金）、个人（私人基金）和海外基金等为补充的多层次的资助体系。这种资助体系作为科学研究的一种运作模式，为推动中国科学技术的发展发挥了巨大作用。

由基金资助产出的论文称为基金论文，对基金论文的研究具有重要意义：基金资助课题研究都是在充分论证的基础上展开的，其研究内容一般都是国家目前研究的热点问题；基金论文是分析基金资助投入与产出效率的重要基础数据之一；对基金资助产出论文的研究，是不断完善中国基金资助体系的重要支撑和参考依据。

中国科学技术信息研究所自 1989 年起每年都会在其《中国科技论文统计与分析（年度研究报告）》中对中国的各类基金资助产出论文情况进行统计分析，其分析具有数据质量高、更新及时、信息量大等特征，是及时了解相关动态的最重要信息来源。

7.2 数据与方法

本章研究的基金论文主要来源于两个数据库：CSTPCD 和 SCI 网络版。本章所指的中国各类基金资助限定于附表 39 列出的科学基金与资助。

2019 年 CSTPCD 延续了 2018 年对基金资助项目的标引方式，最大限度地保持统计项目、口径和方法的延续性。SCI 数据库自 2009 年起其原始数据中开始有基金字段，中国科技信息研究所也自 2009 年起开始对 SCI 收录的基金论文进行统计。SCI 数据的标引采用了与 CSTPCD 相一致的基金项目标引方式。

CSTPCD 和 SCI 数据库分别收录符合其遴选标准的中国和世界范围内的科技类期刊，CSTPCD 收录论文以中文为主，SCI 收录论文以英文为主。两个数据库收录范围互为补充，能更加全面地反映中国各类基金资助产出科技期刊论文的全貌。值得指出的是，由于 CSTPCD 和 SCI 收录期刊存在少量重复现象，所以在宏观的统计中其数据加和具有一定的科学性和参考价值，但是用于微观的计算时两者基金论文不能做简单的加和。本章对这两个数据库收录的基金论文进行了统计分析，必要时对比归纳了两个数据库收录基金论文在对应分析维度上的异同。文中的"全部基金论文"指所论述的单个数据库收录的全部基金论文。

本章的研究主要使用了统计分析的方法，对 CSTPCD 和 SCI 收录的中国各类基金资助产出论文的基金资助来源、文献类型分布、机构分布、学科分布、地区分布、合著情况进行了分析，并在最后计算了 3 种国家级科技计划项目的投入产出效率。

7.3　研究分析和结论

7.3.1　中国各类基金资助产出论文的总体情况

（1）CSTPCD 收录基金论文的总体情况

根据 CSTPCD 数据统计，2019 年中国各类基金资助产出论文共计 328222 篇，占当年全部论文总数（447831 篇）的 73.29%。如表 7-1 所示，与 2018 年相比，2019 年全部论文减少 6688 篇，增长率为 –1.47%；2019 年基金论文总数增加了 8758 篇，增长率为 2.74%。

表 7-1　2014—2019 年 CSTPCD 收录中国各类基金资助产出论文情况

年份	论文总篇数	基金论文篇数	基金论文比	全部论文增长率	基金论文增长率
2014	497849	306789	61.62%	–3.68%	3.17%
2015	493530	299231	60.63%	–0.87%	–2.46%
2016	494207	325900	65.94%	0.14%	8.91%
2017	472120	322385	68.28%	–4.47%	–1.08%
2018	454519	319464	70.28%	–3.73%	–0.91%
2019	447831	328222	73.29%	–1.47%	2.74%

（2）SCI 收录基金论文的总体情况

2019 年，SCI 收录中国科技论文（Article 和 Review 类型）总数为 425899 篇，其中 383187 篇是在基金资助下产生，基金论文比为 89.97%。如表 7-2 所示，2019 年中国全部 SCI 论文总量较 2018 年增长 68494 篇，增长率为 19.16%，基金论文总数与 2018 年相比增长了 64281 篇，增长率为 20.16%。

表 7-2 　2014—2019 年 SCI 收录中国各类基金资助产出论文情况

年份	论文总篇数	基金论文篇数	基金论文比	全部论文增长率	基金论文增长率
2014	225097	196890	87.47%	16.81%	17.90%
2015	253581	173388	68.38%	12.65%	−11.94%
2016	302098	263942	87.37%	19.13%	52.23%
2017	309958	276669	89.26%	2.60%	4.82%
2018	357405	318906	89.23%	15.31%	15.27%
2019	425899	383187	89.97%	19.16%	20.16%

（3）中国各类基金资助产出论文的历时性分析

图 7-1 以红色柱状图和绿色折线图分别给出了 2014—2019 年 CSTPCD 收录基金论文的数量和基金论文比；以浅紫色柱状图和蓝色折线图分别给出了 2014—2019 年 SCI 收录基金论文的数量和基金论文比。综合表 7-1、表 7-2 及图 7-1 可知，CSTPCD 收录中国各类基金资助产出的论文数和基金论文比在 2014—2019 年虽然有数量上的微小浮动，但整体都保持了较为平稳的上升态势。SCI 收录的中国各类基金资助产出的论文数和基金论文比在 2014—2019 年，2015 年下降明显，2016 年上升明显，2018 年比 2017 年降低了 0.03 个百分点，2019 年比 2018 年上升了 0.74 个百分点。

总体来说，随着中国科技事业的发展，中国的科技论文数量有较大的提高，基金论文的数量也平稳增长，基金论文在所有论文中所占比重也在不断增长，基金资助正在对中国科技事业的发展发挥越来越大的作用。

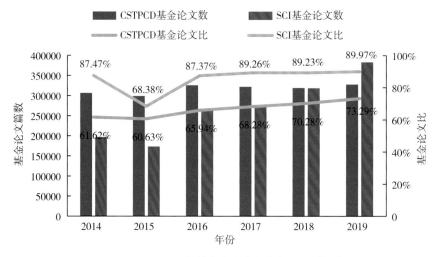

图 7-1 　2014—2019 年基金资助产出论文的历时性变化

7.3.2 基金资助来源分析

(1) CSTPCD 收录基金论文的基金资助来源分析

附表 39 列出了 2019 年 CSTPCD 收录的中国各类基金与资助产出的论文数及占全部基金论文的比例。表 7-3 列出了 2019 年 CSTPCD 产出基金论文居前 10 位的国家级和各部委基金资助来源及其产出论文的情况（不包括省级各项基金项目资助）。

由表 7-3 可以看出，在 CSTPCD 数据库中，2019 年中国各类基金资助产出论文排在首位的仍然是国家自然科学基金委员会，其次是科学技术部，由这两种基金资助来源产出的论文占到了全部基金论文的 50.29%。

根据 CSTPCD 数据统计，2019 年由国家自然科学基金委员会资助产出论文共计121615 篇，占全部基金论文的 37.05%，这一比例较 2018 年降低了 0.41 个百分点。与2018 年相比，2019 年由国家自然科学基金委员会资助产出的基金论文增加了 1947 篇，增幅为 1.63%。

2019 年由科学技术部的基金资助产出论文共计 43464 篇，占全部基金论文的13.24%，这一比例较 2018 年增加了 1.76 个百分点。与 2018 年相比，2019 年由科学技术部的基金资助产出的基金论文增加了 6793 篇，增幅为 18.52%。

表 7-3　2019 年 CSTPCD 产出论文数居前 10 位的国家级和各部委基金资助来源

基金资助来源	2019 年			2018 年		
	基金论文篇数	占全部基金论文的比例	排名	基金论文篇数	占全部基金论文的比例	排名
国家自然科学基金委员会	121615	37.05%	1	119668	37.46%	1
科学技术部	43464	13.24%	2	36671	11.48%	2
教育部	4522	1.38%	3	5166	1.62%	3
农业农村部	3793	1.16%	4	3902	1.22%	4
国家社会科学基金	3071	0.94%	5	3096	0.97%	5
军队系统	1747	0.53%	6	2317	0.73%	6
中国科学院	1690	0.51%	7	1484	0.46%	9
国家中医药管理局	1519	0.46%	8	1864	0.58%	7
国土资源部	1485	0.45%	9	1570	0.49%	8
人力资源和社会保障部基金项目	1032	0.31%	10	1148	0.36%	10

数据来源：CSTPCD。

省一级地方（包括省、自治区、直辖市）设立的地区科学基金产出论文是全部基金资助产出论文的重要组成部分。根据 CSTPCD 数据统计，2019 年省级基金资助产出论文 95666 篇，占全部基金论文产出数量的 29.15%。如表 7-4 所示，2019 年江苏省基金资助产出论文数量为 6600 篇，占全部基金论文比例的 2.01%，在全国 31 个省级基金资助中位列第一。地区科学基金的存在，有力地促进了中国科技事业的发展，丰富了中国基金资助体系层次。

表 7-4　2019 年 CSTPCD 产出论文数居前 10 位的省级基金资助来源

基金资助来源	2019 年			2018 年		
	基金论文篇数	占全部基金论文的比例	排名	基金论文篇数	占全部基金论文的比例	排名
江苏	6600	2.01%	1	6744	2.11%	1
广东	5772	1.76%	2	5822	1.82%	3
上海	5769	1.76%	3	6095	1.91%	2
陕西	5499	1.68%	4	5084	1.59%	5
北京	5452	1.66%	5	5516	1.73%	4
河北	5414	1.65%	6	4808	1.51%	6
浙江	5153	1.57%	7	4615	1.44%	7
四川	5045	1.54%	8	4314	1.35%	9
河南	4828	1.47%	9	4540	1.42%	8
山东	4460	1.36%	10	4215	1.32%	10

数据来源：CSTPCD。

由科技部设立的中国的科技计划主要包括：基础研究计划、[国家自然科学基金和国家重点基础研究发展计划（973 计划）]、国家科技支撑计划、高技术研究发展计划（863 计划）、科技基础条件平台建设、政策引导类计划等。此外，教育部、国家卫生和计划生育委员会等部委及各省级政府科技厅、教育厅、卫生和计划生育委员会都分别设立了不同的项目以支持科学研究。表 7-5 列出了 2019 年 CSTPCD 产出基金论文数居前 10 名的基金资助计划（项目）。根据 CSTPCD 数据统计，国家自然科学基金项目以产出 121615 篇论文遥居首位。

表 7-5　2019 年 CSTPCD 产出基金论文数居前 10 名的基金资助计划（项目）

排名	基金资助计划（项目）	基金论文篇数	占全部基金论文的比例
1	国家自然科学基金委员会基金项目	121615	37.05%
2	国家科技重大专项	7089	2.16%
3	江苏省基金项目	6600	2.01%
4	广东省基金项目	5772	1.76%
5	上海市基金项目	5769	1.76%
6	陕西省基金项目	5499	1.68%
7	北京市基金项目	5452	1.66%
8	河北省基金项目	5414	1.65%
9	浙江省基金项目	5153	1.57%
10	四川省基金项目	5045	1.54%

数据来源：CSTPCD。

（2）SCI 收录基金论文的基金资助来源分析

2019 年，SCI 收录中国各类基金资助产出论文共计 383187 篇。表 7-6 列出了 2019 年 SCI 产出基金论文数居前 6 位的国家级和各部委基金资助来源。其中，国家自然科学基金委员会以支持产生 213836 篇论文高居首位，占全部基金论文的 55.80%；排在第 2 位的是科学技术部，在其支持下产出了 49248 篇论文，占全部基金论文的 12.85%；教育部以支持产生 6904 篇论文居第 3 位，占全部基金论文的 1.80%。

表 7-6 2019 年 SCI 产出基金论文数居前 6 位的国家级和各部委基金资助来源

基金资助来源	2019 年			2018 年		
	基金论文篇数	占全部基金论文的比例	排名	基金论文篇数	占全部基金论文的比例	排名
国家自然科学基金委员会	213836	55.80%	1	184822	57.96%	1
科学技术部	49248	12.85%	2	37374	11.72%	2
教育部	6904	1.80%	3	6060	1.90%	3
中国科学院	3814	1.00%	4	2964	0.93%	4
人力资源和社会保障部	2361	0.62%	5	2129	0.67%	5
国家社会科学基金	1047	0.27%	6	659	0.21%	6

数据来源：SCI。

根据 SCI 数据统计，2019 年省一级地方（包括省、自治区、直辖市）设立的地区科学基金产出论文 42158 篇，占全部基金论文的 11.00%。表 7-7 列出了 2019 年产出基金论文数居前 10 位的省级基金资助来源，其中江苏以支持产出 4799 篇基金论文位居第 1 位，其后分别是广东和浙江，分别支持产出 3764 篇和 3754 篇基金论文。

表 7-7 2019 年产出基金论文数居前 10 位的省级基金资助来源

基金资助来源	2019 年			2018 年		
	基金论文篇数	占全部基金论文的比例	排名	基金论文篇数	占全部基金论文的比例	排名
江苏	4799	1.25%	1	4426	1.39%	1
广东	3764	0.98%	2	3311	1.04%	3
浙江	3754	0.98%	3	3564	1.12%	2
山东	3697	0.96%	4	2978	0.93%	5
北京	3186	0.83%	5	2641	0.83%	6
上海	3111	0.81%	6	3074	0.96%	4
四川	1775	0.46%	7	1577	0.49%	7
河南	1665	0.43%	8	1120	0.35%	11
陕西	1392	0.36%	9	1238	0.39%	8
安徽	1355	0.35%	10	933	0.29%	16

数据来源：SCI。

根据 SCI 数据统计，2019 年只有国家自然科学基金委员会基金项目产出的论文超过了 10000 篇，为 213836 篇，占全部基金论文数的 55.80%。排在第 2 位的是教育部基金项目，产出 6904 篇论文，占全部基金论文数的 1.80%（如表 7-8 所示）。

表 7-8　2019 年产出基金论文数居前 10 位的基金资助计划（项目）

排名	基金资助计划（项目）	基金论文篇数	占全部基金论文的比例
1	国家自然科学基金委员会基金项目	213836	55.80%
2	教育部基金项目	6904	1.80%
3	江苏省基金项目	4799	1.25%
4	国家重点基础研究发展计划（973 计划）	4208	1.10%
5	中国科学院基金项目	3814	1.00%
6	广东省基金项目	3764	0.98%
7	浙江省基金项目	3754	0.98%
8	山东省基金项目	3697	0.96%
9	北京市基金项目	3186	0.83%
10	上海市基金项目	3111	0.81%

数据来源：SCI。

（3）CSTPCD 和 SCI 收录基金论文的基金资助来源的异同

通过对 CSTPCD 和 SCI 收录基金论文的分析可以看出，目前中国已经形成了一个以国家（国家自然科学基金、国家科技重大专项和国家重点基础研究发展计划等）为主、地方（各省级基金）、机构（大学、研究机构基金）、公司（各公司基金）、个人（私人基金）、海外基金等为补充的多层次的资助体系。无论是 CSTPCD 收录的基金论文或者是 SCI 收录的基金论文，都是在这一资助体系下产生，所以其基金资助来源必然呈现出一定的一致性，这种一致性主要表现在：

①国家自然科学基金在中国的基金资助体系中占据了绝对的主体地位。在 CSTPCD 数据库中，由国家自然科学基金资助产出的论文占该数据库全部基金论文的 37.05%；在 SCI 数据库中，国家自然科学基金资助产出的论文更是占到了高达 55.80% 的比例。

②科学技术部在中国的基金资助体系中发挥了极为重要的作用。在 CSTPCD 数据库中，科学技术部资助产出的论文占该数据库全部基金论文的 13.24%；在 SCI 数据库中，科学技术部资助产出的论文占 12.85%。

③省一级地方（包括省、自治区、直辖市）是中国基金资助体系的有力的补充。在 CSTPCD 数据库中，由省一级地方基金资助产出的论文占该数据库基金论文总数的 29.15%；在 SCI 数据库中，省一级地方基金资助产出的论文占 11.00%。

7.3.3　基金资助产出论文的文献类型分布

（1）CSTPCD 收录基金论文的文献类型分布与各类型文献基金论文比

根据 CSTPCD 数据统计，Article、Review 类型论文的基金论文比高于其他类型的文献。2019 年 CSTPCD 收录论著类型论文 361399 篇，其中 278633 篇由基金资助产生，基金论文比为 77.10%；收录综述和评论类型论文 33627 篇，其中 24774 篇由基金资助产生，基金论文比为 73.67%。其他类型文献（短篇论文和研究快报、工业工程设计）共计 52805 篇，其中 24815 篇由基金资助产生，基金论文比为 46.99%。论著、综述和评论这两种类型论文的基金论文比远高于其他类型的文献。

CSTPCD 收录的基金论文中，Article、Review 类型的论文占据了主体地位。2019 年 CSTPCD 收录由基金资助产出的论文共计 328222 篇，其中论著 278633 篇，综述和评论 24774 篇，这两种类型的文献占全部基金论文总数的 92.45%。如图 7-2 所示为 CSTPCD 收录的基金和非基金论文文献类型分布情况。

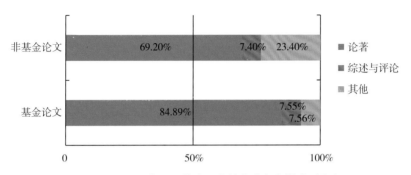

图 7-2　CSTPCD 收录的基金和非基金论文文献类型分布

（2）SCI 收录基金论文的文献类型分布与各类型文献基金论文比

如表 7-9 所示，2019 年 SCI 收录中国论文 450215 篇（不包含港澳台地区），其中 A、R 两种类型（Article、Review）的论文有 425899 篇，其他类型（Bibliography、Biographical-Item、Book Review、Correction、Editorial Material、Letter、Meeting Abstract、News Item、Proceedings Paper 和 Reprint 等）论文 24316 篇。

SCI 收录基金论文中，A、R 类型论文占据了绝对的主体地位。如表 7-9 所示，2019 年 SCI 收录中国基金论文 389158 篇，其中 A、R 类型论文共计 383187 篇，A、R 论文所占比例达 98.47%。2019 年 SCI 收录 A、R 类型基金论文占收录中国所有论文的比例 85.11%。

表 7-9　2019 年基金资助产出论文的文献类型与基金论文比

	论文总篇数	基金论文篇数	基金论文比
A、R 论文	425899	383187	89.97%
其他类型	24316	5971	24.56%
合计	450215	389158	86.44%

数据来源：SCI。

7.3.4　基金论文的机构分布

（1）CSTPCD 收录基金论文的机构分布

2019 年，CSTPCD 收录中国各类基金资助产出论文在各类机构中的分布情况见附表 40 和图 7-3。多年来，高等院校一直是基金论文产出的主体力量，由其产出的基金论文占全部基金论文的比例长期保持在 70% 以上。从 CSTPCD 的统计数据可以看到，2019 年有 72.93% 的基金论文产自高等院校。自 2015 年起，高等院校产出基金论文连续 5 年保持在了 22 万篇以上的水平，2017 年，高等院校产出基金论文突破 23 万篇。基金论文产出的第二力量来自科研机构，2019 年由科研机构产出的基金论文共计 39714 篇，占全部基金论文的 12.10%。

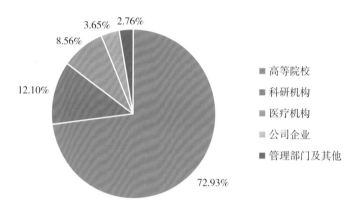

图 7-3　2019 年 CSTPCD 收录中国各类基金资助产出论文在各类机构中的分布

注：医疗机构数据不包括高等院校附属医院。

各类型机构产出基金论文数占该类型机构产出论文总数的比例，称为该种类型机构的基金论文比。根据 CSTPCD 数据统计，2019 年不同类型机构的基金论文比存在一定差异。如表 7-10 所示，高等院校和科研院所的基金论文比明显高于其他类型的机构。这一现象与科研中高等院校和科研院所是主体力量、基金资助在这两类机构的科研人员中有更高的覆盖率的事实是相一致的。

表 7-10　2019 年各类型机构的基金论文比

机构类型	基金论文篇数	论文总篇数	基金论文比
高等院校	239382	297031	80.59%
医疗机构	28104	55281	50.84%
研究机构	39714	52123	76.19%
管理部门及其他	9053	15429	58.68%
公司企业	11969	27967	42.80%
合计	328222	447831	73.29%

注：医疗机构数据不包括高等院校附属医院。

数据来源：CSTPCD。

根据 CSTPCD 数据统计，2019 年产出基金论文数居前 50 位的高等院校见附表 43。表 7-11 列出了 2019 年产出基金论文数居前 10 位的高等院校。2019 年进入前 10 位的高等院校的基金论文有 7 所超过了 2000 篇，2017 年和 2018 年均 8 所高等院校、2016 年 3 所高等院校、2015 年 5 所高等院校、2014 年 5 所高等院校、2013 年 10 所高等院校。

表 7-11　2019 年产出基金论文数居前 10 位的高等院校

排名	机构名称	基金论文篇数	占全部基金论文的比例
1	上海交通大学	3560	1.08%
2	首都医科大学	3539	1.08%
3	四川大学	2487	0.76%
4	北京大学	2313	0.70%
5	武汉大学	2310	0.70%
6	浙江大学	2185	0.67%
7	中南大学	2041	0.62%
8	吉林大学	1986	0.61%
9	西安交通大学	1891	0.58%
10	同济大学	1870	0.57%

注：高等院校数据包括其附属医院。

数据来源：CSTPCD。

　　根据 CSTPCD 数据统计，2019 年产出基金论文数居前 50 位的科研机构见附表 44。表 7-12 列出了 2019 年产出基金论文数居前 10 位的科研院所。2013 年，基金论文数超过 600 篇的机构有 3 家，分别是中国中医科学院 924 篇、中国科学院长春光学精密机械与物理研究所 668 篇和中国林业科学研究院 647 篇；2014 年，基金论文数超过 600 篇的机构有 4 家，分别是中国林业科学院 655 篇、中国科学院长春光学精密机械与物理研究所 634 篇、中国医学科学院 603 篇、中国水产科学研究院 602 篇；2015 年仅中国科学院长春光学精密机械与物理研究所 1 家机构的基金论文数超过 600 篇；2016 年，基金论文数超过 600 篇的机构有 2 家，分别是中国林业科学研究院 658 篇和中国水产科学研究院 656 篇；2017 年，中国林业科学研究院和中国水产科学研究院分别以 674 篇和 617 篇基金论文排名前两位；2018 年，基金论文数超过 600 篇的机构有 2 家，分别是中国林业科学研究院 601 篇和中国水产科学研究院 600 篇。2019 年基金论文数超过 600 篇的仅有中国林业科学研究院 1 家机构。

表 7-12　2019 年产出基金论文数居前 10 位的科研院所

排名	机构名称	基金论文篇数	占全部基金论文的比例
1	中国林业科学研究院	679	0.21%
2	中国水产科学研究院	535	0.16%
3	中国疾病预防控制中心	522	0.16%
4	中国科学院地理科学与资源研究所	505	0.15%
5	中国中医科学院	473	0.14%
6	中国热带农业科学院	433	0.13%
7	中国工程物理研究院	370	0.11%
8	山西省农业科学院	364	0.11%
9	福建省农业科学院	314	0.10%
10	江苏省农业科学院	298	0.09%

数据来源：CSTPCD。

（2）SCI 收录基金论文的机构分布

2019 年，SCI 收录中国各类基金资助产出论文在各类机构中的分布情况如图 7-4 所示。根据 SCI 数据统计，2019 年高等院校共产出基金论文 334805 篇，占 87.37%；科研院所共产出基金论文 38200 篇，占 9.97%；医疗机构共产出基金论文 6558 篇，占 1.71%；公司企业基金论文 1556 篇，占比不足总数的 1%。

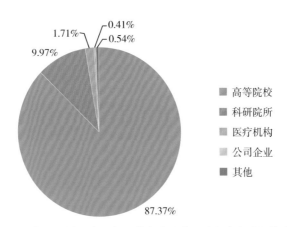

图 7-4　2019 年 SCI 收录中国各类基金资助产出论文在各类机构中的分布

注：医疗机构数据不包括高等院校附属医院。

如表 7-13 所示，不同类型机构的基金论文比存在一定差异的现象同样存在于 SCI 数据库中。根据 SCI 数据统计，医疗机构、公司企业等的基金论文比明显低于高等院校和科研院所。科研院所产出论文的基金论文比为 93.29%，高等院校产出论文的基金论文比为 91.01%。

表 7-13　2019 年各类型机构的基金论文比

机构类型	基金论文篇数	论文总篇数	基金论文比
高等院校	334805	367881	91.01%
科研院所	38200	40946	93.29%
医疗机构	6558	12428	52.77%
公司企业	1556	2002	77.72%
其他	2068	2642	78.27%
合计	383187	425899	89.97%

注：医疗机构数据不包括高等院校附属医院。

数据来源：SCI。

表 7-14 列出了根据 SCI 数据统计出的 2019 年中国产出基金论文数居前 10 位的高等院校。在高等院校中，浙江大学是 SCI 基金论文最大的产出机构，共产出 5885 篇，占全部基金论文的 1.54%；其次是清华大学，共产出 5578 篇，占全部基金论文的 1.46%；排在第 3 位的是哈尔滨工业大学，共产出 4888 篇，占全部基金论文的 1.28%。

表 7-14　2019 年中国产出基金论文数居前 10 位的高等院校

排名	机构名称	基金论文篇数	占全部基金论文的比例
1	浙江大学	5885	1.54%
2	清华大学	5578	1.46%
3	哈尔滨工业大学	4888	1.28%
4	上海交通大学	4558	1.19%
5	华中科技大学	4325	1.13%
6	天津大学	4267	1.11%
7	西安交通大学	4218	1.10%
8	中南大学	4157	1.08%
9	吉林大学	3861	1.01%
10	华南理工大学	3513	0.92%

注：高等院校数据包括其附属医院。

数据来源：SCI。

表 7-15 列出了根据 SCI 数据统计出的 2019 年中国产出基金论文数居前 10 位的科研院所。在科研院所中，中国科学院合肥物质科学研究院和中国科学院生态环境研究中心是基金论文最大的两个产出机构，分别产出 764 篇和 695 篇，分别占全部基金论文的 0.20% 和 0.18%；排在第 3 位的是中国科学院地理科学与资源研究所，共产出 693 篇，占全部基金论文的 0.18%。

表 7-15　2019 年中国产出基金论文数居前 10 位的科研院所

排名	机构名称	基金论文篇数	占全部基金论文的比例
1	中国科学院合肥物质科学研究院	764	0.20%
2	中国科学院生态环境研究中心	695	0.18%
3	中国科学院地理科学与资源研究所	693	0.18%
4	中国医学科学院临床医学研究所	688	0.18%
5	中国科学院化学研究所	687	0.18%
6	中国科学院长春应用化学研究所	611	0.16%
7	中国科学院大连化学物理研究所	544	0.14%
8	中国林业科学研究院	518	0.14%
9	中国科学院海洋研究所	487	0.13%
10	国家纳米科学中心	472	0.12%

数据来源：SCI。

（3）CSTPCD 和 SCI 收录基金论文机构分布的异同

长期以来，高等院校和科研院所一直是中国科学研究的主体力量，也是中国各类基金资助的主要资金流向。高等院校和科研院所的这一主体地位反映在基金论文上便是：无论是在 CSTPCD 或是在 SCI 数据库中，基金论文机构分布具有相同之处——高等院校和科研院所产出的基金论文数量较多，所占的比例也最大。2019 年，CSTPCD 数据库收录高等院校和科研院所产出的基金论文共 279096 篇，占该数据库收录基金论文总数的

85.03%；SCI 数据库收录高等院校和科研院所产出的基金论文共 373005 篇，占该数据库收录基金论文总数的 97.34%。

CSTPSD 和 SCI 数据库收录基金论文的机构分布也存在一些不同。例如，①在两个数据库中 2019 年产出基金论文数居前 10 位的高等院校和科研院所的名单存在较大差异；②SCI 数据库中，基金论文集中在少数机构中产生，而在 CSTPCD 数据库中，基金论文的机构分布较 SCI 数据库更为分散。

7.3.5　基金论文的学科分布

（1）CSTPCD 收录基金论文的学科分布

根据 CSTPCD 数据统计，2019 年中国各类基金资助产出论文在各学科中的分布情况见附表 41。如表 7-16 所示为 2019 年基金论文数居前 10 位的学科，进入该名单的学科与 2018 年位次略有差别。2018 年生物学基金论文篇数排在第 8 位，土木建筑基金论文篇数排在第 9 位。2019 年土木建筑基金论文篇数排在第 8 位，生物学基金论文篇数排在第 9 位。其他学科基金论文篇数排位与 2018 年保持一致。从 2017 年起，土木建筑学科的基金论文篇数排名逐年上升。

表 7-16　2019 年基金论文数居前 10 位的学科

学科	2019 年			2018 年		
	基金论文篇数	占全部基金论文的比例	排名	基金论文篇数	占全部基金论文的比例	排名
临床医学	67897	20.69%	1	63541	19.89%	1
计算技术	21977	6.70%	2	21538	6.74%	2
农学	20267	6.17%	3	19547	6.12%	3
电子、通信与自动控制	18404	5.61%	4	17672	5.53%	4
中医学	17616	5.37%	5	17319	5.42%	5
地学	12940	3.94%	6	12913	4.04%	6
环境	12035	3.67%	7	11832	3.70%	7
土木建筑	10013	3.05%	8	9490	2.97%	9
生物学	9569	2.92%	9	10197	3.19%	8
基础医学	8715	2.66%	10	8453	2.65%	10

数据来源：CSTPCD。

（2）SCI 收录基金论文的学科分布

根据 SCI 数据统计，2019 年中国各类基金资助产出论文在各学科中的分布情况如表 7-17 所示。基金论文最多的来自于化学领域，共计 57458 篇，占全部基金论文的 14.99%；其次是生物学，43307 篇基金论文来自该领域，占全部基金论文的 11.30%；排在第 3 位的是物理学，33616 篇基金论文来自该领域，占全部基金论文的 8.77%。

表 7-17 2019 年各学科基金论文数及基金论文比

学科	基金论文篇数	占全部基金论文的比例	基金论文数排名	论文总篇数	基金论文比
化学	57458	14.99%	1	60084	95.63%
生物学	43307	11.30%	2	47968	90.28%
物理学	33616	8.77%	3	36405	92.34%
材料科学	32460	8.47%	4	34639	93.71%
临床医学	27741	7.24%	5	37465	74.05%
电子、通信与自动控制	27120	7.08%	6	29422	92.18%
基础医学	16914	4.41%	7	21428	78.93%
环境科学	16493	4.30%	8	17293	95.37%
地学	15880	4.14%	9	17274	91.93%
计算技术	14946	3.90%	10	16758	89.19%
能源科学技术	11427	2.98%	11	12145	94.09%
药物学	10855	2.83%	12	13746	78.97%
化工	10563	2.76%	13	11057	95.53%
数学	10113	2.64%	14	11004	91.90%
机械、仪表	5624	1.47%	15	6204	90.65%
土木建筑	5242	1.37%	16	5599	93.62%
农学	5195	1.36%	17	5397	96.26%
食品	4665	1.22%	18	4896	95.28%
预防医学与卫生学	4436	1.16%	19	5421	81.83%
力学	4306	1.12%	20	4607	93.47%
水利	2480	0.65%	21	2591	95.72%
工程与技术基础学科	2180	0.57%	22	2333	93.44%
畜牧、兽医	2087	0.54%	23	2255	92.55%
天文学	2084	0.54%	24	2137	97.52%
水产学	1761	0.46%	25	1814	97.08%
冶金、金属学	1638	0.43%	26	1835	89.26%
核科学技术	1562	0.41%	27	1848	84.52%
轻工、纺织	1375	0.36%	28	1503	91.48%
航空航天	1360	0.35%	29	1671	81.39%
林学	1346	0.35%	30	1395	96.49%
信息、系统科学	1207	0.31%	31	1299	92.92%
交通运输	1136	0.30%	32	1263	89.94%
中医学	1032	0.27%	33	1149	89.82%
动力与电气	922	0.24%	34	983	93.79%
管理学	885	0.23%	35	1007	87.88%
矿业工程技术	820	0.21%	36	848	96.70%
军事医学与特种医学	431	0.11%	37	524	82.25%
安全科学技术	246	0.06%	38	275	89.45%
其他	274	0.07%	39	357	76.75%
总计	383187	100.00%		425899	89.97%

数据来源：SCI。

（3）CSTPCD 和 SCI 收录基金论文学科分布的异同

通过以上两节的分析可以看出，CSTPCD 和 SCI 数据库收录基金论文在学科分布上存在较大差异：

① CSTPCD 收录基金论文数居前 3 位的学科分别是临床医学、计算技术和农学；SCI 收录基金论文数居前 3 位的学科分别是化学、生物学和物理学。

② 与 CSTPCD 数据库相比，SCI 数据库收录的基金论文在学科分布上呈现了更明显的集中趋势。在 CSTPCD 数据库中，基金论文数排名居前 7 位的学科集中了 50% 以上的基金论文；居前 19 位的学科集中了 80% 以上的基金论文。在 SCI 数据库中，基金论文数排名居前 5 位的学科集中了 50% 以上的基金论文；居前 12 位的学科集中了 80% 以上的基金论文。

7.3.6 基金论文的地区分布

（1）CSTPCD 收录基金论文的地区分布

2019 年 CSTPCD 收录各类基金资助产出论文的地区分布情况见附表 42。表 7-18 给出了 2018 年和 2019 年基金资助产出论文数居前 10 位的地区。根据 CSTPCD 数据统计，2019 年基金论文数居首位的仍然是北京，产出 41958 篇，占全部基金论文的 12.78%。排在第 2 位的是江苏，产出 28726 篇基金论文，占全部基金论文的 8.75%。位列其后的陕西、上海、广东、湖北、四川、山东、浙江和辽宁基金论文数均超过了 12000 篇。

表 7-18　2018 年和 2019 年产出基金论文数居前 10 位的地区

地区	2019 年			2018 年		
	基金论文篇数	占全部基金论文的比例	排名	基金论文篇数	占全部基金论文的比例	排名
北京	41958	12.78%	1	41520	13.00%	1
江苏	28726	8.75%	2	28683	8.98%	2
陕西	19700	6.00%	3	19407	6.07%	3
上海	19547	5.96%	4	19107	5.98%	4
广东	18607	5.67%	5	18122	5.67%	5
湖北	15806	4.82%	6	15544	4.87%	6
四川	14846	4.52%	7	14217	4.45%	7
山东	14175	4.32%	8	13836	4.33%	8
浙江	12720	3.88%	9	12306	3.85%	9
辽宁	12482	3.80%	10	12229	3.83%	10

数据来源：CSTPCD。

各地区的基金论文数占该地区全部论文数的比例，称之为该地区的基金论文比。2018—2019 年各地区产出基金论文比与基金论文变化情况如表 7-19 所示。2019 年基金论文比最高的地区是贵州，其基金论文比为 85.52%；最低的地区是青海，其基金论文比为 62.26%。

表 7-19 2018—2019 年各地区基金论文比与基金论文数变化情况

地区	基金论文比			基金论文篇数		增长率
	2019 年	2018 年	变化（百分点）	2019 年	2018 年	
北京	69.67%	67.20%	2.47	41958	41520	1.05%
江苏	74.68%	71.35%	3.33	28726	28683	0.15%
陕西	73.60%	71.05%	2.55	19700	19407	1.51%
上海	70.67%	68.50%	2.17	19547	19107	2.30%
广东	72.26%	70.23%	2.03	18607	18122	2.68%
湖北	68.56%	64.93%	3.63	15806	15544	1.69%
四川	69.03%	65.34%	3.68	14846	14217	4.42%
山东	70.18%	67.90%	2.29	14175	13836	2.45%
浙江	72.91%	70.11%	2.80	12720	12306	3.36%
辽宁	72.59%	69.23%	3.36	12482	12229	2.07%
河南	69.73%	65.49%	4.24	12216	11940	2.31%
河北	70.82%	65.56%	5.27	10494	9690	8.30%
湖南	79.05%	76.44%	2.61	9484	9384	1.07%
天津	72.81%	70.90%	1.92	9223	9137	0.94%
安徽	72.95%	70.92%	2.03	8791	8412	4.51%
重庆	74.60%	72.63%	1.97	7969	7837	1.68%
黑龙江	79.15%	76.27%	2.88	7964	7805	2.04%
广西	84.83%	81.78%	3.05	6732	6257	7.59%
甘肃	81.52%	77.84%	3.68	6430	5949	8.09%
福建	80.27%	77.39%	2.88	6291	6120	2.79%
山西	73.38%	72.35%	1.03	6235	5716	9.08%
云南	79.28%	77.00%	2.28	6175	5901	4.64%
吉林	77.03%	73.01%	4.02	5849	5905	−0.95%
贵州	85.52%	82.77%	2.74	5604	5103	9.82%
新疆	82.96%	79.16%	3.80	5518	5767	−4.32%
江西	84.65%	80.64%	4.01	5353	5139	4.16%
内蒙古	78.22%	74.64%	3.58	3436	3158	8.80%
海南	73.45%	69.30%	4.15	2545	2248	13.21%
宁夏	82.79%	75.60%	7.19	1578	1422	10.97%
青海	62.26%	60.33%	1.93	1353	1200	12.75%
西藏	80.65%	73.78%	6.87	321	273	17.58%
不详	25.47%	16.88%	8.59	94	131	−28.24%
合计	73.29%	70.29%	3.00	328222	319465	2.74%

数据来源：CSTPCD。

（2）SCI 收录基金论文的地区分布

根据 SCI 数据统计，2019 年各地区基金论文与基金论文数变化情况如表 7-20 所示。2019 年，中国各类基金资助产出论文最多的地区是北京，产出 56052 篇，占全部基金论文的 14.63%；其次是江苏，产出 41578 篇，占全部基金论文的 10.85%；排在第 3 位的是上海，产出 29478 篇，占全部基金论文的 7.69%。

表 7-20　2019 年各地区基金论文比与基金论文数变化情况

排名	地区	基金论文篇数	占全部基金论文的比例	论文篇数	基金论文比
1	北京	56052	14.63%	61840	90.64%
2	江苏	41578	10.85%	45150	92.09%
3	上海	29478	7.69%	32546	90.57%
4	广东	27666	7.22%	30064	92.02%
5	陕西	21469	5.60%	23596	90.99%
6	湖北	20784	5.42%	23102	89.97%
7	山东	20426	5.33%	24045	84.95%
8	浙江	19264	5.03%	21646	89.00%
9	四川	16847	4.40%	19125	88.09%
10	湖南	14280	3.73%	15666	91.15%
11	辽宁	13758	3.59%	15442	89.09%
12	天津	11344	2.96%	12535	90.50%
13	安徽	10509	2.74%	11457	91.73%
14	黑龙江	10341	2.70%	11439	90.40%
15	河南	9188	2.40%	10773	85.29%
16	吉林	8970	2.34%	10505	85.39%
17	重庆	8705	2.27%	9600	90.68%
18	福建	8268	2.16%	8984	92.03%
19	甘肃	5075	1.32%	5636	90.05%
20	江西	4919	1.28%	5487	89.65%
21	河北	4534	1.18%	5652	80.22%
22	山西	4447	1.16%	4892	90.90%
23	云南	3978	1.04%	4327	91.93%
24	广西	3556	0.93%	3879	91.67%
25	贵州	2236	0.58%	2421	92.36%
26	新疆	1897	0.50%	2100	90.33%
27	内蒙古	1387	0.36%	1582	87.67%
28	海南	1105	0.29%	1188	93.01%
29	宁夏	624	0.16%	671	93.00%
30	青海	433	0.11%	474	91.35%
31	西藏	69	0.02%	75	92.00%
	合计	383187	100.00%	425899	89.97%

数据来源：SCI。

（3）CSTPCD 与 SCI 收录基金论文地区分布的异同

CSTPCD 和 SCI 两个数据库收录基金论文地区分布的相同点主要表现在：无论在 CSTPCD 还是在 SCI 数据库中，产出基金论文数居前 5 位的地区都是北京、江苏、陕西、上海和广东。不同之处在于，陕西在 CSTPCD 数据库中，产出基金论文数排第 3 位，在 SCI 数据库中排第 5 位。

CSTPCD 和 SCI 两个数据库收录基金论文地区分布的不同点主要表现为：SCI 数据库中基金论文的地区分布更为集中。例如，在 CSTPCD 数据库中，基金论文数居前 8 位的地区产出了 50% 以上的基金论文，基金论文数居前 17 位的地区产出了 80% 以上的基金论文；在 SCI 数据库中，基金论文数居前 5 位的地区产出了 50% 以上的基金论文，基金论文居前 12 位的地区产出了 80% 以上的基金论文。

7.3.7 基金论文的合著情况分析

（1）CSTPCD 收录基金论文合著情况分析

如图 7-5 所示，2019 年 CSTPCD 收录所有论文 447831 篇，其中合著论文 422427 篇，合著论文占比为 94.33%。2019 年 CSTPCD 收录基金论文 328222 篇，其中合著论文 318352 篇，合著论文占比为 96.99%。这一值较 CSTPCD 收录所有论文的合著比例 94.33% 高了 2.66 个百分点。

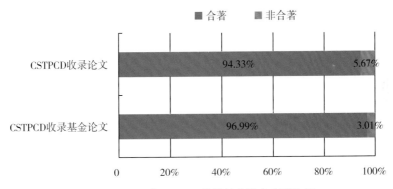

图 7-5 2019 年 CSTPCD 收录基金论文合著比例

数据来源：CSTPCD。

2019 年，CSTPCD 收录所有论文的篇均作者数为 4.47 人 / 篇，该数据库收录基金论文篇均作者数为 4.76 人 / 篇，基金论文的篇均作者数较所有论文的篇均作者数高出 0.29 人 / 篇。

如表 7-21 所示，CSTPCD 收录基金论文中的合著论文以 4 作者论文最多，共计 63125 篇，占全部基金论文总数的 19.23%；5 作者论文所占比例排名第二，共计 61413 篇，占全部基金论文总数的 18.71%；排在第 3 位的是 3 作者论文，共计 53218 篇，占全部基金论文总数的 16.21%。

表 7-21　2019 年 CSTPCD 收录不同作者数的基金论文数

作者数	基金论文篇数	占全部基金论文的比例	作者数	基金论文篇数	占全部基金论文的比例
1	9857	3.00%	7	26566	8.09%
2	34701	10.57%	8	15708	4.79%
3	53218	16.21%	9	7678	2.34%
4	63125	19.23%	10	4224	1.29%
5	61413	18.71%	≥ 11 及不详	4448	1.36%
6	47284	14.41%	总计	328222	100.00%

数据来源：CSTPCD。

表 7-22 列出了 2019 年 CSTPCD 基金论文的合著论文比例与篇均作者数的学科分布。根据 CSTPCD 数据统计，各学科基金论文合著论文比例最高的是核科学技术，为 99.56%；畜牧、兽医，药学，水产学，动力与电气，材料科学，农学，生物学，化学，基础医学，食品，军事医学与特种医学，林学，航空航天，工程与技术基础学科，环境这 15 个学科基金论文的合著论文比例也都超过了 98.00%；数学学科基金论文的合著比例最低，为 86.27%。各学科篇均作者数在 2.51 ~ 6.45 人 / 篇，篇均作者数最高的是畜牧、兽医，为 6.45 人 / 篇，其次是水产学，为 5.85 人 / 篇；排在第三位的是农学，为 5.83 人 / 篇。

表 7-22　2019 年 CSTPCD 基金论文的合著论文比例与篇均作者数的学科分布

学科	基金论文篇数	合著论文篇数	合著论文比例	篇均作者数 /（人 / 篇）
临床医学	67897	66325	97.68%	5.05
计算技术	21977	20977	95.45%	3.63
农学	20267	20005	98.71%	5.83
电子、通信与自动控制	18404	17873	97.11%	4.31
中医学	17616	17182	97.54%	5.12
地学	12940	12564	97.09%	4.89
环境	12035	11798	98.03%	4.96
土木建筑	10013	9642	96.29%	3.95
生物学	9569	9431	98.56%	5.39
预防医学与卫生学	8931	8663	97.00%	5.24
基础医学	8715	8574	98.38%	5.37
食品	7964	7831	98.33%	5.38
化工	7895	7648	96.87%	4.8
冶金、金属学	7563	7362	97.34%	4.6
交通运输	7531	7245	96.20%	3.9
机械、仪表	7338	7125	97.10%	4.02
药学	7264	7194	99.04%	5.15
化学	7096	6984	98.42%	5.07
畜牧、兽医	5911	5865	99.22%	6.45
材料科学	4836	4775	98.74%	5.23

续表

学科	基金论文篇数	合著论文篇数	合著论文比例	篇均作者数 /（人 / 篇）
能源科学技术	4209	3953	93.92%	4.96
矿山工程技术	4152	3663	88.22%	3.89
物理学	3780	3680	97.35%	4.95
数学	3752	3237	86.27%	2.51
林学	3702	3634	98.16%	5.22
航空航天	3282	3221	98.14%	4.14
工程与技术基础学科	3000	2943	98.10%	4.5
动力与电气	2928	2892	98.77%	4.55
水利	2727	2649	97.14%	4.19
测绘科学技术	2416	2334	96.61%	4.03
水产学	1884	1865	98.99%	5.85
力学	1685	1643	97.51%	3.91
轻工、纺织	1625	1538	94.65%	4.45
军事医学与特种医学	1049	1031	98.28%	5.62
管理	759	722	95.13%	2.98
核科学技术	678	675	99.56%	5.49
天文学	360	340	94.44%	5.29
信息、系统科学	272	256	94.12%	3.11
安全科学技术	238	210	88.24%	3.87
其他	13962	12803	91.70%	3.35
合计	328222	318352	96.99%	4.76

数据来源：CSTPCD。

（2）SCI 收录基金论文合著情况分析

2019 年 SCI 收录中国论文 425899 篇，合著论文占比 98.74%。2019 年 SCI 收录中国基金论文 383187 篇，合著论文占比为 99.04%。这一值较 SCI 收录所有论文的合著比例 98.74% 高了 0.30 个百分点（如图 7-6 所示）。

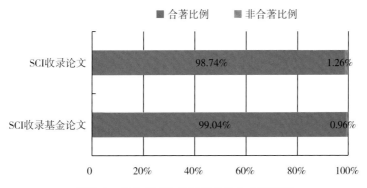

图 7-6 2019 年 SCI 收录基金论文合著比例

数据来源：SCI。

如表 7-23 所示，SCI 收录基金论文中的合著论文以 5 作者最多，共计 63895 篇，占全部基金论文总数的 16.67%；其次是 6 作者论文，共计 57450 篇，占全部基金论文总数的 14.99%；排在第 3 位的是 4 作者论文，共计 56060 篇，占全部基金论文总数的 14.63%。

表 7-23　2019 年 SCI 收录不同作者数的基金论文数

作者数	基金论文篇数	占全部基金论文的比例	作者数	基金论文篇数	占全部基金论文的比例
1	3695	0.96%	8	32285	8.43%
2	21163	5.52%	9	22788	5.95%
3	39589	10.33%	10	16396	4.28%
4	56060	14.63%	11	8783	2.29%
5	63895	16.67%	12	5663	1.48%
6	57450	14.99%	≥ 13	11992	3.13%
7	43428	11.33%	总计	383187	100.00%

数据来源：SCI。

表 7-24 列出了 2019 年 SCI 基金论文的合著论文比例与篇均作者数的学科分布。根据 SCI 数据统计，合著论文比例最高的动力与电气专业，合著论文比例为 99.89%。合著论文比例最低的是数学专业，合著论文比例是 88.54%。如表 7-24 所示，各学科篇均作者数在 2.74～16.35 人/篇，篇均作者数最高的是天文学，为 16.35 人/篇；其次是临床医学，为 8.20 人/篇。

表 7-24　2019 年 SCI 基金论文的合著论文比例与篇均作者数的学科分布

学科	基金论文篇数	合著论文篇数	合著论文比例	篇均作者数 /（人 / 篇）
化学	57458	57325	99.77%	6.53
生物学	43307	43127	99.58%	7.24
物理学	33616	33078	98.40%	6.03
材料科学	32460	32324	99.58%	6.2
临床医学	27741	27698	99.84%	8.2
电子、通信与自动控制	27120	26833	98.94%	4.61
基础医学	16914	16886	99.83%	7.68
环境科学	16493	16395	99.41%	5.97
地学	15880	15711	98.94%	5.24
计算技术	14946	14628	97.87%	4.19
能源科学技术	11427	11379	99.58%	5.65
药物学	10855	10839	99.85%	7.52
化工	10563	10543	99.81%	5.89
数学	10113	8954	88.54%	2.74
机械、仪表	5624	5563	98.92%	4.63
土木建筑	5242	5220	99.58%	4.51
农学	5195	5184	99.79%	6.82

续表

学科	基金论文篇数	合著论文篇数	合著论文比例	篇均作者数 /（人 / 篇）
食品	4665	4659	99.87%	6.69
预防医学与卫生学	4436	4385	98.85%	6.88
力学	4306	4245	98.58%	4.12
水利	2480	2467	99.48%	5.44
工程与技术基础学科	2180	2142	98.26%	4.07
畜牧兽医	2087	2060	98.71%	7.39
天文学	2084	1976	94.82%	16.35
水产学	1761	1756	99.72%	6.84
冶金、金属学	1638	1632	99.63%	5.22
核科学技术	1562	1552	99.36%	7.13
轻工、纺织	1375	1370	99.64%	5.86
航空航天	1360	1344	98.82%	4.11
林学	1346	1343	99.78%	5.97
信息、系统科学	1207	1176	97.43%	4.02
交通运输	1136	1126	99.12%	4.23
中医学	1032	1030	99.81%	7.48
动力与电气	922	921	99.89%	5.07
管理学	885	865	97.74%	3.62
矿业工程技术	820	818	99.76%	5.32
军事医学与特种医学	431	429	99.54%	8.00
安全科学技术	246	243	98.78%	3.97
其他	274	266	97.08%	4.75
总计	383187	379758	99.11%	6.22

数据来源：SCI。

7.3.8 国家自然科学基金委员会项目投入与论文产出的效率

根据 CSTPCD 数据统计，2019 年国家自然科学基金委员会项目 CSTPCD 论文产出效率如表 7-25 所示。一般说来，国家科技计划项目资助时间在 1 ～ 3 年。我们以统计当年以前 3 年的投入总量作为产出的成本，计算中国科技论文的产出效率，即用 2019 年基金项目论文数量除以 2016—2018 年基金项目投入的总额。从表 7-25 可以看出，2016—2018 年，国家自然科学基金项目的基金论文产出效率达到约 139.29 篇 / 亿元。

表 7-25　2019 年国家自然科学基金委员会项目 CSTPCD 论文产出效率

基金资助项目	2019 年论文篇数	资助总额 / 亿元				基金论文产出效率 /（篇 / 亿元）
		2016 年	2017 年	2018 年	总计	
国家自然科学基金委员会项目	121615	268.03	298.03	307.03	873.09	139.29

注：2019 年论文数的数据来源于 CSTPCD，资助金额数据来源于国家自然科学基金委员会统计年报。

根据 SCI 数据统计，2019 年国家自然科学基金委员会项目 SCI 论文产出效率如表 7-26 所示。2016—2019 年，国家自然科学基金委员会项目的投入产出效率约 244.92 篇 / 亿元。

表 7-26　2019 年国家自然科学基金委员会项目 SCI 论文产出效率

基金资助项目	2019 年论文篇数	资助总额 / 亿元				基金论文产出效率 /（篇 / 亿元）
		2016 年	2017 年	2018 年	总计	
国家自然科学基金委员会项目	213836	268.03	298.03	307.03	873.09	244.92

注：2019 年论文数的数据来源于 SCI，资助金额数据来源于国家自然科学基金委员会统计年报。

7.4　讨论

本章对 CSTPCD 和 SCI 收录的基金论文从多个维度进行了分析，包括基金资助来源、基金论文的文献类型分布、机构分布、学科分布、地区分布、合著情况及 3 个国家级科技计划项目的投入产出效率。通过以上分析，主要得到了以下结论：

①中国各类基金资助产出论文数在整体上维持稳定状态，基金论文在所有论文中所占比重不断增长，基金资助正在对中国科技事业的发展发挥越来越大的作用。

②中国目前已经形成了一个以国家自然科学基金、科技部计划（项目）资助为主，其他部委基金和地方基金、机构基金、公司基金、个人基金和海外基金为补充的多层次的基金资助体系。

③ CSTPCD 和 SCI 收录的基金论文在文献类型分布、机构分布、地区分布上具有一定的相似性；其各种分布情况与 2018 年相比也具有一定的稳定性。SCI 收录基金论文在文献类型分布、机构分布和地区分布上与 CSTPCD 数据库表现出了许多相近的特征。

④基金论文的合著论文比例和篇均作者数高于平均水平，这一现象同时存在于 CSTPCD 和 SCI 这两个数据库中。

⑤ 2019 年国家自然科学基金项目资助的 SCI 论文产出效率有所提升，CSTPCD 论文产出效率有所下降。

参考文献

[1] 培根 . 学术的进展 [M]. 刘运同，译 . 上海：上海人民出版社，2007：58.

[2] 中国科学技术信息研究所 . 2018 年度中国科技论文统计与分析（年度研究报告）. 北京：科学技术文献出版社，2019.

[3] 国家自然科学基金委员会 . 2018 年度报告 [EB/OL]. [2020-12-13]. http://www.nsfc.gov.cn/nsfc/cen/ndbg/2018ndbg/01/02.html.

8 中国科技论文合著情况统计分析

科技合作是科学研究工作发展的重要模式。随着科技的进步、全球化趋势的推动，以及先进通信方式的广泛应用，科学家能够克服地域的限制，参与合作的方式越来越灵活，合著论文的数量一直保持着增长的趋势。中国科技论文统计与分析项目自 1990 年起对中国科技论文的合著情况进行了统计分析。2019 年合著论文数量及所占比例与 2018 年基本持平。2019 年数据显示，无论是西部地区还是其他地区，都十分重视并积极参与科研合作。各个学科领域内的合著论文比例与其自身特点相关。同时，对国内论文和国际论文的统计分析表明，中国与其他国家（地区）的合作论文情况总体保持稳定。

8.1 CSTPCD 2019 收录的合著论文统计与分析

8.1.1 概述

"2019 年中国科技论文与引文数据库"（CSTPCD 2019）收录中国机构作为第一作者单位的自然科学领域论文 447830 篇，这些论文的作者总人次达到 2003167 人次，平均每篇论文由 4.47 个作者完成，其中合著论文总数为 422427 篇，所占比例为 94.3%，比 2018 年的 93.5% 增加了 0.8 个百分点。有 25403 篇是由一位作者独立完成的，数量比 2018 年的 29496 篇有所减少，在全部中国论文中所占的比例为 5.7%，比 2018 年的 6.5% 下降了 0.8 个百分点。

表 8-1 列出了 1995—2019 年 CSTPCD 论文篇数、作者人数、篇均作者人数、合著论文篇数及比例的变化情况。从表中可以看出，篇均作者人数值除 2007 年和 2012 年略有波动外，一直保持增长的趋势，2014 年之后篇均作者人数一直保持在篇均 4 人以上。

由表 8-1 还可以看出，合著论文的比例在 2005 年以后一般都保持在 88% 以上，虽然在 2007 年略有下降，但是在 2008 年以后又开始回升，保持在 88% 以上的水平波动，2014 年后合著论文的比例一直保持在 90% 以上。

如图 8-1 所示，合著论文的数量在持续快速增长，但是在 2008 年合著论文数量的变化幅度明显小于相邻年度。这主要是 2008 年论文总数增长幅度也比较小，比 2007 年仅增长 8898 篇，增幅只有 2%，因此，导致尽管合著论文比例增加，但是数量增幅较小。而在 2009 年，随着论文总数增幅的回升，在比例保持相当水平的情况下，合著论文数量的增幅也有较明显的回升。2009 年以后合著论文的增减幅度基本持平。相对 2010 年，2011 年合著论文减少了 977 篇，降幅约为 0.2%。相对 2011 年，2012 年论文总数减少了 6498 篇，降幅约为 1.2%，合著论文的数量和 2011 年相对持平，论文的合著比例显著增加。2019 年论文篇数继续减少，合著论文数有所增加，合著比例较 2018 年有所上升。

表 8-1　1995—2019 年 CSTPCD 收录论文作者数及合作情况

年份	论文篇数	作者人数	篇均作者人数	合著论文篇数	合著比例
1995	107991	304651	2.82	81110	75.1%
1996	116239	340473	2.93	88673	76.3%
1997	120851	366473	3.03	95510	79.0%
1998	133341	413989	3.10	107989	81.0%
1999	162779	511695	3.14	132078	81.5%
2000	180848	580005	3.21	151802	83.9%
2001	203299	662536	3.25	169813	83.5%
2002	240117	796245	3.32	203152	84.6%
2003	274604	929617	3.39	235333	85.7%
2004	311737	1077595	3.46	272082	87.3%
2005	355070	1244505	3.50	314049	88.4%
2006	404858	1430127	3.53	358950	88.7%
2007	463122	1615208	3.49	403914	87.2%
2008	472020	1702949	3.61	419738	88.9%
2009	521327	1887483	3.62	461678	88.6%
2010	530635	1980698	3.73	467857	88.2%
2011	530087	1975173	3.72	466880	88.0%
2012	523589	2155230	4.12	466864	89.2%
2013	513157	1994679	3.89	460100	89.7%
2014	497849	1996166	4.01	454528	91.3%
2015	493530	2074142	4.20	455678	92.3%
2016	494207	2057194	4.16	456857	92.4%
2017	472120	2022722	4.28	439785	93.2%
2018	454402	1985234	4.37	424906	93.5 %
2019	447830	2003167	4.47	422427	94.3%

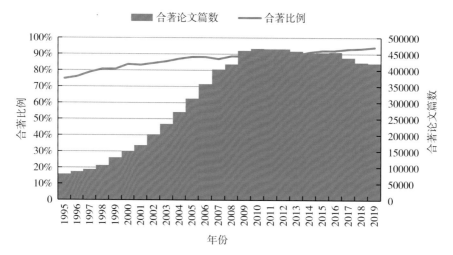

图 8-1　1995—2019 年 CSTPCD 收录中国科技论文合著论文数和合著论文比例的变化

如图 8-2 所示为 1995—2019 年 CSTPCD 收录中国科技论文数和篇均作者的变化情况。CSTPCD 收录的论文数由于收录的期刊数量增加而持续增长，特别是在 2001—2008 年，每年增幅一直持续保持在 15% 左右；2009 年以后增长的幅度趋缓，2010 年的增幅约为 1.8%，2011 年和 2013 年两年相对持平。论文篇均作者人数的曲线显示，尽管在 2007 年出现下降，但是从整体上看仍然呈现缓慢增长的趋势，至 2009 年以后呈平稳趋势。2011 年论文篇均作者数量是 3.72 人，与 2010 年的 3.73 人基本持平。2019 年论文篇均作者数量是 4.47 人，与 2018 年相比略有上升。

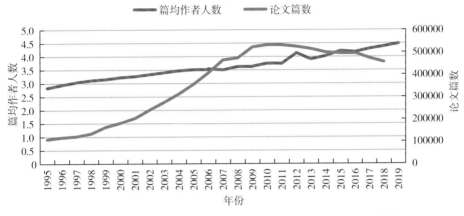

图 8-2　1995—2019 年 CSTPCD 收录中国科技论文数和篇均作者的变化情况

论文体现了科学家进行科研活动的成果，近年的数据显示大部分的科研成果由越来越多的科学家参与完成，并且这一比例还保持着增长的趋势。这表明中国的科学技术研究活动，越来越依靠科研团队的协作。同时，数据也反映出合作研究有利于学术发展和研究成果的产出。2007 年数据显示，合著论文的比例和篇均作者人数开始下降，这是由于论文篇数的快速增长导致这些相对指标的数值降低。2007 年合著论文比例和篇均作者人数两项指标同时下降，到了 2008 年又开始回升，而在 2009 年和 2010 年数值又恢复到 2006 年水平，2011 年基本与 2010 年的数值持平，2012 年合著论文的比例持续上升，同时篇均作者指标大幅上升。2013 年论文数继续下降，篇均作者人数回落到了 2011 年的水平，2014 年论文数仍然在下降，但是篇均作者数又出现小幅度回升。这种数据的波动有可能是达到了合著论文比例增长态势从快速上升转变为相对稳定的信号，合著论文的比例大体将稳定在 90% 以上；篇均作者数维持在 4 人以上，2019 年依旧延续了这种趋势，达到 4.47 人。

8.1.2　各种合著类型论文的统计

与往年一样，我们将中国作者参与的合著论文按照参与合著的作者所在机构的地域关系进行了分类，按照 4 种合著类型分别统计。这 4 种合著类型分别是：同机构合著、同省不同机构合著、省际合著和国际合著。表 8-2 分类列出了 2017—2019 年不同合著类型论文数和在合著论文总数中所占的比例。

表 8-2　2017—2019 年 CSTPCD 收录各种类型合著论文数和比例

合作类型	论文篇数			占合著论文总数的比例		
	2017 年	2018 年	2019 年	2017 年	2018 年	2019 年
同机构合著	274381	263771	264683	62.4%	62.1%	62.7%
同省不同机构合著	94466	89620	83879	21.5%	21.1%	19.9%
省际合著	66627	67010	69084	15.1%	15.8%	16.4%
国际合著	4311	4505	4781	1.0%	1.1%	1.1%
总数	439785	424906	422427	100.0%	100.0%	100.0%

通过 3 年数值的对比，可以看到各种合著类型所占比例大体保持稳定。图 8-3 显示了各种合著类型论文所占比例，从中可以看出 2017 年、2018 年与 2019 年 3 年的论文数和各种类型论文的比例有些变化，合作范围呈现轻微扩大的趋势。整体来看，各合著类型比例较为稳定。省际合著略有增加，其中 2019 年省际合著论文比较 2018 年提高 0.6 个百分点。各类型合著论文的比例变化详如图 8-3 所示。

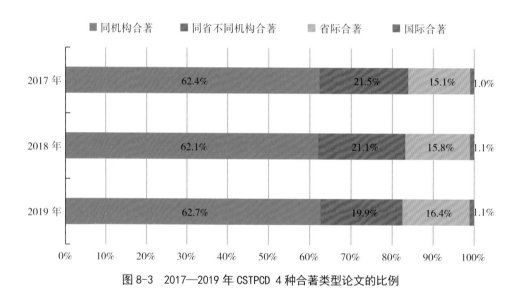

图 8-3　2017—2019 年 CSTPCD 4 种合著类型论文的比例

CSTPCD 2019 收录中国科技论文合著关系的学科分布详见附表 45，地区分布详见附表 46。

以下分别详细分析论文的各种类型的合著情况。

（1）同机构合著情况

2019 年同机构合著论文在合著论文中所占的比例为 62.7%，与 2018 年的 62.1% 相比略有上升，在各个学科和各个地区的统计中，同机构合著论文所占比例同样是最高的。

由附表 45 中的数据可以看到，核科学技术学科同机构合著论文比例为 68.0%，也就是说，该学科论文有近七成是同机构的作者合著完成。由附表 45 还可以看到，这一类型合作论文比例最低的学科与往年一样，仍然是能源科学技术，比例为 39.9%，与 2018 年基本持平。

由附表 46 可以看出，同机构合著论文所占比例最高的地区为上海，为 62.9%。共有 14 个地区的同机构合著论文比例都超过了 60%。这一比例数值最小的地区是西藏，比例为 49.5%。同时，由附表 46 还可以看出，同一机构合著论文比例数值较小的地区大都为整体科技实力相对薄弱的西部地区。

（2）同省不同机构合著论文情况

2019 年同省内不同机构合著论文占论文总数的 19.9%。

由附表 45 可以看出，中医学同省不同机构间的合著论文比例最高，达到了 32.9%；基础医学和药物学同省不同机构合著论文比例次之。比例最低的学科是核科学技术，为 9.5%。

附表 46 显示，各个省的同省不同机构合著论文比例数值大都集中在 16% ～ 25%。比例最高的是山东，为 22.8%。比例最低的是西藏，为 4.3%。

（3）省际合著论文情况

2019 年不同省区的科研人员合著论文占合著论文总数的 16.4%。

由附表 45 中可以看出，能源科学技术是省际合著比例最高的学科，比例达到 37.1%。比例超过 25% 的学科还有地学、测绘科学技术、水利和天文学。比例最低的学科是临床医学，仅为 8.0%。同时由表中还可以看出，医学领域这个比例数值普遍较低，预防医学与卫生学、中医学、药物学、军事医学与特种医学等学科的比例都比较低。不同学科省际合著论文比例的差异与各个学科论文总数及研究机构的地域分布有关系。研究机构地区分布较广的学科，省际合作的机会比较多，省际合著论文比例就会比较高，如地学、矿山工程技术和林学。而医学领域的研究活动的组织方式具有地域特点，这使得其同单位的合作比例最高，同省次之，省际合作的比例较少。

附表 46 中所列出的各省省际合著论文比例最高的是西藏（41.5%），比例最低的是广西（12.4%）。大体上可以看出这样的规律：科技论文产出能力比较强的地区省际合著论文比例低一些，反之论文产出数量较少的地区省际合著论文比例就高一些。这表明科技实力较弱的地区在科研产出上，对外依靠的程度相对高一些。但是对比北京、江苏、广东和上海这几个论文产出数量较多的地区，可以看到北京省际合著论文比例为 18.1%，明显高于江苏（14.4%）、广东（13.7%）和上海（12.9%）。

（4）国际合著论文情况

如附表 45 所示，2019 年国际合著论文比例最高的学科是天文学，比例达到 9.3%，其后是物理学、材料科学、生物学和地学，都超过了 2.5%。国际合著论文比例最低的是临床医学，比例为 0.4%。

如附表 46 所示，国际合著论文比例最高的地区是北京，为 1.7%。北京地区的国际合著论文数为 1006 篇，远远领先于其他地区。江苏、上海和广东的国际合著论文数量都超过了 300 篇，排在第二阵营。

（5）西部地区合著论文情况

交流与合作是西部地区科技发展与进步的重要途径。将各省的省际合著论文比例与国际合著论文比例的数值相加，作为考察各地区与外界合作的指标。图 8-4 对比了西部地区和其他地区的这一指标值，可以看出西部地区和其他地区之间并没有明显差异，13 个西部地区省际合著论文比例与国际合著论文比例的数值超过 15% 的有 10 个，特别是西藏地区对外合著的比例高达 41.7%，明显高于其他省区。

图 8-5 是各省的合著论文比例与论文总数对照的散点图。从横坐标方向数据点分布可以看到，西部地区的合著论文产出数量明显少于其他地区；但是从纵坐标方向数据点分布看，西部地区数据点的分布在纵坐标方向整体上与其他地区没有十分明显的差异。青海的合著论文比例低于 90.0%，其他西部地区均超过 90%；新疆合作论文比例最高，达到 96.8%。

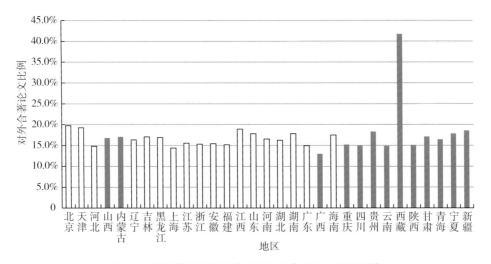

图 8-4 西部地区和其他地区对外合作论文比例的比较

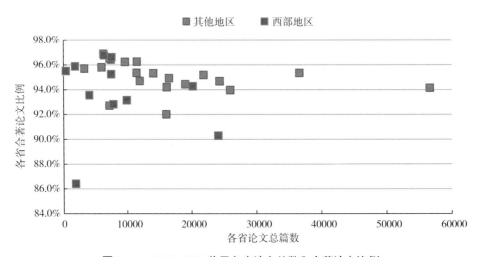

图 8-5 CSTPCD 2019 收录各省论文总数和合著论文比例

表 8-3 列出了 2019 年西部各省区的各种合著类型论文比例的分布数值。从数值上看，大部分西部省区的各种类型合作论文的分布情况与全部论文计算的数值差别并不是很大，但国际合著论文的比例除个别省外，普遍低于整体水平。

表 8-3　2019 年西部各省区的各种合著类型论文比例

地区	单一作者比例	同机构合著比例	同省不同机构合著比例	省际合著比例	国际合著比例
山西	7.2%	57.3%	18.8%	15.8%	0.9%
内蒙古	6.5%	56.5%	20.0%	16.4%	0.5%
广西	4.8%	60.5%	21.8%	12.4%	0.5%
重庆	6.9%	62.5%	15.5%	14.3%	0.8%
四川	5.7%	60.2%	19.2%	14.0%	0.8%
贵州	3.1%	56.5%	22.1%	17.6%	0.7%
云南	3.6%	60.4%	21.2%	13.8%	1.0%
西藏	4.5%	49.5%	4.3%	41.5%	0.3%
陕西	9.7%	56.3%	18.9%	14.2%	0.8%
甘肃	3.4%	59.7%	19.9%	16.2%	0.9%
青海	13.6%	56.6%	13.4%	16.2%	0.2%
宁夏	4.1%	57.1%	21.0%	17.1%	0.7%
新疆	3.2%	57.7%	20.5%	17.8%	0.8%
全部省区论文	5.7%	59.1%	18.7%	15.4%	1.1%

8.1.3　不同类型机构之间的合著论文情况

表 8-4 列出了 CSTPCD 2019 收录的不同机构之间各种类型的合著论文数，反映了各类机构合作伙伴的分布。数据显示，高等院校之间的合著论文数最多，而且无论是高等院校主导、其他类型机构参与的合作，还是其他类型机构主导、高等院校参与的合作，论文产出量都很多。科研机构和高等院校的合作也非常紧密，而且更多地依赖于高等院校。高等院校主导、研究机构参加的合著论文数超过了研究机构之间的合著论文数，更比研究机构主导、高等院校参加的合著论文数多出了 1 倍多。与农业机构合著论文的数据和公司企业合著论文的数据也体现出类似的情况，也是高等院校在合作中发挥重要作用。医疗机构之间的合作论文数比较多，这与其专业领域比较集中的特点有关。同时，由于高等院校中有一些医学专业院校和附属医院，在医学和相关领域的科学研究中发挥重要作用，所以医疗机构和高等院校合作产生的论文数也很多。

表 8-4　CSTPCD 2019 收录的不同机构之间各种类型的合著论文数

机构类型	高等院校	研究机构	医疗机构	农业机构	公司企业
高等院校[①] / 篇	59479	21953	30556	801	20094
研究机构[①] / 篇	10427	6406	1295	615	4136
医疗机构[①②] / 篇	25297	1918	30895	1	843
农业机构[①] / 篇	93	134	0	143	35
公司企业[①] / 篇	5650	1822	199	24	5506

注：①表示在发表合著论文时作为第一作者。

②医疗机构包括独立机构和高校附属医疗机构。

8.1.4 国际合著论文的情况

CSTPCD 2019 收录的中国科技人员为第一作者参与的国际合著论文总为 4781 篇，与 2018 年的 4505 篇相比增长了 276 篇。

（1）地区和机构类型分布

2019 年在中国科技人员作为第一作者发表的国际合著论文中，有 1006 篇论文的第一作者分布在北京地区，在中国科技人员作为第一作者的国际合著论文中所占比例达到 21.0%。

对比表 8-5 中所列出的各地区国际合著论文数和比例，可以看到，与往年的统计结果情况一样，北京远远高于其他地区，其他地区中国际合著论文数最高的是江苏，为 443 篇，占全国总量的 9.3%，但是仍不及北京地区的一半。这一方面是由于北京的高等院校和大型科研院所比较集中，论文产出的数量比其他省区多很多；另一方面，北京作为全国科技教育文化中心，有更多参与国际科技合作的机会。

在北京、江苏之后，所占比例较高的地区还有上海和广东，它们所占的比例分别是 8.8% 和 6.5%。不足 10 篇的地区是青海和西藏。

表 8-5　CSTPCD 2019 收录的中国科技人员作为第一作者的国际合著论文按国内地区分布情况

地区	第一作者		地区	第一作者	
	论文篇数	比例		论文篇数	比例
北京	1006	21.0%	重庆	88	1.8%
江苏	443	9.3%	山西	79	1.7%
上海	420	8.8%	吉林	78	1.6%
广东	313	6.5%	云南	77	1.6%
湖北	258	5.4%	甘肃	69	1.4%
浙江	220	4.6%	新疆	50	1.0%
陕西	214	4.5%	河北	44	0.9%
山东	177	3.7%	贵州	44	0.9%
四川	177	3.7%	广西	41	0.9%
辽宁	175	3.7%	江西	38	0.8%
湖南	146	3.1%	内蒙古	24	0.5%
天津	130	2.7%	海南	22	0.5%
黑龙江	117	2.4%	宁夏	13	0.3%
福建	112	2.3%	青海	4	0.1%
河南	99	2.1%	西藏	1	0.0%
安徽	97	2.0%			

2019 年国际合著论文的机构类型分布如表 8-6 所示，依照第一作者单位的机构类型统计，高等院校仍然占据最主要的地位，所占比例为 78.3%，与 2018 年相比，增长了 0.6 个百分点。

表 8-6　CSTPCD 2019 收录的中国科技人员作为第一作者的国际合著论文按机构分布情况

机构类型	国际合著论文篇数	国际合著论文比例
高等院校	3742	78.3%
研究机构	734	15.4%
医疗机构①	112	2.3%
公司企业	104	2.2%
其他机构	89	1.9%

注：①此处医疗机构的数据不包括高等院校附属医疗机构数据。

CSTPCD 2019 年收录的中国作为第一作者发表的国际合著论文中，其国际合著伙伴分布在 106 个国家（地区），比 2018 年增加了 13 个。表 8-7 列出了 2019 年中国国际合著论文数较多的国家（地区）的合著论文情况。从表中可以看出，与中国合著论文的数量超过 100 篇的国家和地区有 12 个。与美国的合著论文数为 1919 篇，居第 1 位，比 2018 年度增加了 223 篇；与英国的合著论文数为 451 篇。美国、英国、中国香港、澳大利亚和日本是对外科技合作（以中国为主）国际合作伙伴的主要国家（地区）。

表 8-7　2019 年中国国际合著论文数较多的国家（地区）的合著论文情况

国家（地区）	国际合著论文篇数	国家（地区）	国际合著论文篇数
美国	1919	韩国	120
英国	451	中国澳门	116
中国香港	427	俄罗斯	91
澳大利亚	398	荷兰	71
日本	376	瑞典	62
加拿大	275	新西兰	49
德国	262	巴基斯坦	49
新加坡	143	意大利	45
法国	130	西班牙	41
中国台湾	123	沙特阿拉伯	40

（2）学科分布

从 CSTPCD 2019 收录的中国国际合著论文分布（如表 8-8 所示）来看，数量最多的学科是临床医学（509 篇），远远高于其他学科，在所有国际合著论文中所占的比例为 10.6%。合著论文数量比较多的还有地学和计算技术，数量分别为 363 篇和 323 篇。

表 8-8　CSTPCD 2019 收录的中国国际合著论文学科分布

学科	论文篇数	比例	学科	论文篇数	比例
数学	72	1.5%	工程与技术基础学科	68	1.4%
力学	44	0.9%	矿山工程技术	33	0.7%
信息、系统科学	4	0.1%	能源科学技术	59	1.2%
物理学	164	3.4%	冶金、金属学	143	3.0%

学科	论文篇数	比例	学科	论文篇数	比例
化学	122	2.6%	机械、仪表	80	1.7%
天文学	38	0.8%	动力与电气	54	1.1%
地学	363	7.6%	核科学技术	12	0.3%
生物学	284	5.9%	电子、通信与自动控制	253	5.3%
预防医学与卫生学	124	2.6%	计算技术	323	6.8%
基础医学	125	2.6%	化工	112	2.3%
药物学	108	2.3%	轻工、纺织	16	0.3%
临床医学	509	10.6%	食品	63	1.3%
中医学	149	3.1%	土木建筑	224	4.7%
军事医学与特种医学	14	0.3%	水利	53	1.1%
农学	210	4.4%	交通运输	118	2.5%
林学	47	1.0%	航空航天	51	1.1%
畜牧、兽医	43	0.9%	安全科学技术	3	0.1%
水产学	15	0.3%	环境科学	169	3.5%
测绘科学技术	14	0.3%	管理学	17	0.4%
材料科学	181	3.8%	社会科学	262	5.5%

8.1.5　CSTPCD 2019 海外作者发表论文的情况

CSTPCD 2019 中还收录了一部分海外作者在中国科技期刊上作为第一作者发表的论文（如表 8-9 所示），这些论文同样可以起到增进国际交流的作用，促进中国的研究工作进入全球的科技舞台。

表 8-9　CSTPCD 2019 收录的第一作者为海外作者论文分布情况

国家（地区）	论文篇数	国家（地区）	论文篇数
美国	1111	加拿大	147
印度	386	意大利	120
伊朗	299	中国台湾	118
德国	256	法国	104
英国	243	俄罗斯	102
日本	231	西班牙	92
中国香港	228	马来西亚	84
韩国	206	巴西	83
澳大利亚	197	巴基斯坦	80
中国澳门	157	新加坡	73

CSTPCD 2019 共收录了海外作者发表的论文 5290 篇，比 2018 年增加了 746 篇。这些海外作者来自于 110 个国家（地区），表 8-9 列出了 CSTPCD 2019 年收录的论文数

较多的国家（地区），其中，美国作者发表的论文数量最多，其次是印度、伊朗和德国的作者。CSTPCD 2019收录海外作者论文学科分布也十分广泛，覆盖了40个学科。表8-10列出了各个学科的论文数和所占比例，从中可以看到，自然科学学科生物学的论文数最多，达471篇，所占比例为8.9%；超过100篇的学科共有17个，其中数量较多的学科还有临床医学和物理学，论文数超过400篇。

表8-10 CSTPCD 2019收录的海外论文学科分布情况

学科	论文篇数	比例	学科	论文篇数	比例
数学	93	1.8%	工程与技术基础学科	92	1.7%
力学	90	1.7%	矿山工程技术	112	2.1%
信息、系统科学	1	0.0%	能源科学技术	33	0.6%
物理学	282	5.3%	冶金、金属学	120	2.3%
化学	153	2.9%	机械、仪表	65	1.2%
天文学	68	1.3%	动力与电气	39	0.7%
地学	276	5.2%	核科学技术	2	0.0%
生物学	471	8.9%	电子、通信与自动控制	155	2.9%
预防医学与卫生学	71	1.3%	计算技术	77	1.5%
基础医学	169	3.2%	化工	122	2.3%
药物学	54	1.0%	轻工、纺织	14	0.3%
临床医学	454	8.6%	食品	7	0.1%
中医学	119	2.2%	土木建筑	272	5.1%
军事医学与特种医学	18	0.3%	水利	42	0.8%
农学	132	2.5%	交通运输	104	2.0%
林学	93	1.8%	航空航天	27	0.5%
畜牧、兽医	14	0.3%	安全科学技术	1	0.0%
水产学	5	0.1%	环境科学	144	2.7%
测绘科学技术	10	0.2%	管理学	17	0.3%
材料科学	276	5.2%	社会科学	947	17.9%

8.2 SCI 2019收录的中国国际合著论文

据SCI数据库统计，2019年收录的中国论文中，国际合作产生的论文为13.01万篇，比2018年增加了1.93万篇，增长了17.4%。国际合著论文占中国发表论文总数的26.2%。

2019年中国作者为第一作者的国际合著论文共计96157篇，占中国全部国际合著论文的73.9%，合作伙伴涉及167个国家（地区）；其他国家作者为第一作者、中国作者参与工作的国际合著论文为33968篇，合作伙伴涉及190个国家（地区）。合著论文形式分布如表8-11所示。

表 8-11   2019 年科技论文的国际合著形式分布

	中国第一作者篇数	占比	中国参与合著篇数	占比
双边合作	81546	84.81	20069	59.08
三方合作	11379	11.83	7713	22.71
多方合作	3232	3.36	6186	18.21

注：双边指 2 个国家（地区）参与合作，三方指 3 个国家（地区）参与合作，多方指 3 个以上国家（地区）参与合作。

（1）合作国家（地区）分布

中国作者作为第一作者的合著论文 96157 篇，涉及的国家（地区）数为 167 个，合作论文篇数居前 6 位的合作伙伴分别是：美国、英国、澳大利亚、加拿大、德国和日本（如表 8-12 所示）。

表 8-12   中国作者作为第一作者与合作国家（地区）发表的论文

排名	国家（地区）	论文篇数	排名	国家（地区）	论文篇数
1	美国	39089	4	加拿大	6444
2	英国	9696	5	德国	4650
3	澳大利亚	8922	6	日本	4386

中国参与工作、其他国家（地区）作者为第一作者的合著论文 33968 篇，涉及 190 个国家（地区），合作论文篇数居前 6 位的合作伙伴分别是：美国、英国、德国、澳大利亚、日本和加拿大。（如表 8-13 和图 8-6 所示）。

表 8-13   中国作者作为参与方与合作国家（地区）发表的论文

排名	国家（地区）	论文篇数	排名	国家（地区）	论文篇数
1	美国	15385	4	澳大利亚	3825
2	英国	5758	5	日本	3300
3	德国	4164	6	加拿大	2741

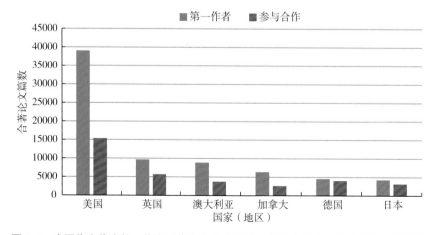

图 8-6   中国作者作为第一作者和作为参与方产出合著论文较多的合作国家（地区）

（2）国际合著论文的学科分布

如表 8-14 和表 8-15 所示为中国国际合著论文较多的学科分布情况。

表 8-14　中国作者作为第一作者的国际合著论文数居前 6 位的学科

学科	论文篇数	占本学科论文比例	学科	论文篇数	占本学科论文比例
化学	11498	17.18%	临床医学	7198	13.10%
生物学	10071	18.23%	物理学	7005	17.20%
电子、通信与自动控制	7820	24.45%	材料科学	6646	17.80%

表 8-15　中国作者参与的国际合著论文数居前 6 位的学科

学科	论文篇数	占本学科论文比例	学科	论文篇数	占本学科论文比例
生物学	4389	7.94%	物理学	3292	8.08%
化学	4340	6.48%	材料科学	2010	5.38%
临床医学	4115	7.49%	基础医学	1875	6.63%

（3）国际合著论文数居前 6 位的中国地区

如表 8-16 所示为中国作者作为第一作者的国际合著论文数居前 6 位的地区。

表 8-16　中国作者作为第一作者的国际合著论文数居前 6 位的地区

地区	论文篇数	占本地区论文比例	地区	论文篇数	占本地区论文比例
北京	16045	24.20%	上海	8202	23.20%
江苏	10708	22.67%	湖北	5997	24.76%
广东	8984	27.53%	陕西	5157	21.10%

（4）中国已具备参与国际大科学合作能力

近年来，通过参与国际热核聚变实验堆（ITER）计划、国际综合大洋钻探计划和全球对地观测系统等一系列"大科学"计划，中国与美国、欧洲、日本、俄罗斯等主要科技大国开展平等合作，为参与制定国际标准、解决全球性重大问题做出了应有贡献。陆续建立起来的 5 个国家级国际创新园、33 个国家级国际联合研究中心和 222 个国际科技合作基地，成为中国开展国际科技合作的重要平台。随着综合国力和科技实力的增强，中国已具备参与国际"大科学"合作的能力。

"大科学"研究一般来说是指具有投资强度大、多学科交叉、实验设备复杂、研究目标宏大等特点的研究活动。"大科学"工程是科学技术高度发展的综合体现，是显示各国科技实力的重要标志。

2019 年中国发表的国际论文中，作者数大于 1000、合作机构数大于 150 个的论文共有 262 篇。作者数超过 100 人且合作机构数量大于 50 个的论文共计 784 篇，比

2018 年增加 201 篇。涉及的主要学科均与物理学相关，如粒子与场物理、核物理、天文与天体物理、多学科物理研究等。其中，中国机构作为第一作者的论文 94 篇，中国科学院高能物理所 61 篇，其中，中国科学院高能物理所主持撰写的 "*Polarization and entanglement in baryon-antibaryon pair production in electron-positron annihilation*" 当年引用最高，该论文共有 8 个国家、80 个机构参加完成。这 8 个国家分别是：德国、美国、巴基斯坦、俄罗斯、印度、意大利、土耳其和瑞典。

8.3　讨论

　　通过对 CSTPCD 2019 和 SCI 2019 收录的中国科技人员参与的合著论文情况的分析，我们可以看到，更加广泛和深入的合作仍然是科学研究方式的发展方向。中国的合著论文数及其在全部论文中所占的比例显示出趋于稳定的趋势。各种合著类型的论文所占比例与往年相比变化不大，同机构内的合作仍然是主要的合著类型。不同地区由于其具体情况不同，合著情况有所差别。但从整体来看，西部地区和其他地区相比，尽管在合著论文数量上有一定的差距，但是在合著论文的比例上并没有明显的差异。而且在用国际合著和省际合著的比例考查地区对外合作情况时，西部地区的合作势头还略强一些。

　　由于研究方法和学科特点的不同，不同学科之间的合著论文的数量和规模差别较大，基础学科的合著论文数量往往比较多，应用工程和工业技术方面的合著论文相对较少。

参考文献

[1]　中国科学技术信息研究所 . 2004 年度中国科技论文统计与分析（年度研究报告）. 北京：科学技术文献出版社，2006.

[2]　中国科学技术信息研究所 . 2005 年度中国科技论文统计与分析（年度研究报告）. 北京：科学技术文献出版社，2007.

[3]　中国科学技术信息研究所 . 2007 年版中国科技期刊引证报告（核心版）. 北京：科学技术文献出版社，2007.

[4]　中国科学技术信息研究所 . 2006 年度中国科技论文统计与分析（年度研究报告）. 北京：科学技术文献出版社，2008.

[5]　中国科学技术信息研究所 . 2008 年版中国科技期刊引证报告（核心版）. 北京：科学技术文献出版社，2008.

[6]　中国科学技术信息研究所 . 2007 年度中国科技论文统计与分析（年度研究报告）. 北京：科学技术文献出版社，2009.

[7]　中国科学技术信息研究所 . 2009 年版中国科技期刊引证报告（核心版）. 北京：科学技术文献出版社，2009.

[8]　中国科学技术信息研究所 . 2008 年度中国科技论文统计与分析（年度研究报告）. 北京：科学技术文献出版社，2010.

[9]　中国科学技术信息研究所 . 2010 年版中国科技期刊引证报告（核心版）. 北京：科学技术文献出版社，2010.

[10]　中国科学技术信息研究所 . 2011 年版中国科技期刊引证报告（核心版）. 北京：科学技术文

献出版社，2011.

[11] 中国科学技术信息研究所 . 2012 年版中国科技期刊引证报告（核心版）. 北京：科学技术文献出版社，2012.

[12] 中国科学技术信息研究所 . 2012 年度中国科技论文统计与分析（年度研究报告）. 北京：科学技术文献出版社，2014.

[13] 中国科学技术信息研究所 . 2013 年度中国科技论文统计与分析（年度研究报告）. 北京：科学技术文献出版社，2015.

[14] 中国科学技术信息研究所 . 2014 年度中国科技论文统计与分析（年度研究报告）. 北京：科学技术文献出版社，2016.

[15] 中国科学技术信息研究所 . 2015 年度中国科技论文统计与分析（年度研究报告）. 北京：科学技术文献出版社，2017.

[16] 中国科学技术信息研究所 . 2016 年度中国科技论文统计与分析（年度研究报告）. 北京：科学技术文献出版社，2018.

[17] 中国科学技术信息研究所 . 2017 年度中国科技论文统计与分析（年度研究报告）. 北京：科学技术文献出版社，2019.

[18] 中国科学技术信息研究所 . 2018 年度中国科技论文统计与分析（年度研究报告）. 北京：科学技术文献出版社，2020.

9 中国卓越科技论文的统计与分析

9.1 引言

根据 SCI、Ei、CPCI-S、SSCI 等国际权威检索数据库的统计结果，中国的国际论文数量排名均位于世界前列，经过多年的努力，中国已经成为科技论文产出大国。但也应清楚地看到，中国国际论文的质量与一些科技强国相比仍存在一定差距，所以在提高论文数量的同时，我们也应重视论文影响力的提升，真正实现中国科技论文从"量变"向"质变"的转变。为了引导科技管理部门和科研人员从关注论文数量向重视论文质量和影响转变，考量中国当前科技发展趋势及水平，既鼓励科研人员发表国际高水平论文，也重视发表在中国国内期刊的优秀论文，中国科学技术信息研究所从 2016 年开始，采用中国卓越科技论文这一指标进行评价。

中国卓越科技论文，由中国科研人员发表在国际、国内的论文共同组成。其中，国际论文部分即之前所说的表现不俗论文，指的是各学科领域内被引次数超过均值的论文，即在每个学科领域内，按统计年度的论文被引次数世界均值画一条线，高于均线的论文入选，表示论文发表后的影响超过其所在学科的一般水平。在此基础上，2020 年加入高质量国际论文、高被引论文、热点论文、各学科最具影响力论文、顶尖学术期刊论文等不同维度选出的国际论文。国内部分取近 5 年在"中国科技论文与引文数据库"（CSTPCD）中收录的发表在中国科技核心期刊，且论文"累计被引用时序指标"超越本学科期望值的高影响力论文。

以下我们将对 2019 年度中国卓越科技论文的学科、地区、机构、期刊、基金和合著等方面的情况进行统计与分析。

9.2 中国卓越国际科技论文的研究分析和结论

若在每个学科领域内，按统计年度的论文被引次数世界均值画一条线，则高于均线的论文为卓越论文，即论文发表后的影响超过其所在学科的一般水平。2009 年我们第一次公布了利用这一方法指标进行的统计结果，当时称为"表现不俗论文"，受到国内外学术界的普遍关注。2020 年首次加入高质量国际论文、高被引论文、热点论文、各学科最具影响力论文、顶尖学术期刊论文等不同维度选出的国际论文。

以"科学引文索引数据库"（SCI）统计，2019 年，中国机构作者为第一作者的论文共 45.02 万篇，其中卓越论文数为 22.56 万篇，占论文总数的 50.1%，较 2018 年上升了 13.7 个百分点。按文献类型分，中国卓越国际科技论文的 95% 是原创论文，5% 是述评类文章。

9.2.1 学科影响力关系分析

2019 年，中国卓越国际论文主要分布在 38 个学科中（如表 9-1 所示），较 2018 年减少一个学科。38 个学科的卓越国际论文数超过 100 篇；卓越国际论文达 1000 篇及以上的学科数量为 22 个，较 2018 年增加 3 个；500 篇以上的学科数量为 34 个，比 2018 年增加 9 个。

表 9-1 2019 年中国卓越国际科技论文的学科分布

学科	卓越国际论文篇数	全部论文篇数	2019 年卓越国际论文占全部论文的比例	2018 年卓越国际论文占全部论文的比例
数学	5615	11064	50.75%	37.80%
力学	3421	4629	73.90%	58.91%
信息、系统科学	847	1309	64.71%	51.68%
物理学	13683	36842	37.14%	31.54%
化学	38127	61656	61.84%	50.61%
天文学	986	2155	45.75%	41.91%
地学	8003	17549	45.60%	30.54%
生物学	23115	49850	46.37%	37.25%
预防医学与卫生学	2985	5894	50.64%	23.39%
基础医学	12389	25740	48.13%	23.60%
药物学	9416	16727	56.29%	32.52%
临床医学	21696	47683	45.50%	20.79%
中医学	589	1168	50.43%	13.42%
军事医学与特种医学	341	793	43.00%	19.97%
农学	3483	5467	63.71%	50.48%
林学	905	1402	64.55%	51.78%
畜牧、兽医	1136	2351	48.32%	38.45%
水产学	1250	1856	67.35%	53.87%
测绘科学技术	0	1	0	66.67%
材料科学	17818	34891	51.07%	41.71%
工程与技术基础学科	758	2366	32.04%	19.80%
矿山工程技术	378	858	44.06%	25.95%
能源科学技术	8208	12222	67.16%	51.97%
冶金、金属学	401	1841	21.78%	13.15%
机械、仪表	2362	6251	37.79%	26.10%
动力与电气	885	987	89.67%	44.76%
核科学技术	537	1860	28.87%	21.09%
电子、通信与自动控制	10768	29619	36.36%	32.34%
计算技术	7548	17098	44.15%	33.02%
化工	6854	11133	61.56%	57.32%
轻工、纺织	942	1506	62.55%	48.57%
食品	3080	4923	62.56%	42.73%

续表

学科	卓越国际论文篇数	全部论文篇数	2019 年卓越国际论文占全部论文的比例	2018 年卓越国际论文占全部论文的比例
土木建筑	3170	5649	56.12%	34.69%
水利	934	2615	35.72%	24.72%
交通运输	587	1273	46.11%	28.29%
航空航天	518	1675	30.93%	26.09%
安全科学技术	112	277	40.43%	51.55%
环境科学	11259	17462	64.48%	45.77%
管理学	520	1030	50.49%	31.52%
自然科学类其他	22	543	4.05%	10.40%

数据来源：SCIE 2019。

卓越国际论文数在一定程度上可以反映学科影响力的大小，卓越国际论文数越多，表明该学科的论文越受到关注，中国在该学科的影响力也就越大。卓越国际论文数达 1000 篇及以上的 22 个学科中，力学的论文比例最高，为 73.90%；水产学、能源科学技术、环境科学、农学、食品、化学、化工 7 个学科的卓越国际论文比例也超过 60%。

9.2.2 中国各地区卓越国际科技论文的分布特征

2019 年，中国 31 个省（市、自治区）卓越国际科技论文的发表情况如表 9-2 所示。

按发表数量计，100 篇以上的省（市、自治区）为 30 个，比 2018 年增多了 1 个；1000 篇以上的省（市、自治区）有 25 个，比 2018 年增加了 2 个。从卓越国际论文的篇数来看，虽然边远地区与其他地区相比还存在一定差距，但也有较为明显的增加。

按卓越国际论文数占全部论文数（所有文献类型）的百分比例看，高于 40% 的省市共有 27 个，占所有地区数量的 87.1%，这 27 个省市的卓越国际论文均达到百篇以上。卓越国际论文的比例居前 3 位的是：湖北、湖南和广东，分别为 54.05%、53.19% 和 53.15%。

表 9-2　卓越国际论文的地区分布及增长情况

地区	卓越国际论文数	年增长率	全部论文数	比例	地区	卓越国际论文数	年增长率	全部论文数	比例
北京	32551	53.75%	66310	49.09%	湖北	13090	61.92%	24219	54.05%
天津	6825	56.86%	13127	51.99%	湖南	8694	63.91%	16345	53.19%
河北	2587	89.80%	5968	43.35%	广东	17343	77.13%	32633	53.15%
山西	2244	69.74%	5099	44.01%	广西	1933	106.08%	4063	47.58%
内蒙古	642	107.77%	1718	37.37%	海南	549	83.61%	1319	41.62%
辽宁	8084	65.55%	16070	50.30%	重庆	5095	63.88%	10070	50.60%
吉林	5227	60.88%	10902	47.95%	四川	9745	69.74%	20505	47.52%
黑龙江	5908	57.34%	11730	50.37%	贵州	1027	93.77%	2598	39.53%
上海	18052	64.60%	35349	51.07%	云南	2006	55.02%	4584	43.76%

地区	卓越国际论文数	年增长率	全部论文数	比例	地区	卓越国际论文数	年增长率	全部论文数	比例
江苏	24194	58.01%	47225	51.23%	西藏	29	81.25%	79	36.71%
浙江	11725	67.52%	23033	50.91%	陕西	11788	60.14%	24440	48.23%
安徽	5789	61.52%	11946	48.46%	甘肃	2858	63.13%	5785	49.40%
福建	4959	63.72%	9457	52.44%	青海	190	111.11%	503	37.77%
江西	2658	84.97%	5711	46.54%	宁夏	338	146.72%	719	47.01%
山东	13068	76.36%	25117	52.03%	新疆	946	71.38%	2227	42.48%
河南	5504	84.45%	11364	48.43%					

数据来源：SCIE 2019。

9.2.3 卓越国际论文的机构分布特征

2019 年中国 22.56 万篇卓越国际论文中，由高等学校发表的为 195959 篇，由研究院所发表的为 21169 篇，由医疗机构发表的为 7225 篇，由其他部门发表的为 1295 篇，机构占比分布如图 9-1 所示。与 2018 年相比，高等学校和医疗机构的卓越国际论文占总数的比例有所上升，分别由 2018 年的 86.72% 和 1.66%，升为 86.84% 和 3.20%，研究院所比例有所下降，由 2018 年的 10.20%，降为 9.38%。

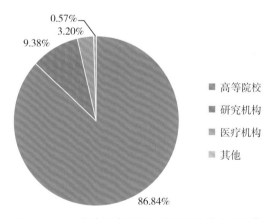

图 9-1 2019 年中国卓越国际论文的机构占比分布

（1）高等院校

2019 年，共有 802 所高校有卓越国际论文产出，比 2018 年的 719 所高等院校增加了 83 所。其中，卓越国际论文超过 1000 篇的有 55 所高等院校，与 2018 年的 28 所相比，增加 1 所。卓越国际论文数超过 3000 篇的高校有 10 所，分别是：浙江大学、上海交通大学、中南大学、华中科技大学、四川大学、清华大学、中山大学、北京大学、吉林大学和复旦大学。发表卓越国际论文数居前 20 位的高等院校如表 9-3 所示，其卓越国际论文占本校 SCI 论文（Article 和 Review 两种文献类型）的比例均已超过 51%，其中，华中科技大学、中南大学和华南理工大学的卓越国际论文比例排名居前 3 位。

表 9-3　发表卓越国际论文数居前 20 位的高等院校

单位名称	卓越国际论文篇数	全部论文篇数	卓越国际论文占全部论文的比例
浙江大学	4834	8416	57.44%
上海交通大学	4679	8119	57.63%
中南大学	3838	6296	60.96%
华中科技大学	3754	6156	60.98%
四川大学	3504	6300	55.62%
清华大学	3473	5968	58.19%
中山大学	3450	5769	59.80%
北京大学	3170	5445	58.22%
吉林大学	3053	5940	51.40%
复旦大学	3007	5056	59.47%
西安交通大学	2951	5357	55.09%
哈尔滨工业大学	2909	5277	55.13%
武汉大学	2725	4742	57.47%
山东大学	2675	4789	55.86%
天津大学	2527	4604	54.89%
华南理工大学	2255	3707	60.83%
东南大学	2034	3811	53.37%
同济大学	2019	3635	55.54%
中国科学技术大学	1973	3417	57.74%
南京大学	1966	3286	59.83%

数据来源：SCIE 2019。

（2）研究机构

2019 年，共有 300 个研究机构有卓越国际论文产出，比 2018 年的 272 个增加了 28 个。其中，发表卓越国际论文大于 100 篇的研究机构有 64 个，比 2018 年的 39 个增加了 25 个。发表卓越国际论文数居前 20 位的研究机构如表 9-4 所示，占本研究机构论文数（Article 和 Review 两种文献类型）的比例超过 70% 的有 8 个，其中，国家纳米科学中心的卓越国际论文比例最高，为 81.97%。

表 9-4　发表卓越国际论文数居前 20 位的研究机构

单位名称	卓越国际论文篇数	全部论文篇数	卓越国际论文占全部论文的比例
中国科学院化学研究所	541	713	75.88%
中国科学院生态环境研究中心	534	701	76.18%
中国科学院长春应用化学研究所	455	641	70.98%
中国科学院大连化学物理研究所	402	556	72.30%

单位名称	卓越国际论文篇数	全部论文篇数	卓越国际论文占全部论文的比例
国家纳米科学中心	400	488	81.97%
中国科学院地理科学与资源研究所	400	711	56.26%
中国工程物理研究院	392	1007	38.93%
中国科学院合肥物质科学研究院	348	814	42.75%
中国科学院金属研究所	344	526	65.40%
中国科学院海西研究院	338	475	71.16%
中国科学院宁波工业技术研究院	316	440	71.82%
中国科学院上海硅酸盐研究所	282	439	64.24%
中国林业科学研究院	268	531	50.47%
中国科学院上海生命科学研究院	267	340	78.53%
中国科学院海洋研究所	265	497	53.32%
中国科学院兰州化学物理研究所	253	393	64.38%
中国科学院过程工程研究所	245	403	60.79%
中国科学院物理研究所	241	448	53.79%
中国科学院理化技术研究所	228	349	65.33%
中国医学科学院肿瘤研究所	223	367	60.76%

数据来源：SCIE 2019。

（3）医疗机构

2019年，共有813个医疗机构有卓越国际论文产出，与2018年的620个相比有较大增加。其中，发表卓越国际论文大于100篇的医疗机构有92个。发表卓越国际论文数居前20位的医疗机构如表9-5所示，发表卓越国际论文最多的医疗机构是四川大学华西医院，共产出论文1116篇，而中南大学湘雅医院的卓越国际论文占全部论文的比例最高，为67.36%。

表9-5 发表卓越国际论文数居前20位的医疗机构

单位名称	卓越国际论文篇数	全部论文篇数	卓越国际论文占全部论文的比例
四川大学华西医院	1116	1881	59.33%
中南大学湘雅医院	615	913	67.36%
解放军总医院	520	951	54.68%
郑州大学第一附属医院	516	831	62.09%
北京协和医院	499	961	51.93%
浙江大学附属第一医院	487	856	56.89%
华中科技大学同济医学院附属同济医院	454	712	63.76%
复旦大学附属中山医院	451	704	64.06%
吉林大学白求恩第一医院	432	843	51.25%
华中科技大学同济医学院附属协和医院	413	674	61.28%

续表

单位名称	卓越国际论文篇数	全部论文篇数	卓越国际论文占全部论文的比例
江苏省人民医院	411	685	60.00%
中国医科大学附属第一医院	409	659	62.06%
中南大学湘雅二医院	390	637	61.22%
西安交通大学医学院第一附属医院	366	620	59.03%
浙江大学医学院附属第二医院	360	609	59.11%
武汉大学人民医院	356	596	59.73%
中山大学肿瘤防治中心	355	531	66.85%
上海交通大学医学院附属瑞金医院	345	537	64.25%
南方医科大学南方医院	345	544	63.42%
上海交通大学医学院附属仁济医院	332	501	66.27%

数据来源：SCIE 2019。

9.2.4 卓越国际论文的期刊分布

2019 年，中国的卓越国际论文共发表在 6553 种期刊中，比 2018 年的 5613 种增加了 16.75%。其中，在中国大陆编辑出版的期刊为 203 种，共 7127 篇，占全部卓越国际论文数的 3.2%，比 2018 年的 3.5% 有所下降。2019 年，在发表卓越国际论文的全部期刊中，1000 篇以上的期刊有 15 种，如表 9-6 所示。发表卓越国际论文数大于 100 篇的中国科技期刊共 12 种，如表 9-7 所示。

表 9-6 发表卓越国际论文大于 1000 篇的国际科技期刊

期刊名称	论文篇数
IEEE ACCESS	2750
SCIENCE OF THE TOTAL ENVIRONMENT	2460
JOURNAL OF ALLOYS AND COMPOUNDS	2168
ACS APPLIED MATERIALS & INTERFACES	2026
APPLIED SURFACE SCIENCE	1585
JOURNAL OF CLEANER PRODUCTION	1570
CHEMICAL ENGINEERING JOURNAL	1556
JOURNAL OF MATERIALS CHEMISTRY A	1496
CONSTRUCTION AND BUILDING MATERIALS	1145
JOURNAL OF CELLULAR PHYSIOLOGY	1130
CERAMICS INTERNATIONAL	1120
ACS SUSTAINABLE CHEMISTRY & ENGINEERING	1091
CHEMICAL COMMUNICATIONS	1082
SCIENTIFIC REPORTS	1073
MEDICINE	1060

数据来源：SCIE 2019。

表 9-7　发表卓越国际论文 100 篇以上的中国科技期刊

期刊名称	论文篇数
CHINESE CHEMICAL LETTERS	274
JOURNAL OF MATERIALS SCIENCE & TECHNOLOGY	245
JOURNAL OF ENERGY CHEMISTRY	196
NANO RESEARCH	188
JOURNAL OF ENVIRONMENTAL SCIENCES	185
JOURNAL OF INTEGRATIVE AGRICULTURE	159
CHINESE PHYSICS B	143
SCIENCE CHINA-MATERIALS	135
SCIENCE CHINA-CHEMISTRY	120
CHINESE JOURNAL OF CATALYSIS	113
SCIENCE BULLETIN	111
CHINESE MEDICAL JOURNAL	105

数据来源：SCIE 2019。

9.2.5　卓越国际论文的国际国内合作情况分析

2019 年，合作（包括国际国内合作）研究产生的卓越国际论文为 151532 篇，占全部卓越国际论文的 67.2%，比 2018 年的 78.1% 下降了 10.9 个百分点。其中，高等院校合作产生 126725 篇，占合作产生的 83.6%；研究机构合作产生 19022 篇，占合作产生的 12.6%。高等院校合作产生的卓越国际论文占高等院校卓越国际论文（195959 篇）的 64.67%，而研究机构的合作卓越国际论文占研究机构卓越国际论文（21169 篇）的是 89.86%。与 2018 年相比，高等院校和研究机构的合作卓越国际论文在全部合作卓越国际论文中的比例均有所下降，高等院校的合作卓越国际论文占高等院校全部卓越国际论文的比例有所下降，研究机构的合作卓越国际论文占研究机构全部卓越国际论文的比例有所上升。

2019 年，以中国为主的国际合作卓越国际论文共有 57583 篇，地区分布如表 9-8 所示。其中，数量超过 100 篇的省（市、自治区）为 28 个，北京和江苏的国际合作卓越国际论文数最多并均超过 6000 篇，这两个地区的国际合作卓越国际论文分别为 9462 篇、6532 篇。国际合作卓越国际论文占卓越国际论文比大于 20% 的有 22 个省（市、自治区）。

从以中国为主的国际合作卓越国际论文学科分布看（如表 9-9 所示），数量超过 100 篇的学科为 33 个；超过 300 篇的学科为 24 个，其中，数量最多的为化学，卓越国际合作论文数为 8357 篇，其次为生物学，材料科学，临床医学，环境科学，电子、通信与自动控制，地学，物理学，计算技术，能源科学技术和基础医学国际卓越国际合作论文均达到 2000 篇以上。卓越国际合作论文占卓越国际论文比大于 20%（只计卓越国际论文大于 100 篇的学科）的有 28 个学科，大于 30% 的学科为 15 个。

表 9-8　以中国为主的国际合作卓越国际论文的地区分布

地区	国际合作论文篇数	卓越国际论文总篇数	国际合作论文占全部论文比例
北京	9462	32551	29.07%
天津	1610	6825	23.59%
河北	391	2587	15.11%
山西	483	2244	21.52%
内蒙古	103	642	16.04%
辽宁	1728	8084	21.38%
吉林	1055	5227	20.18%
黑龙江	1226	5908	20.75%
上海	4852	18052	26.88%
江苏	6532	24194	27.00%
浙江	3122	11725	26.63%
安徽	1362	5789	23.53%
福建	1460	4959	29.44%
江西	519	2658	19.53%
山东	2467	13068	18.88%
河南	996	5504	18.10%
湖北	3761	13090	28.73%
湖南	2154	8694	24.78%
广东	5545	17343	31.97%
广西	404	1933	20.90%
海南	113	549	20.58%
重庆	1158	5095	22.73%
四川	2444	9745	25.08%
贵州	237	1027	23.08%
云南	490	2006	24.43%
西藏	11	29	37.93%
陕西	3114	11788	26.42%
甘肃	520	2858	18.19%
青海	33	190	17.37%
宁夏	53	338	15.68%
新疆	178	946	18.82%

数据来源：SCIE 2019。

表 9-9　以中国为主的国际合作卓越国际论文的学科分布

学科	国际合作论文篇数	卓越国际论文总篇数	合作论文占全部论文比例
数学	1574	5615	28.03%
力学	970	3421	28.35%
信息、系统科学	388	847	45.81%
物理学	3366	13683	24.60%
化学	8357	38127	21.92%

续表

学科	国际合作论文篇数	卓越国际论文总篇数	合作论文占全部论文比例
天文学	506	986	51.32%
地学	3397	8003	42.45%
生物学	5399	23115	23.36%
预防医学与卫生学	943	2985	31.59%
基础医学	2289	12389	18.48%
药物学	1346	9416	14.29%
临床医学	4055	21696	18.69%
中医学	76	589	12.90%
军事医学与特种医学	81	341	23.75%
农学	1100	3483	31.58%
林学	343	905	37.90%
畜牧、兽医	218	1136	19.19%
水产学	177	1250	14.16%
测绘科学技术	0	0	0
材料科学	4160	17818	23.35%
工程与技术基础学科	249	758	32.85%
矿山工程技术	109	378	28.84%
能源科学技术	2333	8208	28.42%
冶金、金属学	69	401	17.21%
机械、仪表	594	2362	25.15%
动力与电气	167	885	18.87%
核科学技术	149	537	27.75%
电子、通信与自动控制	3790	10768	35.20%
计算技术	2995	7548	39.68%
化工	1507	6854	21.99%
轻工、纺织	161	942	17.09%
食品	794	3080	25.78%
土木建筑	1030	3170	32.49%
水利	329	934	35.22%
交通运输	286	587	48.72%
航空航天	87	518	16.80%
安全科学技术	50	112	44.64%
环境科学	3856	11259	34.25%
管理学	274	520	52.69%
自然科学类其他	9	22	40.91%

数据来源：SCIE 2019。

9.2.6　卓越国际论文的创新性分析

中国实行的科学基金资助体系是为了扶持中国的基础研究和应用研究，但要获得基金的资助，要求科技项目的立意具有新颖性和前瞻性，即要有创新性。下面我们将从由各类基金（这里所指的基金是广泛意义的，包括各省部级以上的各类资助项目和各项国家大型研究和工程计划）资助产生的论文来了解科学研究中的一些创新情况。

2019 年，中国的卓越国际论文中得到基金资助产生的论文为 208557 篇，占卓越国际论文数的 92.4%，比 2018 年的 93.2% 下降 0.8 个百分比。

从卓越国际基金论文的学科分布看（如表 9-10 所示），论文数最多的学科是化学，其卓越国际基金论文数超过 37000 篇，超过 10000 篇的学科还有生物学、材料科学、临床医学、物理学、环境科学、基础医学和电子、通信与自动控制。97% 的学科中，卓越国际基金论文占学科卓越国际论文的比例在 80% 以上。

表 9-10　卓越国际基金论文的学科分布

学科	卓越国际基金论文数	卓越国际论文总数	卓越国际基金论文比例	
			2019 年	2018 年
数学	5240	5615	93.32%	92.79%
力学	3224	3421	94.24%	93.39%
信息、系统科学	803	847	94.81%	93.51%
物理学	13084	13683	95.62%	95.98%
化学	37178	38127	97.51%	96.90%
天文学	966	986	97.97%	97.50%
地学	7761	8003	96.98%	95.60%
生物学	20963	23115	90.69%	92.10%
预防医学与卫生学	2646	2985	88.64%	87.27%
基础医学	10292	12389	83.07%	82.90%
药物学	7752	9416	82.33%	82.02%
临床医学	16894	21696	77.87%	78.62%
中医学	535	589	90.83%	87.77%
军事医学与特种医学	288	341	84.46%	89.76%
农学	3391	3483	97.36%	96.99%
林学	875	905	96.69%	97.98%
畜牧、兽医	1096	1136	96.48%	95.77%
水产学	1231	1250	98.48%	98.67%
测绘科学技术	0	0	—	—
材料科学	17206	17818	96.57%	96.12%
工程与技术基础学科	729	758	96.17%	95.68%
矿山工程技术	371	378	98.15%	96.95%
能源科学技术	7860	8208	95.76%	96.13%
冶金、金属学	371	401	92.52%	95.28%
机械、仪表	2224	2362	94.16%	91.67%

学科	卓越国际基金论文数	卓越国际论文总数	卓越国际基金论文比例	
			2019 年	2018 年
动力与电气	830	885	93.79%	92.75%
核科学技术	495	537	92.18%	93.16%
电子、通信与自动控制	10188	10768	94.61%	93.10%
计算技术	7025	7548	93.07%	93.42%
化工	6666	6854	97.26%	97.56%
轻工、纺织	906	942	96.18%	96.17%
食品	2973	3080	96.53%	94.89%
土木建筑	3026	3170	95.46%	94.24%
水利	913	934	97.75%	95.08%
交通运输	552	587	94.04%	90.49%
航空航天	444	518	85.71%	85.59%
安全科学技术	103	112	91.96%	98.80%
环境科学	10964	11259	97.38%	96.35%
管理学	474	520	91.15%	87.24%
自然科学类其他	18	22	81.82%	77.78%

数据来源：SCIE 2019。

卓越国际基金论文数居前的地区仍是科技资源配置丰富、高等院校和研究机构较为集中的地区。例如，卓越国际基金论文数居前 6 位的地区：北京、江苏、上海、广东、湖北和山东。2019 年，卓越国际基金论文比在 90% 以上的地区有 27 个。从表 9-11 中所列数据也可看出，各地区卓越国际基金论文比的数值差距不是很大。

表 9-11　卓越国际基金论文的地区分布

地区	卓越国际基金论文数	卓越国际论文总数	卓越国际基金论文比例	
			2019 年	2018 年
北京	30484	32551	93.65%	94.13%
天津	6324	6825	92.66%	93.70%
河北	2166	2587	83.73%	85.33%
山西	2096	2244	93.40%	94.86%
内蒙古	582	642	90.65%	93.20%
辽宁	7373	8084	91.20%	92.79%
吉林	4575	5227	87.53%	91.26%
黑龙江	5471	5908	92.60%	91.90%
上海	16764	18052	92.87%	92.78%
江苏	22763	24194	94.09%	94.40%
浙江	10754	11725	91.72%	93.26%
安徽	5485	5789	94.75%	95.23%
福建	4677	4959	94.31%	96.27%
江西	2448	2658	92.10%	94.78%

续表

地区	卓越国际基金论文数	卓越国际论文总数	卓越国际基金论文比例	
			2019 年	2018 年
山东	11441	13068	87.55%	89.73%
河南	4727	5504	85.88%	87.27%
湖北	12136	13090	92.71%	94.07%
湖南	8155	8694	93.80%	93.40%
广东	16274	17343	93.84%	94.65%
广西	1806	1933	93.43%	92.86%
海南	528	549	96.17%	93.65%
重庆	4722	5095	92.68%	93.57%
四川	8855	9745	90.87%	90.59%
贵州	976	1027	95.03%	93.02%
云南	1876	2006	93.52%	93.82%
西藏	27	29	93.10%	68.75%
陕西	11038	11788	93.64%	93.45%
甘肃	2661	2858	93.11%	94.69%
青海	181	190	95.26%	93.33%
宁夏	323	338	95.56%	93.43%
新疆	869	946	91.86%	94.57%

数据来源：SCIE 2019。

9.3　中国卓越国内科技论文的研究分析和结论

　　根据学术文献的传播规律，科技论文发表后在 3 ～ 5 年形成被引的峰值。这个时间窗口内较高质量科技论文的学术影响力会通过论文的引用水平表现出来。为了遴选学术影响力较高的论文，我们为近 5 年中国科技核心期刊收录的每篇论文计算了"累计被引时序指标"——n 指数。

　　n 指数的定义方法是：若一篇论文发表 n 年之内累计被引次数达到 n 次，同时在 $n+1$ 年累计被引次数不能达到 $n+1$ 次，则该论文的"累计被引用时序指标"的数值为 n。

　　对各个年度发表在中国科技核心期刊上的论文被引次数设定一个 n 指数分界线，各年度发表的论文中，被引次数超越这一分界线的就被遴选为"卓越国内科技论文"。我们经过数据分析测算后，对近 5 年的"卓越国内科技论文"分界线定义为：论文 n 指数大于发表时间的论文是"卓越国内科技论文"。例如，论文发表 1 年之内累计被引用达到 1 次的论文，n 指数为 1；发表 2 年之内累计被引用超过 2 次，n 指数为 2。以此类推，发表 5 年之内累计被引用达到 5 次，n 指数为 5。

　　按照这一统计方法，我们据近 5 年（2015—2019 年）的"中国科技论文与引文数据库"（CSTPCD）统计，共遴选出"卓越国内科技论文"16.17 万篇，占这 5 年CSTPCD 收录全部论文的比例约为 6.8%。

9.3.1 卓越国内科技论文的学科分布

2019 年，中国 31 个省（市、自治区）卓越国内科技论文主要分布在 39 个学科（如表 9-12 所示），论文数最多的学科是临床医学，发表了 37025 篇卓越国内论文，说明中国的临床医学在国内和国际均具有较大的影响力；其次是电子、通信与自动控制，为13036 篇，卓越国内论文数超过 10000 篇的学科还有农学和计算技术，分别为 12329 篇和 10756 篇。

表 9-12　卓越国内论文的学科分布

学科	卓越国内论文篇数	学科	卓越国内论文篇数
数学	438	工程与技术基础学科	676
力学	464	矿业工程技术	2353
信息科学	125	能源科学技术	3988
物理	863	金属、冶金学	2555
化学	1877	机械、仪表	2567
天文学	90	动力与电气	1046
地学	9854	核科学技术	70
生物学	5094	电子通信与自动控制	13036
预防医学与卫生学	5172	计算技术	10756
基础医学	4193	化工	2237
药物学	3909	轻工、纺织	412
临床医学	37025	食品	4697
中医药	9239	土木建筑	4040
军事医学与特种医学	595	水利	1030
农学	12329	交通运输	2462
林学	2278	航空航天	1366
畜牧、兽医	2061	安全科学技术	144
水产	842	环境科学	8494
测绘科学技术	1178	管理学	767
材料科学	1346		

数据来源：CSTPCD。

9.3.2 中国各地区卓越国内科技论文的分布特征

2019 年，中国 31 个省（市、自治区）卓越国内科技论文的发表情况如表 9-13 所示，其中，北京发表的卓越国内论文数量最多，达到 29559 篇。卓越国内科技论文数能达到10000 篇以上的地区还有江苏，为 14080 篇。卓越国内科技论文数排名居前 10 位的还有上海、广东、陕西、湖北、四川、山东、浙江和辽宁。对比卓越国际科技论文的地区分布可以看出，这些地区的卓越国际科技论文数也较多，说明这些地区无论是国际科技产出还是国内科技产出，其影响力均较国内其他地区大。

表 9-13　卓越国内科技论文的地区分布

地区	卓越国内论文篇数	地区	卓越国内论文篇数
北京	29559	湖北	7827
天津	4279	湖南	5048
河北	4559	广东	9021
山西	2174	广西	2325
内蒙古	1326	海南	800
辽宁	5873	重庆	3793
吉林	2691	四川	7254
黑龙江	3547	贵州	1915
上海	9084	云南	2287
江苏	14080	西藏	63
浙江	6396	陕西	8816
安徽	3810	甘肃	3286
福建	2818	青海	435
江西	2324	宁夏	614
山东	6918	新疆	2680
河南	5468		

数据来源：CSTPCD。

9.3.3　卓越国内科技论文的机构分布特征

2019 年中国 161726 篇卓越国内科技论文中，高等院校发表论文 84082 篇，研究机构发表论文 23913 篇，医疗机构发表论文 39 653 篇，公司企业发表论文 5158 篇，其他部门发表论文 8920 篇，各机构发表论文数占比分布如图 9-2 所示。

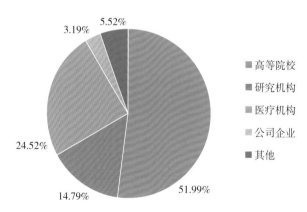

图 9-2　2019 年中国卓越国内论文的机构占比分布

（1）高等院校

2019 年，卓越国内论文数居前 20 位的高等院校如表 9-14 所示，其中，北京大学、首都医科大学和上海交通大学居前 3 位，其发表的国内卓越论文数分别为 1968 篇、1964 篇和 1845 篇。

表9-14　卓越国内论文数居前20位的高等院校

单位名称	卓越国内论文篇数	单位名称	卓越国内论文篇数
北京大学	1968	西北农林科技大学	1214
首都医科大学	1964	中国矿业大学	1128
上海交通大学	1845	同济大学	1119
武汉大学	1583	华中科技大学	1101
华北电力大学	1311	清华大学	1037
中南大学	1292	复旦大学	1023
中国石油大学	1289	中山大学	981
浙江大学	1288	北京中医药大学	924
四川大学	1279	西安交通大学	921
中国地质大学	1227	吉林大学	878

数据来源：CSTPCD。

（2）研究机构

2019年，卓越国内论文数居前20位的研究机构如表9-15所示。其中，中国疾病预防控制中心、中国中医科学院和中国水产科学研究院居前3位，卓越国内论文数分别为606篇、557篇和369篇。论文数超过300篇的研究院所还有中国林业科学研究院、中国科学院地理科学与资源研究所和中国科学院长春光学精密机械与物理研究所。

表9-15　卓越国内论文数居前20位的研究机构

单位名称	卓越国内论文篇数	单位名称	卓越国内论文篇数
中国疾病预防控制中心	606	中国地质科学院	212
中国中医科学院	557	中国农业科学院农业质量标准与检测技术研究所	174
中国水产科学研究院	369	中国环境科学研究院	164
中国林业科学研究院	359	中国科学院寒区旱区环境与工程研究所	159
中国科学院地理科学与资源研究所	350	山东省农业科学院	156
中国科学院长春光学精密机械与物理研究所	304	中国科学院南京土壤研究所	153
中国科学院地质与地球物理研究所	256	福建省农业科学院	144
中国医学科学院肿瘤研究所	242	中国地质科学院矿产资源研究所	141
江苏省农业科学院	237	中国食品药品检定研究院	141
中国科学院生态环境研究中心	222	中国水利水电科学研究院	131

数据来源：CSTPCD。

（3）医疗机构

2019年，卓越国内论文数居前20位的医疗机构如表9-16所示。其中，解放军总医院、

北京协和医院和四川大学华西医院居前 3 位，卓越国内论文数分别为 996 篇、466 篇和
457 篇。

表 9-16　卓越国内论文数居前 20 位的医疗机构

单位名称	卓越国内论文篇数	单位名称	卓越国内论文篇数
解放军总医院	996	江苏省人民医院	253
北京协和医院	466	中南大学湘雅医院	246
四川大学华西医院	457	安徽医科大学第一附属医院	240
北京大学第三医院	334	首都医科大学附属北京安贞医院	238
中国医科大学附属盛京医院	332	中国人民解放军东部战区总医院	238
郑州大学第一附属医院	328	首都医科大学宣武医院	230
武汉大学人民医院	320	北京大学人民医院	219
华中科技大学同济医学院附属同济医院	315	重庆医科大学附属第一医院	214
北京大学第一医院	307	空军军医大学第一附属医院（西京医院）	211
海军军医大学第一附属医院（上海长海医院）	259	南方医科大学南方医院	205

数据来源：CSTPCD。

9.3.4　卓越国内论文的期刊分布

2019 年，中国的卓越国内论文共发表在 2228 种中国期刊中，其中，《生态学报》
的卓越国内论文数最多，为 1545 篇，其次为《农业工程学报》和《食品科学》，发表
卓越国内论文分别为 1509 篇和 1428 篇。2019 年，在发表卓越国内论文的全部期刊中，
1000 篇以上的期刊有 11 种，比 2018 年减少 1 种，如表 9-17 所示。

表 9-17　发表卓越国内论文大于 1000 篇的国内科技期刊

期刊名称	论文篇数	期刊名称	论文篇数
生态学报	1545	电力系统保护与控制	1293
农业工程学报	1509	电网技术	1116
食品科学	1428	中草药	1108
电工技术学报	1366	环境科学	1097
中国电机工程学报	1337	中国中药杂志	1019
电力系统自动化	1295		

数据来源：CSTPCD。

9.4 讨论

2019 年，中国机构作者为第一作者的 SCI 收录论文共 45.02 万篇，其中，卓越国际论文数为 22.56 万篇，占论文总数的 50.1%，较 2018 年有所上升。合作（包括国际国内合作）研究产生的卓越国际论文为 151532 篇，占全部卓越国际论文的 67.2%，比 2018 年的 78.1% 下降了 10.9 个百分点。

2015—2019 年，中国的卓越国内论文为 16.17 万篇，占这 5 年 CSTPCD 收录全部论文的比例为 6.8%。卓越国内论文的机构分布与卓越国际论文相似，高等院校均为论文产出最多机构类型。地区分布也较为相似，发表卓越国际论文较多的地区，其卓越国内论文也较多，说明这些地区无论是国际科技产出还是国内科技产出，其影响力均较国内其他地区大。从学科分布来看，优势学科稍有不同，但中国的临床医学在国内和国际均具有较大的影响力。

从 SCI、Ei、CPCI-S 等重要国际检索系统收录的论文数看，中国经过多年的努力，已经成为论文的产出大国。2019 年，SCI 收录中国内地科技论文（不包括港澳地区）49.59 万篇，占世界的比重为 21.5%，连续 11 年排在世界第 2 位，仅次于美国。中国已进入论文产出大国的行列，但是论文的影响力还有待进一步提高。

卓越论文，主要是指在各学科领域，论文被引次数高于世界或国内均值的论文，2020 年国际部分首次加入高质量国际论文、高被引论文、热点论文、各学科最具影响力论文、顶尖学术期刊论文等不同维度选出的国际论文。因此，要提高这类论文的数量，关键是继续加大对基础研究工作的支持力度，以产生好的创新成果，从而产生优秀论文和有影响的论文，增加国际和国内同行的引用。从文献计量角度看，文献能不能获得引用，与很多因素有关，如文献类型、语种、期刊的影响、合作研究情况等。我们深信，在中国广大科技人员不断潜心钻研和锐意进取的过程中，中国论文的国际国内影响力会越来越大，卓越论文会越来越多。

参考文献

[1] 中国科学技术信息研究所 .2018 年度中国科技论文统计与分析（年度研究报告）[M]. 北京：科学技术文献出版社，2020.

[2] 张玉华，潘云涛 . 科技论文影响力相关因素研究 [J]. 编辑学报，2007（1）：1-4.

10 领跑者 5000 论文情况分析

为了进一步推动中国科技期刊的发展，提高其整体水平，更好地宣传和利用中国的优秀学术成果，推动更多的科研成果走向世界，参与国际学术交流，扩大国际影响，起到引领和示范的作用，中国科学技术信息研究所利用科学计量指标和同行评议结合的方法，在中国精品科技期刊中遴选优秀学术论文，建设了"领跑者 5000——中国精品科技期刊顶尖学术论文平台（F5000）"，用英文长文摘的形式，集中对外展示和交流中国的优秀学术论文。通过与国际重要信息服务机构和国际出版机构合作，将 F5000 论文集中链接和推送给国际同行。为中文发表的论文、作者和中文学术期刊融入国际学术共同体提供了一条高效渠道。

2000 年以来，中国科学技术信息研究所承担国家科技部中国科技期刊战略相关研究任务，在国内首先提出了精品科技期刊战略的概念，2005 年研制完成中国精品科技期刊评价指标体系，并承担了建设中国精品科技期刊服务与保障系统的任务，该项目领导小组成员来自中华人民共和国科学技术部、新闻出版总署、中共中央宣传部、中华人民共和国国家卫生健康委员会、中国科学技术协会、国家自然科学基金委员会和中华人民共和国教育部等科技期刊的管理部门。2008 年、2011 年、2014 年和 2017 年公布了四届"中国精品科技期刊"的评选结果，对提升优秀学术期刊质量和影响力、带动中国科技期刊整体水平进步起到了推动作用。

在前四届"中国精品科技期刊"的基础上，2020 年我们公布了新一届的"中国精品科技期刊"的评选结果，并以此为基础遴选了 2020 年的 F5000 论文。

本章是以 2020 年度 F5000 提名论文为基础，分析 F5000 论文的地区、学科、机构、基金及被引情况等。

10.1 引言

中国科学技术信息研究所于 2012 年集中力量启动了"中国精品科技期刊顶尖学术论文——领跑者 5000"（F5000）项目，同时为此打造了向国内外展示 F5000 论文的平台（f5000.istic.ac.cn），并已与国际专业信息服务提供商科睿唯安、爱思唯尔（Elsevier）集团、Wiley 集团、泰勒弗朗西斯集团、加拿大 Trend MD 公司等展开深入合作。

F5000 展示平台的总体目标是充分利用精品科技期刊评价成果，形成面向宏观科技期刊管理和科研评价工作直接需求，具有一定社会显示度和国际国内影响的新型论文数据平台。平台通过与国际知名信息服务商合作，最终将国内优秀的科研成果和科研人才推向世界。

10.2　2020 年度 F5000 论文遴选方式

①强化单篇论文定量评估方法的研究和实践。在"中国科技论文与引文数据库"（CSTPCD）的基础上，采用定量分析和定性分析相结合的方法，从第五届"中国精品科技期刊"中择优选取 2015—2019 年发表的学术论文作为 F5000 的提名论文，每刊最多 20 篇。

具体评价方法为：

a. 以"中国科技论文与引文数据库"（CSTPCD）为基础，计算每篇论文在 2015—2019 年累计被引次数排名。

b. 根据论文发表时间的不同和论文所在学科的差异，分别进行归类，并且对论文按照累计被引次数排名。

c. 对各个学科类别每个年度发表的论文，分别计算前 1% 高被引论文的基准线（如表 10-1 所示）。

d. 在各个学科领域各年度基准线以上的论文中，遴选各个精品期刊的提名论文。如果一个期刊在基准线以上的论文数量超过 20 篇，则根据累计被引次数相对基准线标准的情况，择优选取其中 20 篇作为提名论文；如果一个核心期刊在基准线以上的论文不足 20 篇，则只有过线论文作为提名论文。

根据统计，2015—2019 年累计被引次数达到其所在学科领域和发表年度基准线以上的 5800 余篇论文，并最终通过定量分析方式获得精品期刊顶尖论文提名的论文共有 2714 篇。

②中国科学技术信息研究所将继续与各个精品科技期刊编辑部协作配合推进 F5000 项目工作。各个精品科技期刊编辑部通过同行评议或期刊推荐的方式遴选 2 篇 2020 年发表的学术水平较高的研究论文，作为提名论文。

提名论文的具体条件包括：

a. 遴选范围是在 2020 年期刊上发表的学术论文，增刊的论文不列入遴选范围。已经收录并且确定在 2020 年正刊出版，但是尚未正式印刷出版的论文，可以列入遴选范围。

b. 论文内容科学、严谨，报道原创性的科学发现和技术创新成果，能够反映期刊所在学科领域的最高学术水平。

③为非精品科技期刊提供入选 F5000 的渠道。期刊可参照提名论文的具体条件，提交经过编委会认可的 2 篇评审当年发表的论文，F5000 平台组织专家评审后确认入选，给予证书。

④中国科学技术信息研究所依托各个精品科技期刊编辑部的支持和协作，联系和组织作者，补充获得提名论文的详细完整资料（包括全文或中英文长摘要、其他合著作者的信息、论文图表、编委会评价和推荐意见等），提交到"领跑者 F5000"工作平台参加综合评估。

⑤中国科学技术信息研究所进行综合评价，根据定量分析数据和同行评议结果，从信息完整的提名论文中评定出 2020 年度 F5000 论文，颁发入选证书，收录入"领跑者 5000——中国精品科技期刊顶尖学术论文"（f5000.istic.ac.cn）展示平台。

表 10-1 2015—2019 年中国各学科 1% 高被引论文基准线

学科	2015 年	2016 年	2017 年	2018 年	2019 年
数学	10	8	6	3	2
力学	11	10	9	4	2
信息、系统科学	19	14	10	4	2
物理学	10	9	8	4	2
化学	12	10	7	5	2
天文学	10	14	13	3	2
地学	27	20	14	7	3
生物学	18	16	11	6	2
预防医学与卫生学	17	15	11	6	3
基础医学	14	12	9	5	2
药物学	15	12	9	5	2
临床医学	16	14	10	5	2
中医学	18	15	12	6	2
军事医学与特种医学	14	11	9	5	2
农学	24	17	12	7	3
林学	21	15	11	7	2
畜牧、兽医	15	12	9	6	2
水产学	15	13	10	5	2
测绘科学技术	23	16	12	6	2
材料科学	12	10	7	4	2
工程与技术基础学科	11	10	7	4	2
矿山工程技术	20	15	11	7	2
能源科学技术	27	21	17	9	3
冶金、金属学	12	10	8	4	2
机械、仪表	14	11	8	5	2
动力与电气	13	12	9	6	2
核科学技术	8	6	5	3	2
电子、通信与自动控制	28	22	15	7	2
计算技术	18	16	12	6	2
化工	11	10	7	4	2
轻工、纺织	11	10	8	4	2
食品	17	14	10	6	3
土木建筑	18	12	10	5	2
水利	17	14	11	6	2
交通运输	13	10	8	4	2
航空航天	14	10	8	4	2
安全科学技术	17	17	15	7	2
环境科学	24	18	13	7	3
管理学	26	15	12	6	2

10.3 数据与方法

2020 年的 F5000 提名论文包括定量评估的论文和编辑部推荐的论文，后者由于时间（报告编写时间为 2021 年 1 月）关系，并不完整，为此，后续 F5000 论文的分析仅基于定量评估的 2714 篇论文。

论文归属：按国际文献计量学研究的通行做法，论文的归属按照第一作者所在第一地区和第一单位确定。

论文学科：依据国家技术监督局颁布的《学科分类与代码》，在具体进行分类时，一般是依据刊载论文期刊的学科类别和每篇论文的具体内容。由于学科交叉和细分，论文的学科分类问题十分复杂，先暂仅分类至一级学科，共划分了 40 个学科类别，且是按主分类划分，一篇文献只做一次分类。

10.4 研究分析与结论

10.4.1 F5000 论文概况

（1）F5000 论文的参考文献研究

在科学计量学领域，通过大量的研究分析发现，论文的参考文献数量与论文的科学研究水平有较强的相关性。

2020 年度 F5000 论文的平均参考文献数为 28.25 篇，具体分布情况如表 10–2 所示。

表 10–2 2020 年度 F5000 论文参考文献数分布情况

序号	参考文献数	论文篇数	比例	序号	参考文献数	论文篇数	比例
1	0～10	264	9.7%	4	31～50	441	16.2%
2	11～20	1045	38.5%	5	51～100	190	7.0%
3	21～30	704	25.9%	6	＞100	70	2.6%

其中，参考文献数在 11～20 篇的论文数最多，为 1045 篇，约占总量的 38.5%，紧随其后的是参考文献数在 21～30 的论文数，其比例为 25.9%。有 70 篇论文的参考文献数超过 100 篇。参考文献数在 10 篇以内的论文数相比去年下降了一半多（去年占比 22.2%），仅占 9.7%，这在一定程度上说明论文的参考文献数整体有所增加。

其中，引用参考文献数最多的 1 篇 F5000 论文是 2018 年南京大学地球科学与工程学院汪相发表在《地质评论》上的"白云鄂博超大型稀土—铌—铁矿床的成矿时代及成因探析——兼论 P—T 之交生物群灭绝事件和'阿蒙兴造山运动'"，共引用参考文献 484 篇。之后，引用参考文献数 400 篇以上的还有中国地质科学院矿产资源研究所唐菊兴 2017 年发表在《地球学报》的"西藏斑岩 - 矽卡岩 - 浅成低温热液铜多金属矿成矿作用、勘查方向与资源潜力"，共引用参考文献 462 篇。

（2）F5000 论文的作者数研究

在全球化日益明显的今天，不同学科、不同身份、不同国家的科研合作已经成为非常普遍的现象。科研合作通过科技资源的共享、团队协作的方式，有利于提高科研生产率和促进科研创新。

2020 年度的 F5000 论文中，由单一作者完成的论文有 84 篇，约占总量的 3.1%，亦即 2020 年的 F5000 论文合著率高达 96.9%。5 人和 4 人合作完成的论文数最多，分别为 479 篇和 468 篇，各占总量的 17.6% 和 17.2%（如图 10-1 所示）。

合作者数量最多的 1 篇论文是由尹万红等 51 位作者于 2018 年合作发表在《中华内科杂志》上的"重症超声临床应用技术规范"。

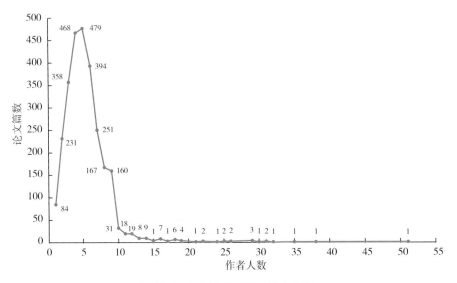

图 10-1　不同合作规模的论文产出

10.4.2　F5000 论文学科分布

学科建设与发展是科学技术发展的基础，了解论文的学科分布情况是十分必要的。论文学科的划分一般是依据刊载论文的期刊的学科类别进行的。在 CSTPCD 统计分析中，论文的学科分类除了依据论文所在期刊进行划分外，还会进一步根据论文的具体研究内容进行区分。

在 CSTPCD 中，所有的科技论文被划分为 40 个学科，包括数学、力学、物理学、化学、天文学、地学、生物学、药学、农学、林学、水产学、化工和食品等。在此基础上，40 个学科被进一步归并为五大类，分别是基础学科、医药卫生、农林牧渔、工业技术和管理及其他。

如图 10-2 所示，2020 年度 F5000 论文主要来自工业技术和医药卫生两大领域。其中，工业技术领域的 F5000 论文最多，共 1151 篇，占总量的 42.4%，其次是医药卫生领域，共 910 篇，占总量的 33.5%，这两个领域的 F5000 论文数量占总量的 75.9%。工业技术领域的 F5000 论文数相比 2019 年增长了 2.5%，在一定程度上表明，中国工业技术领域的科研水平有所提高。管理及其他大类的 F5000 论文数量最少，仅 8 篇，仅占总量的 0.3%。基础学科（410 篇）和农林牧渔（235 篇）领域的 F5000 论文数量分别占总量的 15.1% 和 8.7%。

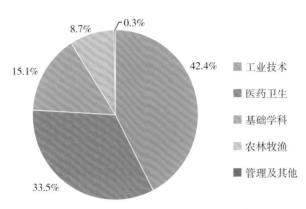

图 10-2　2020 年度 F5000 论文大类分布

对 2020 年 F5000 论文进行学科分析发现，2714 篇论文广泛分布在各学科领域，其中，发表 F5000 论文数居前 10 位的学科如表 10-3 所示，这些学科的论文数占总数的 66.2%。可以看出，临床医学领域的论文数明显高于其他领域，共发表 F5000 论文 567 篇，占总量的 20.9%；其次是计算技术领域，共发表 F5000 论文 211 篇，占总量的 7.8%；居第 3 位的是地学，共发表 F5000 论文 179 篇，占论文总数的 6.6%。

表 10-3　2020 年度 F5000 论文数居前 10 位的学科

排名	学科	论文篇数	比例	所属大类	排名	学科	论文篇数	比例	所属大类
1	临床医学	567	20.9%	医药卫生	7	冶金、金属学	107	3.9%	工业技术
2	计算技术	211	7.8%	工业技术	8	环境科学	105	3.9%	工业技术
3	地学	179	6.6%	基础学科	9	电子、通信与自动控制	88	3.2%	工业技术
4	农学	145	5.3%	农林牧渔	10	生物学	87	3.2%	基础学科
5	土木建筑	114	4.2%	工业技术	10	预防医学与卫生学	87	3.2%	医药卫生
6	中医学	108	4.0%	医药卫生					

F5000 论文量不足 5 篇的学科领域包括安全科学技术（4 篇），轻工、纺织（3 篇），天文学（3 篇）和核科学技术（1 篇），这 4 个学科的论文量占论文总量的比例均不足 0.2%。

10.4.3　F5000 论文地区分布

对全国各地区的 F5000 论文进行统计，可以从一个侧面反映出中国具体地区的科研实力、技术水平，而这也是了解区域发展状况及区域科研优劣势的重要参考。

除了西藏外，2020 年度的 F5000 论文广泛分布在 30 个省（市、自治区），其中，论文数排名居前 10 位的地区分布如表 10-4 所示。可以看出，北京以论文数 727 篇位居首位，占总量的 26.8%。排在第 2 位的是江苏，论文数为 245 篇，占总量的 9.0%，之后是上海，论文数为 141 篇，占总量的 5.2%。青海和海南的 F5000 论文数较少，均不足 10 篇，其中，青海的 F5000 论文仅 2 篇，海南的 F5000 论文 9 篇。

表 10-4　2020 年 F5000 论文数排名居前 10 位的地区分布

排名	地区	论文篇数	比例	排名	地区	论文篇数	比例
1	北京	727	26.8%	6	广东	128	4.7%
2	江苏	245	9.0%	7	四川	118	4.3%
3	上海	141	5.2%	8	浙江	116	4.3%
4	陕西	133	4.9%	9	湖南	98	3.6%
5	湖北	129	4.8%	10	辽宁	91	3.4%

10.4.4　F5000 论文机构分布

2020 年度 F5000 论文的机构分布情况如图 10-3 所示。高等院校（包括其附属医院）共发表了 1810 篇论文，占论文总数的 66.7%；科研院所居第 2 位，共发表了 515 篇，占总量的比例为 19.0%；之后则是医疗机构，共发表了 214 篇论文，占总量的 7.9%。最后则是企业以及其他类型机构，分别产出了 83 篇论文和 92 篇论文，各自占总量的 3.1% 和 3.4%。

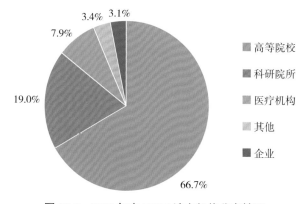

图 10-3　2020 年度 F5000 论文机构分布情况

2020 年 F5000 论文分布在多所高等院校，其中，论文数居前 5 位的高等院校是北京大学、武汉大学、中国矿业大学、中南大学和清华大学。其中，居第 1 位的是北京大学包括北京大学本部、北京大学第一医院、北京大学第三医院、北京大学口腔医学院、北京大学人民医院、北京大学医学部、北京大学肿瘤医院等，论文数为 69 篇；居第 2 的是武汉大学包括武汉大学本部、武汉大学口腔医学院、武汉大学人民医院、武汉大学同仁医院、武汉大学中南医院等，论文数为 37 篇。中国矿业大学居第 3 位，论文数为 35 篇（如表 10-5 所示）。

表 10-5　2020 年度 F5000 论文数居前 5 位的高等院校

排名	高等院校	论文篇数
1	北京大学	69
2	武汉大学	37
3	中国矿业大学	35
4	中南大学	32
5	清华大学	29

在医疗机构方面，将高校附属医院与普通医疗机构进行统一排序比较。四川大学华西医院的 F5000 论文数最多，共 17 篇；其次是北京协和医院，共 15 篇；北京大学第一医院和北京大学第三医院紧随其后，分别为 14 篇和 11 篇；首都医科大学附属北京友谊医院和中日友好医院居第 5 位，发表的 F5000 论文数均为 8 篇（如表 10-6 所示）。

表 10-6　2020 年度 F5000 论文数居前 5 位的医疗机构

排名	医疗机构	论文篇数
1	四川大学华西医院	17
2	北京协和医院	15
3	北京大学第一医院	14
4	北京大学第三医院	11
5	首都医科大学附属北京友谊医院	8
5	中日友好医院	8

在研究机构方面，中国疾病预防控制中心、中国医学科学院肿瘤研究所、中国农业科学院、中国科学院地理科学与资源研究所和中国石油勘探开发研究院发表的 F5000 论文数较多。其中，中国疾病预防控制中心以论文数 25 篇，居首位，之后是中国医学科学院肿瘤研究所和中国农业科学院，论文数分别是 22 篇和 18 篇，居第 4 位的是中国科学院地理科学与资源研究所，其论文数为 17 篇。最后，居第 5 位是中国石油勘探开发研究院，其论文数为 14 篇（如表 10-7 所示）。

表 10-7　2020 年度 F5000 论文数居前 5 位的研究机构

排名	研究机构	论文篇数
1	中国疾病预防控制中心	25
2	中国医学科学院肿瘤研究所	22
3	中国农业科学院	18
4	中国科学院地理科学与资源研究所	17
5	中国石油勘探开发研究院	14

10.4.5　F5000 论文基金分布情况

基金资助课题研究一般都是在充分调研论证的基础上展开的，是属于某个学科当前或者未来一段时间内的研究热点或者研究前沿。本节主要分析 2020 年度 F5000 论文的基金资助情况。

2020 年度产出 F5000 论文最多的项目是国家自然科学基金委员会各项基金项目，包括国家自然科学基金面上项目、国家自然科学基金青年基金项目、国家自然科学基金委创新研究群体科学基金资助项目、国家自然科学基金委重大研究计划重点研究项目等，共产出 804 篇，占论文总数的 29.6%；居第 2 位的是国家重点基础研究发展计划（973 计划）项目，共产出 106 篇；之后则是国家科技支撑计划项目，共产出 104 篇（如表 10-8 所示）。

表 10-8　2020 年度 F5000 论文数居前 5 位的基金项目

排名	基金项目名称	论文篇数
1	国家自然科学基金委员会各项基金	804
2	国家重点基础研究发展计划（973 计划）项目	106
3	国家科技支撑计划项目	104
4	国家科技重大专项项目	103
5	科学技术部其他基金项目	82

10.4.6　F5000 论文被引情况

论文的被引情况，可以用来评价一篇论文的学术影响力。这里 F5000 论文的被引情况，指的是论文从发表当年到 2020 年的累计被引用情况，亦即 F5000 论文定量遴选时的累计被引次数。其中，被引次数为 15 次的论文数最多，为 131 篇，之后则是被引次数为 13 次和 17 次，其论文量分别为 129 篇和 127 篇（如图 10-4 所示）。

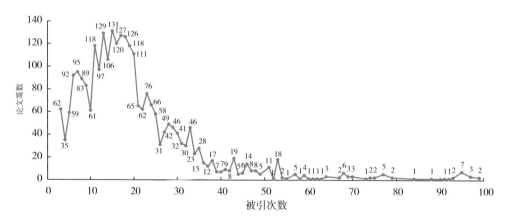

图 10-4　2020 年度 F5000 论文的被引情况

数据来源：CSTPCD。

其中，2020 年度的 F5000 论文中，累计被引次数最高的前 3 篇论文均来自中国医学科学院肿瘤医院，分别是陈万青等于 2017 年发表在《中国肿瘤》上的论文"2013 年中国恶性肿瘤发病和死亡分析"，共被引 452 次；陈万青等于 2015 年发表在《中国肿瘤临床》上的论文"中国女性乳腺癌发病死亡和生存状况"，共被引 317 次；以及左婷婷等于 2017 年发表在《中国肿瘤临床》上的论文"中国胃癌流行病学现状",共被引 287 次。

鉴于 2020 年度的 F5000 论文是精品期刊发表在 2015—2019 年的高被引论文,故而不同发表年论文的统计时段是不同的。相对而言,发表较早的论文,它的被引次数会相对较高。

由表 10-9 可以看出,不同发表年的 F5000 论文,在被引次数方面有显著差异。2015 年发表的 1048 篇 F5000 论文,其篇均被引次数为 28.99;2016 年发表 679 篇 F5000 论文,篇均被引次数为 20.89。

表 10-9　2020 年度 F5000 论文在不同年份的分布及引用情况

发表年份	论文篇数	总被引次数	篇均被引次数 /(次 / 篇)
2015	1048	30383	28.99
2016	679	14186	20.89
2017	506	8678	17.15
2018	370	3095	8.36
2019	111	725	6.53

由 2020 年度 F5000 论文的学科分布可以看出,管理及其他领域虽然论文数量最少,但其篇均被引次数最高,为 43.75,远高于其他学科领域。工业技术和农林牧渔领域的 F5000 论文篇均被引次数相差不大,分别为 21.49 和 21.32(如表 10-10 所示)。

表 10-10　2020 年度 F5000 论文的学科分布及其引用情况

论文分类	论文篇数	总被引次数	篇均被引次数 /(次 / 篇)
管理及其他	8	350	43.75
工业技术	1151	24731	21.49
农林牧渔	235	5010	21.32
医药卫生	910	18788	20.65
基础学科	410	8188	19.97

10.5　讨论

在 2013—2019 年的基础上,F5000 项目在 2020 年又有了深入的发展,为非精品科技期刊提供了入选 F5000 的渠道。本章首先对 2020 年度 F5000 论文的遴选方式进行了介绍,重点是对 F5000 论文的定量评价指标体系进行了详细说明。

在此基础上,本章对 2020 年度定量选出来的 2714 篇 F5000 论文,从参考文献、学科分布、地区分布、机构分布、基金分布、被引情况等角度进行了统计分析。

2020 年度 F5000 论文的平均参考文献数为 28.25 篇,其中,38.5% 的论文所引用的参考文献数分布在 11 ~ 20 篇,有 2 篇论文所引用的参考文献数高达 460 篇以上。有 96.9% 的论文是通过合著的方式完成的,其中,5 人和 4 人合作完成的论文数最多,表明高质量论文通常需要凝聚多人智慧。

在学科分布方面，工业技术和医药卫生仍然是产出 F5000 论文较多的领域，二者约占总量的 75.9%。其中，2020 年度 F5000 论文广泛分布在各学科领域，但临床医学、计算技术和地学等学科的 F5000 论文数较多。

在地区和机构分布方面，F5000 论文主要分布在北京、江苏、上海等地，其中，北京大学、武汉大学、中国矿业大学、中南大学和清华大学的论文数位居高等院校前列；四川大学华西医院、北京协和医院、北京大学第一医院、北京大学第三医院、首都医科大学附属北京友谊医院和中日友好医院的论文数位居医疗机构前列；中国疾病预防控制中心、中国医学科学院肿瘤研究所、中国农业科学院、中国科学院地理科学与资源研究所及中国石油勘探开发研究院居科研机构前列。

在基金分布方面，F5000 论文主要是由国家自然科学基金委员会下各项基金资助发表的，占论文总量的 29.6%，此外，科技部下国家重点基础研究发展计划（973 计划）项目、国家科技支撑计划项目和国家科技重大专项项目等也是 F5000 论文主要的项目基金来源。

在被引方面，2020 年度所有的 F5000 论文，其篇均被引次数为 21.03 次。论文的被引次数与其发表时间显著相关，其中，2015 年发表的 F5000 论文，篇均被引次数最大，为 28.99 次；而在 2019 年发表的论文，篇均被引次数最小，为 6.53 次。不同学科的论文，其被引次数也有明显差异，管理及其他学科领域的论文篇均被引次数最高，为 43.75 次 / 篇；基础学科领域的论文篇均被引次数最低，为 19.97 次 / 篇。

11　中国科技论文引用文献与被引文献情况分析

本章针对 CSTPCD 2019 收录的中国科技论文引用文献与被引文献，分别进行了 CSTPCD 2019 引用文献的学科分布、地区分布的情况分析，并分别对期刊论文、图书文献、网络资源和专利文献的引用与被引用情况进行分析。2019 年度论文发表数相比 2018 年度的论文发表数下降 1.45%，引用文献数增长 5.09%。期刊论文仍然是被引用文献的主要来源，图书文献和会议论文也是重要的引文来源，学位论文的被引比例与 2018 年基本持平，相比 2016 年、2017 年增长的基础上有所提高，说明中国学者对学位论文研究成果的重视程度逐渐加强。在期刊论文引用方面，被引次数较多的学科是临床医学，农学，地学、电子、通信与自动控制，中医学和计算技术等，北京地区仍是科技论文发表数量和引用文献数量方面的领头羊。从论文被引的机构类型分布来看，高等院校占比最高，其次是医疗机构和研究机构，二者相差不多。从图书文献的引用情况来看，用于指导实践的辞书、方法手册及用于教材的指导综述类图书，使用的频率较高，被引次数要高于基础理论研究类图书。从网络资源被引用情况来看，动态网页及其他格式是最主要引用的文献类型，商业网站（.com）是占比最大的网络文献的来源，其次是政府网站（.gov）和研究机构网站（.org）。

11.1　引言

在学术领域中，科学研究是具有延续性的，研究人员撰写论文，通常是对前人观念或研究成果的改进、继承发展，完全自己原创的其实是少数。科研人员产出的学术作品如论文和专著等都会在末尾标注参考文献，表明对前人研究成果的借鉴、继承、修正、反驳、批判或是向读者提供更进一步研究的参考线索等，于是引文与正文之间建立起一种引证关系。因此，科技文献的引用与被引用，是科技知识和内容信息的一种继承与发展，也是科学不断发展的标志之一。

与此同时，一篇文章的被引情况也从某种程度上体现了文章的受关注程度，以及其影响和价值。随着数字化程度的不断加深，文献的可获得性越来越强，一篇文章被引用的机会也大幅增加。因此，若能够系统地分学科领域、分地区、分机构和文献类型来分析应用文献，便能够弄清楚学科领域的发展趋势、机构的发展和知识载体的变化等。

本章根据 CSTPCD 2019 的引文数据，详细分析了中国科技论文的参考文献情况和中国科技文献的被引情况，重点分析了不同文献类型、学科、地区、机构、作者的科技论文的被引情况，还包括了对图书文献、网络文献和专利文献的被引情况分析。

11.2　数据与方法

本文所涉及的数据主要来自 2019 年度 CSTPCD 论文与 1988—2019 年引文数据库，

在数据的处理过程中，对长年累积的数据进行了大量清洗和处理工作，在信息匹配和关联过程中，由于 CSTPCD 收录的是中国科技论文统计源期刊，是学术水平较高的期刊，因而并没有覆盖所有的科技期刊，以及限于部分著录信息不规范、不完善等客观原因，并非所有的引用和被引信息都足够完整。

11.3　研究分析和结论

11.3.1　概况

CSTPCD 2019 共收录 447830 篇中国科技论文，下降 1.45%；共引用 9691846 次各类科技文献，同比增长 5.09%；篇均引文数达到 21.64 篇，相比 2018 年度的 20.3 篇有所上升（如图 11-1 所示）。

从图 11-1 可以看出 1995—2019 年，除 2004 年、2007 年、2009 年、2013 年、2015 年、2018 年为有所下降外，中国科技论文的篇均引文数总体保持上升态势。2019 年的篇均引文数量较 1995 年增加了 261.87%，可见这几十年来科研人员越来越重视对参考文献的引用。同时，各类学术文献的可获得性的增加也是论文篇均被引量增加的一个原因。

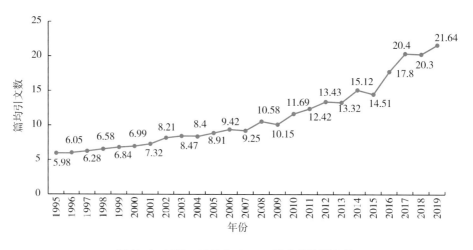

图 11-1　1995—2019 年 CSTPCD 论文篇均引文量

通过比较各类型的文献在知识传播中被使用的程度，可以从中发现文献在科学研究成果的传递中所起的作用。被引文献包括期刊论文、图书文献、学位论文、标准、研究报告、专利文献、网络资源和会议论文等类型。图 11-2 显示了 2019 年被引用的各类型文献所占的比例，图中期刊论文所占的比例最高，达到了 84.18%，相比 2018 年的 86.79%，略有下降。这说明科技期刊仍然是科研人员在研究工作中使用最多的科技文献，所以本章重点讨论科技论文的被引情况。列在期刊之后的图书专著与论文集，所占比例为 9.59%。期刊和图书专著与论文集比例之和超过 93%，值得注意的是，学位论文的被引比例占到了 2.77%，与 2018 年基本持平，相比 2016 年、2017 年增长的基础上有所提高，说明中国学者对学位论文研究成果的重视程度逐渐加强。

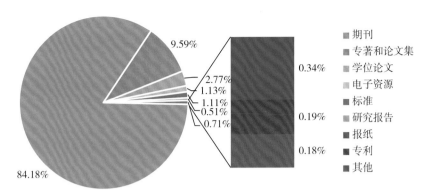

图 11-2　CSTPCD 2019 各类科技文献被引次数所占比例

11.3.2　引用文献的学科和地区分布情况

表 11-1 列出了 CSTPCD 2019 各学科的引文总数和篇均引文数。由表 11-1 可知，篇均引文数居前 5 位的学科是地学（36.77）、天文学（35.46）、生物学（34.26）、水产学（31.84）和化学（28.92）。

表 11-1　CSTPCD 2019 各学科参考文献量

学科	论文篇数	引文总数 A/ 篇	篇均引文数 / 篇
数学	4091	71172	17.40
力学	1946	45529	23.40
信息、系统科学	327	6969	21.31
物理学	4161	119417	28.70
化学	8456	244533	28.92
天文学	408	14467	35.46
地学	14145	520079	36.77
生物学	10200	349465	34.26
预防医学与卫生学	14562	237781	16.33
基础医学	11373	261765	23.02
药物学	11665	229248	19.65
临床医学	118071	2372138	20.09
中医学	21605	439535	20.34
军事医学与特种医学	1945	33671	17.31
农学	21603	566281	26.21
林学	3941	113392	28.77
畜牧、兽医	6374	167327	26.25
水产学	1933	61541	31.84
测绘科学技术	2919	53200	18.23
材料科学	5885	161822	27.50
工程与技术基础学科	3833	85167	22.22

续表

学科	论文篇数	引文总数 A/ 篇	篇均引文数 / 篇
矿山工程技术	5959	90740	15.23
能源科学技术	5122	112064	21.88
冶金、金属学	10937	186849	17.08
机械、仪表	10383	154232	14.85
动力与电气	3651	70871	19.41
核科学技术	1237	19822	16.02
电子、通信与自动控制	24903	451211	18.12
计算技术	27795	526093	18.93
化工	11843	243574	20.57
轻工、纺织	2307	35274	15.29
食品	9547	254933	26.70
土木建筑	13306	233556	17.55
水利	3300	61729	18.71
交通运输	10959	160144	14.61
航空航天	5123	98308	19.19
安全科学技术	247	5899	23.88
环境科学	14093	376861	26.74
管理学	863	22577	26.16
其他	16812	432610	25.73

如表 11-2 所示，2019 年 SCI 收录的中国论文中各学科的篇均引文数均大于 20 篇以上；篇均引文数排在前 5 位的学科是天文学、林学、地学、环境科学和水产学。

为了更清楚地看到中文文献与外文文献被引上的不同，将 SCI 2019 收录的中国论文被引情况与 CSTPCD 2019 年收录中文论文的被引情况进行对比，SCI 各个学科收录文献的参考文献数均大于 CSTPCD 2019 年各学科的参考文献数。

表 11-2 2019 年 SCI 和 CSTPCD 收录的中国学科论文和参考文献数对比

学科	SCI			CSTPCD		
	论文篇数	引文总篇数	篇均引文数	论文篇数	引文总篇数	篇均引文数
数学	12469	371922	29.83	4091	71172	17.40
力学	5097	205236	40.27	1946	45529	23.40
信息、系统科学	1460	50592	34.65	327	6969	21.31
物理学	40732	1599406	39.27	4161	119417	28.70
化学	66941	3267304	48.81	8456	244533	28.92
天文学	3308	208475	63.02	408	14467	35.46
地学	19564	1053206	53.83	14145	520079	36.77
生物学	55243	2543780	46.05	10200	349465	34.26
预防医学与卫生学	6962	271249	38.96	14562	237781	16.33

续表

学科	SCI			CSTPCD		
	论文篇数	引文总篇数	篇均引文数	论文篇数	引文总篇数	篇均引文数
基础医学	28282	986955	34.90	11373	261765	23.02
药学	17741	664115	37.43	11665	229248	19.65
临床医学	54929	1668449	30.37	118071	2372138	20.09
中医学	1259	54267	43.10	21605	439535	20.34
军事医学与特种医学	862	22722	26.36	1945	33671	17.31
农学	5825	281835	48.38	21603	566281	26.21
林学	1490	81621	54.78	3941	113392	28.77
畜牧、兽医	2561	92015	35.93	6374	167327	26.25
水产学	1975	100988	51.13	1933	61541	31.84
测绘科学技术	2	92	46.00	2919	53200	18.23
材料科学	37328	1527768	40.93	5885	161822	27.50
工程与技术基础学科	2502	88477	35.36	3833	85167	22.22
矿山工程技术	914	40284	44.07	5959	90740	15.23
能源科学技术	13302	598483	44.99	5122	112064	21.88
冶金、金属学	1887	60834	32.24	10937	186849	17.08
机械、仪表	6694	221152	33.04	10383	154232	14.85
动力与电气	1057	38585	36.50	3651	70871	19.41
核科学技术	2072	63565	30.68	1237	19822	16.02
电子、通信与自动控制	31988	1079098	33.73	24903	451211	18.12
计算技术	18837	745841	39.59	27795	526093	18.93
化工	11778	547604	46.49	11843	243574	20.57
轻工、纺织	1585	61260	38.65	2307	35274	15.29
食品	5200	226715	43.60	9547	254933	26.70
土木建筑	6318	249986	39.57	13306	233556	17.55
水利	2852	127482	44.70	3300	61729	18.71
交通运输	1502	59200	39.41	10959	160144	14.61
航空航天	1723	59343	34.44	5123	98308	19.19
安全科学技术	320	13464	42.08	247	5899	23.88
环境科学	19273	1027960	53.34	14093	376861	26.74
管理学	1295	59136	45.66	863	22577	26.16

统计2019年各省（市、自治区）发表期刊论文数量及引文数，并比较这些省（市、自治区）的篇均引文数，如表11-3所示。可以看到，各省（市、自治区）论文引文数存在一定的差异，从篇均引文数来看，排在前10位的是甘肃、北京、黑龙江、江西、福建、云南、贵州、湖南、上海和天津。

表 11–3　CSTPCD 2019 各地区参考文献数

排名	地区	论文篇数	引文篇数	篇均引文数 / 篇
1	甘肃	7888	194989	24.72
2	北京	60219	1439649	23.91
3	黑龙江	10062	229622	22.82
4	江西	6324	143711	22.72
5	福建	7837	177774	22.68
6	云南	7789	176619	22.68
7	贵州	6553	148344	22.64
8	湖南	11997	271141	22.60
9	上海	27659	615960	22.27
10	天津	12667	280493	22.14
11	吉林	7595	167798	22.09
12	山东	20197	440267	21.80
13	浙江	17446	377020	21.61
14	广东	25751	556258	21.60
15	重庆	10683	229543	21.49
16	宁夏	1906	40761	21.39
17	内蒙古	4394	93489	21.28
18	新疆	6651	140930	21.19
19	西藏	398	8426	21.17
20	江苏	38466	812671	21.13
21	四川	21507	452534	21.04
22	辽宁	17195	361625	21.03
23	湖北	23055	481238	20.87
24	广西	7936	165372	20.84
25	山西	8497	172741	20.33
26	陕西	26767	540086	20.18
27	安徽	12050	242246	20.10
28	青海	2173	42981	19.78
29	海南	3465	68385	19.74
30	河南	17518	338629	19.33
31	河北	14817	276367	18.65

11.3.3　期刊论文被引情况

在被引文献中，期刊论文所占比例超过八成，可以说期刊论文是目前最重要的一种学术科研知识传播和交流载体。2019 年 CSTPCD 共引用期刊论文 9395301 次，下文对被引用的期刊论文从学科分布、机构分布、地区分布等方面进行多角度分析，并分析基金论文、合著论文的被引情况。我们利用 2019 年度中文引文数据库与 1988—2019 年度统计源期刊中文论文数据库的累积数据进行分级模糊关联，从而得到被引用的期刊论文的详细信息，并在此基础上进行各项统计工作。由于统计源期刊的范围是各个学科领域学术水平较高的刊物，并不能覆盖所有科技期刊，再加上部分期刊编辑著录不规范，因此并不是所有被引用的期刊论文都能得到其详细信息。

（1）各学科期刊论文被引情况

由于各个学科的发展历史和学科特点不同，论文数和被引次数都有较大的差异。表 11-4 列出的是被 CSTPCD 2019 引用次数居前 10 位的学科，数据显示，临床医学为被引最多的学科，其次是农学，地学，电子、通信与自动控制，中医学，计算技术，环境科学，生物学，预防医学与卫生学和土木建筑。

表 11-4　CSTPCD 2019 收录论文被引总次数居前 10 位的学科

学科	被引用总数	
	总次数	排名
临床医学	489151	1
农学	162814	2
地学	140735	3
电子、通信与自动控制	134478	4
中医学	119493	5
计算技术	117503	6
环境科学	91366	7
生物学	74816	8
预防医学与卫生学	67406	9
土木建筑	63178	10

（2）各地区期刊论文被引情况

按照篇均引文数来看，排在前 10 位的是北京、甘肃、湖北、江苏、湖南、四川、吉林、陕西、上海和天津；按照被引论文篇数来看，排名在前 10 位的是北京、江苏、上海、广东、陕西、湖北、山东、四川、浙江和辽宁。北京的各项指标的绝对值和相对数值的排名都遥遥领先，这表明北京作为全国的科技中心，发表论的数量和质量都位居全国之首，体现出其具备最强的科研综合实力（如表 11-5 所示）。

表 11-5　CSTPCD 2019 收录的各地区论文被引情况

排名	地区	篇均被引次数	被引次数	被引论文篇数
1	北京	1.95	433072	222059
2	甘肃	1.72	41944	24336
3	湖北	1.67	114409	68588
4	江苏	1.66	206288	124088
5	湖南	1.65	71091	42976
6	四川	1.65	97199	58976
7	吉林	1.65	38156	23165
8	陕西	1.64	120783	73527
9	上海	1.63	136299	83436

续表

排名	地区	篇均被引次数	被引次数	被引论文篇数
10	天津	1.63	60384	37019
11	江西	1.63	28338	17391
12	广东	1.62	133125	82313
13	浙江	1.62	93908	58106
14	西藏	1.62	1129	699
15	安徽	1.61	51222	31886
16	辽宁	1.60	81215	50639
17	重庆	1.60	53228	33207
18	青海	1.60	6103	3811
19	新疆	1.60	31782	19849
20	黑龙江	1.60	52754	32974
21	贵州	1.60	23469	14678
22	福建	1.60	38180	23889
23	山东	1.60	96377	60331
24	宁夏	1.57	7381	4692
25	河南	1.57	71225	45400
26	河北	1.57	61116	38988
27	内蒙古	1.57	15987	10206
28	山西	1.53	28314	18456
29	云南	1.53	30795	20138
30	海南	1.50	11274	7515
31	广西	1.49	31544	21179

（3）各类型机构的论文被引情况

从 CSTPCD 2019 所显示各类型机构的论文被引情况来看，高等院校占比最高，其次是医疗机构和研究机构，二者相差不大（如图 11-3 所示）。

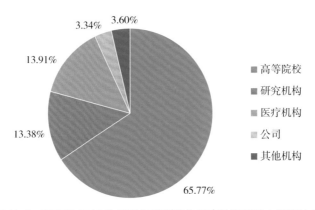

图 11-3　CSTPCD 2019 收录的各类型机构发表的期刊论文被引比例

表 11-6 显示了期刊论文被 CSTPCD 2019 引用排名居前 50 位的高等院校。北京大学、上海交通大学和首都医科大学 2019 年论文发表数和被引次数均名列前茅。

由于高等院校产生的论文研究领域较为广泛，因此可以从宏观上反映科研的整体状况。通过比较可以看出，2019 年被引次数排在前 10 位的高等院校，在 2019 年发表的论文数也大都位于前 10 位。

表 11-6　期刊论文被 CSTPCD 2019 引用排名居前 50 位的高等院校

高等院校名称	2019 年论文发表情况		2019 年被引用情况	
	篇数	排名	次数	排名
北京大学	4084	3	29100	1
上海交通大学	5594	2	26646	2
首都医科大学	6028	1	23713	3
浙江大学	2929	7	21827	4
武汉大学	3325	5	20014	5
清华大学	1732	22	19185	6
中南大学	2600	11	18226	7
同济大学	2490	12	17670	8
四川大学	3641	4	17191	9
中国地质大学	1382	46	17033	10
华中科技大学	2962	6	16603	11
中山大学	2405	14	16088	12
西北农林科技大学	1282	52	15294	13
复旦大学	2840	9	15150	14
中国石油大学	1670	23	14485	15
中国矿业大学	1477	36	14419	16
吉林大学	2905	8	14369	17
南京大学	1593	29	13284	18
华北电力大学	1386	45	12236	19
西安交通大学	2434	13	12161	20
重庆大学	1160	61	11473	21
天津大学	1834	20	11470	22
中国农业大学	1039	68	11417	23
华南理工大学	1567	32	10528	24
北京中医药大学	2077	18	10499	25
南京农业大学	913	84	10386	26
山东大学	1523	34	9794	27
哈尔滨工业大学	1034	69	9660	28
东南大学	1479	35	9442	29
河海大学	1636	26	9146	30
南京中医药大学	1574	31	9071	31
西南大学	1183	58	8973	32

续表

高等院校名称	2019 年论文发表情况		2019 年被引用情况	
	篇数	排名	次数	排名
郑州大学	2306	15	8957	33
安徽医科大学	2263	16	8885	34
南京航空航天大学	1607	28	8717	35
西北工业大学	1144	63	8679	36
南京医科大学	2718	10	8599	37
西南交通大学	1657	25	8560	38
大连理工大学	1334	48	8361	39
兰州大学	1460	38	8197	40
北京航空航天大学	970	77	7915	41
中国医科大学	2115	17	7911	42
江苏大学	1461	37	7793	43
北京师范大学	665	145	7782	44
湖南大学	892	88	7709	45
合肥工业大学	1281	53	7523	46
上海中医药大学	1448	39	7440	47
南方医科大学	1293	51	7317	48
海军军医大学	1435	42	7058	49
江南大学	1666	24	6910	50

表 11-7 列出了 2019 年被引次数排在前 50 位的研究机构的论文被引次数与排名，以及相应的被 CSTPCD 2019 收录的论文数与排名。排首位的是中国科学院地理科学与资源研究所，被引次数达到了 11164 次。与高等院校不同，被引次数比较多的研究机构，其论文数量并不一定排在前列。表 11-7 所列出的研究机构论文数和被引次数同时排在前 50 位的并不多。相对于高等院校，由于研究机构的学科领域特点更突出，不同学科方向的研究机构在论文数和引文数方面的差异十分明显。

表 11-7   CSTPCD 2019 收录的期刊论文被引次数居前 50 位的研究机构

研究机构名称	2019 年论文发表情况		2019 年被引情况	
	篇数	排名	次数	排名
中国科学院地理科学与资源研究所	519	6	11164	1
中国中医科学院	1315	1	8314	2
中国疾病预防控制中心	769	3	6918	3
中国林业科学研究院	707	4	5411	4
中国科学院地质与地球物理研究所	172	32	4828	5
中国水产科学研究院	542	5	4779	6
中国地质科学院矿产资源研究所	48	185	3430	7
中国医学科学院肿瘤研究所	376	11	3251	8
中国地质科学院地质研究所	32	251	3235	9
中国科学院生态环境研究中心	192	27	3218	10

续表

研究机构名称	2019 年论文发表情况		2019 年被引情况	
	篇数	排名	次数	排名
中国科学院寒区旱区环境与工程研究所	6	345	2992	11
江苏省农业科学院	309	14	2779	12
中国科学院长春光学精密机械与物理研究所	227	20	2649	13
中国科学院南京土壤研究所	85	98	2571	14
中国农业科学院农业资源与农业区划研究所	5	348	2254	15
中国环境科学研究院	203	25	2138	16
中国科学院南京地理与湖泊研究所	106	73	2115	17
中国热带农业科学院	450	9	2103	18
中国科学院大气物理研究所	128	48	2099	19
中国气象科学研究院	88	91	2042	20
中国科学院广州地球化学研究所	77	113	2016	21
中国水利水电科学研究院	237	19	1934	22
中国科学院新疆生态与地理研究所	112	65	1934	22
中国科学院东北地理与农业生态研究所	80	106	1815	24
中国科学院武汉岩土力学研究所	92	84	1656	25
中国科学院沈阳应用生态研究所	90	88	1643	26
山西省农业科学院	386	10	1625	27
山东省农业科学院	275	17	1585	28
中国科学院遥感与数字地球研究所	108	71	1577	29
中国工程物理研究院	484	7	1571	30
福建省农业科学院	315	13	1473	31
广东省农业科学院	265	18	1473	31
中国地震局地质研究所	72	119	1458	33
中国农业科学院作物科学研究所	4	354	1457	34
中国食品药品检定研究院	460	8	1427	35
中国科学院地球化学研究所	63	139	1418	36
云南省农业科学院	300	16	1362	37
中国地质科学院	301	15	1286	38
北京市农林科学院	117	61	1273	39
中国科学院海洋研究所	155	34	1272	40
中国科学院亚热带农业生态研究所	41	210	1247	41
中国科学院水利部成都山地灾害与环境研究所	117	61	1206	42
中国科学院植物研究所	72	119	1191	43
河南省农业科学院	174	31	1156	44
中国医学科学院药用植物研究所	134	45	1132	45
中国社会科学院研究生院	38	220	1104	46
中国地质科学院地质力学研究所	17	298	1080	47
中国地震局地球物理研究所	83	101	1076	48
浙江省农业科学院	150	37	1056	49
中国气象局兰州干旱气象研究所	32	251	1043	50

表 11-8 列出了 2019 年论文被引次数排在前 50 位的医疗机构的论文被引次数与排名，以及相应的被 CSTPCD 2019 收录的论文数与排名。由表中数据可以看出，解放军总医院被引次数最多（13379 次），其次是北京协和医院（6002 次）、四川大学华西医院（5953 次）。

表 11-8 CSTPCD 2019 收录的期刊论文被引次数居前 50 位的医疗机构

医疗机构名称	2019 年论文发表情况		2019 年被引情况	
	篇数	排名	次数	排名
解放军总医院	1952	1	13379	1
北京协和医院	1211	3	6002	2
四川大学华西医院	1468	2	5953	3
北京大学第一医院	563	29	3696	4
华中科技大学同济医学院附属同济医院	750	9	3662	5
北京大学第三医院	662	13	3500	6
中国医科大学附属盛京医院	1000	5	3459	7
武汉大学人民医院	1172	4	3392	8
郑州大学第一附属医院	960	6	3332	9
中国人民解放军东部战区总医院	471	36	3211	10
北京大学人民医院	577	26	3097	11
中国中医科学院广安门医院	395	52	2901	12
江苏省人民医院	771	7	2882	13
海军军医大学第一附属医院（上海长海医院）	635	15	2833	14
首都医科大学宣武医院	671	12	2791	15
南方医院	478	35	2640	16
上海交通大学医学院附属瑞金医院	573	28	2587	17
安徽医科大学第一附属医院	597	24	2519	18
重庆医科大学附属第一医院	599	23	2517	19
首都医科大学附属北京安贞医院	613	20	2503	20
复旦大学附属华山医院	381	58	2476	21
上海市第六人民医院	438	43	2455	22
空军军医大学第一附属医院（西京医院）	724	11	2427	23
新疆医科大学第一附属医院	591	25	2425	24
复旦大学附属中山医院	622	18	2385	25
中国医科大学附属第一医院	622	18	2375	26
中南大学湘雅医院	423	47	2308	27
南京鼓楼医院	638	14	2274	28
首都医科大学附属北京友谊医院	611	21	2264	29
中山大学附属第一医院	360	67	2175	30
哈尔滨医科大学附属第一医院	744	10	2160	31
上海交通大学医学院附属仁济医院	394	53	2127	32
华中科技大学同济医学院附属协和医院	522	32	2076	33
安徽省立医院	606	22	2054	34
首都医科大学附属北京朝阳医院	425	46	2015	35

医疗机构名称	2019 年论文发表情况		2019 年被引情况	
	篇数	排名	次数	排名
青岛大学附属医院	448	39	1960	36
上海中医药大学附属曙光医院	409	49	1919	37
中日友好医院	392	54	1919	37
上海交通大学医学院附属新华医院	380	60	1890	39
哈尔滨医科大学附属第二医院	490	33	1877	40
中国医学科学院阜外心血管病医院	447	41	1863	41
西安交通大学医学院第一附属医院	753	8	1860	42
广西医科大学第一附属医院	418	48	1847	43
首都医科大学附属北京同仁医院	449	38	1840	44
中南大学湘雅二医院	303	81	1824	45
海军军医大学第二附属医院（上海长征医院）	305	80	1821	46
上海交通大学医学院附属第九人民医院	551	30	1809	47
广东省中医院	448	39	1789	48
吉林大学白求恩第一医院	576	27	1768	49
北京医院	359	68	1713	50

（4）基金论文被引情况

表 11-9 列出了 2019 年论文被引次数排在前 10 位的基金资助项目的论文被引次数与排名。由表中数据可以看出，国家自然科学基金委各项基金资助的项目被引次数最高（267941 次），且远高于其他基金项目：其次是科学技术部基金项目（105434 次）。

表 11-9　CSTPCD 2019 收录的期刊论文被引次数居前 10 位的基金资助项目

基金项目	2019 年被引情况	
	次数	排名
国家自然科学基金委各项项目	267941	1
科学技术部基金项目	105434	2
其他资助	32991	3
国内大学、研究机构和公益组织资助	31446	4
其他部委基金项目	23129	5
江苏省基金项目	15584	6
广东省基金项目	15536	7
教育部基金项目	15320	8
国家社会科学基金	12851	9
上海市基金项目	12516	10

（5）被引用最多的作者

根据被引用论文的作者名字、机构来统计每个作者在 CSTPCD 2019 中被引的次数。表 11-10 列出了论文被引次数居前 20 位的作者。从作者机构所在地来看，一半左右的机构在北京地区。从作者机构类型来看，9 位作者来自高等院校及附属医疗机构，被引最高的是中国医学科学院肿瘤研究所陈万青，其所发表的论文在 2019 年被引 633 次。

表 11-10　CSTPCD 2019 收录的期刊论文被引次数居前 20 位的作者

作者	机构	被引次数
陈万青	中国医学科学院肿瘤研究所	633
邹才能	中国石油勘探开发研究院	597
吴福元	中国科学院地质与地球物理研究所	434
胡付品	复旦大学附属华山医院	430
王成山	天津大学	380
刘彦随	中国科学院地理科学与资源研究所	364
温忠麟	华南师范大学	338
丁明	合肥工业大学	336
李德仁	武汉大学	310
龙花楼	中国科学院地理科学与资源研究所	310
谢高地	中国科学院地理科学与资源研究所	296
方创琳	中国科学院地理科学与资源研究所	285
刘纪远	中国科学院地理科学与资源研究所	262
谢和平	四川大学	261
黄润秋	成都理工大学	253
唐菊兴	中国地质科学院矿产资源研究所	226
贾承造	中国石油天然气集团公司	213
何满潮	中国矿业大学	211
王登红	中国地质科学院矿产资源研究所	204
潘竟虎	西北师范大学	202

11.3.4　图书文献被引情况

图书文献，是对某一学科或某一专门课题进行全面系统论述的著作，具有明确的研究性和系统连贯性，是非常重要知识载体。尤其在年代较为久远时，图书文献在学术的传播和继承中有着十分重要和不可替代的作用。它有着较高的学术价值，可用来评估科研人员的科研能力及研究学科发展的脉络。但是由于图书的一些外在特征，如数量少、篇幅大、周期长等，使其在统计学意义上不占优势，并且较难阅读分析和快速传播。

而今学术交流形式变化鲜明，图书文献的被引次数在所有类型文献的总被引次数所占比例虽不及期刊论文，但数量仍然巨大，是仅次于期刊论文的第二大文献。图书文献以其学术性强、系统性和全面性的特点，成为学术和科研中不可或缺的一部分。

在 CSTPCD 2019 引文库中，图书类型的文献总被引 73.5 万次，比 2018 年引次数下降了 1.0%。表 11-11 列出了 CSTPCD 2019 年被引次数排名居前 10 位的图书文献。

这 10 部图书文献中有 6 部分布在医药学领域之中，这一方面是由于医学领域论文数量较多；另一方面是由于医学领域自身具有明确的研究体系和清晰的知识传承的学科特点。从这些图书文献的题目可以看出，大部分是用于指导实践的辞书、方法手册及用于教材的指导综述类图书。这些图书与实践结合密切，所以使用的频率较高，被引次数要高于基础理论研究类图书。

表 11-11　CSTPCD 2019 收录的被引次数居前 10 位的图书文献

排名	作者	图书文献名称	被引次数
1	鲍士旦	土壤农化分析	1324
2	谢幸	妇产科学	859
3	鲁如坤	土壤农业化学分析方法	757
4	李合生	植物生理生化实验原理和技术	646
5	葛均波	内科学	619
6	赵辨	中国临床皮肤病学	381
7	周志华	机器学习	352
7	陈灏珠	实用内科学	352
9	邵肖梅	实用新生儿学	294
10	乐杰	妇产科学	292

11.3.5　网络资源被引情况

在数字资源迅速发展的今天，网络中存在着大量的信息资源和学术材料。因此，对网络资源的引用越来越多。虽然网络资源被引次数在 CSTPCD 2019 数据库中所占的比例不大，也无法和期刊论文、专著相比，但是网络确实是获取最新研究热点和动态的一个较好的途径，互联网确实缩短了信息搜寻的周期，减少了信息搜索的成本。但由于网络资源引用的著录格式有些不完整和不规范，因此，在统计中只是尽可能地根据所能采集到的数据进行比较研究。

（1）网络文献的文件格式类型分布

网络文献的文件格式类型主要包括静态网页、动态网页两种。根据 CSTPCD 2019 统计，两者构成比例如图 11-4 所示。从数据可以看出，动态网页及其他格式是最主要类型，所占比例为 47.98%；其次是静态网页，所占比例为 38.47%；另外，PDF 格式比例为 13.55%。

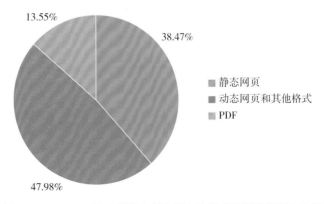

图 11-4　CSTPCD 2019 网络文献主要文件格式类型及其所占比例

（2）网络文献的来源

网络文献资源一般都会列出完整的域名，大部分网络文献资源可以根据顶级域名进行分类。被引次数较多的文献资源类型包括商业网站、机构网站、高校网站和政府网站4 类，分别对应着顶级域名中出现的 .com、.org、.edu、.gov 的网站资源。图 11-5 为这几类网络文献来源的构成情况。从图可以看出，商业网站（.com）所占比例最大，达到了 32.03%，政府网站（.gov）所占比例排在第 2 位，为 29.74%，研究机构网站所占比例排在第 3 位，为 22.42%，高校网站（.edu）所占比例要小一些，为 6.08%。

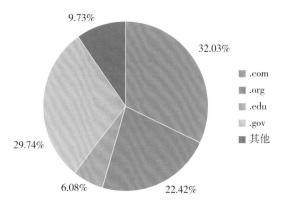

图 11-5　网络文献资源的域名分布

11.3.6　专利被引情况

一般而言，专利不会马上被引用，而发表时间久远的专利也不会一直被引用。专利的引用高峰期普遍为发表后的 2 ~ 3 年，图 11-6 所示是专利从 1994—2019 年的被引时间分布，2017 年为被引最高峰，符合专利被引的普遍规律。

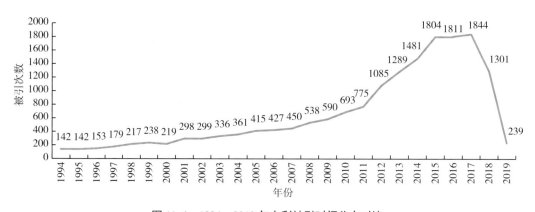

图 11-6　1994—2019 年专利被引时间分布对比

11.4　讨论

通过对 CSTPCD 2019 中被引用的文献的分析，可以看出中国科技论文的引文数越来越多，也就是说科学研究工作中人们越来越重视对前人和同行的研究结果的了解和使用，其中科技期刊论文仍然是使用最多的文献。在期刊论文中，从学科、地区、机构等角度的统计数据显示，由于各学科、各地区和各类机构自身特点的不同，体现在论文篇均引文数指标数值的差异明显。

网络文献、图书文献、专利文献、会议论文和学位论文等不同类型文献的被引用数据统计结果，显示出了它们各自的特点。

12 中国科技期刊统计与分析

12.1 引言

2019 年，全国共出版期刊 10171 种，平均期印数 11957 万册，每种平均期印数 1.21 万册，总印数 21.89 亿册，总印张 121.27 亿印张，定价总金额 219.83 亿元。与 2018 年相比，种数增长 0.32%，平均期印数降低 3.03%，每种平均期印数降低 3.34%，总印数降低 4.48%，总印张降低 4.32%，定价总金额增长 0.88%。2014—2019 年，全国期刊的种数微量增加，但平均期印数、总印数、总印张连续下降，总定价在 2019 年稍有所增长。

2009—2019 年中国期刊的总量总体呈微增长态势。2011 年期刊总量有所下降，2012—2019 年连续缓慢上升，2009—2019 年中国期刊平均期印数连续下降；在总印数和总印张连续多年增长的态势下，2013—2019 年总印数和总印张有所下降，2014—2019 年期刊定价有所下降，2019 年期刊定价总金额相比 2018 年度稍有所增长。

2009—2019 年中国科技期刊总量的变化与中国期刊总量变化的态势总体相同，均呈微量上涨态势（如表 12-1 所示）。中国科技期刊的总量多年来一直占期刊总量的 50% 左右。2019 年自然科学、技术类中国科技期刊 5062 种，占期刊总量的 49.77%，平均期印数 1892 万册，总印数 27758 万册，总印张 2401778 千印张；与 2018 年相比，种数增长 0.50%，平均期印数降低 7.61%，总印数降低 6.92%，总印张降低 3.43%。2014—2019 年，自然科学、技术类中国科技期刊种数微量增加，但平均期印数、总印数和总印张连续下降。

表 12-1　2009—2019 年中国期刊出版情况

年份	2009 年	2010 年	2011 年	2012 年	2013 年	2014 年	2015 年	2016 年	2017 年	2018 年	2019 年
自然科学、技术类期刊种数（A）	4926	4936	4920	4953	4944	4974	4983	5014	5027	5037	5062
期刊总种数（B）	9851	9884	9849	9867	9877	9966	10014	10084	10130	10139	10171
A/B	50.01%	49.94%	49.95%	50.20%	50.06%	49.91%	49.76%	49.72%	49.62%	49.68%	49.77%

12.2 研究分析与结论

12.2.1 中国科技核心期刊

中国科学技术信息研究所受科技部委托，自 1987 年开始从事中国科技论文统计与分析工作，研制了"中国科技论文与引文数据库"（CSTPCD），并利用该数据库的数据，每年对中国科研产出状况进行各种分类统计和分析，以年度研究报告和新闻发布的形式定期向社会公布统计分析结果。由此出版的一系列研究报告，为政府管理部门和广大高等院校、研究机构提供了决策支持。

"中国科技论文与引文数据库"选择的期刊称为中国科技核心期刊（中国科技论文统计源期刊）。中国科技核心期刊的选取经过了严格的同行评议和定量评价，选取的是中国各学科领域中较重要的、能反映本学科发展水平的科技期刊，并且对中国科技核心期刊遴选设立动态退出机制。研究中国科技核心期刊（中国科技论文统计源期刊）的各项科学指标，可以从一个侧面反映中国科技期刊的发展状况，也可映射出中国各学科的研究力量。本章期刊指标的数据来源即为中国科技核心期刊（中国科技论文统计源期刊）。2019 年中国科技论文与引文数据库（CSTPCD）共收录中国科技核心期刊（中国科技论文统计源期刊）2070 种（如表 12-2 所示）。

表 12-2 2009—2019 年中国科技核心期刊收录情况

年份	2009 年	2010 年	2011 年	2012 年	2013 年	2014 年	2015 年	2016 年	2017 年	2018 年	2019 年
中国科技核心期刊种数（A）	1946	1998	1998	1994	1989	1989	1985	2008	2028	2049	2070
自然科学 / 技术类期刊总种数（B）	4926	4936	4920	4953	4944	4974	4983	5014	5027	5037	5062
A/B	39.51%	40.48%	40.61%	40.25%	40.23%	39.99%	39.83%	40.05%	40.34%	40.68%	40.89%

图 12-1 显示 2019 年 2070 种中国科技核心期刊的学科领域分布情况，其中工程技术领域占比最高，为 38.36%；其次为医学领域，为 32.69%；理学领域排名第三，为 15.49%；农学领域排名第四，占比为 7.92%；自然科学综合和管理领域共占比 5.54%。与 2018 年度相比，收录的期刊总数增加 21 种，工程技术领域和医学领域的期刊数量依旧位于前两位。

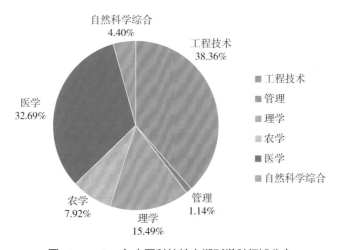

图 12-1 2019 年中国科技核心期刊学科领域分布

12.2.2　中国科技期刊引证报告

自1994年中国科技论文统计与分析项目组出版第一本《中国科技期刊引证报告》至今，该研究小组连续每年出版新版的科技期刊指标报告。《中国科技期刊引证报告（核心版）》的数据取自中国科学技术信息研究所自建的中国科技论文与引文数据库（CSTPCD），该数据库将中国各学科重要的科技期刊作为统计源期刊，每年进行动态调整。2019年中国科技论文统计源期刊共2070种。研究小组在统计分析中国科技论文整体情况的同时，也对中国科技期刊的发展状况进行了跟踪研究，并形成了每年定期对中国科技核心期刊的各项计量指标进行公布的制度。此外，为了促进中国科技期刊的发展，为期刊界和期刊管理部门提供评估依据，同时为选取中国科技核心期刊做准备，自1998年起本所还连续出版了《中国科技期刊引证报告（扩刊版）》，2007年起，扩刊版引证报告与万方公司共同出版，涵盖中国6000余种科技期刊。

12.2.3　中国科技期刊的整体指标分析

为了全面、准确、公正、客观地评价和利用期刊，《中国科技期刊引证报告（核心版）》在与国际评价体系保持一致的基础上，结合中国期刊的实际情况，《2020年版中国科技期刊引证报告（核心版）》选择25项计量指标，这些指标基本涵盖和描述了期刊的各个方面。指标包括：

①期刊被引用计量指标：核心总被引次数、核心影响因子、核心即年指标、核心他引率、核心引用刊数、核心扩散因子、核心开放因子、核心权威因子和核心被引半衰期。

②期刊来源计量指标：来源文献量、文献选出率、参考文献量、平均引文数、平均作者数、地区分布数、机构分布数、海外论文比、基金论文比、引用半衰期和红点指标。

③学科分类内期刊计量指标：综合评价总分、学科扩散指标、学科影响指标、核心总被引次数的离均差率和核心影响因子的离均差率。

其中，期刊被引用计量指标主要显示该期刊被读者使用和重视的程度，以及在科学交流中的地位和作用，是评价期刊影响的重要依据和客观标准。

期刊来源计量指标通过对来源文献方面的统计分析，全面描述了该期刊的学术水平、编辑状况和科学交流程度，也是评价期刊的重要依据。综合评价总分则是对期刊整体状况的一个综合描述。

表12-3显示了中国科技核心期刊主要计量指标2004—2019年的变化情况。可以看到自2004年起，中国科技期刊的各项重要计量指标除期刊海外论文比在保持多年0.02的基础上，2016—2019年稍有上升至0.03外，其余各项指标的趋势都是呈上升状态。反映科技期刊被引用情况的总被引次数和影响因子指标每年都有进步，其中2011年中国期刊的总被引次数平均值首次突破1000次，达到了1022次，2012—2019年核心总被引次数连续上升，2019年为1429次，是2004年的3.29倍，年平均增长率为8.27%；核心影响因子2019年又有所提高，上升到0.740，是2004年的1.92倍，年平均增长率为4.43%；这两个指标都是反映科技期刊影响的重要指标。即年指标，即论文发表当年的被引用率，自2004年起折线上升，2019年上升到0.113。基金论文比显示的是在中

国科技核心期刊中国家、省部级以上及其他各类重要基金资助的论文占全部论文的比例，这也是衡量期刊学术水平的重要指标，2004—2019 年，中国科技核心期刊的基金论文比整体呈上升趋势，2017 年突破 0.60，2019 年达到 0.64，说明 2019 年发表在 2070 种科技核心期刊中的论文有 64% 的都是由省部级以上基金资助的。显示期刊国际化水平的指标之一的海外论文比自 2004 年至 2019 年数值比变化不大，2007 年和 2008 年都是 0.01，2009—2015 年（除 2011 年）为 0.02，2016—2019 年上升为 0.03。平均作者数呈上升趋势，至 2019 年为 4.5；篇均引文数 2004—2017 年（除 2015 年）有所下降外，其余年份逐年上升，2019 年为 23.2。

表 12-3　2004—2019 年中国科技核心期刊主要计量指标平均值统计

年份	核心总被引次数	核心影响因子	核心即年指标	基金论文比	海外论文比	篇均作者数	篇均引文数
2004	434	0.386	0.053	0.41	0.020	3.43	9.27
2005	534	0.407	0.052	0.45	0.020	3.47	9.91
2006	650	0.444	0.055	0.47	0.020	3.55	10.55
2007	749	0.469	0.054	0.46	0.010	3.81	10.01
2008	804	0.445	0.055	0.46	0.010	3.66	11.96
2009	913	0.452	0.057	0.49	0.020	3.71	12.64
2010	971	0.463	0.060	0.51	0.020	3.92	13.41
2011	1022	0.454	0.059	0.53	0.023	3.80	13.97
2012	1023	0.493	0.068	0.53	0.020	3.90	14.85
2013	1180	0.523	0.072	0.56	0.020	4.00	15.90
2014	1265	0.560	0.070	0.54	0.020	4.10	17.10
2015	1327	0.594	0.084	0.59	0.020	4.30	15.80
2016	1361	0.628	0.087	0.58	0.030	4.20	19.60
2017	1381	0.648	0.091	0.63	0.030	4.30	20.30
2018	1410	0.689	0.099	0.62	0.030	4.40	21.90
2019	1429	0.740	0.113	0.64	0.030	4.50	23.20

图 12-2 显示的是 2004—2019 年核心总被引次数和核心影响因子的变化情况，由图可见，2004—2019 年中国科技核心期刊（中国科技论文统计源期刊）的平均核心总被引次数和核心影响因子总体呈上升趋势，核心总被引次数 2004—2011 年接近线性增长；2012 年增长明显放缓，仅增长 1 次，但 2013—2019 年，平均核心总被引次数又连续上升，攀升至 1429 次。核心影响因子 2004—2007 年逐年上升至 0.469，之后的 4 年数值有所下降，2012 年以后平均核心影响因子连续上升，均超过 2007 年，至 2019 年上升为 0.740。图 12-3 显示的是 2004—2019 年中国科技核心期刊平均核心即年指标变化情况，由图可见，平均核心即年指标呈上升趋势，2004—2011 年平均即年指标数据有涨有落，2012—2019 年核心即年指标上升的较快，从 0.068 上升至 0.113。总体来说，中国科技核心期刊发表论文当年被引用的情况在波动中有所上升。

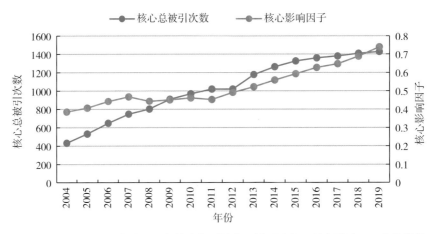

图 12-2　2004—2019 年中国科技核心期刊核心总被引次数和核心影响因子变化趋势

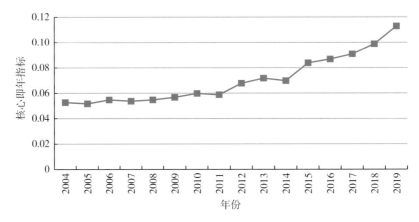

图 12-3　2004—2019 年中国科技核心期刊即年指标变化趋势

图 12-4 反映了各年与上一年比较的平均核心总被引次数和平均核心影响因子数值的变化情况，由图可见，在 2005—2019 年中国科技核心期刊（中国科技论文统计源期刊）的平均核心总被引次数和平均核心影响因子在保持增长的同时，增长速度趋缓；平均核心总被引次数增长率 2005—2017 年增长速度虽有起伏，但总体呈下降状态，2018 年稍有所提升，2019 年又有所下降，最低点为 2012 年，增长率几乎为 0。平均核心影响因子在 2005—2019 年呈波浪式发展，经历了 2008 年和 2011 年 2 个波谷期，增长率分别为 –5% 和 –2%，尤其是 2008 年达到最低值 –5%，平均核心影响因子不增反跌，2012—2017 年平均核心影响因子增长的速度持续放缓，2017 年开始连续两年增速有所提升。

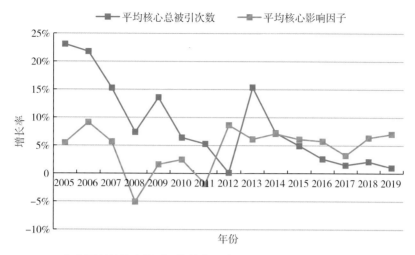

图 12-4　2004—2019 年中国科技核心期刊平均核心影响因子和平均核心总被引次数增长率的变化趋势

从科技期刊发表的论文指标分析，科技期刊中的重要基金和资助产生的论文的数量可以从一定程度上反映期刊的学术质量和水平，特别是对学术期刊而言，这个指标显得比较重要。海外论文比是期刊国际化的一个重要指标。图 12-5 反映出中国科技核心期刊的基金论文比和海外论文比的变化趋势，2004—2017 年基金论文比总体呈上升趋势，2018 年相比 2017 年有所下降，2019 年又相比 2018 年增长到 0.64，2004—2009 年基金论文比在 0.5 之下，2010—2019 年基金论文比超过 0.5，2019 年基金论文比为 0.64，即目前中国科技核心期刊（中国科技论文统计源期刊）发表的论文有超过 60% 的论文是由省部级以上的项目基金或资助产生的，与中国近年来加大科研投入密切相关。海外论文比从 2004—2015 年在 0.01 ~ 0.02 浮动，2016—2019 年上升至 0.03。这说明，中国科技核心期刊的国际来稿量数量一直在较低水平徘徊，没有大的突破。

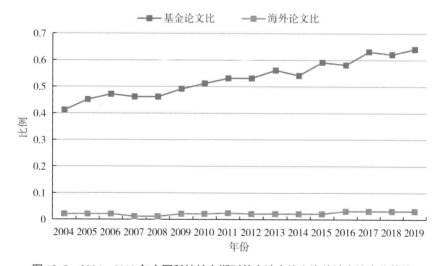

图 12-5　2004—2019 年中国科技核心期刊基金论文比和海外论文比变化趋势

篇均引文数指标是指期刊每一篇论文平均引用的参考文献数量，它是衡量科技期刊科学交流程度和吸收外部信息能力的相对指标；同时，参考文献的规范化标注，也是反映中国学术期刊规范化程度及与国际科学研究工作接轨的一个重要指标。由图 12-6 可见，2004—2019 年中国科技核心期刊（中国科技论文统计源期刊）的篇均引文数呈上升趋势，只是在 2007 年和 2015 年有所下降，2006 年首次超过了 10 篇，至 2017 年首次超过 20 篇，为 20.3 篇，2019 年达到 23.2 篇，是 2004 年的 2.50 倍。

中国科技论文统计与分析工作开展之初就倡导论文写作的规范，并对科技论文和科技期刊的著录规则进行讲解和辅导，每年对统计结果进行公布，30 多年来随着中国科技论文统计与分析工作的长期坚持开展，随着科技期刊评价体系的广泛宣传，随着越来越多的中国科研人员与世界学术界交流的加强，科研人员在发表论文时越来越重视论文的完整性和规范性，意识到了参考文献著录的重要性，同时，广大科技期刊编辑工作者也日益认识到保留客观完整的参考文献是期刊进行学术交流的重要渠道。因此，中国论文的篇均引文数逐渐提高。2004—2012 年，中国科技核心期刊的平均作者数徘徊在 3.3 ～ 3.9，2013 年有所突破，上升至 4，2019 年为 4.5。

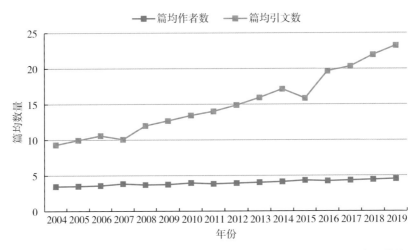

图 12-6　2004—2019 年中国科技核心期刊篇均作者数和篇均引文数的变化趋势

12.2.4　中国科技期刊的载文状况

2019 年 2070 种中国科技核心期刊，共发表论文 452236 篇，与 2018 年相比减少了 3230 篇，论文总数减少了 0.71%。平均每刊来源文献量为 218.47 篇。

来源文献量，即期刊载文量，是指期刊所载信息量的大小的指标，具体说就是一种期刊年发表论文的数量。需要说明的是，中国科技论文与引文数据库在收录论文时，是对期刊论文进行选择的，我们所指的载文量是指学术性期刊中的科学论文和研究简报；技术类期刊的科学论文和阐明新技术、新材料、新工艺和新产品的研究成果论文；医学类期刊中的基础医学理论研究论文和重要的临床实践总结报告及综述类文献。

2019 年有 677 种期刊的来源文献量大于中国科技期刊来源文献量的平均值，相比 2018 年增加 3 种。来源文献量大于 1500 篇的期刊有 3 种，分别为《科学技术与工程》

1984 篇、《江苏农业科学》1843 篇、《中国医药导报》1544 篇。相比 2018 年的来源
文献量最大值有所下降（2018 年来源文献量最大值为 2068 篇）；来源文献量大于 1000
篇的期刊有 22 种，相比 2018 年增加 3 种，其中医学期刊为 11 种。

如表 12-4 和图 12-7 所示，在 2006—2019 年 14 年间，来源文献量在 50 篇以下
的期刊所占期刊总数的比例一直是最低的，期刊数量最少，最高为 2018 年的 2.93%，
2019 年相比 2018 年下降 0.03 个百分点，从 2015 年开始发文量小于或等于 50 篇的期
刊数量在持续上升；发表论文在 100～200 篇的期刊所占的比例最高，14 年中均在
40.00% 左右浮动，2019 年超过 40.00%；2019 年相比 2018 年载文量在 200 篇以上的比
例有所下降。

表 12-4　2006—2019 年中国科技核心期刊载文量变化

载文量（P）/篇	P > 500	400 < P ≤ 500	300 < P ≤ 400	200 < P ≤ 300	100 < P ≤ 200	50 < P ≤ 100	P ≤ 50
2006 年	7.78%	4.00%	9.00%	18.17%	40.86%	18.33%	1.86%
2007 年	9.86%	6.46%	11.05%	19.77%	37.39%	13.66%	1.81%
2008 年	8.51%	4.76%	10.44%	18.52%	40.10%	15.85%	1.82%
2009 年	10.07%	4.98%	10.53%	17.93%	40.18%	14.70%	1.59%
2010 年	10.56%	5.13%	10.96%	18.00%	39.42%	14.71%	1.75%
2011 年	10.21%	5.01%	10.56%	18.12%	38.49%	15.87%	1.75%
2012 年	9.53%	4.76%	10.38%	18.51%	39.92%	15.20%	2.11%
2013 年	9.30%	5.03%	9.60%	18.85%	39.22%	16.39%	1.61%
2014 年	9.15%	5.58%	9.20%	18.45%	39.82%	16.29%	1.51%
2015 年	9.37%	4.99%	9.27%	18.44%	38.59%	17.63%	1.71%
2016 年	7.85%	5.49%	9.34%	17.51%	39.05%	18.59%	2.18%
2017 年	8.08%	4.78%	9.36%	17.45%	38.84%	18.68%	2.81%
2018 年	7.42%	4.64%	8.20%	17.62%	39.58%	19.62%	2.93%
2019 年	7.29%	4.11%	8.16%	17.00%	40.48%	20.05%	2.90%

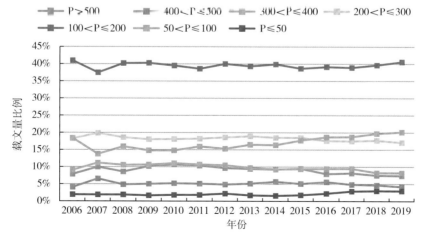

图 12-7　2006—2019 年中国科技核心期刊来源文献量变化情况

对 2019 年载文量分布区间的学科分类情况进行分析，如图 12-8 所示，由图可见，在载文量小于或等于 50 篇的区域内，理学领域期刊数量所占比例远高于其他 4 个领域，为 38.71%，与 2018 年度相比下降了 1.29 个百分点，说明载文量在 50 篇及以下的期刊数量在下降；从图中可以看出，随着期刊载文量的增大，理学领域期刊所占比例持续下降，载文量大于 500 的区域中，理学领域期刊所占比例下降至 3.29%，相比 2018 年下降 1.32 个百分点。医学领域的期刊在载文量 500 篇以上的区间内数量最多，在 $50 <$ 载文量 $P \leqslant 100$ 的区间内期刊数量占比最少；工程技术领域的期刊在 $400 <$ 载文量 $P \leqslant 500$ 的区间期刊数量最多，在载文量 $P \leqslant 50$ 的区域中期刊数量最少；农学领域的期刊在载文量大于 500 的区域内，期刊所占比例较小，在载文量 $P \leqslant 50$ 的区域内期刊所占比例最大；管理学科及自然科学综合在各个载文量区域内的期刊所占比例都较小。根据以上分析一定程度上说明，医学及工程技术领域的期刊一般分布在载文量较大的范围内，理学、农学、管理和自然科学综合领域的期刊一般分布在载文量较小的范围内。

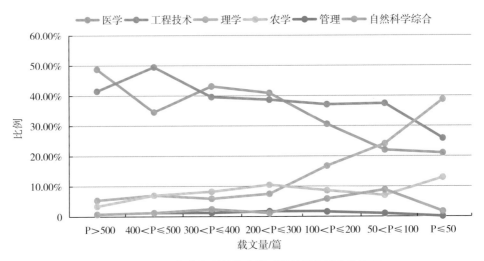

图 12-8　2019 年中国科技核心期刊学科载文量变化情况

12.2.5　中国科技期刊的学科分析

从《2013 版中国科技期刊引证报告（核心版）》开始，与前面的版本相比，期刊的学科分类发生较大变化，2013 版的引证报告的期刊分类参照的是最新执行的《学科分类与代码（国家标准 GB/T 13745—2009）》，我们将中国科技核心期刊重新进行了学科认定（已修改），将原有的 61 个学科扩展为了 112 个学科类别。《2020 年版中国科技期刊引证报告（核心版）自然科学卷》根据每种期刊刊载论文的主要分布领域，将覆盖多学科和跨学科内容的期刊复分归入 2 个或 3 个学科分类类别。依据《学科分类与代码（国家标准 GB/T 13745—2009）》和《中国图书资料分类法（第四版）》的学科分类原则，同时考虑到中国科技期刊的实际分布情况，《2020 年版中国科技期刊引证报告（核心版）自然科学卷》将来源期刊分别归类到 112 个学科类别。新的学科分类体系体现了科学研究学科之间的发展和演变，更加符合当前中国科学技术各方面的发展整体状况，以及中国科技期刊实际分布状况。图 12-9 显示的是 2019 年 2070 种中国科技核心期刊

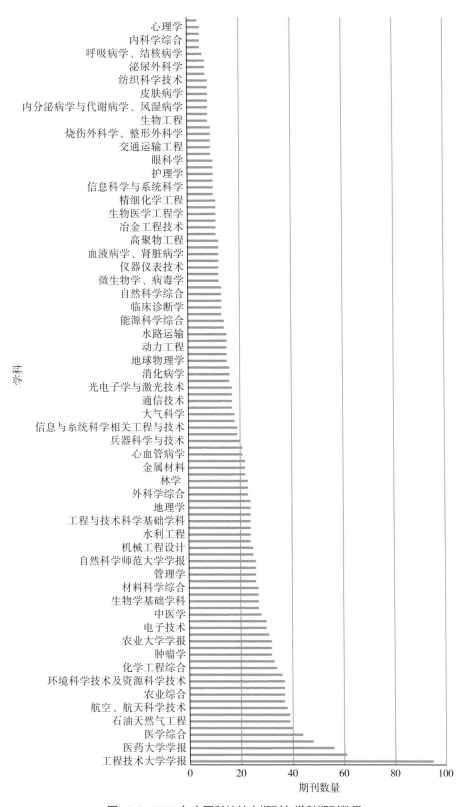

图 12-9　2019 年中国科技核心期刊各学科期刊数量

各学科的期刊数量，由图可见，工程技术大学学报、自然科学综合大学学报和医药大学学报类占据类期刊的数量的前 3 位，期刊种数分别为 95 种、61 种、56 种，相比 2018 年度这 3 种学科的期刊总数同样位于前 3 位，但数量有所增长。期刊数量最少的学科为性医学，期刊种数为 4 种。

2019 年中国科技核心期刊的平均影响因子和平均被引次数分别为 0.740 和 1429 次。其中，高于平均影响因子的学科有 57 个学科，有 20 个学科的平均影响因子高于 1；平均影响因子居于前 3 位的是土壤学、地理学和生态学，平均被引次数居于前 3 位的是生态学、护理学和中药学。影响因子与学科领域的相关性很大，不同的学科其影响因子有很大的差异。由于在学科内出现数值较大的差异性，因此 2019 年以学科中位数作为分析对象，各学科核心影响因子中位数及核心总被引次数中位数如图 12-10 所示。

2019 年 112 个学科中总被引次数中位数超过 1000 次的学科有 53 个，排名前 3 位的学科为生态学、护理学和心理学，排名较低的学科为天文学、自然科学师范大学学报和数学；学科影响因子中位数排名前 3 位的土壤学、大气科学和管理学，有 8 个学科的影响因子中位数超过 1.000，学科影响因子中位数较低的为应用化学工程、天文学及数学。

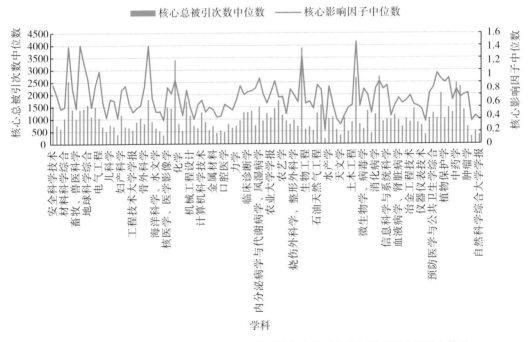

图 12-10　2019 年中国科技核心期刊各学科核心总被引次数与核心影响因子中位数

12.2.6　中国科技期刊的地区分析

地区分布数是指来源期刊登载论文作者所涉及的地区数，按全国 31 个省（市、自治区）计算。一般说来，用一个期刊的地区分布数可以判定该期刊是否是一个地区覆盖面较广的期刊，其在全国的影响力究竟如何。地区分布数大于 20 个省（市、自治区）

的期刊，我们可以认为它是一种全国性的期刊。

如表 12-5 所示，2007 年以后中国科技核心期刊中地区分布数大于或等于 30 个省（市、自治区）的期刊数量总体呈增长态势，2015 年上升至 6% 以上，2016—2017 年有所下降，2019 年相比 2018 年有所上升，上升至 7% 以上。

表 12-5　2007—2019 年中国科技核心期刊地区分布数统计

地区（省、直辖市）D	D ≥ 30	20 ≤ D < 30	15 ≤ D < 20	10 ≤ D < 15	D < 10
2007 年	3.85%	56.71%	20.85%	12.35%	6.23%
2008 年	3.32%	57.92%	21.04%	11.67%	6.05%
2009 年	4.06%	57.91%	21.53%	11.51%	4.98%
2010 年	4.70%	57.56%	21.42%	10.71%	5.61%
2011 年	5.31%	57.86%	20.67%	10.66%	5.51%
2012 年	4.61%	59.18%	21.21%	10.33%	4.66%
2013 年	5.03%	59.23%	19.71%	11.71%	4.32%
2014 年	5.68%	59.23%	20.11%	10.86%	3.82%
2015 年	6.05%	60.66%	18.39%	10.33%	4.57%
2016 年	5.03%	60.86%	20.17%	9.66%	4.28%
2017 年	5.72%	60.63%	19.27%	10.00%	4.44%
2018 年	6.00%	61.10%	18.25%	11.03%	3.61%
2019 年	7.10%	59.18%	20.05%	9.95%	3.72%

如图 12-11 所示，论文作者所属地区覆盖 20 个及以上省（市、自治区）的期刊总体呈上升趋势，2007—2019 年全国性科技期刊占期刊总量均在 60% 以上，2019 年有 66.28% 的核心期刊属于全国性科技期刊，相比 2018 年度下降 0.82 个百分点。地区分布数小于 10 的期刊在 2007—2019 年总体呈下降趋势，2012—2019 年所占的比例连续小于 5%，2019 年地区分布数小于 10 的期刊数量有 77 种，其中 15 种英文期刊，占比 19.48%，大学学报 45 种，占比 58.44%，英文期刊相比 2018 年减少 3 种，大学学报类期刊相比 2018 年增加 12 种。

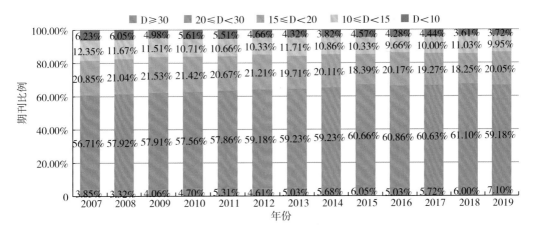

图 12-11　2007—2019 年中国科技核心期刊地区分布数变化情况

12.2.7　中国科技期刊的出版周期

由于论文发表时间是科学发现优先权的重要依据，因此，一般而言，期刊的出版周期越短，吸引优秀稿件的能力越强，也更容易获得较高的影响因子。研究显示，近年来中国科技期刊的出版周期呈逐年缩短趋势。

通过对 2019 年 2070 种中国科技核心期刊进行统计，期刊的出版周期逐步缩短，出版周期中月刊的占比与 2018 年基本保持一致，2019 年度有 41.69% 的期刊为月刊，相比 2018 年下降 0.57 个百分点；双月刊由 2007 年占总数的 52.49% 下降至 2019 年的 46.43%，有更多的双月刊转变成月刊；季刊由 2008 年占总数的 13.22% 下降至 2019 年的 7.63%，与 2018 年相比上升 0.9 个百分点。与 2018 年期刊出版周期相比，月刊、双月刊、半月刊的比例稍有所下降，季刊和旬刊的比例稍有所上升，周刊的比例维持不变。旬刊和周刊的期刊种数较少，旬刊为 12 种，相比 2018 年增长 2 种，周刊为 2 种，与 2018 年的期刊种数相同。从总体上看，中国科技核心期刊的出版周期逐步缩短（如图 12-12 所示）。

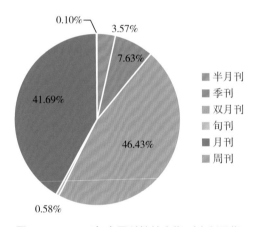

图 12-12　2019 年中国科技核心期刊出版周期

从学科分布来看，工程技术、理学及农学领域期刊双月刊的比例较高，基本在 50.00% 左右；医学领域期刊月刊的比例较高，为 50.74%；管理和自然科学综合领域双月刊占比较高，为 61.90%。工程技术领域期刊出版周期如图 12-13 所示，工程技术领域的期刊大部分是双月刊和月刊，占比分别为 49.08% 和 41.86%，与 2018 年相比双月刊增长了 0.94 个百分点，月刊减少了 1.14 个百分点。医学领域期刊出版周期如图 12-14 所示，医学领域的大部分期刊是双月刊和月刊，占比分别为 38.63% 和 50.74%，与 2018 年相比双月刊的占比稍有所上升，上升 0.38 个百分比，月刊的比例稍下降 0.79 个百分点。理学领域期刊出版周期如图 12-15 所示，理学领域的大部分期刊同样是月刊和双月刊，占比分别为 31.82% 和 50.85%，季刊占比为 16.48%，相比于工程技术领域、医学领域及农学领域，理学领域的季刊占比最高。农学领域的期刊出版周期如图 12-16 所示，农学领域的大部分期刊为月刊和双月刊，占比分别为 33.89% 和 53.89%，相比 2018 年月刊占比下降 2.8 个百分点，双月刊上升 2.41 个百分点。

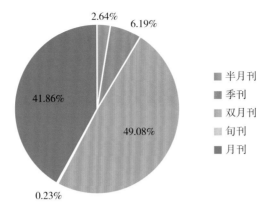

图 12-13 2019 年中国科技核心期刊工程技术领域期刊出版周期

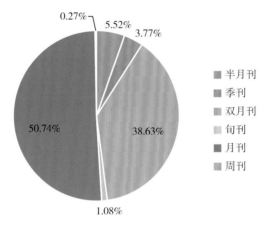

图 12-14 2019 年中国科技核心期刊医学领域期刊出版周期

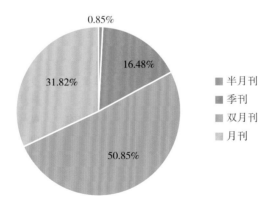

图 12-15 2019 年中国科技核心期刊理学领域期刊出版周期

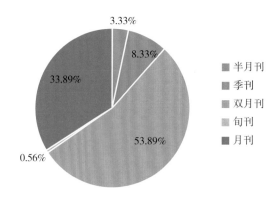

图 12-16　2019 年中国科技核心期刊农学领域期刊出版周期

图 12-17 显示的是 2020 年 11 月之前 SCIE 收录期刊的出版周期，共有 9436 种期刊，收录期刊有多种出版形式。由图可见，SCIE 收录的期刊中月刊占比最大，为 28.49%，其次为双月刊，占比为 27.51%，季刊为 24.41%。与 2019 年 9 月的数据相比，月刊、双月刊和季刊的比例基本保持不变，收录的期刊中以月刊、双月刊及季刊为主，不同于中国科技核心期刊以月刊和双月刊为主。刊期较长的一年三期、半年刊和年刊期刊所占比例为 8.88%，与 2018 年相比稍有所上升。刊期较短的半月刊、双周刊、周刊的比例为 5.55%，与 2018 年基本保持相当。SCIE 收录的期刊中月刊的比例略高于双月刊，季刊比例低于双月刊和月刊（分别是 3.10 和 4.08 个百分点）。而中国科技核心期刊中，双月刊和月刊的比例远高于 SCIE 收录的期刊，季刊的比例远低于 SCIE 收录的期刊。SCIE 收录的期刊中双月刊、季刊、一年三期及半年刊和年刊出版的期刊占总数的 60.80%，中国科技核心期刊双月刊和季刊所占比例为 54.06，并且没有一年三期、半年刊和年刊出版的期刊。所以中国科技核心期刊的刊期短于被 SCIE 收录期刊的刊期。

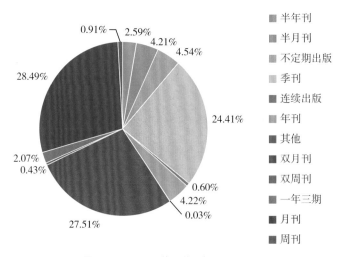

图 12-17　SCIE 收录期刊的出版周期

图 12-18 显示的是 2019 年 SCIE 收录中国 208 种科技期刊的出版周期。与 2018 年相比，期刊的数量有所增加，出版形式也多样，新增不定期出版期刊 4 种，连续出版期

刊 4 种，年刊 4 种。月刊比例相比 2018 年有所下降，下降 3.35 个百分点；双月刊的比例下降 1.11 个百分点，季刊的比例下降 0.46 个百分点。与 2018 年相比，2019 年中国被 SCIE 收录的期刊出版周期略有所下降。

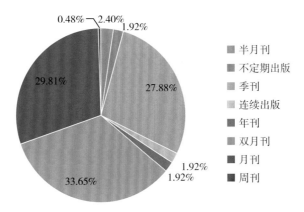

图 12-18 2019 年 SCIE 收录中国期刊的出版周期

12.2.8 中国科技期刊的世界比较

表 12-6 显示了 2011—2019 年中国科技核心期刊（中国科技论文统计源期刊）和 JCR 收录期刊的平均被引次数、平均影响因子和平均即年指标的情况，由此可见，2011—2019 年 JCR 收录期刊的平均被引次数、平均影响因子除 2015 年有所下降外，其余年份均在增长，2011—2019 年平均即年指标均在增长。但中国科技核心期刊的总被引次数、影响因子和即年指标的绝对数值与国际期刊相比不在一个等级，国际期刊远高于中国科技核心期刊。

表 12-6 中国科技的核心期刊与 JCR 收录期刊主要计量指标平均值统计

年份	中国科技核心期刊			JCR		
	平均核心总被引次数	平均核心影响因子	平均核心即年指标	总被引次数	影响因子	即年指标
2011	1022	0.454	0.059	4430	2.05	0.414
2012	1023	0.493	0.068	4717	2.099	0.434
2013	1182	0.523	0.072	5095	2.173	0.465
2014	1265	0.560	0.070	5728	2.22	0.49
2015	1327	0.594	0.084	5565	2.21	0.511
2016	1361	0.628	0.087	6132	2.43	0.56
2017	1381	0.648	0.091	6636	2.567	0.645
2018	1410	0.689	0.099	7096	2.737	0.726
2019	1429	0.740	0.113	7452	3.000	1.000

2019 年美国 SCIE 中收录中国出版的期刊有 208 种。JCR 主要的评价指标有引文总数（Total Cites）、影响因子（Impact Factor）、即时指数（Immediacy Index）、当年论文数（Current Articles）和被引半衰期（Cited Half–Life）等，表 12–7、表 12–8 列出了 2019 年影响因子和被引次数进入本学科领域 Q1 区的期刊名单。

表 12-7　2019 年影响因子位于本学科 Q1 区的中国科技期刊

序号	期刊名称	影响因子
1	CELL RESEARCH	20.507
2	NATIONAL SCIENCE REVIEW	16.693
3	FUNGAL DIVERSITY	15.386
4	LIGHT-SCIENCE & APPLICATIONS	13.714
5	SIGNAL TRANSDUCTION AND TARGETED THERAPY	13.493
6	NANO-MICRO LETTERS	12.264
7	MOLECULAR PLANT	12.084
8	BONE RESEARCH	11.508
9	PROTEIN & CELL	10.164
10	SCIENCE BULLETIN	9.511
11	NPJ COMPUTATIONAL MATERIALS	9.341
12	CELLULAR & MOLECULAR IMMUNOLOGY	8.484
13	NANO RESEARCH	8.183
14	JOURNAL OF ENERGY CHEMISTRY	7.216
15	JOURNAL OF MAGNESIUM AND ALLOYS	7.115
16	ACTA PHARMACEUTICA SINICA B	7.097
17	GENOMICS PROTEOMICS & BIOINFORMATICS	7.051
18	ENGINEERING	6.495
19	GREEN ENERGY & ENVIRONMENT	6.395
20	SCIENCE CHINA-CHEMISTRY	6.356
21	JOURNAL OF MATERIALS SCIENCE & TECHNOLOGY	6.155
22	CHINESE JOURNAL OF CATALYSIS	6.146
23	PHOTONICS RESEARCH	6.099
24	SCIENCE CHINA-MATERIALS	6.098
25	JOURNAL OF MATERIOMICS	5.797
26	CANCER COMMUNICATIONS	5.627
27	CANCER BIOLOGY & MEDICINE	5.432
28	HORTICULTURE RESEARCH	5.404
29	DIGITAL COMMUNICATIONS AND NETWORKS	5.382
30	FRICTION	5.290
31	JOURNAL OF SPORT AND HEALTH SCIENCE	5.200
32	IEEE-CAA JOURNAL OF AUTOMATICA SINICA	5.129
33	JOURNAL OF GENETICS AND GENOMICS	5.065
34	ACTA PHARMACOLOGICA SINICA	5.064
35	MICROSYSTEMS & NANOENGINEERING	5.048
36	JOURNAL OF INTEGRATIVE PLANT BIOLOGY	4.885

续表

序号	期刊名称	影响因子
37	STROKE AND VASCULAR NEUROLOGY	4.765
38	SCIENCE CHINA-LIFE SCIENCES	4.611
39	ANIMAL NUTRITION	4.492
40	JOURNAL OF ENVIRONMENTAL SCIENCES	4.302
41	SCIENCE CHINA-PHYSICS MECHANICS & ASTRONOMY	4.226
42	GEOSCIENCE FRONTIERS	4.202
43	JOURNAL OF ANIMAL SCIENCE AND BIOTECHNOLOGY	4.167
44	ASIAN JOURNAL OF PHARMACEUTICAL SCIENCES	3.968
45	ADVANCES IN CLIMATE CHANGE RESEARCH	3.967
46	INTERNATIONAL JOURNAL OF MINING SCIENCE AND TECHNOLOGY	3.903
47	INTERNATIONAL SOIL AND WATER CONSERVATION RESEARCH	3.770
48	PEDOSPHERE	3.736
49	CROP JOURNAL	3.395
50	SCIENCE CHINA-EARTH SCIENCES	3.242
51	RICE SCIENCE	3.162
52	CHINESE JOURNAL OF POLYMER SCIENCE	3.154
53	INFECTIOUS DISEASES OF POVERTY	3.067
54	INTERNATIONAL JOURNAL OF ORAL SCIENCE	3.047
55	JOURNAL OF ADVANCED CERAMICS	2.889
56	PETROLEUM EXPLORATION AND DEVELOPMENT	2.845
57	INSECT SCIENCE	2.791
58	JOURNAL OF SYSTEMATICS AND EVOLUTION	2.779
59	FOREST ECOSYSTEMS	2.696
60	ZOOLOGICAL RESEARCH	2.638
61	TRANSACTIONS OF NONFERROUS METALS SOCIETY OF CHINA	2.615
62	INTEGRATIVE ZOOLOGY	2.514
63	CURRENT ZOOLOGY	2.351
64	CHINESE JOURNAL OF AERONAUTICS	2.215
65	RARE METALS	2.161
66	PETROLEUM SCIENCE	2.096
67	APPLIED MATHEMATICS AND MECHANICS-ENGLISH EDITION	2.017
68	JOURNAL OF INTEGRATIVE AGRICULTURE	1.984
69	NUMERICAL MATHEMATICS-THEORY METHODS AND APPLICATIONS	1.659

表 12-8　2019 年被引次数位于本学科 Q1 区的中国科技期刊

序号	期刊名称	总被引次数
1	NANO RESEARCH	19099
2	CELL RESEARCH	16237
3	JOURNAL OF ENVIRONMENTAL SCIENCES	13563
4	MOLECULAR PLANT	11432
5	TRANSACTIONS OF NONFERROUS METALS SOCIETY OF CHINA	11413

续表

序号	期刊名称	总被引次数
6	*ACTA PHARMACOLOGICA SINICA*	9668
7	*JOURNAL OF MATERIALS SCIENCE & TECHNOLOGY*	9326
8	*CHINESE PHYSICS B*	8965
9	*ACTA PETROLOGICA SINICA*	8490
10	*CHINESE MEDICAL JOURNAL*	7462
11	*FUNGAL DIVERSITY*	4577
12	*SCIENCE CHINA TECHNOLOGICAL SCIENCES*	4328
13	*ASIAN JOURNAL OF ANDROLOGY*	4065
14	*PETROLEUM EXPLORATION AND DEVELOPMENT*	3818
15	*JOURNAL OF INTEGRATIVE AGRICULTURE*	3588
16	*APPLIED MATHEMATICS AND MECHANICS ENGLISH EDITION*	2589

2019 年，各检索系统收录中国内地科技期刊情况如下：SCI-E 数据库收录 208 种，比 2018 年增加了 21 种；Ei 数据库收录 223 种（如表 12-9 所示）；Medline 收录 122 种；SSCI 收录 2 种。

表 12-9　2005—2019 年 SCI-E 和 Ei 数据库收录中国科技期刊数量

检索系统	2005 年	2006 年	2007 年	2008 年	2009 年	2010 年	2011 年	2012 年	2013 年	2014 年	2015 年	2016 年	2017 年	2018 年	2019 年
SCI-E/ 种	78	78	104	108	115	128	134	135	139	142	148	162	173	187	208
Ei/ 种	141	163	174	197	217	210	211	207	216	216	216	215	221	223	223

12.2.9　中国科技期刊的综合评分

中国科学技术信息研究所每年出版的《中国科技期刊引证报告（核心版）》定期公布 CSTPCD 收录的中国科技论文统计源期刊的各项科学计量指标。1999 年开始，以此指标为基础，研制了中国科技期刊综合评价指标体系。采用层次分析法，由专家打分确定了重要指标的权重，并分学科对每种期刊进行综合评定。2009—2019 年版的《中国科技期刊引证报告（核心版）》连续公布了期刊的综合评分，即采用中国科技期刊综合评价指标体系对期刊指标进行分类、分层次、赋予不同权重后，求出各指标加权得分后，期刊在本学科内的排位。

根据综合评分的排序，结合各学科的期刊数量及学科细分后，自 2009 年起每年评选中国百种杰出学术期刊。

中国科技核心期刊（中国科技论文统计源期刊）实行动态调整机制，每年对期刊进行评价，通过定量及定性相结合的方式，评选出各学科较重要的、有代表性的、能反映本学科发展水平的科技期刊，评选过程中对连续两年公布的综合评分排在本学科末位的期刊进行淘汰。

对科技期刊评价监测的主要目的是引导，中国科技期刊评价指标体系中的各指标是从不同角度反映科技期刊的主要特征，涉及期刊多个不同的方面，为此要从整体上反映科技期刊的发展进程，必须对各个指标进行综合化处理，做出综合评价。期刊编辑出版者也可以从这些指标上找到自己的特点和不足，从而制定期刊的发展方向。

由国家科技部推动的精品科技期刊战略就是通过对科技期刊的整体评价和监测，发扬中国科学研究的优势学科，对科技期刊存在的问题进行政策引导，采取切实可行的措施，推动科技期刊整体质量和水平的提高，从而促进中国科技自主创新工作，在中国优秀期刊服务于国内广大科技工作者的同时，鼓励一部分顶尖学术期刊冲击世界先进水平。

12.3　讨论

① 2009—2019 年中国科技期刊的总量呈微增长态势，2009—2019 年中国期刊平均期印数连续下降，总印数和总印张数连续多年增长的态势下，2013—2019 年有所下降，总定价在 2019 年稍有所上升。2009—2019 年中国科技核心期刊占自然科学、技术类期刊总数的 40% 左右。

②中国科技期刊中，工程技术领域期刊所占比例最高，其次为医学领域。

③中国科技期刊的平均核心总被引次数和平均核心影响因子在保持绝对增长态势的同时，核心影响因子增速逐渐提升。

④ 2019 年基金论文比相比 2017 年稍有所提升，为 0.64，但从统计结果看，中国科技核心期刊论文 2015—2019 有近 60% 是由省部级以上基金或资助产生的科研成果。

⑤ 2019 中国期刊的发文总量较 2018 年稍有所下降，发文量集中在 100～200 篇，期刊数量占总数的比例最高，为 40.48%；发文量超过 500 篇的期刊相比较 2018 年有所下降，发文量小于 50 篇的期刊数量较 2018 年有微量下降。

⑥ 2019 年中国科技期刊的地区分布大于 20 个省（市、自治区）的期刊数量与 2018 年基本保持一致，超过 60% 的期刊为全国性期刊；地区分布数小于 10 的期刊数量相比 2018 年稍有所增长，但所占比例依旧小于 5%。

⑦中国科技期刊的出版周期逐年缩短，2019 年月刊占总数的比例从 2007 年的 28.73% 上升至 41.69%；双月刊和季刊的出版周期有所下降，2019 年有 54.06% 的期刊以双月刊和季刊的形式出版，医学类期刊的出版周期最短。

⑧通过比较 2019 年中国被 JCR 收录的科技期刊的影响因子和被引次数在各学科的位置发现，中国有 69 种期刊的影响因子处于本学科的 Q1 区，比 2018 年增加 19 种；有 16 种期刊的被引次数处于本学科的 Q1 区，相较 2018 年增加 1 种。

参考文献

[1] 中华人民共和国国家新闻广电出版总局 . 2018 年全国新闻出版业基本情况 [EB/OL].[2020-11-04]. https://www.chinaxwcb.com/.

[2] 中国科学技术信息研究所 .2020 年版中国科技核心期刊引证报告（核心版）[M]. 北京：科学技术文献出版社，2020.

13　CPCI-S 收录中国论文情况统计分析

Conference Proceedings Citation Index–Science（CPCI–S）数据库，即原来的 ISTP 数据库，涵盖了所有科技领域的会议录文献，其中包括：农业、生物化学、生物学、生物技术学、化学、计算机科学、工程学、环境科学、医学和物理学等领域。

本章利用统计分析方法对 2019 年 CPCI–S 收录的 51207 篇第一作者单位为中国机构的科技会议论文的地区、学科、会议举办地、参考文献数量和被引次数分布等进行简单的计量分析。

13.1　引言

CPCI–S 数据库 2019 年收录世界重要会议论文为 47.66 万篇，比 2018 年减少了 4.8%，共收录了中国作者论文 5.85 万篇，比 2018 年减少了 14.5%，占世界的 13.2%，排在世界第 2 位。排在世界前 5 位的是美国、中国、英国、德国和日本。CPCI–S 数据库收录美国论文 15.28 万篇，占世界论文总数的 32.1%。图 13–1 为 2010—2019 年中国国际科技会议论文数占世界论文总数比例的变化趋势。

图 13-1　中国国际科技会议论文数占世界论文总数比例的变化趋势

若不统计港澳台地区的论文，2019 年 CPCI–S 收录第一作者单位为中国的科技会议论文共计 5.12 万篇，以下统计分析都基于此数据。

13.2　2019 年 CPCI-S 收录中国论文的地区分布

表 13–1 是 2019 年中国作者发表的 CPCI–S 论文中论文第一作者单位所在地区论文

数居前 10 位的情况及其与 2018 年的比较情况。

表 13-1 CPCI-S 论文第一作者单位论文数居前 10 位的地区

2019 年			2018 年		
地区	论文篇数	论文数排序	地区	论文篇数	论文数排序
北京	12004	1	北京	13586	1
上海	4767	2	江苏	5491	2
江苏	4319	3	上海	5177	3
广东	3907	4	广东	4559	4
陕西	3684	5	陕西	4416	5
四川	2620	6	湖北	3377	6
湖北	2525	7	四川	2848	7
浙江	2275	8	山东	2613	8
山东	1855	9	浙江	2273	9
天津	1597	10	辽宁	2009	10

从表 13-1 可以看出，2019 年排名前 3 位的地区为北京、上海和江苏，分别产出论文 12004 篇、4767 篇和 4319 篇，分别占 CPCI-S 中国论文总数的 23.4%、9.3% 和 8.4%。2019 年排名居前 10 位的地区的作者共发表 CPCI-S 论文 39553 篇，占论文总数的 77.2%。2019 年排名居前 10 位的地区与 2018 年相比，地区名次变化不大，天津代替辽宁进入排名前 10 位。

13.3　2019 年 CPCI-S 收录中国论文的学科分布

表 13-2 是 2019 年第一作者为中国的 CPCI-S 论文学科分布情况及其与 2018 年的比较。

表 13-2　2019 年 CPCI-S 收录论文数排名居前 10 位的学科

2019 年			2018 年		
排序	学科	论文篇数	排序	学科	论文篇数
1	计算技术	13487	1	电子、通信与自动控制	16033
2	电子、通信与自动控制	9463	2	计算技术	15715
3	临床医学	5084	3	临床医学	5578
4	能源科学技术	3619	4	能源科学技术	5183
5	物理学	3503	5	物理学	3781
6	基础医学	3497	6	环境科学	2431
7	工程与技术基础学科	3152	7	材料科学	2314
8	化学	1837	8	地学	1913
9	地学	1467	9	化学	1361
10	材料科学	1465	10	核科学技术	1082

从表 13-2 可以看出，2019 年 CPCI-S 中国论文分布排名前 3 的学科为计算技术，电子、通信与自动控制和临床医学。仅这 3 个学科的会议论文数量就占了中国论文总数的 54.7%。2019 年与 2018 年排名前 10 位的学科略有不同，基础医学和工程与技术基础学科代替环境科学和核科学技术进入论文数排名前 10 位。

13.4　2019 年中国作者发表论文较多的会议

2019 年 CPCI-S 收录的中国所有论文发表在 2120 个会议上，比 2018 年的 2849 个会议数量有所减少。表 13-3 为 2019 年收录中国论文数居前 10 位的会议名称。

表 13-3　2019 年收录中国论文数居前 10 位的会议

排名	会议名称	论文数 / 篇
1	17th International Congress of Immunology of the International-Union-of-Immunological-Societies（IUIS）	2309
2	IEEE International Geoscience and Remote Sensing Symposium（IGARSS）	1005
3	22nd International Conference on Electrical Machines and Systems（ICEMS）	991
4	4th International Conference on Environmental Science and Material Application（ESMA）	653
5	10th International Conference on Applied Energy（ICAE）	637
6	Annual Meeting of the American-Society-of-Clinical-Oncology（ASCO）	547
7	IEEE 3rd Information Technology, Networking, Electronic and Automation Control Conference（ITNEC）	530
8	IEEE International Conference on Communications（ICC）	517
9	33rd AAAI Conference on Artificial Intelligence / 31st Innovative Applications of Artificial Intelligence Conference / 9th AAAI Symposium on Educational Advances in Artificial Intelligence	460
10	3rd International Workshop on Renewable Energy and Development（IWRED）	451

从表 13-3 可以看出，论文数量排在第 1 位的是国际免疫学联合会（International Union of Immunological Societies，IUIS）主办的系列国际学术会议，2019 年首次由中国免疫学会承办的第十七届国际免疫学学术大会（17th International Congress of Immunology，ICI）。ICI 是 IUIS 组织的国际最高级别的免疫学相关领域的学术会议，每 3 年召开一届，本次会议共收录论文 2309 篇。

13.5　CPCI-S 收录中国论文的语种分布

基于 2019 年 CPCI-S 收录第一作者单位为中国（不包含港澳台地区论文）的 51207 篇科技会议论文，用英文发表的论文共 51160 篇，中文发表的论文共 3 篇。

13.6 2019 年 CPCI-S 收录论文的参考文献数量和被引次数分布

13.6.1 2019 年 CPCI-S 收录论文的参考文献数量分布

表 13-4 列出了 2019 年 CPCI-S 收录中国论文的参考文献数量分布。除了 0 篇参考文献的论文外，排名居前 10 位的参考文献数量均在 5 篇以上，最多为 15 篇，占总论文数的 35.3%。

表 13-4 2019 年 CPCI-S 收录论文的参考文献分布（TOP 10）

参考文献量	论文数量	比例
0	10547	20.60%
10	2489	4.86%
8	2163	4.22%
9	2048	4.00%
12	2040	3.98%
11	1990	3.89%
7	1949	3.81%
15	1816	3.55%
13	1795	3.51%
6	1787	3.49%

13.6.2 2019 年 CPCI-S 收录论文的被引次数分布

2019 年 CPCI-S 收录论文的被引次数分布，如表 13-5 所示。从表 13-5 可以看出，大部分会议论文的被引次数为 0，有 43471 篇，占比 84.89%，这个比例比 2018 年的 91.55% 略有下降。被引 1 次的论文有 4445 篇，占比 8.68%；被引 5 次以上的论文为 993 篇，比 2018 年 562 篇增长 76.7%。

表 13-5 2019 年 CPCI-S 收录论文的被引次数分布

次数	论文数量	比例
0	43471	84.89%
1	4445	8.68%
2	1332	2.60%
3	623	1.22%
4	343	0.67%
5	217	0.42%
6	159	0.31%
7	114	0.22%
9	76	0.15%

13.7 讨论

2019 年 CPCI-S 数据库共收录了中国作者论文 5.85 万篇，比 2018 年减少了 14.5%，占世界的 13.2%，排在世界第 2 位。

2019 年 CPCI-S 收录中国（不包含港澳台地区）的会议论文，用英文发表的文章共 51160 篇，中文发表的论文共 3 篇。

2019 年 CPCI-S 收录中国论文的参考文献数量排名前 10 的参考文献数量均在 5 篇以上，最多为 15 篇，占总论文数的 35.3%。

2019 年论文数量排在第 1 位的会议是在中国北京举办的第十七届国际免疫学学术大会（17th International Congress of Immunology，ICI），共收录论文 2309 篇。

2019 年 CPCI-S 中国论文分布排名前 3 位的学科为计算技术，电子、通信与自动控制和临床医学，占了中国论文总数的 54.7%。

参考文献

[1] 中国科学技术信息研究所. 2020 年版中国科技期刊引证报告（核心版）[M]. 北京：科学技术文献出版社，2020.

[2] 中国科学技术信息研究所. 2019 年版中国科技期刊引证报告（核心版）[M]. 北京：科学技术文献出版社，2019.

[3] 中国科学技术信息研究所. 2018 年度中国科技论文统计与分析 [M]. 北京：科学技术文献出版社，2020.

14　Medline 收录中国论文情况统计分析

14.1　引言

Medline 是美国国立医学图书馆（The National Library of Medicine，NLM）开发的当今世界上最具权威性的文摘类医学文献数据库之一。《医学索引》（Index Medicus，IM）为其检索工具之一，收录了全球生物医学方面的期刊，是生物医学方面较常用的国际文献检索系统。

本章统计了中国科研人员被 Medline 2019 收录论文的机构分布情况、论文发表期刊的分布及期刊所属国家和语种分布情况，并在此基础上进行了分析。

14.2　研究分析与结论

14.2.1　Medline 收录论文的国际概况

Medline 2019 网络版共收录论文 1249451 篇，比 2018 年的 1190480 篇增加 4.95%，2014—2019 年 Medline 收录论文情况如图 14-1 所示。可以看出，除 2017 年 Medline 收录论文数有小幅减少外，2014—2019 年 Medline 收录论文数呈现逐年递增的趋势。

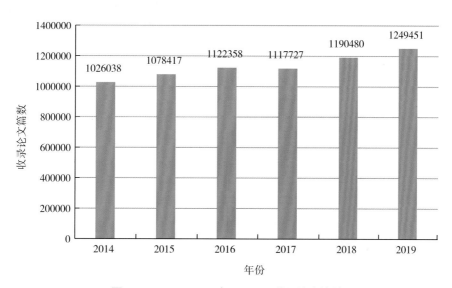

图 14-1　2014—2019 年 Medline 收录论文统计

14.2.2　Medline 收录中国论文的基本情况

Medline 2019 网络版共收录中国科研人员发表的论文 222441 篇，比 2018 年增长 18.02%。2014—2019 年 Medline 收录中国论文情况如图 14-2 所示。

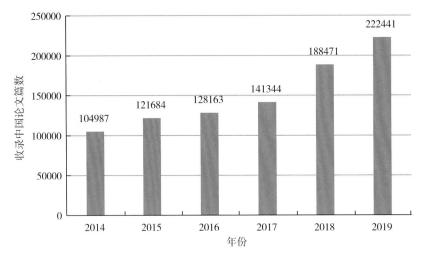

图 14-2　2014—2019 年 Medline 收录中国论文统计

14.2.3　Medline 收录中国论文的机构分布情况

被 Medline 2019 收录的中国论文，以第一作者单位的机构类型分类，其统计结果如图 14-3 所示。其中，高等院校所占比例最多，包括其所附属的医院等医疗机构在内，产出论文占总量的 81.35%。医疗机构中，高等院校医疗机构是非高等院校医疗机构产出论文数的 2.90 倍，二者之和在总量中所占比例为 35.66%。科研机构所占比例为 9.17%，与 2018 年相比有所降低。

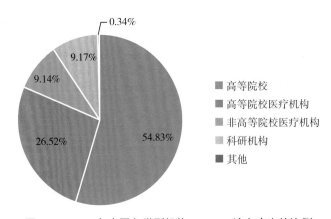

图 14-3　2019 年中国各类型机构 Medline 论文产出的比例

被 Medline 2019 收录的中国论文，以第一作者单位统计，高等院校、科研机构和医疗机构 3 类机构各自的居前 20 位单位分别如表 14-1 至表 14-3 所示。

从表 14-1 中可以看到，发表论文数较多的高等院校大多为综合类大学。

表 14-1　2019 年 Medline 收录中国论文数居前 20 位的高等院校

排名	单位	论文篇数	排名	单位	论文篇数
1	上海交通大学	5073	11	山东大学	2719
2	浙江大学	5037	12	武汉大学	2398
3	四川大学	4398	13	南京医科大学	2305
4	中山大学	4294	14	苏州大学	2123
5	北京大学	4277	15	西安交通大学	2049
6	复旦大学	4276	16	中国医科大学	1869
7	首都医科大学	3467	17	南方医科大学	1865
8	中南大学	3301	18	郑州大学	1830
9	华中科技大学	3216	19	清华大学	1788
10	吉林大学	3173	20	南京大学	1730

注：高等院校数据包括其所属的医院等医疗机构在内。

从表 14-2 中可以看到，发表论文数较多的科研机构中，中国科学院所属机构较多，在前 20 位中占据了 12 席。

表 14-2　2019 年 Medline 收录中国论文数居前 20 位的科研机构

排名	科研机构	论文篇数
1	中国疾病预防控制中心	503
2	中国科学院生态环境研究中心	485
3	中国医学科学院肿瘤研究所	453
4	中国科学院化学研究所	418
5	中国中医科学院	314
6	中国科学院长春应用化学研究所	310
7	中国水产科学研究院	263
8	中国科学院大连化学物理研究所	249
9	中国科学院海洋研究所	230
10	中国科学院动物研究所	223
11	中国科学院合肥物质科学研究院	220
12	中国科学院上海药物研究所	217
13	中国科学院昆明植物研究所	213
14	中国科学院微生物研究所	208
15	中国医学科学院药物研究所	203
16	中国林业科学研究院	197
16	中国科学院水生生物研究所	197
18	中国科学院深圳先进技术研究院	193
19	国家纳米科学中心	189
20	中国农业科学院植物保护研究所	172

由 Medline 收录中国医疗机构发表的论文数分析（如表 14-3 所示），2019 年四川大学华西医院发表论文数以 2321 篇高居榜首，其次为北京协和医院，发表论文 1340 篇，解放军总医院排在第 3 位，发表论文 1187 篇。在论文数居前 20 位的医疗机构中，除北京协和医院、解放军总医院外，其他全部是高等院校所属的医疗机构。

表 14-3　2019 年 Medline 收录中国论文数居前 20 位的医疗机构

排名	单位	论文篇数
1	四川大学华西医院	2321
2	北京协和医院	1340
3	解放军总医院	1187
4	中南大学湘雅医院	1079
5	郑州大学第一附属医院	993
6	浙江大学第一附属医院	967
7	吉林大学白求恩第一医院	850
8	复旦大学附属中山医院	810
9	华中科技大学同济医学院附属同济医院	795
10	中南大学湘雅二医院	755
11	江苏省人民医院	752
12	中国医科大学附属第一医院	739
13	华中科技大学同济医学院附属协和医院	734
14	上海交通大学医学院附属第九人民医院	670
15	浙江大学医学院附属第二医院	662
16	西安交通大学医学院第一附属医院	653
17	武汉大学人民医院	645
18	南方医院	640
19	上海交通大学医学院附属瑞金医院	630
20	中山大学附属第一医院	610

14.2.4　Medline 收录中国论文的学科分布情况

Medline 2019 年收录的中国论文共分布在 122 个学科中，其中，有 27 个学科的论文数在 1000 篇以上，论文数量最多的学科是生物化学与分子生物学，共有论文 19667 篇，超过 100 篇的学科数量为 75，占论文总量的 60.54%。论文数量排名前 10 位的学科如表 14-4 所示。

表 14-4　2019 年 Medline 收录中国论文数居前 10 位的学科

排名	学科	论文篇数	论文比例
1	生物化学与分子生物学	19667	8.84%
2	细胞生物学	12548	5.64%
3	药理学和药剂学	11692	5.26%
4	老年病学和老年医学	11268	5.07%

续表

排名	学科	论文篇数	论文比例
5	儿科学	6852	3.08%
6	遗传学与遗传性	5879	2.64%
7	肿瘤学	5134	2.31%
8	微生物学	3965	1.78%
9	免疫学	3403	1.53%
10	心血管系统与心脏病学	2903	1.31%

14.2.5　Medline 收录中国论文的期刊分布情况

Medline 2019 收录的中国论文，发表于 5220 种期刊上，期刊总数比 2018 年增长 18.37%。收录中国论文较多的期刊数量与收录的论文数均有所增加，其中，收录中国论文达到 100 篇及以上的期刊共有 400 种。

收录中国论文数居前 20 位的期刊如表 14-5 所示。可以看出，收录中国 Medline 论文最多的 20 个期刊全部是国外期刊。其中，收录论文数最多的期刊为英国出版的 *SCIENTIFIC REPORT*，2019 年该刊共收录中国论文 3134 篇。

表 14-5　2019 年 Medline 收录中国论文数居前 20 位的期刊

期刊名	期刊出版国	论文篇数
SCIENTIFIC REPORTS	英国	3134
ACS APPLIED MATERIALS & INTERFACES	美国	2999
MEDICINE	美国	2952
THE SCIENCE OF THE TOTAL ENVIRONMENT	荷兰	2664
SENSORS（BASEL，SWITZERLAND）	瑞士	2260
CHEMICAL COMMUNICATIONS（CAMBRIDGE，ENGLAND）	英国	1703
OPTICS EXPRESS	美国	1676
PLOS ONE	美国	1611
MATERIALS（BASEL，SWITZERLAND）	瑞士	1575
MOLECULES（BASEL，SWITZERLAND）	瑞士	1500
NATURE COMMUNICATIONS	英国	1497
INTERNATIONAL JOURNAL OF ENVIRONMENTAL RESEARCH AND PUBLIC HEALTH	瑞士	1464
ENVIRONMENTAL SCIENCE AND POLLUTION RESEARCH INTERNATIONAL	德国	1374
INTERNATIONAL JOURNAL OF MOLECULAR SCIENCES	瑞士	1357
NANOSCALE	英国	1308
CHEMOSPHERE	英国	1202
INTERNATIONAL JOURNAL OF BIOLOGICAL MACROMOLECULES	荷兰	1186
ONCOLOGY LETTERS	希腊	1178
ANGEWANDTE CHEMIE（INTERNATIONAL ED. IN ENGLISH）	德国	1142
JOURNAL OF CELLULAR PHYSIOLOGY	美国	1133

按照期刊出版地所在的国家（地区）进行统计，发表中国论文数居前 10 位国家的情况如表 14-6 所示。

表 14-6　2019 年 Medline 收录的中国论文发表期刊所在国家相关情况统计

期刊出版地	期刊种数	论文篇数	论文比例
美国	1833	68119	30.62%
英国	1451	58015	26.08%
瑞士	221	21809	9.80%
荷兰	397	18892	8.49%
中国	119	15333	6.89%
德国	283	12798	5.75%
希腊	15	4672	2.10%
新西兰	55	3598	1.62%
澳大利亚	70	2544	1.14%
法国	54	2154	0.97%

中国 Medline 论文发表在 56 个国家（地区）出版的期刊上。其中，在美国的 1833 种期刊上发表 68119 篇论文，英国的 1451 种期刊上发表 58015 篇论文，中国的 119 种期刊共发表 15333 篇论文。

14.2.6　Medline 收录中国论文的发表语种分布情况

Medline 2019 收录的中国论文，其发表语种情况如表 14-7 所示。可以看出，几乎全部的论文都是用英文和中文发表的，而英文是中国科技成果在国际发表的主要语种，在全部论文中所占比例达到 95.15%。

表 14-7　2019 年 Medline 收录中国论文发表语种情况统计

语种	论文篇数	论文比例
英文	211653	95.15%
中文	10757	4.84%
其他	31	0.01%

14.3　讨论

Medline 2019 收录中国科研人员发表的论文共计 222441 篇，发表于 5220 种期刊上，其中 95.15% 的论文用英文撰写。

根据学科统计数据，Medline 2019 收录的中国论文中，生物化学与分子生物学学科的论文数最多，其次是细胞生物学、药理学和药剂学、老年病学和老年医学等学科。

2019 年，Medline 收录中国论文数增长达到 18.02%，其中高等院校产出论文达到论文总数的 81.35%，Medline 2019 收录的中国论文发表的期刊数量持续增加。

参考文献

[1] 中国科学技术信息研究所 . 2018 年度中国科技论文统计与分析（年度研究报告）[M]. 北京：科学技术文献出版社，2020：162-168.

[2] 中国科学技术信息研究所 . 2017 年度中国科技论文统计与分析（年度研究报告）[M]. 北京：科学技术文献出版社，2019：163-169.

[3] 中国科学技术信息研究所 . 2016 年度中国科技论文统计与分析（年度研究报告）[M]. 北京：科学技术文献出版社，2018：161-167.

[4] 中国科学技术信息研究所 . 2015 年度中国科技论文统计与分析（年度研究报告）[M]. 北京：科学技术文献出版社，2017：169-175.

[5] 中国科学技术信息研究所 . 2014 年度中国科技论文统计与分析（年度研究报告）[M]. 北京：科学技术文献出版社，2016：163-169.

15　中国专利情况统计分析

发明专利的数量和质量能够反映一个国家的科技创新实力。本章基于美国专利商标局、欧洲专利局、三方专利数据，统计分析了 2010—2019 年中国专利产出的发展趋势，并与部分国家进行比较。同时根据科睿唯安 Derwent Innovation 数据库中 2019 年的专利数据，统计分析了中国授权发明专利的分布情况。

15.1　引言

2020 年 11 月 30 日，中共中央政治局就加强中国知识产权保护工作举行第二十五次集体学习。期间，中共中央总书记习近平强调："创新是引领发展的第一动力，保护知识产权就是保护创新。党的十九届五中全会《建议》对加强知识产权保护工作提出明确要求。当前，中国正在从知识产权引进大国向知识产权创造大国转变，知识产权工作正在从追求数量向提高质量转变。我们要认清中国知识产权保护工作的形势和任务，总结成绩，查找不足，提高对知识产权保护工作重要性的认识，从加强知识产权保护工作方面，为贯彻新发展理念、构建新发展格局、推动高质量发展提供有力保障。"

为此，本章从美国专利商标局、欧洲专利局、三方专利数据、科睿唯安 Derwent Innovation（DI）数据库等角度，采用定量评价的方法分析中国的专利数量和专利质量，以期总结成绩、查找不足，为中国未来高质量发展提供有力定量数据支撑。

15.2　数据与方法

①基于美国专利商标局分析 2010—2019 年十年间中国专利产出的发展趋势及其与部分国家（地区）的比较。

②基于欧洲专利局的专利数据库分析 2010—2019 年十年间中国专利产出的发展趋势及其与部分国家（地区）的比较。

③基于 OECD 官网 2020 年 11 月 13 日更新的三方专利数据库分析 2009—2018 年（专利的优先权时间）十年间中国专利产出的发展趋势及其与部分国家（地区）的比较。

④从 DI 数据库中按公开年检索出中国 2019 年获得授权的发明专利数据，进行机构翻译、机构代码标识和去除无效记录后，形成 2019 年中国授权发明专利数据库。按照德温特分类号统计出该数据库收录中国 2019 年获得授权发明专利数量最多的领域和机构分布情况。

15.3　研究分析与结论

15.3.1　中国专利产出的发展趋势及其与部分国家（地区）的比较

（1）中国在美国专利商标局申请和授权的发明专利数情况

根据美国专利商标局统计数据，中国在美国专利商标局申请专利数从 2018 年的 37788 件进一步在 2019 年增长到 44285 件，名次同 2018 年保持一致，位列第 3 名，仅次于美国和日本。（如表 15-1 及图 15-1 所示）。

表 15-1　2010—2019 年美国专利商标局专利申请数居前 10 位的国家（地区）

国家（地区）	年份									
	2010	2011	2012	2013	2014	2015	2016	2017	2018	2019
美国	241977	247750	268782	287831	285096	288335	318701	316718	310416	316076
日本	84017	85184	88686	84967	86691	86359	91383	89364	87872	89858
韩国	26040	27289	29481	33499	36744	38205	41823	38026	36645	39065
德国	27702	27935	29195	30551	30193	30016	33254	32771	32734	32967
中国	8162	10545	13273	15093	18040	21386	27935	32127	37788	44285
中国台湾	20151	19633	20270	21262	20201	19471	20875	19911	20258	21024
英国	11038	11279	12457	12807	13157	13296	14824	15597	15338	15682
加拿大	11685	11975	13560	13675	12963	13201	14328	14167	14086	14473
法国	10357	10563	11047	11462	11947	12327	13489	13552	13275	12741
印度	3789	4548	5663	6600	7127	7976	7676	9115	9809	10859

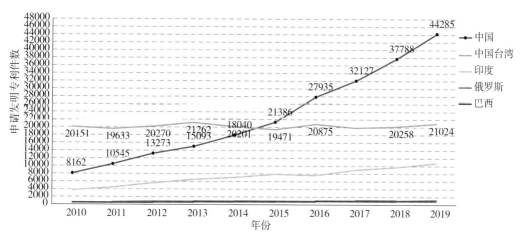

图 15-1　2010—2019 年中国在美国专利商标局申请的发明专利数情况

及其与其他部分国家（地区）的比较

从表 15-1 可以看出，日本在美国专利商标局申请的发明专利数仅次于美国本国申请专利数，约占到美国申请专利数的 28.43%。中国近几年在美国专利商标局的申请专利数量也在不断增加，在 2018 年首次超过韩国和德国，位列第 3 位，同时在 2019 年继续保持增长，依然位列第 3 位，约占到美国申请专利数的 14.01%。相较于印度、俄罗斯、巴西、南非其他 4 个金砖国家，中国在美国专利商标局申请的发明专利数量具有显著优势，并且也远高于其他四者专利申请量的总和。

从表 15-2、表 15-3 和图 15-2 看，中国在美国专利商标局获得授权的专利数从 2017 年的 14147 件增加到 2018 年 16318 件，之后在 2019 年为 21760 件，居第四位，仅次于美国、日本和韩国。与印度、俄罗斯、巴西和南非四个金砖国家相比，中国专利授权数已具有明显优势。

2019 年，美国的专利授权数依然居首位，其以总量 200778 件，遥遥领先于其他国家。日本为 57362 件，继续居第二位，相较于 2018 年，增长了 14.68%。

在金砖五国中，中国位列首位，之后则是印度、俄罗斯、巴西和南非，其中中国以 21760 件遥遥领先于其他 4 个国家，甚至要远超过这 4 个国家的总授权数。

表 15-2　2010—2019 年美国专利商标局专利授权数排名居前 10 位的国家（地区）

国家	年份									
（地区）	2010	2011	2012	2013	2014	2015	2016	2017	2018	2019
美国	121178	121257	134194	147666	158713	155982	173650	167367	161970	200778
日本	46977	48256	52773	54170	56005	54422	53046	51743	50020	57362
韩国	12508	13239	14168	15745	18161	20201	21865	22687	22054	24701
德国	13633	12967	15041	16605	17595	17752	17568	17998	17434	19303
中国	3301	3786	5335	6597	7921	9004	10988	14147	16318	21760
中国台湾	9636	9907	11624	12118	12255	12575	12738	12540	11424	12540
英国	5028	4908	5874	6551	7158	7167	7289	7633	7549	7063
加拿大	5513	5756	6459	7272	7692	7492	7258	7532	7226	6652
法国	5100	5023	5857	6555	7103	7026	6907	7365	6991	7361
以色列	1917	2108	2598	3152	3618	3804	3820	4306	4168	3135

表 15-3　2010—2019 年中国在美国专利商标局获得授权的专利数及名次变化情况

年度	2010	2011	2012	2013	2014	2015	2016	2017	2018	2019
专利授权数	2657	3174	4637	5928	7236	9004	10988	14147	16318	21760
比上一年增长率	60.54%	19.46%	46.09%	27.84%	22.06%	24.43%	22.03%	28.75%	15.32%	33.35%
排名	9	9	9	8	6	6	6	5	5	4
占总数比例	1.21%	1.41%	1.83%	2.13%	2.41%	2.76%	2.91%	4.47%	4.81%	5.87%

2010—2019 年，中国的专利授权数保持逐年增长，同时占总数的比例也在逐年增长，甚至所占比例由 2009 年的不足 1%，上升到 2013 年的 2.13%，再到 2018 年的 4.81%，且排名也由 2009 年的 9 位上升为 2018 年的第 5 位，再到 2019 年的第 4 位。

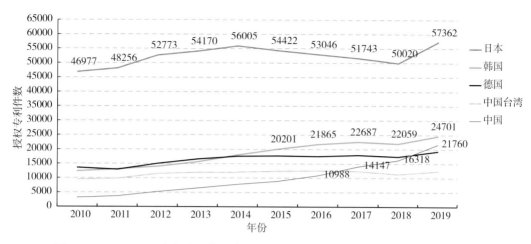

图 15-2　2010—2019 年部分国家（地区）在美国专利商标局获得授权专利数变化情况

（2）中国在欧洲专利商标局申请专利数量和授权发明专利数量的变化情况

2018 年中国在欧洲专利局申请专利数为 9401 件，到 2019 年增加到 12247 件，增长了 30.27%，中国专利申请数在世界所处位次较 2018 年上升一位，超过法国，居第 4 位，所占份额也从 2018 年 5.39% 进一步上升到 6.75%。与美国、德国和日本这些发达国家相比，中国在欧洲专利局的申请数仍有较大差距（如表 15-4、表 15-5、图 15-3 和图 15-4 所示）。

表 15-4　2010—2019 年在欧洲专利局申请专利数居前 10 位的国家

国家	年份										2019 年占比例
	2010	2011	2012	2013	2014	2015	2016	2017	2018	2019	
美国	39508	35050	35268	34011	36668	42692	40076	42463	43612	46201	25.47%
德国	27328	26202	27249	26510	25633	24820	25086	25539	26734	26805	14.78%
日本	21626	20418	22490	22405	22118	21426	21007	21774	22615	22066	12.16%
中国	2061	2542	3751	4075	4680	5721	7150	8641	9401	12247	6.75%
法国	9575	9617	9897	9835	10614	10781	10486	10559	10468	10163	5.60%
韩国	5965	5627	5067	5852	6874	7100	6889	7043	7140	8287	4.57%
瑞士	6864	6553	6746	6742	6910	7088	7293	7354	7927	8249	4.55%
荷兰	5965	5627	5067	5852	6874	7100	6889	7043	7142	6954	3.83%
英国	5381	4746	4716	4587	4764	5037	5142	5313	5736	6156	3.39%
意大利	4078	3970	3744	3706	3649	3979	4166	4352	4399	4456	2.46%

2019 年，美国、德国和日本依然是在欧洲专利局申请专利数的前三甲，其中，美国和日本都是属于欧洲之外的国家。此外，前 5 位中，只有位列第 2 位的德国和位列第 5 位的法国，是属于欧洲国家。

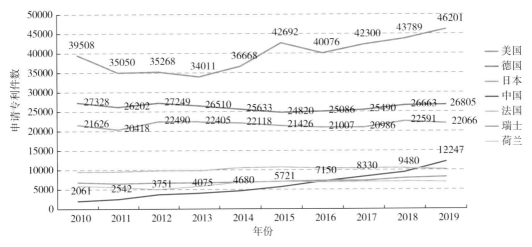

图 15-3　2010—2019 年部分国家在欧洲专利局申请专利数变化情况

表 15-5　2010—2019 年中国在欧洲专利局申请专利数变化情况

年度	2010	2011	2012	2013	2014	2015	2016	2017	2018	2019
申请件数	2061	2542	3751	4075	4680	5721	7150	8641	9401	12247
占总数的比例	1.36%	1.78%	2.51%	2.74%	3.06%	3.58%	4.57%	5.03%	5.39%	6.75%
比上一年增长	26.15%	23.70%	46.81%	8.68%	15.38%	22.24%	24.98%	16.50%	8.80%	29.18%
排名	12	11	10	9	9	8	6	5	5	4

图 15-4　2010—2019 年中国在欧洲专利局申请专利数及占总数比例的变化情况

　　2018 年中国在欧洲专利局获得授权的发明专利数为 4831 件，到 2019 年增加到 6229 件，增长了 28.94%，中国专利授权数在世界所处位次同 2018 年一致，依然是位列第 6 位，其所占份额从 2018 年的 3.79% 上升到 2019 年的 4.52%。与美国、日本、德国、法国等发达国家相比，中国在欧洲专利局获得授权的专利数还较少，不过已经开始超过传统强国，如瑞士、英国、意大利等（如表 15-6、表 15-7、图 15-5、图 15-6 所示）。

表 15-6 2010—2019 年在欧洲专利局获得授权专利数居前 10 位的国家

国家	年份										2019 年占比
	2010	2011	2012	2013	2014	2015	2016	2017	2018	2019	
美国	12512	13391	14703	14877	14384	14950	21939	24960	31136	34614	25.12%
日本	10586	11650	12856	12133	11120	10585	15395	17660	21343	22423	16.27%
德国	12550	13578	13315	13425	13086	14122	18728	18813	20804	21198	15.38%
法国	4540	4802	4804	4910	4728	5433	7032	7325	8611	8800	6.39%
韩国	1390	1424	1785	1989	1891	1987	3210	4435	6262	7247	5.26%
中国	432	513	791	941	1186	1407	2513	3180	4831	6229	4.52%
瑞士	2390	2532	2597	2668	2794	3037	3910	3929	4452	4770	3.46%
英国	1851	1946	2020	2064	2072	2097	2931	3116	3827	4119	2.99%
荷兰	1726	1819	1711	1883	1703	1998	2784	3201	3782	4326	3.14%
瑞典	1460	1489	1572	1789	1705	1939	2661	2903	3 537	3838	2.79%

表 15-7 2010—2019 年中国在欧洲专利局获得授权专利数变化情况

年度	2010	2011	2012	2013	2014	2015	2016	2017	2018	2019
专利授权数	432	513	791	941	1186	1407	2513	3180	4831	6229
比上一年增长	23.08%	18.75%	54.19%	18.96%	26.04%	18.63%	78.61%	26.65%	51.92%	28.94%
排名	16	16	13	11	11	11	11	8	6	6
占总数的比例	0.74%	0.83%	1.20%	1.41%	1.84%	2.06%	2.62%	3.01%	3.79%	4.52%

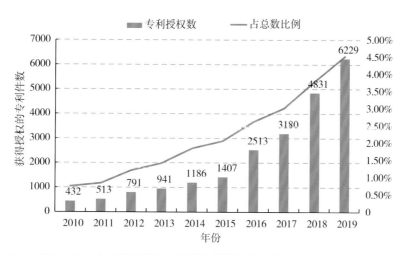

图 15-5 2010—2019 年中国在欧洲专利局获得授权的专利数及占总数比例的变化情况

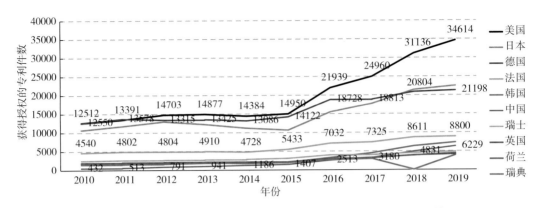

图 15-6　2010—2019 年部分国家在欧洲专利局获得授权的专利数变化情况

（3）中国三方专利情况

OECD 提出的"三方专利"指标通常是指向美国、日本及欧洲专利局都提出了申请并至少已在美国专利商标局获得发明专利权的同一项发明专利。通过三方专利，可以研究世界范围内最具市场价值和高技术含量的专利状况。一般认为，这个指标能很好地反映一个国家的科技实力。

据经济合作与发展组织（Organization for Economic Cooperation and Development，OECD）2020 年 11 月 13 日数据显示，2018 年中国发明人拥有的三方专利数为 5323 项，占世界的 9.3%，相较于 2019 年的统计结果上升 1 位，排在世界第 3 位，仅落后于日本和美国（如表 15-8、表 15-9 和图 15-7 所示）。

表 15-8　2009—2018 年三方专利排名居前 10 位的国家

国家	年份									
	2009	2010	2011	2012	2013	2014	2015	2016	2017	2018
日本	16112	16740	17140	16722	16197	17483	17360	17066	17591	18645
美国	13514	12725	13012	13709	14211	14688	14886	15219	12021	12753
中国	1296	1420	1545	1715	1897	2477	2889	3766	4215	5323
德国	5562	5474	5537	5561	5525	4520	4455	4583	4531	4772
韩国	2109	2459	2665	2866	3107	2683	2703	2671	2428	2160
法国	2721	2453	2555	2521	2466	2528	2578	2470	2315	2073
英国	1722	1649	1654	1693	1726	1793	1811	1740	1612	1714
瑞士	970	1062	1108	1154	1195	1192	1207	1206	1155	1275
荷兰	1047	823	958	955	947	1161	1167	1306	1219	1091
意大利	736	682	672	679	685	762	781	836	818	884

表 15-9　2009—2018 年中国三方专利数变化情况

年度	2009	2010	2011	2012	2013	2014	2015	2016	2017	2018
三方专利数	1296	1420	1545	1715	1897	2477	2889	3766	4215	5323
比上一年增长	56.71%	9.59%	8.82%	10.97%	10.62%	30.57%	17.04%	30.36%	11.92%	26.29%
排名	7	7	7	6	6	6	4	4	4	3

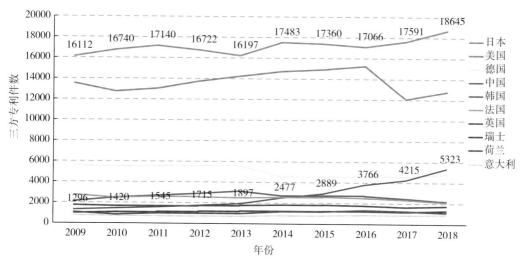

图 15-7　2009—2018 年部分国家三方专利数变化情况比较

（4）Derwent Innovation 收录中国发明专利授权数变化情况

Derwent Innovation（DI）是由科睿唯安集团提供的数据库，集全球最全面的国际专利与业内最强大的知识产权分析工具于一身，可提供全面、综合的内容，包括深度加工的德温特世界专利索引（Derwent World Patents Index，DWPI）、德温特专利引文索引（Derwent Patents Citation Index，DPCI）、欧美专利全文、英译的亚洲专利等。

此外，凭借强大的分析和可视化工具，DI 允许用户快速、轻松地识别与其研究相关的信息，提供有效信息来帮助用户在知识产权和业务战略方面做出更快、更准确的决策。

2019 年中国公开的授权发明专利约 45.3 万件，较 2018 年增长 4.8%（如表 15-10 和图 15-8 所示）。按第一专利权人（申请人）的国别看，中国机构（个人）获得授权的发明专利数约为 35.8 万件，约占 79.0%。

从获得授权的发明专利的机构类型看，2019 年度，中国高等学校获得约 8.5 万件授权发明专利，占中国（不包含外国在华机构）获得授权发明专利数量的 23.7%；研究机构获得约 3.3 万件授权发明专利，占比为 9.2%；公司企业获得约 20.7 万件授权发明专利，占比为 57.9%。

表 15-10　2010—2019 年中国发明专利授权数变化情况

年度	2010	2011	2012	2013	2014	2015	2016	2017	2018	2019
专利授权数	75517	106581	143951	150152	229685	333195	418775	420307	432311	452971
比上一年增长		14.65%	41.14%	35.06%	4.31%	52.97%	45.06%	25.68%	0.37%	2.86%	4.78%

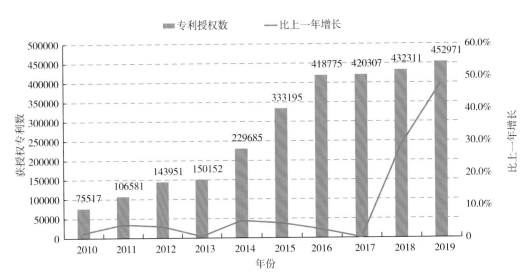

图 15-8　2010—2019 年 Derwent Innovation 收录中国发明专利授权数变化情况

15.3.2　中国获得授权的发明专利产出的领域分布情况

基于 Derwent Innovation 数据库，我们按照德温特专利分类号统计出该数据库收录中国 2019 年授权发明专利数量最多的 10 个领域（如表 15-11 所示）。

表 15-11　2018 年和 2019 年中国获得授权专利居前 10 位的领域比较

排名		类别	专利授权数
2019 年	2018 年		
1	1	计算机	87205
2	2	电话和数据传输系统	15690
3	3	工程仪器	14106
4	5	科学仪器	11413
5	4	天然产品和聚合物	11111
6	7	电子仪器	10341
7	6	电性有（无）机物	10007
8	8	电子应用	7938
9	11	造纸，唱片，清洁剂、食品和油井应用等其他类	7282
10	10	印刷电路及其连接器	6392

注：按德温特专利分类号分类。

2019 年被 DI 数据库收录授权发明专利数量最多的领域与 2018 年有一定的差异。第 1 位的计算机、第 2 位的电话和数据传输系统，以及第 3 位的工程仪器，都保持不变。之后，第 4 位、第 5 位、第 6 位、第 7 位、第 9 位和第 10 位，与之前 2018 年的有一定的变化。

15.3.3　中国授权发明专利产出的机构分布情况

（1）2019 年中国授权发明专利产出的高等院校分布情况

基于 Derwent Innovation 数据库，我们统计出 2019 年中国获得授权专利数居前 10 位的高等院校，如表 15-12 所示。

表 15-12　2019 年中国获得授权专利数居前 10 位的高等院校

排名	高等院校	专利授权数	排名	高等院校	专利授权数
1	浙江大学	2248	6	西安电子科技大学	1467
2	清华大学	1747	7	华南理工大学	1391
3	东南大学	1621	8	西安交通大学	1323
4	华中科技大学	1583	9	哈尔滨工业大学	1292
5	电子科技大学	1513	10	北京航空航天大学	1279

由表 15-12 可以看出，2019 年位居前 3 位的高等院校，和 2018 年保持一致，依然是浙江大学、清华大学和东南大学。

之后，华中科技大学位居第 4 位，电子科技大学位居第 5 位。其中，哈尔滨工业大学进一步下滑，由 2017 年的第 3 位下滑到 2018 年的第 5 位，再次到 2019 年下滑到第 9 位。华南理工大学有所波动，在 2017 年是第 6 位，之后到 2018 年为第 4 位，再到 2019 年为第 7 位。

（2）2019 年中国授权发明专利产出的科研院所分布情况

基于 Derwent Innovation 数据库，我们统计出 2019 年中国获得授权专利数居前 10 位的科研院所，如表 15-13 所示。

表 15-13　2019 年中国获得授权专利数居前 10 位的科研院所

排名	科研院所	专利授权数
1	中国科学院大连化学物理研究所	493
2	中国工程物理研究院	420
3	中国科学院长春光学精密机械与物理研究所	337
4	中国科学院微电子研究所	299
5	中国电力科学研究院	298
6	中国科学院化学研究所	272
7	中国科学院宁波材料技术与工程研究所	257
8	中国科学院深圳先进技术研究院	229
9	中国科学院合肥物质科学研究院	215
10	中国科学院金属研究所	200

由表 15-13 可以看出，2019 年被 DI 数据库收录的授权发明专利数量排在前 10 位的科研机构，主要是中国科学院下属科研院所，包括中国科学院大连化学物理研究所、中国科学院长春光学精密机械与物理研究所、中国科学院微电子研究所、中国科学院化

学研究所、中国科学院宁波材料技术与工程研究所、中国科学院深圳先进技术研究院、中国科学院合肥物质科学研究院和中国科学院金属研究所。其中，位列第 1 位的是专利授权数为 493 件的中国科学院大连化学物理研究所。

除了中国科学院下属的一些研究所以外，还有中国工程物理研究院和中国电力科学研究院位居前 10 位，其中中国工程物理研究院由 2018 年的第 1 位下滑到 2019 年的第 2 位。

（3）2019 年中国授权发明专利产出的企业分布情况

由表 15–14 可以看出，在 DI 数据库中，2019 年授权发明专利数量排在前 3 位的企业是华为技术有限公司、中国石油化工股份有限公司和广东欧珀移动通信有限公司。相较于 2018 年，这 3 家企业的位置保持不变。

表 15–14　2019 年中国获得授权专利数居前 10 位的企业

排名	企业	专利授权数
1	华为技术有限公司	4512
2	中国石油化工股份有限公司	2880
3	广东欧珀移动通信有限公司	2544
4	京东方科技集团股份有限公司	2390
5	腾讯科技（深圳）有限公司	2042
6	中兴通讯股份有限公司	1687
7	联想（北京）有限公司	1616
8	珠海格力电器股份有限公司	1574
9	维沃移动通信有限公司	1397
10	阿里巴巴集团控股有限公司	1270

相较于 2018 年，仅有位列前 4 位的华为技术有限公司、中国石油化工股份有限公司、广东欧珀移动通信有限公司和国家电网公司，年授权量超过 2000 件，而在 2019 年，则是有 5 家企业超过 2000 件。

15.4　讨论

2019 年，中国的发明专利授权量继续快速增长，位居全球首位。目前，中国早已经提前完成了《国家"十三五"科学和技术发展规划》中提出的"本国人发明专利年度授权量进入世界前 5 位"的目标。

此外，从三方专利数和美国专利局及欧洲专利局数据看，中国专利质量的提升也较为明显。

①中国近几年在美国专利商标局的申请专利数量在不断增加，继 2018 年首次超过韩国和德国，居第 3 位后，在 2019 年尽管位次保持不变，但是专利申请量继续增长，已经占到美国本土专利申请数的 14.01%。

②在 2019 年，中国在美国的专利授权数继续增长，首次超过德国，仅落后于美国、

日本和韩国。

③在 2019 年，中国在欧洲专利局的专利申请量显著增长，较 2018 年位次提升一位，居第 4 位，仅落后于美国、德国和日本。

④在 2019 年，中国在欧洲专利局的专利授权量继续增长，位次和 2018 年保持不变，居第 6 位，落后于美国、日本、德国、法国和韩国。

⑤最新的三方专利（2020 年 11 月 13 日）显示，2018 年中国发明人拥有的三方专利数为 5323 项，占世界的 9.3%，相较于 2019 年的统计结果上升 1 位，排在世界第 3 位，仅落后于日本和美国。

最后，从 Derwent Innovation 数据库 2019 年收录中国授权发明专利的分布情况可以看出，中国授权发明专利最多的 10 个领域，主要集中在计算机、电话和数据传输系统和工程仪器领域，其中计算机专利授权数连续多年遥遥领先于其他领域。在获得授权的专利权人方面，企业中的华为技术有限公司、中国石油化工股份有限公司、广东欧珀移动通信有限公司、京东方科技集团股份有限公司和腾讯科技（深圳）有限公司，相对于其他专利权人而言，有较大数量优势。

16 SSCI 收录中国论文情况统计与分析

对 2019 年 SSCI（Social Science Citation Index）和 JCR（SSCI）数据库收录中国论文进行统计分析，以了解中国社会科学论文的地区、学科、机构分布及发表论文的国际期刊和论文被引用等方面情况。并利用 SSCI 2019 和 SJCR 2019 对中国社会科学研究的学科优势及在国际学术界的地位等情况做出分析。

16.1 引言

2019 年，反映社会科学研究成果的大型综合检索系统《社会科学引文索引》（SSCI）已收录世界社会科学领域期刊 3492 种。SSCI 覆盖的领域涉及人类学、社会学、教育、经济、心理学、图书情报、语言学、法学、城市研究、管理、国际关系和健康等 58 个学科门类。通过对该系统所收录的中国论文的统计和分析研究，可以从一个侧面了解中国社会科学研究成果的国际影响和所处的国际地位。为了帮助广大社会科学工作者与国际同行交流与沟通，也为促进中国社会科学和与之交叉的学科的发展，从 2005 年开始，我们就对 SSCI 收录的中国社会科学论文情况做出统计和简要分析。2019 年，我们继续对中国大陆的 SSCI 论文情况及在国际上的地位做一简要分析。

16.2 研究分析与结论

16.2.1 2019 年 SSCI 收录的中国论文的简要统计

2019 年 SSCI 收录的世界文献数共计 41.2 万篇，与 2018 年收录的 35.37 万篇相比，增加了 5.83 万篇。收录论文数居前 10 位的国家 SSCI 论文数所占份额如表 16-1 所示。中国（含香港和澳门特区，不含台湾地区）被收录的论文数为 31898 篇，比 2018 年增加 5812 篇，增长 22.28%，按收录数排序，中国位居世界第 3 位，相比 2018 排名不变。位居前 10 位的国家依次为：美国、英国、中国、澳大利亚、加拿大、德国、荷兰、西班牙、意大利、法国。2019 年中国社会科学论文数量占比虽有所上升，但与自然科学论文数在国际上的排名相比仍然有所差距。

表 16-1 2019 年 SSCI 收录论文数居前 10 位的国家

国家	论文篇数	百分比	排名
美国	152010	36.90%	1
英国	55829	13.55%	2
中国	31898	7.74%	3
澳大利亚	29246	7.10%	4

续表

国家	论文篇数	百分比	排名
加拿大	25265	6.13%	5
德国	24320	5.90%	6
荷兰	16430	3.99%	7
西班牙	16041	3.89%	8
意大利	13840	3.360%	9
法国	11938	2.90%	10

数据来源：SSCI；数据截至 2020 年 8 月 19 日。

（1）第一作者论文的地区分布

若不计港澳台地区的论文，2019 年 SSCI 共收录中国机构为第一署名单位的论文为 24568 篇，分布于 31 个省（市）。论文数超过 500 的地区是：北京、上海、江苏、广东、湖北、浙江、四川、陕西、山东、湖南、辽宁、重庆、福建、天津和安徽。这 15 个地区的论文数为 22215 篇，占中国机构为第一署名单位论文（不包含港澳台）总数的 90.42%。各地区的 SSCI 论文详情见表 16-2 和图 16-1。

表 16-2　2019 年 SSCI 收录的中国第一作者论文的地区分布

地区	排名	论文篇数	比例	地区	排名	论文篇数	比例
北京	1	5134	20.90 %	黑龙江	17	384	1.56%
上海	2	2415	9.83 %	河南	18	325	1.32%
江苏	3	2404	9.79 %	江西	19	232	0.94%
广东	4	2039	8.30 %	甘肃	20	199	0.81%
湖北	5	1634	6.65 %	河北	21	161	0.66%
浙江	6	1403	5.71 %	云南	22	148	0.60%
四川	7	1216	4.95 %	山西	23	143	0.58%
陕西	8	1090	4.44 %	广西	24	91	0.37%
山东	9	904	3.68 %	新疆	25	81	0.33%
湖南	10	845	3.44 %	贵州	26	68	0.28%
辽宁	11	679	2.76 %	内蒙古	27	50	0.20%
重庆	12	645	2.63 %	海南	28	29	0.12%
福建	13	604	2.46 %	青海	29	19	0.08%
天津	14	603	2.45 %	宁夏	30	10	0.04%
安徽	15	600	2.44 %	西藏	31	2	0.01%
吉林	16	411	1.67 %				

注：不计香港、澳门特区和台湾地区数据。

数据来源：SSCI 2019。

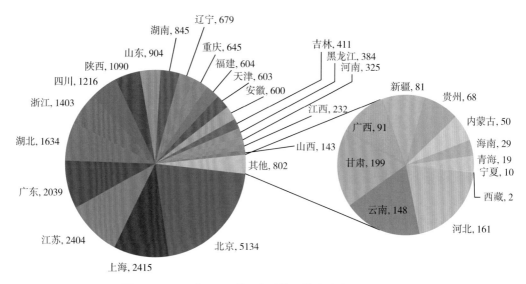

图 16-1　2019 年 SSCI 收录中国第一作者论文的地区分布

注：单位为篇。

（2）第一作者的论文类型

2019 年收录的中国第一作者的 24568 篇论文中：Article 有 22040 篇、Review 有 932 篇、Book Review 有 334 篇、Editorial Material 有 230 篇和 Letter 有 73 篇，如表 16-3 所示。

表 16-3　SSCI 收录的中国论文类型

论文类型	论文篇数	比例
Article	22040	89.71%
Review	932	3.79%
Book Review	334	1.36%
Editorial Material	230	0.94%
Letter	73	0.30%
其他①	959	3.90%

数据来源：SSCI 2019。

①其他论文类型包括 Meeting Abstract 和 Correction 等。

（3）第一作者论文的机构分布

SSCI 收录的中国论文主要由高等院校的作者产生，共计 22352 篇，占比 90.98%，如表 16-4 所示。其中，5.78% 的论文是研究院所作者所著。

表 16-4　中国 SSCI 论文的机构分布

机构类型	论文篇数	比例
高等院校	22352	90.98%
研究院所	1421	5.78%
医疗机构[①]	474	1.93%
公司企业	57	0.23%
其他	264	1.07%

数据来源：SSCI 2019。

①这里所指的医疗机构不含附属于大学的医院。

SSCI 2019 收录的中国第一作者论文分布于 1100 多个机构中。被收录 10 篇及以上的机构 319 个，其中高等院校 287 个，科研院所 27 个，医疗机构 5 个。表 16-5 列出了论文数居前 20 位的机构，论文全部产自高等院校。

表 16-5　SSCI 所收录的中国大陆论文数居前 20 位的机构

机构名称	论文篇数	机构名称	论文篇数
北京师范大学	564	复旦大学	301
浙江大学	564	中南大学	300
北京大学	535	东南大学	298
中山大学	499	四川大学	298
清华大学	480	南京大学	274
上海交通大学	469	天津大学	267
武汉大学	444	北京交通大学	262
华中科技大学	337	西安交通大学	252
同济大学	321	中国矿业大学	240
华东师范大学	320	中国人民大学	224

（4）第一作者论文当年被引用情况

发表当年就被引用的论文，一般来说研究内容都属于热点或大家都较为关注的问题。2019 年中国的 24568 篇第一作者论文中，当年被引用的论文为 15152 篇，占总数的 61.67%，比 2018 年增长了 10.95%。2019 年，第一作者机构为中国（不含港澳台）的论文中，最高被引数为 80 次，该篇论文出自华北电力大学的 "Application and suitability analysis of the key technologies in nearly zero energy buildings in China" 一文。

（5）中国 SSCI 论文的期刊分布

目前，SSCI 收录的国际期刊为 3492 种。2019 年中国以第一作者发表的 24568 篇论文，分布于 3134 种期刊中，比 2018 年发表论文的范围增加 298 种，发表 5 篇以上（含 5 篇）论文的社会科学的期刊为 831 种，比 2018 年增加 118 种。

如表 16-6 所示为 SSCI 收录中国作者论文数居前 15 位的社科期刊分布情况，数量最多的期刊是 *SUSTAINABILITY*，收录论文数为 2347 篇。

表 16-6　SSCI 收录中国作者论文数居前 15 位的社会科学期刊

论文篇数	期刊名称
2347	*SUSTAINABILITY*
1225	*INTERNATIONAL JOURNAL OF ENVIRONMENTAL*
703	*JOURNAL OF CLEANER PRODUCTION*
407	*IEEE ACCESS*
393	*FRONTIERS IN PSYCHOLOGY*
265	*JOURNAL OF THE AMERICAN GERIATRICS SOCIETY*
244	*PHYSICA A-STATISTICAL MECHANICS AND ITS*
222	*SCIENCE OF THE TOTAL ENVIRONMENT*
201	*ENVIRONMENTAL SCIENCE AND POLLUTION*
200	*PLOS ONE*
159	*JOURNAL OF AFFECTIVE DISORDERS*
143	*VALUE IN HEALTH*
128	*FRONTIERS IN PSYCHIATRY*
127	*ENERGY POLICY*
120	*EMERGING MARKETS FINANCE AND TRADE*

数据来源：SSCI 2019。

（6）中国社会科学论文的学科分布

2019 年，中国机构作为第一作者单位的 SSCI 论文的学科发文量居前 10 位的学科情况如表 16-7 所示。

表 16-7　SSCI 收录中国论文数居前 10 位的学科

排名	主题学科	论文篇数	排名	主题学科	论文篇数
1	经济	3586	6	管理	324
2	教育	1998	7	图书、情报、文献	232
3	社会、民族	858	8	法律	117
4	统计	403	9	政治	72
5	语言、文字	348	10	历史、考古	36

2019 年，在 16 个社科类学科分类中，中国在其中 14 个学科中均有论文发表。其中，论文数超过 100 篇的学科有 8 个；论文数超过 200 篇的分别是经济，教育，社会、民族，统计，语言、文字，管理和图书、情报、文献，论文数最多的学科为经济学，2019 年共发表论文 3586 篇。

16.2.2　中国社会科学论文的国际显示度分析

（1）国际高影响期刊中的中国社会科学论文

据 SJCR 2019 统计，2019 年社会科学国际期刊共有 3492 种。期刊影响因子居前 20 位的期刊如表 16-8 所示，这 20 种期刊发表论文共 3364 篇。若不计港澳台地区的论文，

2019年，中国作者在期刊影响因子居前20位社科期刊其中的10种期刊中发表60篇论文，与2018年的43篇（10种期刊）相比，期刊数持平，论文数增加，其中，影响因子居前10位的国际社会科学期刊中，论文发表单位如表16-9所示。

表 16-8　影响因子居前 20 位的 SSCI 期刊

排序	期刊名称	总被引次数	影响因子	即年指标	半衰期	期刊论文数	中国论文数
1	WORLD PSYCHIATRY	6486	40.595	10.238	4.8	106	
2	LANCET GLOBAL HEALTH	9165	21.597	5.383	3.1	435	12
3	NATURE CLIMATE CHANGE	27080	20.893	4.256	4.8	292	5
4	PSYCHOLOGICAL BULLETIN	52569	20.838	2.000	21.9	41	
5	PSYCHOLOGICAL SCIENCE IN THE PUBLIC INTEREST	1590	18.250	2.667	7.4	7	
6	ANNUAL REVIEW OF PSYCHOLOGY	21254	18.111	6.367	12.3	31	
7	JAMA PSYCHIATRY	13433	17.471	5.736	4.1	260	3
8	BEHAVIORAL AND BRAIN SCIENCES	9392	17.333	3.056	14.7	230	1
9	ANNUAL REVIEW OF PUBLIC HEALTH	7435	16.463	3.880	9.5	28	
10	LANCET PUBLIC HEALTH	1826	16.292	4.889	2.0	165	13
11	LANCET PSYCHIATRY	6405	16.209	5.522	3.4	340	5
12	TRENDS IN COGNITIVE SCIENCES	27698	15.218	3.058	10.0	120	1
13	PSYCHOTHERAPY AND PSYCHOSOMATICS PSYCHOSOMATICS	4275	14.864	3.826	7.7	529	
14	INTERNATIONAL REVIEW OF SPORT AND EXERCISE PSYCHOLOGY	1058	14.333	4.000	6.1	12	
15	AMERICAN JOURNAL OF PSYCHIATRY	41967	14.119	5.222	14.1	189	1
16	ANNUAL REVIEW OF CLINICAL PSYCHOLOGY	6125	13.692	3.304	7.9	23	
17	PERSONALITY AND SOCIAL PSYCHOLOGY REVIEW	6700	12.321	5.067	12.5	15	
18	NATURE HUMAN BEHAVIOUR	2457	12.282	2.643	2.0	286	7
19	NATURE SUSTAINABILITY	1423	12.080	3.119	1.3	232	12
20	ACADEMY OF MANAGEMENT ANNALS	4227	11.750	1.565	6.8	23	

数据来源：SJCR 2019。

表 16-9　影响因子居前 10 位的 SSCI 期刊中中国机构发表论文情况

序号	发表期刊	论文类型	发表机构	论文题目	第一作者
1		Letter	郑州大学	Occupational health outcomes among international migrant workers	Yang Haiyan
2		Letter	中国人民大学	Is it time to consider glaucoma screening cost-effective？	Tang Jianjun
3		Letter	深圳市儿童医院	Antibiotic prescription patterns in children and neonates in China	Zhang Jiaosheng
4		Editorial Material	西安交通大学	Prevention and control of obesity in China	Wang Youfa
5		Letter	中山大学	Is circumcision an answer for HIV prevention in men who have sex with men？ reply	Yuan Tanwei
6		Article	中国人民大学	Cost-effectiveness and cost-utility of population-based glaucoma screening in China：a decision-analytic Markov model	Tang Jianjun
7	LANCET GLOBAL HEALTH	Editorial Material	西安交通大学	Is population-based glaucoma screening cost-effective in China？	Zhang Lei
8		Letter	武汉市普爱医院	Fertility cost in China should be borne by the state	Li Wenzhou
9		Letter	江苏省人民医院	Gender-neutral HPV vaccination in Africa	Zhuang Ruo-Yu
10		Review	中山大学	Circumcision to prevent HIV and other sexually transmitted infections in men who have sex with men：a systematic review and meta-analysis of global data	Yuan Tanwei
11		Article	中国医学科学院肿瘤研究所	Disparities by province，age，and sex in site-specific cancer burden attributable to 23 potentially modifiable risk factors in China：a comparative risk assessment	Chen Wanqing
12		Editorial Material	复旦大学	Importance of tuberculosis vaccination targeting older people in China	Wang Yue
13		Article	南方科技大学	A reversal in global terrestrial stilling and its implications for wind energy production	Zeng Zhenzhong
14		Article	临沂大学	Climate change causes functionally colder winters for snow cover-dependent organisms	Zhu Likai
15	NATURE CLIMATE CHANGE	Article	中国科学院南京土壤研究所	Rapid growth in greenhouse gas emissions from the adoption of industrial-scale aquaculture	Yuan Junji
16		Article	南京信息工程大学	The transient response of atmospheric and oceanic heat transports to anthropogenic warming	He Chengfei
17		Article	清华大学	Integrity of firms' emissions reporting in China's early carbon markets	Zhang Da

续表

序号	发表期刊	论文类型	发表机构	论文题目	第一作者
18	*JAMA PSYCHIATRY*	Article	华南师范大学	Association of Prepubertal and Postpubertal Exposure to Childhood Maltreatment With Adult Amygdala Function	Zhu Jianjun
19		Article	复旦大学	Association of a Schizophrenia-Risk Nonsynonymous Variant With Putamen Volume in Adolescents A Voxelwise and Genome-Wide Association Study	Luo Qiang
20		Article	重庆医科大学附属第一医院	Different Types and Acceptability of Psychotherapies for Acute Anxiety Disorders in Children and Adolescents A Network Meta-analysis	Zhou Xinyu
21	*BEHAVIORAL AND BRAIN SCIENCES*	Editorial Material	复旦大学	Rationalism, optimism, and the moral mind	Gibson Quinn Hiroshi
22	*LANCET PUBLIC HEALTH*	Letter	北京大学	Healthy China Action plan empowers child and adolescent health and wellbeing	Bao Yanping
23		Letter	上海体育学院	Healthy China 2030: moving from blueprint to action with a new focus on public health	Chen Peijie
24		Article	中国疾病预防控制中心	The burden of injury in China, 1990—2017: findings from the Global Burden of Disease Study 2017	Duan Leilei
25		Editorial Material	江苏省疾病预防控制中心	Influenza surveillance in China: a big jump, but further to go	Huo Xiang
26		Editorial Material	昆山杜克大学	Time for health to enter China's climate action framework	Ji John S
27		Editorial Material	北京大学	China in transition: health, wealth, and globalisation	Liu Gordon G.
28		Editorial Material	广东省疾病预防控制中心	Injury prevention and control: China's health priority	Ma Wenjun
29		Letter	中山大学	People engagement in health-care system transition in China	Wang Xin
30		Editorial Material	首都医科大学附属北京安定医院	Discrimination against LGBT populations in China	Wang Yuanyuan
31		Article	中国医学科学院肿瘤研究所	Projections up to 2100 and a budget optimisation strategy towards cervical cancer elimination in China: a modelling study	Xia Changfa
32		Article	中国疾病预防控制中心	Road traffic mortality in China: analysis of national surveillance data from 2006 to 2016	Wang Lijun
33		Editorial Material	北京大学人民医院	Road traffic mortality in China: good prospect and arduous undertaking	Wang Tianbing
34		Editorial Material	中国疾病预防控制中心	Public health priorities for China-Africa cooperation	Gao George Fu

（2）国际高被引期刊中的中国社会科学论文

总被引数居前 20 位的国际社科期刊如表 16-10 所示，这 20 种期刊共发表论文 16339 篇。不计港澳台地区的论文，中国作者在其中的 18 种期刊共有 3337 篇论文发表，占这些期刊论文总数的 20.42%，相比 2018 年提高了 13.1 个百分点。这 3337 篇论文中，同时也是影响因子居前 20 位的论文有 1 篇，这篇论文的详细情况如表 16-11 所示。

表 16-10　总被引数居前 20 位的 SSCI 期刊

序号	期刊名称	总被引数	影响因子	即年指标	半衰期	期刊论文篇数	中国论文篇数
1	JOURNAL OF PERSONALITY AND SOCIAL PSYCHOLOGY	75715	6.315	1.910	21.6	115	1
2	AMERICAN ECONOMIC REVIEW	56685	5.558	1.944	16.3	129	1
3	PSYCHOLOGICAL BULLETIN	52569	20.838	2.000	21.9	41	
4	ENERGY POLICY	49950	5.042	1.169	7.5	762	127
5	SOCIAL SCIENCE & MEDICINE	45399	3.616	0.680	10.6	573	13
6	AMERICAN JOURNAL OF PSYCHIATRY	41967	14.119	5.222	14.1	189	1
7	JOURNAL OF APPLIED PSYCHOLOGY	41325	5.818	0.877	16.3	82	3
8	AMERICAN JOURNAL OF PUBLIC HEALTH	41022	6.464	1.460	10.0	655	4
9	ACADEMY OF MANAGEMENT JOURNAL	40818	7.525	0.973	15.7	76	2
10	JOURNAL OF FINANCE	40648	6.813	1.239	18.6	75	1
11	ACADEMY OF MANAGEMENT REVIEW	35925	8.365	3.382	20.6	62	1
12	ECONOMETRICA	35845	3.992	1.672	31.5	65	
13	JOURNAL OF FINANCIAL ECONOMICS	35682	5.731	1.112	13.6	135	5
14	STRATEGIC MANAGEMENT JOURNAL	35304	5.463	0.878	16.4	92	1
15	SUSTAINABILITY	35095	2.576	0.738	2.1	7255	2348
16	FRONTIERS IN PSYCHOLOGY	34901	2.067	0.396	4.2	2726	393
17	MANAGEMENT SCIENCE	34657	3.931	1.023	15.9	303	8
18	JOURNAL OF THE AMERICAN GERIATRICS SOCIETY	33158	4.180	1.651	11.1	1716	265
19	JOURNAL OF AFFECTIVE DISORDERS	32868	3.892	0.892	6.2	1115	159
20	PSYCHOLOGICAL SCIENCE	32005	5.367	1.028	10.4	173	4

数据来源：SJCR 2019。

表 16-11　总被引次数和影响因子居前 20 位的 SSCI 期刊中中国机构发表论文情况

序号	发表期刊	论文类型	发表机构	论文题目	第一作者信息
1	*AMERICAN JOURNAL OF PSYCHIATRY*	Article	上海交通大学	Altered Cellular White Matter But Not Extracellular Free Water on Diffusion MRI in Individuals at Clinical High Risk for Psychosis	Tang Yingying

数据来源：SJCR 2019 和 SSCI 2019。

16.3　讨论

（1）增加社会科学论文数量，提高社会科学论文质量

中国科技和经济实力的发展速度已经引起世界瞩目，无论是自然科学论文还是社会科学论文数均呈逐年增长趋势。随着社会科学研究水平的提高，中国政府也进一步重视社会科学的发展。但与自然科学论文相比，无论是论文总数、国际数据库收录期刊数还是期刊论文的影响因子、被引次数，社会科学论文都有比较大的差距且与中国目前的国际地位和影响力并不相符。

2019 年，中国的社会科学论文被国际检索系统收录数较 2018 年有所增加，占 2019 年 SSCI 收录的世界文献总数的 7.74%，居世界第 3 位，与 2018 年持平。而自然科学论文的该项值是 21.6%，继续排在世界的第 2 位。若不计港澳台地区的论文，在影响因子居前 20 位的社会科学期刊中，中国作者在其中 10 种期刊上发表 60 篇论文；在总被引次数居前 20 位的社科期刊中，中国作者在其中 18 种期刊上发表 3337 篇论文，占这些期刊论文总数的 20.42%，相比 2018 年提高了 13.1 个百分点，中国社会科学论文的国际显示度有所提升。

（2）发展优势学科，加强支持力度

2019 年，在 16 个社科类学科分类中，中国在其中 14 个学科中均有论文发表。其中，论文数超过 100 篇的学科有 8 个；论文数超过 200 篇的分别是经济，教育，社会、民族，统计，语言、文字，管理和图书、情报、文献，论文数最多的学科为经济学，2019 年共发表论文 3586 篇。我们需要考虑的是如何进一步巩固优势学科的发展，并带动目前影响力稍弱的学科。例如，我们可以对优势学科的期刊给予重点资助，培育更多该学科的精品期刊等方法。

参考文献

[1]　ISI-SSCI 2019.

[2]　SSCI-JCR 2019.

17 Scopus 收录中国论文情况统计分析

本章从 Scopus 收录论文的国家分布、中国论文的期刊分布、学科分布、高等院校与科研机构分布、被引情况等角度进行了统计分析。

17.1 引言

Scopus 由全球著名出版商爱思唯尔（Elsevier）研发，收录了来自于全球 5000 余家出版社的 21000 余种出版物的约 50000000 项数据记录，是全球最大的文摘和引文数据库。这些出版物包括 20000 种同行评议的期刊（涉及 2800 种开源期刊）、365 种商业出版物、70000 余册书籍和 6500000 篇会议论文等。

该数据库收录学科全面，涵盖四大门类 27 个学科领域，收录生命科学（农学、生物学、神经科学和药学等）、社会科学（人文与艺术、商业、历史和信息科学等）、自然科学（化学、工程学和数学等）和健康科学（医学综合、牙医学、护理学和兽医学等）。文献类型则包括 Article、Article-in-Press、Conference Paper、Editorial、Erratum、Letter、Note、Review、Short Survey 和 Book Series 等。

17.2 数据来源

本章以 2019 年 Scopus 收录的中国科技论文进行统计分析。来源出版物类型选择 Journals，文献类型选择 Article 和 Review，出版阶段选择 Final，数据检索时间为 2021 年 1 月，最终共获得 554908 篇文献。

17.3 研究分析与结论

17.3.1 Scopus 收录论文国家分布

2021 年 1 月在 Scopus 数据库中检索到 2019 年收录的世界科技论文总数为 239.78 万篇，比 2018 年增加 6.1%。中国机构科技论文为 55.49 万篇，超越美国（49.58 万篇），排在世界第 1 位（2018 年排在世界第 2 位），占世界论文总量的 23.14%，比 2018 年增加 1.35 个百分点。排在世界前 5 位的国家分别是：中国、美国、英国、印度和德国，与 2018 年比较，排在世界前 5 的国家没有变化，排位略有变化。中国跃居第一，印度从第五跃居第四。排在世界前 10 位的国家及论文篇数如表 17-1 所示。

表 17-1 2019 年 Scopus 收录论文居前 10 位的国家及论文篇数

排名	国家	论文篇数	排名	国家	论文篇数
1	中国	554908	6	日本	98293
2	美国	495811	7	意大利	92641
3	英国	157859	8	法国	88941
4	印度	138409	9	加拿大	87467
5	德国	133815	10	澳大利亚	85166

数据来源：Scopus。

17.3.2 中国论文发表期刊分布

Scopus 收录中国论文较多的期刊为 *IEEE Access*、*Journal of Alloys and Compounds*、*Scientific Reports* 和 *ACS Applied Materials and Interfaces*。收录论文居前 10 位的期刊如表 17-2 所示。*Science of the Total Environment*、*Sustainability Switzerland*、*Materials Research Express* 和 *Applied Sciences Switzerland* 均为 2019 年新进入 TOP10 的期刊。与 2018 年相同，*IEEE Access* 排在第 1 位，论文篇数由 3891 篇跃升至 10430 篇。

表 17-2 2019 年收录中国作者论文居前 10 位的期刊

排名	期刊名称	论文篇数
1	*IEEE Access*	10430
2	*Journal of Alloys and Compounds*	2925
3	*Scientific Reports*	2911
4	*ACS Applied Materials and Interfaces*	2856
5	*Rsc Advances*	2745
6	*Science of the Total Environment*	2637
7	*Sustainability Switzerland*	2415
8	*Materials Research Express*	2166
9	*Sensors Switzerland*	2137
10	*Applied Sciences Switzerland*	2111

数据来源：Scopus。

17.3.3 中国论文的学科分布

Scopus 数据库的学科分类体系涵盖了 27 个学科。2019 年 Scopus 收录论文中，工程学方面的论文最多，为 157556 篇，占总论文数的 28.39%；之后是材料科学论文，为 117584 篇，占总论文数的 21.19%；居第 3 位的是化学，论文数为 92392 篇，占总论文数的 16.65%。被收录论文居前 10 位的学科如表 17-3 所示。

表 17-3　2019 年 Scopus 收录中国论文居前 10 位的学科领域

排名	学科	论文篇数	比例
1	工程学	157556	28.39%
2	材料科学	117584	21.19%
3	化学	92392	16.65%
4	物理与天文学	89075	16.05%
5	医学	85674	15.44%
6	生物化学、遗传学和分子生物学	82265	14.82%
7	计算机科学	58189	10.49%
8	化学工程学	55247	9.96%
9	环境科学	51926	9.36%
10	农业和生物科学	48028	8.66%

数据来源：Scopus。

17.3.4　中国论文的机构分布

（1）Scopus 收录论文较多的高等院校

2019 年，Scopus 收录论文居前 3 位的高等院校为中国科学院大学、清华大学和浙江大学，分别收录了 23436 篇、12788 篇和 12584 篇（如表 17-4 所示）。排名居前 20 位的高等院校发表论文数均超过了 6000 篇。

表 17-4　2019 年 Scopus 收录论文数居前 20 位的高等院校

排名	高等院校	论文篇数	排名	高等院校	论文篇数
1	中国科学院大学	23436	11	中国科学技术大学	8595
2	清华大学	12788	12	复旦大学	8522
3	浙江大学	12584	13	西安交通大学	8364
4	上海交通大学	11621	14	天津大学	8029
5	华中科技大学	9922	15	同济大学	7736
6	中南大学	9714	16	武汉大学	7534
7	北京大学	9416	17	吉林大学	7125
8	中山大学	9220	18	南京大学	7020
9	四川大学	9068	19	东南大学	6930
10	哈尔滨工业大学	8721	20	山东大学	6600

数据来源：SciVal。

（2）Scopus 收录论文较多的科研院所

2019 年，Scopus 收录论文居前 3 位的科研院所为中国工程物理研究院、中国科学院地理科学与资源研究所和中国地质科学院地质研究所，分别收录了 2041 篇、1612 篇和 1564 篇（如表 17-5 所示）。排名居前 10 位的科研院所中有 8 个单位为中科院下属研究院所。

表 17-5　2019 年 Scopus 收录中国论文居前 10 位的科研院所

排名	科研院所	论文篇数
1	中国工程物理研究院	2041
2	中国科学院地理科学与资源研究所	1612
3	中国地质科学院地质研究所	1564
4	中国科学院生态环境研究中心	1421
5	中国科学院化学研究所	1415
6	中国科学院大连化学物理研究所	1277
7	中国科学院物理研究所	1189
8	中国科学院长春应用化学研究所	1169
9	中国科学院金属研究所	1112
10	中国科学院高能物理研究所	1086

数据来源：SciVal。

17.3.5　被引情况分析

截至 2021 年 1 月，按照第一作者与第一署名机构，2019 年 Scopus 收录中国科技论文被引次数居前 10 位的论文如表 17-6 所示。被引次数最多的是中南大学 Yuan J 等人在 2019 年发表的题为 "Single-junction organic solar cell with over 15% efficiency using fused-ring acceptor with electron-deficient core" 的论文，截至 2021 年 1 月其共被引 1243 次；排名第 2 位的是中国科学院武汉病毒研究所 Cui J 等人在 2019 年发表的题为 "Origin and evolution of pathogenic coronaviruses" 的论文，共被引 1089 次；排在第 3 位的是中国科学院半导体研究所的 Jiang Q 等人发表的题为 "Surface passivation of perovskite film for efficient solar cells" 的论文，共被引 1008 次。

表 17-6　2019 年 Scopus 收录中国科技论文被引次数居前 10 位的论文

被引次数	第一单位	来源
1243	中南大学	YUAN J，ZHANG Y Q，ZHOU L Y，et al. Single-junction organic solar cell with over 15% efficiency using fused-ring acceptor with electron-deficient core[J]. Joule，2019，3（4）：1140-1151.
1089	中国科学院武汉病毒研究所	CUI J，LI F，SHI Z L. Origin and evolution of pathogenic coronaviruses[J]. Nature reviews microbiology，2019，17（3）：181-192.
1008	中国科学院半导体研究所	JIANG Q，ZHAO Y，ZHANG X，et al. Surface passivation of perovskite film for efficient solar cells[J]. Nature photonics，2019，13（7）：460-466.
668	中国科学院化学研究所	CUI Y，YAO H，ZHANG J，et al. Over 16% efficiency organic photovoltaic cells enabled by a chlorinated acceptor with increased open-circuit voltages[J]. Nature communications，2019，10（1）：2515.
595	南京大学	WU J J X，WANG X Y，WANG Q. Nanomaterials with enzyme-like characteristics（nanozymes）：Next-generation artificial enzymes（II）[J]. Chemical society reviews 2019，48（4）：1004-1076.

续表

被引次数	第一单位	来源
520	西安交通大学	ZHAO R，YAN R Q，CHEN Z H. Deep learning and its applications to machine health monitoring[J]. Mechanical systems and signal processing，2019，115：213–237.
519	武汉理工大学	FU J W，XU Q L，LOW J X. Ultrathin 2D/2D WO_3/g–C_3N_4 step–scheme H_2–production photocatalyst[J]. Applied catalysis B：environmental，2019，243：556–565.
413	华南农业大学	LI X，YU J G，JARONIEC M. Cocatalysts for selective photoreduction of CO_2 into solar fuels[J]. Chemical reviews，2019，119（6）：3962–4179.
397	合肥工业大学	ZHAO Z Q，ZHENG P，XU S T. Object detection with deep learning：a review[J].IEEE transactions on neural networks and learning systems，2019，30（11）：3212–3232.
368	中国科学院长春应用化学研究所	HUANG Y Y，REN J S，QU X G. Nanozymes：classification，catalytic mechanisms，activity regulation，and applications[J]. Chemical reviews，2019，119（6）：4357–4412.

数据来源：Sci Val。

17.4　讨论

本章从 2019 年 Scopus 收录论文国家分布，以及中国论文的期刊分布、学科分布、机构分布及被引情况等方面进行了分析，我们可以知道：

①从全球科学论文产出的角度而言，中国发表论文数居全球第 1 位，超越美国。

②中国的优势学科为：工程学，材料科学和化学等。

③ Scopus 收录中国论文中，高等院校发表论文较多的有中国科学院大学、清华大学和浙江大学；科研院所中中国科学院所属研究所占据绝对主导地位，发表论文较多的有中国工程物理研究院、中国科学院地理科学与资源研究所和中国地质科学院地质研究所。

④ 2019 年 Scopus 收录中国论文中，被引次数最高的论文归属机构是南开大学。

18　中国台湾、香港和澳门科技论文情况分析

18.1　引言

中国台湾地区、香港特别行政区及澳门特别行政区的科技论文产出也是中国科技论文统计与分析关注和研究的重点内容之一。本章介绍了 SCI、Ei 和 CPCI-S 三系统收录3 个地区的论文情况，为便于对比分析，还采用了 InCites 数据。通过学科、地区、机构分布情况和被引情况等方面对三地区进行统计和分析，以揭示中国台湾地区、香港特别行政区及澳门特别行政区的科研产出情况。

18.2　研究分析与结论

18.2.1　中国台湾地区、香港特区和澳门特区 SCI、Ei 和 CPCI-S 三系统科技论文产出情况

（1）SCI 收录三地区科技论文情况分析

主要反映基础研究状况的 SCI（Science Citation Index）2019 年收录的世界科技论文总数共计 2292834，比 2018 年的 2069708 篇增加 223126 篇，增长 10.78%。

2019 年，SCI 收录中国台湾地区论文 30827 篇，比 2018 年的 28093 篇增加 2734 篇，上升 9.73%，总数占 SCI 论文总数 2292834 的 1.34%。

2019 年，SCI 收录中国香港特区为发表单位的 SCI 论文数共计 19286 篇，比 2018 年的 17164 篇增加 2122 篇，增长 12.36%，总数占 SCI 论文总数的 0.84%。

2019 年，SCI 收录中国澳门特区论文 2363 篇，比 2018 年的 1911 篇增加了 452 篇，增长 23.65%。

图 18-1 是 2014—2019 年中国台湾地区和香港特区 SCI 论文数量的变化趋势。由图所示，近 6 年来，中国香港特区 SCI 论文数呈稳步上升趋势，中国台湾地区 SCI 论文数在 2015 年有所下降，2016 年数量略增，2017 年数量又有所下降，后呈上升势头。

（2）CPCI-S 收录三地区科技论文情况

科技会议文献是重要的学术文献之一，2019 年 CPCI-S（Conference Proceedings Citation Index-Science）共收录世界论文总数为 476647 篇，比 2018 年的 500659 篇减少24012 篇，下降 4.80%。

2019 年 CPCI-S 共收录中国台湾地区科技论文 6519 篇，比 2018 年的 6915 篇减少396 篇，下降 5.73%。

2019 年 CPCI-S 共收录中国香港特区论文 3697 篇，比 2018 年的 3155 篇增加 542 篇，

增长 17.18%。

2019 年 CPCI-S 共收录中国澳门特区论文 391 篇，比 2018 年的 344 篇增加 47 篇，增长 13.66%。

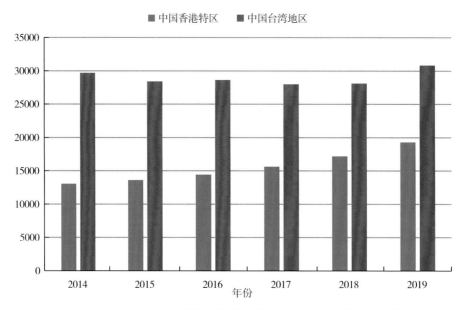

图 18-1　2014—2019 年中国台湾地区和香港特区 SCI 论文数量变化趋势

（3）Ei 收录三地区科技论文情况分析

反映工程科学研究的《工程索引》（Engineering Index, Ei）在 2019 年共收录世界科技论文 800106 篇，比 2018 年 748596 篇增加 51510 篇，增长 6.88%。

2019 年 Ei 共收录中国台湾地区科技论文 10717 篇，比 2018 年的 11742 篇减少 1025 篇，下降 8.73%；占世界论文总数的 1.34%。

2019 年 Ei 共收录中国香港特区科技论文 9016 篇，比 2018 年的 9211 篇减少 195 篇，下降 2.12%；占世界论文总数的 1.13%。

2019 年 Ei 共收录中国澳门特区科技论文 1052 篇，比 2018 年 1073 篇减少 21 篇，下降 1.96%。

18.2.2　中国台湾地区、香港特区和澳门特区 Web of Science 论文数及被引情况分析

汤森路透的 InCites 数据库中集合了近 30 年来 Web of Science 核心合集（包含 SCI、SSCI 和 CPCI-S 等）七大索引数据库的数据，拥有多元化的指标和丰富的可视化效果，可以辅助科研管理人员更高效地制定战略决策。通过 InCites，能够实时跟踪一个国家（地区）的研究产出和影响力；将该国家（地区）的研究绩效与其他国家（地区）及全球的平均水平进行对比。

如表 18-1 所示，在 InCites 数据库中，与 2018 年相比，2019 年中国台湾地区、香

港特区和澳门特区的论文数与内地论文数的差距更加大。从论文被引次数看,三地区的论文被引次数都比 2018 年有不同程度的增加。从学科规范化的引文影响力看,香港特区论文的影响力最高,为 1.70,澳门特区论文的影响力其次,为 1.54,台湾地区论文的影响力为 1.15,中国内地为 1.12,均高于 2018 年。从被引次数排名居前 1% 的论文比例看,澳门特区和香港特区的百分比最高,分别为 2.92% 和 2.77%,中国内地和台湾地区的百分比分别为 1.53% 和 1.32%。从高被引论文看,中国内地数量为 7152 篇,比 2018 年的 5745 篇增加 1407 篇,增长 24.49%;2019 年,中国香港特区和台湾地区高被引论文篇数,分别为 509 篇和 333 篇;澳门特区最少,只有 60 篇,比 2018 年增加 29 篇。从热门论文比例看,香港特区的比例最高,为 0.30%;台湾地区为 0.14%;中国内地为 0.11%;澳门特区为 0.09%。从国际合作论文篇数看,中国内地的国际合作论文篇数最多,为 147323 篇,中国台湾地区为 14203 篇,香港和澳门特区的国际合作论文篇数分别为 10300 篇和 857 篇;从相对于全球平均水平的影响力看,中国澳门特区和香港特区的该指标最高,分别为 2.029 和 1.950,中国内地和台湾地区则分别为 1.577 和 1.191。

表 18-1 2018—2019 年 Web of Science 收录中国内地、台湾地区、香港特区和澳门特区论文及被引用情况

Web of Science 收录中国论文及被引情况	中国内地		台湾地区		香港特区		澳门特区	
	2018 年	2019 年	2018 年	2019 年	2018 年	2019 年	2018 年	2019 年
Web of Science 论文数	490028	580154	34763	37343	22060	24922	1993	2329
学科规范化的引文影响力	1.09	1.12	0.95	1.15	1.64	1.70	1.43	1.54
被引次数	2019124	2424431	101388	117836	112912	128805	9673	12521
论文被引比例	66.72%	69.14%	58.14%	61.34%	68.69%	70.16%	71.40%	72.78%
平均比例	59.09%	57.80%	65.84%	63.51%	53.12%	52.22%	53.06%	50.23%
被引次数排名居前 1% 的论文比例	1.48%	1.53%	1.10%	1.32%	2.68%	2.77%	2.16%	2.92%
被引次数排名居前 10% 的论文比例	11.31%	11.55%	7.97%	8.76%	16.69%	17.35%	16.56%	17.22%
高被引论文篇数	5745	7152	278	333	418	509	31	60
高被引论文比例	1.17%	1.23%	0.80%	0.89%	1.89%	2.04%	1.56%	2.58%
热门论文比例	0.10%	0.11%	0.10%	0.14%	0.28%	0.30%	0.05%	0.09%
国际合作论文篇数	123433	147323	12205	14203	8822	10300	739	857
相对于全球平均水平的影响力	1.603	1.577	1.135	1.191	1.991	1.950	1.888	2.029

注:以上 2018 年和 2019 年论文和被引用情况按出版年计算。

数据来源:2018 年和 2019 年 InCites 数据。

18.2.3 中国台湾地区、香港特区和澳门特区 SCI 论文分析

SCI 中涉及的文献类型有 Article、Review、Letter、News、Meeting Abstracts、Correction、Editorial Material、Book Review 和 Biographical-Item 等,遵从一些专家的意见和经过我们

研究决定，将两类文献，即 Article 和 Review 作为各论文统计的依据。以下所述 SCI 论文的机构、学科和期刊分析都基于此，不再另注。

（1）SCI 收录台湾地区科技论文情况及被引用情况分析

2019 年 SCI 收录的第一作者为中国台湾地区发表的论文共计 23011 篇，占总数的 74.65%。图 18-2 是 SCI 收录的中国台湾地区论文中，第一作者为非台湾地区论文的主要国家（地区）分布情况。其中，第一作者为中国内地和美国的论文数最多，分别为 2465 篇和 1466 篇，共占非台湾地区第一作者论文总数的 50.29%。其次为日本（505 篇）、印度（332 篇）、澳大利亚（258 篇）、英国（200 篇），其他国家或地区论文数均不足 200 篇。

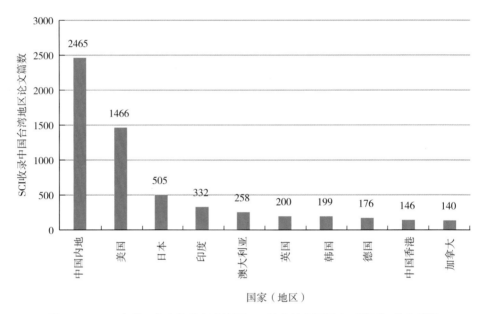

图 18-2　2019 年第一作者为非台湾地区 SCI 论文的主要国家（地区）分布情况

2019 年，中国台湾地区 Article 和 Review 的学科规范化的引文影响力、被引次数、国际合作论文篇数、被引次数排名前 10% 的论文比例、高被引论文篇数、热门论文比例、国际合作论文比例等指标均高于 2018 年，但是论文被引比例、引文影响力两指标低于 2018 年（如表 18-2 所示）。

表 18-2　2018—2019 年 SCI 收录中国台湾地区论文数及被引情况

年度	学科规范化的引文影响力	被引次数	论文被引比例	引文影响力	国际合作论文篇数	被引次数排名居前 10% 的论文比例	高被引论文篇数	热门论文比例	国际合作论文比例
2018	0.98	101081	76.89%	4.26	9310	9.20%	264	0.15%	39.27%
2019	1.02	109791	75.99%	4.16	10995	9.34%	317	0.18%	41.62%

2019 年，SCI 收录中国台湾地区论文数居前 10 位的高等院校与 2018 年一致，高

等院校排名略有不同。SCI 收录中国台湾地区论文数居前 10 位的高等院校共发表论文 7808 篇，占第一作者为中国台湾地区的论文总数的 33.93%（如表 18-3 所示）。

表 18-3　2019 年 SCI 收录中国台湾地区论文数居前 10 位的高等院校

排名	高等院校	论文篇数	排名	高等院校	论文篇数
1	台湾大学	1854	6	长庚大学	617
2	台湾成功大学	1152	7	台湾科技大学	561
3	台湾"清华大学"	746	8	台湾"中兴大学"	518
4	台湾交通大学	742	9	台北科技大学	492
5	台北医学大学	644	10	台湾"中央大学"	482

2019 年 SCI 收录中国台湾地区论文数较多的研究机构如表 18-4 所示，台湾"中央研究院"论文数最多，为 602 篇，其次是台湾防御医学中心、台湾卫生研究院、台湾海洋生物博物馆和台湾工业技术研究院。

表 18-4　2019 年 SCI 收录中国台湾地区论文数居前 5 位研究机构

排名	研究机构名称	论文篇数	排名	研究机构名称	论文篇数
1	台湾"中央研究院"	602	4	台湾海洋生物博物馆	32
2	台湾防御医学中心	157	5	台湾工业技术研究院	28
3	台湾卫生研究院	146			

表 18-5 为 2019 年 SCI 收录中国台湾地区论文篇数居前 10 位的医疗机构，台湾大学医学院附设医院以 439 篇居第 1 位，长庚纪念医院和台北荣民总医院分别居第 2 位和第 3 位。

表 18-5　2019 年 SCI 收录中国台湾地区论文前 10 名医疗机构

排名	医疗机构名称	论文篇数	排名	医疗机构名称	论文篇数
1	台湾大学医学院附设医院	439	6	台湾奇美医学中心	141
2	长庚纪念医院	421	7	高雄荣民总医院	137
3	台北荣民总医院	369	8	台中荣民总医院	133
4	高雄长庚纪念医院	234	9	台湾中国医药大学附设医院	131
5	台湾马偕纪念医院	157	10	三军总医院	129

按中国学科分类标准 40 个学科分类，2019 年 SCI 收录的第一作者为中国台湾地区的论文所在学科较多是临床医学、物理学、生物学、化学和材料科学。图 18-3 是 2019 年 SCI 收录中国台湾地区论文数居前 10 位的学科分布情况。

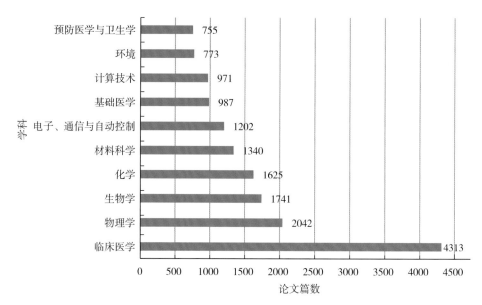

图 18-3　2019 年 SCI 收录台湾地区论文数居前 10 位的学科分布情况

2019 年 SCI 收录第一作者为中国台湾地区的论文分布在 4023 种期刊上，收录论文最多的 10 种期刊如表 18-6 所示，共收录论文 2603 篇，占第一作者为中国台湾地区论文总数的 11.31%。

表 18-6　2019 年 SCI 收录中国台湾地区论文数居前 10 位的期刊

排名	期刊名称	论文篇数
1	SCIENTIFIC REPORTS	462
2	PLOS ONE	306
3	INTERNATIONAL JOURNAL OF MOLECULAR SCIENCES	248
4	MEDICINE	244
5	IEEE ACCESS	239
6	JOURNAL OF THE FORMOSAN MEDICAL ASSOCIATION	230
7	SUSTAINABILITY	228
8	JOURNAL OF CLINICAL MEDICINE	222
9	INTERNATIONAL JOURNAL OF ENVIRONMENTAL RESEARCH AND PUBLIC HEALTH	218
10	APPLIED SCIENCES-BASEL	206

（2）SCI 收录中国香港特区科技论文情况分析

2019 年 SCI 收录中国香港特区论文 19286 篇，其中第一作者为中国香港特区的论文共计 8382 篇，占总数的 43.46%。图 18-4 是 SCI 收录的中国香港特区论文中，第一作者为非中国香港特区的主要国家（地区）分布情况。排在第 1 位的仍是中国内地，共计 7090 篇，占中国香港特区论文总数的 36.76%。

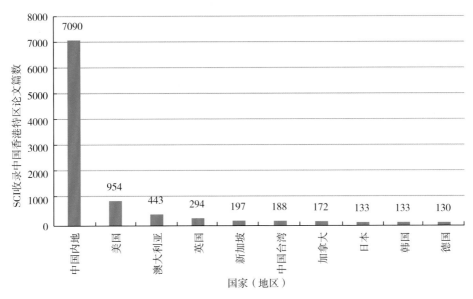

图 18-4 2019 年 SCI 收录中国香港特区论文第一作者为非香港特区的主要国家（地区）分布情况

2019 年，中国香港特区的 Article 和 Review 被引次数为 116461；学科规范化的引文影响力为 1.61；论文被引比例为 85.07%；引文影响力为 7.03；国际合作论文 7060 篇；被引次数排名居前 10% 的论文比例为 19.43%；高被引论文为 465 篇；热门论文比例 0.43%；国际合作论文比例 42.64%。与 2018 年相比，香港特区 2019 年学科规范化的引文影响力、论文被引比例、引文影响力三项指标略有下降（如表 18-7 所示）。

表 18-7 2018—2019 年 SCI 收录的中国香港特区论文数及被引用情况

年度	学科规范化的引文影响力	被引次数	论文被引比例	引文影响力	国际合作论文篇数	被引次数排名居前10%的论文比例	高被引论文篇数	热门论文比例	国际合作论文比例
2018	1.62	110764	86.39%	7.53	6234	19.36%	418	0.39%	42.36%
2019	1.61	116461	85.07%	7.03	7060	19.43%	465	0.43%	42.64%

2019 年，SCI 收录香港特区论文数居前 6 位的高等院校共发表论文 6354 篇，占第一作者为香港特区论文总数的 75.81%，前 6 所高等院校与 2018 年一致，位次有所变化。表 18-8 为 2019 年 SCI 收录中国香港特区论文数居前 6 位的高等院校，表 18-9 为论文数居前 6 位的医疗机构。

表 18-8 2019 年 SCI 收录中国香港特区论文数居前 6 位的高等院校

排名	高等院校	论文篇数	排名	高等院校	论文篇数
1	香港大学	1596	4	香港城市大学	956
2	香港理工大学	1390	5	香港科技大学	845
3	香港中文大学	1328	6	香港浸会大学	239

表 18-9　2019 年 SCI 收录中国香港特区论文数居前 6 位的医疗机构

排名	医疗机构	论文篇数	排名	医疗机构	论文篇数
1	玛丽医院	40	4	屯门医院	21
2	伊利沙伯医院	26	5	威尔斯亲王医院	18
3	玛嘉烈医院	23	6	东区尤德夫人那打素医院	14

按中国学科分类标准 40 个学科分类，2019 年 SCI 收录第一作者为中国香港特区的论文所属学科最多的是临床医学类，共计 1214 篇，占第一作者为香港特区论文总数的 14.48%。其次是化学和物理学。图 18-5 是 2019 年 SCI 收录中国香港特区论文数较多的学科的分布情况。

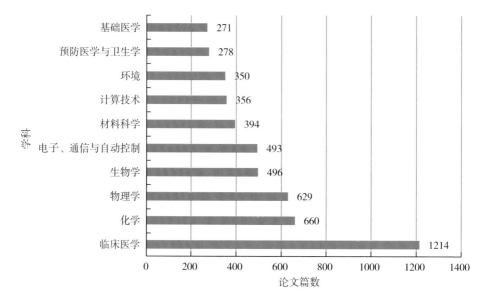

图 18-5　2019 年 SCI 收录中国香港特区论文数居前 10 位的学科分布情况

2019 年 SCI 收录的第一作者为中国香港特区的论文共分布在 2507 种期刊上，收录论文数居前 10 位的期刊及论文情况如表 18-10 所示。

表 18-10　2019 年 SCI 收录中国香港特区论文数居前 10 位的期刊

排名	刊名	论文篇数
1	*HONG KONG MEDICAL JOURNAL*	95
2	*INTERNATIONAL JOURNAL OF ENVIRONMENTAL RESEARCH AND PUBLIC HEALTH*	80
3	*IEEE ACCESS*	66
4	*SCIENTIFIC REPORTS*	58
5	*SCIENCE OF THE TOTAL ENVIRONMENT*	56
5	*CANCER RESEARCH*	56
7	*BJU INTERNATIONAL*	56

排名	刊名	论文篇数
8	*APPLIED ENERGY*	51
9	*NATURE COMMUNICATIONS*	49
10	*INVESTIGATIVE OPHTHALMOLOGY & VISUAL SCIENCE*	48

（3）SCI 收录中国澳门特区科技论文情况分析

2019 年 SCI 收录中国澳门特区论文 2363 篇，其中第一作者为中国澳门特区的论文共计 826 篇，占总数的 34.96%。

第一作者为非中国澳门特区作者的论文中，论文数最多的国家（地区）是中国内地（1210 篇），其次为香港特区（87 篇），美国（39 篇）。

第一作者为中国澳门特区的论文中，论文数居前 5 位的学科为电子、通信与自动控制，药学，生物学，计算技术和临床医学，论文数分别为 99 篇、79 篇、75 篇、66 篇和 64 篇。发表论文数最多的单位是澳门大学和澳门科技大学，分别为 496 篇和 203 篇。

18.2.4 中国台湾地区、香港特区和澳门特区 CPCI-S 论文分析

CPCI-S 的论文分析限定于第一作者的 Proceedings Paper 类型的文献。

（1）CPCI-S 收录中国台湾地区科技论文情况

2019 年第一作者为中国台湾地区的 Proceedings Paper 共计 3844 篇。

2019 年 CPCI-S 收录第一作者为中国台湾地区的论文出自 881 个会议。如表 18-11 所示为收录中国台湾地区论文数居前 10 位的会议，共收录论文 552 篇。

表 18-11　2019 年 CPCI-S 收录中国台湾地区论文数居前 10 位的会议

排名	会议名称	会议地点	论文篇数
1	IEEE Eurasia Conference on IOT，Communication and Engineering（IEEE ECICE）	中国台湾地区	85
2	International Symposium on Intelligent Signal Processing and Communication Systems（ISPACS）	日本	73
3	44th IEEE International Conference on Acoustics，Speech and Signal Processing（ICASSP）	英国	58
4	4th IEEE International Future Energy Electronics Conference（IFEEC）	新加坡	54
4	IEEE International Symposium on Circuits and Systems（IEEE ISCAS）	日本	50
6	IEEE Asia-Pacific Microwave Conference（APMC）	新加坡	48
7	IEEE International Conference on Systems，Man and Cybernetics（SMC）	意大利	47
8	26th IEEE International Conference on Image Processing（ICIP）	中国台湾地区	47
9	International Conference on Machine Learning and Cybernetics（IMLC）	新加坡	45
10	69th IEEE Electronic Components and Technology Conference（ECTC）	美国	45

2019 年 CPCI-S 收录中国台湾地区论文数居前 10 位的高等院校和居前 5 位的研究机构排名分别如表 18-12 和表 18-13 所示。其中，收录论文数最多的高等院校是台湾大学，共计 428 篇。居前 10 位的高等院校论文数共计 2023 篇，占第一作者为中国台湾地区论文总数的 52.63%。被 CPCI-S 收录论文数较多的研究机构为台湾"中央研究院"、台湾同步辐射研究中心、台湾实验研究院、台湾工业技术研究院和台湾核能研究所。

表 18-12　2019 年 CPCI-S 收录中国台湾地区论文数居前 10 位的高等院校

排名	高等院校	论文篇数	排名	高等院校	论文篇数
1	台湾大学	428	6	台湾"中央大学"	119
2	台湾交通大学	399	7	台湾朝阳科技大学	102
3	台湾"清华大学"	305	8	台北科技大学	101
4	台湾成功大学	250	9	台湾"中山大学"	97
5	台湾科技大学	152	10	台湾中正大学	70

表 18-13　2019 年 CPCI-S 收录中国台湾地区论文数居前 5 位的研究机构

排名	研究机构	论文篇数	排名	研究机构	论文篇数
1	台湾"中央研究院"	80	4	台湾工业技术研究院	23
2	台湾同步辐射研究中心	37	5	台湾核能研究所	11
3	台湾实验研究院	24			

2019 年 CPCI-S 收录中国台湾地区论文数居前 10 位的学科如图 18-6 所示。收录论文数最多的学科是计算技术，共计 1363 篇，占总数的 35.46%。

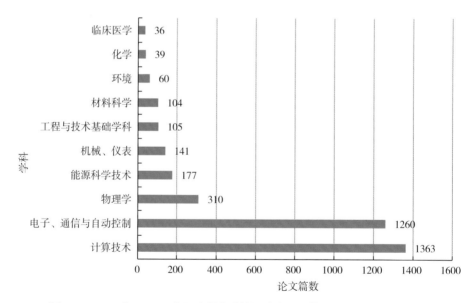

图 18-6　2019 年 CPCI-S 收录中国台湾地区论文数居前 10 位的学科分布情况

（2）CPCI-S 收录中国香港特区科技论文情况分析

2019 年第一作者为中国香港特区的 Proceedings Paper 论文共计 1475 篇。

2019 年 CPCI-S 收录中国香港特区的论文出自 492 个会议录。如表 18-14 所示为收录中国香港特区论文数居前 10 位的会议，共收录论文 346 篇。

表 18-14 2019 年 CPCI-S 收录中国香港特区论文数居前 10 位的会议

排名	会议名称	会议地点	论文篇数
1	32nd IEEE/CVF Conference on Computer Vision and Pattern Recognition（CVPR）	美国	68
2	IEEE/CVF International Conference on Computer Vision（ICCV）	韩国	62
3	10th International Conference on Applied Energy（ICAE）	中国香港特区	59
3	44th IEEE International Conference on Acoustics，Speech and Signal Processing（ICASSP）	英国	36
5	IEEE 35th International Conference on Data Engineering（ICDE）	中国澳门特区	32
6	33rd AAAI Conference on Artificial Intelligence / 31st Innovative Applications of Artificial Intelligence Conference / 9th AAAI Symposium on Educational Advances in Artificial Intelligence	美国	27
7	IEEE/RSJ International Conference on Intelligent Robots and Systems(IROS)	中国澳门特区	23
7	International Conference on Robotics and Automation（ICRA）	加拿大	21
9	10th International Workshop on Machine Learning in Medical Imaging（MLMI）/ 22nd International Conference on Medical Image Computing and Computer-Assisted Intervention（MICCAI）	中国深圳	18
9	IEEE Conference on Computer Communications（IEEE INFOCOM）	法国	17

2019 年 CPCI-S 收录中国香港特区论文数居前 6 位的高等院校如表 18-15 所示。论文数最多的单位是香港中文大学，共计 428 篇，占第一作者为中国香港特区论文总数的 22.31%。

表 18-15 2019 年 CPCI-S 收录香港特区论文数较多的单位

排名	高等院校	论文篇数	排名	高等院校	论文篇数
1	香港中文大学	329	4	香港理工大学	233
2	香港科技大学	272	5	香港大学	175
3	香港城市大学	236	6	香港浸会大学	35

2019 年 CPCI-S 收录香港特区论文数居前 10 位的学科如图 18-7 所示。其中，收录论文数最多的学科是计算技术，多达 733 篇，领先于其他学科。其次是电子、通信与自动控制等学科。

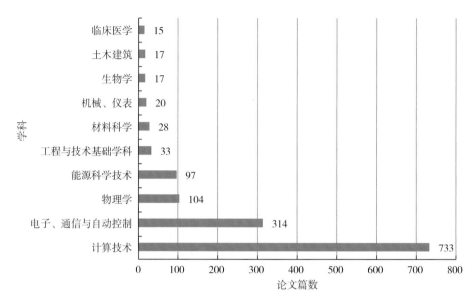

图 18-7　2019 年 CPCI-S 收录香港特区论文数居前 10 位的学科分布情况

（3）CPCI-S 收录中国澳门特区科技论文情况分析

2019 年第一作者为中国澳门特区的 Proceedings Paper 论文共计 160 篇。其中 55 篇是计算技术类，54 篇是电子、通信与自动控制类，其他学科论文均不足 10 篇。澳门大学共发表 CPCI-S 论文 120 篇，澳门科技大学共发表 CPCI-S 论文 21 篇。

18.2.5　中国台湾地区、香港特区和澳门特区 Ei 论文分析

（1）Ei 收录中国台湾地区科技论文情况分析

2019 年，Ei 收录第一作者为中国台湾地区的论文共计 7734 篇。

如表 18-16 所示为 Ei 收录中国台湾地区论文数居前 10 位的高等院校，共发表论文 4241 篇，占论文总数的 54.84%，排在第 1 位的是台湾大学，共收录 920 篇。

表 18-16　2019 年 Ei 收录中国台湾地区论文最多的 10 个高等学校

排名	高等院校	论文篇数	排名	高等院校	论文篇数
1	台湾大学	920	6	台北科技大学	373
2	台湾成功大学	617	7	台湾"中央大学"	305
3	台湾交通大学	531	8	台湾中兴大学	245
4	台湾"清华大学"	465	9	台湾"中山大学"	205
5	台湾科技大学	412	10	高雄科技大学	168

2019 年台湾"中央研究院"共发表论文 169 篇。

如图 18-8 所示为 2019 年 Ei 收录的第一作者为中国台湾地区论文数居前 10 位的学科分布情况。这 10 个学科共发表论文 5793 篇，占总数的 74.90%。排在第 1 位的是生物学，

其次是地学，电子、通信与自动控制，计算技术，材料科学等学科。

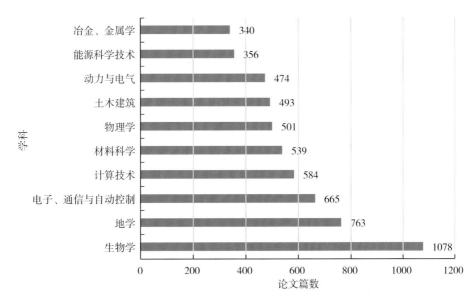

图 18-8　2019 年 Ei 收录中国台湾地区论文数居前 10 位的学科分布情况

Ei 收录的第一作者为中国台湾地区的论文分布在 1442 种期刊上。表 18-17 为 2019 年 Ei 收录中国台湾地区论文数居前 10 位的期刊。

表 18-17　2019 年 Ei 收录中国台湾地区论文数居前 10 位的期刊

排名	期刊名称	论文篇数
1	*Sensors（Switzerland）*	145
2	*IEEE Access*	138
3	*ACS Applied Materials and Interfaces*	111
4	*Energies*	106
5	*Polymers*	81
6	*Sensors and Materials*	78
7	*Materials Research Express*	71
8	*Physical Review B*	68
9	*Materials*	64
10	*Journal of Internet Technology*	64

（2）Ei 收录中国香港特区科技论文情况分析

2019 年 Ei 收录的第一作者为中国香港特区的论文共计 3533 篇。

表 18-18 为 Ei 收录中国香港特区论文数居前 6 位的高等院校，共发表论文 3296 篇，占论文总数的 93.29%。排在第 1 位的是香港理工大学，共发表论文 890 篇。

表 18-18   2019 年 Ei 收录中国香港特区论文数居前 6 位的高等院校

排名	高等院校	论文篇数	排名	高等院校	论文篇数
1	香港理工大学	890	4	香港大学	548
2	香港科技大学	658	5	香港中文大学	445
3	香港城市大学	631	6	香港浸会大学	124

图 18-9 为 2019 年 Ei 收录的第一作者为中国香港特区的论文数居前 10 位的学科分布情况。这 10 个学科共发表论文 2571 篇，占总数的 72.78%。排在第 1 位的是土木建筑类，共计 425 篇。

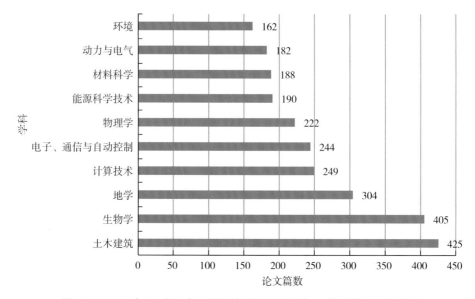

图 18-9   2019 年 Ei 收录中国香港特区论文数居前 10 位的学科分布情况

Ei 收录的第一作者为中国香港特区的论文分布在 945 种期刊上。如表 18-19 所示为 2019 年 Ei 收录的中国香港特区论文数居前 10 位的期刊。

表 18-19   2019 年 Ei 收录中国香港特区论文数居前 10 位的期刊

排名	期刊名称	论文篇数
1	*Science of the Total Environment*	59
2	*Applied Energy*	49
3	*Journal of Cleaner Production*	42
3	*IEEE Access*	40
5	*Journal of Materials Chemistry A*	38
5	*Physical Review B*	38
7	*ACS Applied Materials and Interfaces*	37
8	*Environmental Science and Technology*	32
9	*Optics Express*	31
10	*Advanced Functional Materials*	30

（3）Ei 收录澳门特区科技论文情况分析

2019 年 Ei 收录第一作者为中国澳门特区的论文共计 331 篇。其中澳门大学发表论文 236 篇，澳门科技大学发表 78 篇；从学科来看，生物学，电子、通信与自动控制，计算技术，土木建筑论文数较多（如图 18-10 所示）。

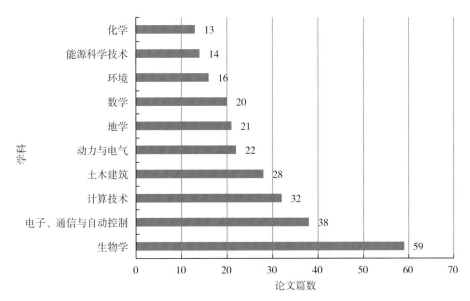

图 18-10　2019 年 Ei 收录澳门特区论文数较多的前 10 个学科的分布情况

18.3　讨论

2019 年，SCI 收录的中国台湾地区、香港特区和澳门特区的论文数均比 2018 年有不同程度的增长；而 Ei 收录中国台湾地区、香港特区和澳门特区的论文数均比 2018 年有不同程度的减少；CPCI-S 收录的中国台湾地区论文数比 2018 年有所减少，香港特区和澳门特区论文数均呈增长态势。在 InCites 数据库中，与 2018 年相比，2019 年中国台湾地区、香港特区和澳门特区的论文数与内地论文数的差距更加大；从论文被引次数看，三地区的论文被引次数都比 2018 年有较大幅度的增加；从学科规范化的引文影响力、被引次数排名前 10% 的论文比例看，香港特区的这 2 项指标最高，澳门特区论文的这 2 项指标次之，台湾地区的这 2 项指标在三地区中最低；从高被引论文看，中国香港特区高被引论文数最多，台湾地区次之，澳门特区最少；从国际合作论文数看，中国台湾地区的国际合作论文数较多。从相对于全球平均水平的影响力看，中国澳门特区最高，其次是香港特区，台湾地区的该指标稍低，但三地区的该指标均大于 1%。

以两类文献即 Article 和 Review，作为各论文统计的依据看，2019 年 SCI 收录的第一作者为中国台湾地区的论文共计 23011 篇，占总数的 74.65%。在第一作者为非台湾地区论文的主要国家（地区）中，第一作者为中国内地和美国的论文数最多，共占第一作者为非中国台湾地区论文总数的 50.29%；2019 年 SCI 收录第一作者为中国香港特区的论文共计 8382 篇，占总数的 43.46%。第一作者为非中国香港特区论文的主要国家（地区）中，中国内地的论文数仍是最多的，共计 7090 篇，占香港论文总数的 36.76%。

2019 年，中国台湾地区 SCI 论文被引次数为 109791 次，较 2018 年有较大幅度的增长，学科规范化的引文影响力为 1.02，国际合作论文 10995 篇，有 41.62% 的论文参与了国际合作，高被引论文数指标高于 2018 年；香港特区论文被引次数为 116461，较 2018 年也有一定程度的增长，学科规范化的引文影响力为 1.61，略低于 2018 年的 1.62，国际合作论文 7060 篇，有 42.64% 的论文参与了国际合作，高于 2018 年。

从论文的机构分布看，中国台湾地区、香港特区和澳门特区的论文均主要产自高等院校。香港特区发表论文的单位主要集中于 6 所高等院校；台湾地区除高等院校外，发表论文较多的还有台湾"中央研究院"等研究机构；澳门特区的论文则主要出自澳门大学。

从学科分布看，按中国学科分类标准 40 个学科分类，2019 年 SCI 收录中国台湾地区论文较多的学科是临床医学、物理学、生物学、化学和材料科学；SCI 收录中国香港特区论文数最多的学科是临床医学，化学，物理学，生物学和电子、通信与自动控制；2019 年 SCI 收录中国澳门特区论文数最多的学科是电子、通信与自动控制，药学，生物学，计算技术和临床医学。

参考文献

[1] 中国科学技术信息研究所 . 2018 年度中国科技论文统计与分析（年度研究报告）[M]. 北京：科学技术文献出版社，2020.

19　科研机构创新发展分析

19.1　引言

实施创新驱动发展战略，最根本的是要增强自主创新能力。中国科研机构作为科学研究的重要阵地，是国家创新体系的重要组成部分。增强科研机构的自主创新能力，对于中国加速科技创新，建设创新型国家具有重要意义。为了进一步推动科研机构的创新能力和学科发展，提高其科研水平，本章以中国科研机构作为研究对象，从中国高校科研成果转化、中国高校学科发展布局、中国高校学科交叉融合、中国高校国际合作地图、中国医疗机构医工结合到科教协同融合、中国高校国际创新资源利用指数、基于代表作评价的高校学科实力评估多个角度进行了统计和分析，以期对中国研究机构提升创新能力起到推动和引导作用。

19.2　中国高校产学共创排行榜

19.2.1　数据与方法

高校科研活动与产业需求的密切联系，有利于促进创新主体将科研成果转化为实际应用的产品与服务，创造丰富的社会经济价值。"中国高校产学共创排行榜"评价关注高校与企业科研活动协作的全流程，设置指标表征高校和企业合作创新过程中3个阶段的表现：从基础研究阶段开始，经过企业需求导向的应用研究阶段，再到成果转化形成产品阶段。"中国高校产学共创排行榜"评价采用10项指标：

①校企合作发表论文数量。基于2017—2019年中国科技论文与引文数据库收录的中国高校论文统计高校和企业共同合作发表的论文数量。

②校企合作发表论文占比。基于2017—2019年中国科技论文与引文数据库收录的中国高校论文统计高校和企业共同合作发表的论文数量与高校发表总论文数量的比值。

③校企合作发表论文总被引次数。基于2017—2019年中国科技论文与引文数据库收录的中国高校论文统计高校和企业共同合作发表的论文被引总次数。

④企业资助项目产出的高校论文数量。基于2017—2019年中国科技论文与引文数据库，统计高校论文中获得企业资助的论文数量。

⑤高校与国内上市公司企业关联强度。基于2017—2019年中国上市公司年报数据库统计，从上市公司年报中所报道的人员任职、重大项目、重要事项等内容中，利用文本分析方法测度高校与企业联系的范围和强度。

⑥校企合作发明专利数量。基于2017—2019年德温特世界专利索引和专利引文索引收录的中国高校专利，统计高校和企业合作发明的专利数量。

⑦校企合作专利占比。基于 2017—2019 年德温特世界专利索引和专利引文索引收录的中国高校专利，统计高校和企业合作发明专利数量与高校发明专利总量的比值。

⑧有海外同族的合作专利数量。基于 2017—2019 年德温特世界专利索引和专利引文索引收录的中国高校专利，统计高校和企业合作发明的专利内容同时在海外申请的专利数量。

⑨校企合作专利施引专利数量。基于 2017—2019 年德温特世界专利索引和专利引文索引收录的中国高校专利，统计高校和企业合作发明专利的施引专利数量。

⑩校企合作专利总被引次数。基于 2017—2019 年德温特世界专利索引和专利引文索引收录的中国高校专利，统计高校和企业合作发明专利的总被引次数，用于测度专利学术传播能力。

19.2.2　研究分析与结论

统计中国高校上述 10 项指标，经过标准化转换后计算得出了十维坐标的矢量长度数值，用于测度各个高校的产学共创水平。如表 19-1 所示为根据上述指标统计出的 2019 年产学共创能力排名居前 20 位的高校。

表 19-1　2019 年产学共创能力排名居前 20 位的高校

排名	高校名称	计分	排名	高校名称	计分
1	清华大学	268.98	11	中南大学	91.87
2	华北电力大学	205.77	12	中国地质大学	90.64
3	中国石油大学	159.28	13	西南交通大学	88.88
4	上海交通大学	123.79	14	同济大学	88.72
5	浙江大学	119.92	15	四川大学	87.25
6	武汉大学	114.46	16	重庆大学	82.96
7	西南石油大学	108.29	17	华中科技大学	80.91
8	天津大学	100.12	18	中国矿业大学	80.80
9	北京大学	98.51	19	华东理工大学	80.03
10	西安交通大学	92.02	20	华南理工大学	79.45

19.3　中国高校学科发展矩阵分析报告——论文

19.3.1　数据与方法

高校的论文发表和引用情况是测度高校科研水平和影响力的重要指标。以中国主要大学为研究对象，采用各大学在 2015—2019 年发表论文数和 2010—2014 年、2015—2019 年引文总量作为源数据，根据波士顿矩阵方法，分析各个大学学科发展布局情况，构建学科发展矩阵。

按照波士顿矩阵方法的思路，我们以 2015—2019 年各个大学在某一学科论文产出占全球论文的份额作为科研成果产出占比的测度指标；以各个大学从2010—2014年到2015—2019年在某一学科领域论文被引用总量的增长率作为科研影响增长的测度指标。

根据高校各个学科的占比和增长情况，划分了4个学科发展矩阵空间，如图19-1所示。

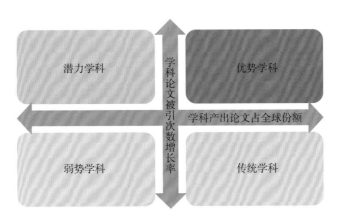

图 19-1　中国高校论文产出矩阵

第一区：优势学科（高占比、高增长）。该区学科论文份额及引文增长率都处于较高水平，可明确产业发展引导的路径。

第二区：传统学科（高占比、低增长）。该区学科论文所占份额较高，引文增长率较低，可完善管理机制以引导发展。

第三区：潜力学科（低占比、高增长）。该区学科论文所占份额较低，引文增长率较高，可采用加大科研投入的方式进行引导。

第四区：弱势学科（低占比、低增长）。该区学科论文占份额及引文增长率都处较低水平，可考虑加强基础研究。

19.3.2　研究分析与结论

表19-2统计了中国双一流建设高校论文产出的学科发展矩阵，即学科发展布局情况（按高校名称拼音排序）。

表 19-2　中国双一流建设高校学科发展布局情况

高校名称	优势学科数	传统学科数	潜力学科数	弱势学科数
安徽大学	0	0	76	71
北京大学	29	42	42	63
北京工业大学	3	0	53	33
北京航空航天大学	34	5	55	60
北京化工大学	3	2	73	49
北京交通大学	7	0	65	62

续表

高校名称	优势学科数	传统学科数	潜力学科数	弱势学科数
北京科技大学	6	1	44	39
北京理工大学	19	1	62	66
北京林业大学	4	2	67	53
北京师范大学	7	7	65	90
北京体育大学	0	0	16	47
北京外国语大学	0	0	5	15
北京协和医学院	4	6	36	47
北京邮电大学	4	1	31	22
北京中医药大学	0	1	60	64
成都理工大学	3	0	54	55
成都中医药大学	0	1	30	88
大连海事大学	2	0	60	50
大连理工大学	31	6	51	68
电子科技大学	23	0	81	57
东北大学	14	1	42	35
东北林业大学	1	1	40	41
东北农业大学	1	0	42	36
东北师范大学	0	0	36	59
东华大学	3	2	58	76
东南大学	18	2	44	42
对外经济贸易大学	0	0	21	31
福州大学	0	1	79	66
复旦大学	16	32	52	72
广西大学	1	0	93	54
广州中医药大学	1	0	68	59
贵州大学	1	0	83	67
国防科学技术大学	3	3	33	39
哈尔滨工程大学	6	0	65	50
哈尔滨工业大学	39	8	57	51
海军军医大学	1	3	21	63
海南大学	0	0	45	35
合肥工业大学	1	0	96	44
河北工业大学	0	0	66	55
河海大学	13	0	83	38
河南大学	0	0	91	66
湖南大学	11	1	74	62
湖南师范大学	0	0	65	90
华北电力大学	2	0	73	46

续表

高校名称	优势学科数	传统学科数	潜力学科数	弱势学科数
华东理工大学	1	4	41	41
华东师范大学	0	1	74	93
华南理工大学	31	3	69	64
华南师范大学	0	1	70	88
华中科技大学	27	5	42	34
华中农业大学	6	5	80	53
华中师范大学	0	1	34	47
吉林大学	19	15	80	59
暨南大学	1	2	103	64
江南大学	5	3	92	65
空军军医大学	1	1	18	57
兰州大学	3	3	73	92
辽宁大学	0	0	49	60
南昌大学	1	0	114	52
南京大学	18	16	71	70
南京航空航天大学	8	3	26	46
南京理工大学	6	0	48	30
南京林业大学	4	0	81	44
南京农业大学	6	4	41	37
南京师范大学	2	0	75	80
南京信息工程大学	3	0	49	33
南京邮电大学	0	0	36	30
南京中医药大学	1	0	64	73
南开大学	4	3	59	98
内蒙古大学	0	0	51	78
宁波大学	1	0	111	53
宁夏大学	0	0	54	68
青海大学	0	0	71	69
清华大学	41	26	63	43
厦门大学	2	3	90	79
山东大学	19	17	67	70
陕西师范大学	0	0	90	62
上海财经大学	0	0	25	25
上海大学	3	0	92	67
上海海洋大学	2	0	66	68
上海交通大学	53	43	39	38
上海体育学院	0	0	26	56
上海外国语大学	0	0	5	36

续表

高校名称	优势学科数	传统学科数	潜力学科数	弱势学科数
上海中医药大学	0	1	47	65
石河子大学	0	0	67	78
首都师范大学	1	0	61	79
四川大学	20	18	87	50
四川农业大学	3	2	70	62
苏州大学	14	3	92	60
太原理工大学	1	0	79	53
天津大学	37	4	68	58
天津医科大学	5	0	65	69
天津中医药大学	1	0	52	55
同济大学	29	0	80	63
外交学院	0	0	0	8
武汉大学	26	4	85	60
武汉理工大学	10	0	72	54
西安电子科技大学	10	0	37	32
西安交通大学	31	8	83	51
西北大学	0	2	47	47
西北工业大学	28	1	63	56
西北农林科技大学	5	1	44	40
西藏大学	0	0	43	81
西南财经大学	0	0	24	32
西南大学	3	1	57	40
西南交通大学	7	0	72	67
西南石油大学	2	0	67	45
新疆大学	0	0	64	69
延边大学	0	0	59	85
云南大学	0	0	72	75
长安大学	4	0	43	29
浙江大学	44	42	38	52
郑州大学	7	1	114	46
中国传媒大学	0	0	13	35
中国地质大学	12	3	69	48
中国海洋大学	3	4	67	75
中国科学技术大学	22	19	51	81
中国矿业大学	13	0	45	21
中国美术学院	0	0	0	14
中国农业大学	5	11	48	90
中国人民大学	0	1	70	67

续表

高校名称	优势学科数	传统学科数	潜力学科数	弱势学科数
中国人民公安大学	0	0	6	26
中国石油大学	11	0	72	41
中国药科大学	3	1	61	64
中国政法大学	0	0	6	25
中南财经政法大学	0	0	19	28
中南大学	33	2	98	40
中山大学	13	12	52	35
中央财经大学	0	0	26	26
中央民族大学	0	0	43	76
重庆大学	27	0	68	66

参照哈佛大学和麻省理工学院等国际一流大学的学科分布情况，并且结合中国主要高校的学科发展分布状态，为中国高校设定了4类学科发展目标：

①世界一流大学：优势学科与传统学科数量之和在50个以上，整体呈现繁荣状态。以世界一流大学为发展目标，"夯实科技基础，在重要科技领域跻身世界领先行列"。目前北京大学、浙江大学、清华大学、上海交通大学、哈尔滨工业大学和华中科技大学已显露端倪。

②中国领先大学：优势学科与传统学科数量之和在25个以上，潜力学科数量在50个以上。以中国领先大学为目标，致力专业发展，跟上甚至引领世界科技发展新方向。

③区域核心大学：以区域核心高校为目标，以基础研究为主，"力争在基础科技领域做出大的创新、在关键核心技术领域取得大的突破"。

④学科特色大学：该类大学的传统学科和潜力学科都集中在该校的特有专业中。该类大学可加大科研投入，发展潜力学科，形成专业特色。

19.4　中国高校学科发展矩阵分析报告——专利

19.4.1　数据与方法

发明专利情况是测度高校知识创新与发展的一项重要指标。对高校专利发明情况的分析可以有效地帮助高校了解其在各领域的创新能力和发展，针对不同情况做出不同的发展决策。采用各高校近5年在21个德温特分类的发表专利数量和前后5年期间的专利引用总量作为源数据构建中国高校专利产出矩阵。

同样按照波士顿矩阵方法的思路，我们以2015—2019年各个大学在某一分类的专利产出数量作为科研成果产出的测度指标，以各个大学从2010—2014年到2015—2019年在某一分类专利被引用总量的增长率作为科研影响增长的测度指标，并以专利数量1000项和增长率100%作为分界点，将坐标图划分为4个象限，依次是"优势专业""传统专业""弱势专业""潜力专业"（如图19-2所示）。

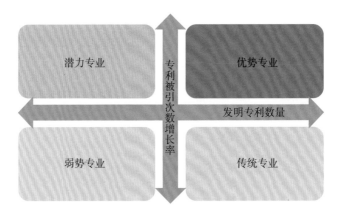

图 19-2　中国高校专利产出矩阵

19.4.2　研究分析与结论

表 19-3 列出了中国一流大学建设高校专利发明和引用的德温特学科类别发展布局情况（按高校名称拼音排序）。

表 19-3　中国一流大学建设高校在德温特 21 个学科类别的发展布局情况

高校名称	优势专业数	传统专业数	潜力专业数	弱势专业数
安徽大学	0	0	21	0
北京大学	5	0	16	0
北京工业大学	0	5	0	16
北京航空航天大学	5	0	16	0
北京化工大学	2	0	19	0
北京交通大学	0	1	0	20
北京科技大学	1	0	20	0
北京理工大学	5	0	16	0
北京林业大学	0	0	21	0
北京师范大学	0	0	21	0
北京体育大学	0	0	8	13
北京外国语大学	0	0	1	20
北京协和医学院	3	0	14	4
北京邮电大学	2	0	18	1
北京中医药大学	5	0	16	0
成都理工大学	0	0	21	0
成都中医药大学	0	0	15	6
大连海事大学	0	0	20	1
大连理工大学	7	0	14	0
电子科技大学	7	0	14	0
东北大学	0	0	19	2

续表

高校名称	优势专业数	传统专业数	潜力专业数	弱势专业数
东北林业大学	1	0	20	0
东北农业大学	1	0	20	0
东北师范大学	0	0	20	1
东华大学	2	0	19	0
东南大学	8	0	13	0
福州大学	4	0	17	0
复旦大学	6	0	15	0
广西大学	4	0	17	0
广州中医药大学	0	0	14	7
贵州大学	5	0	16	0
哈尔滨工程大学	4	0	17	0
哈尔滨工业大学	11	0	10	0
海南大学	0	0	21	0
合肥工业大学	3	0	18	0
河北工业大学	2	0	19	0
河海大学	8	0	13	0
河南大学	0	0	20	1
湖南大学	0	0	21	0
湖南师范大学	0	0	20	1
华北电力大学	4	0	17	0
华东理工大学	1	0	20	0
华东师范大学	1	0	20	0
华南理工大学	14	0	7	0
华南师范大学	0	0	21	0
华中科技大学	9	0	12	0
华中农业大学	1	0	19	1
华中师范大学	0	0	21	0
吉林大学	10	0	11	0
暨南大学	0	0	21	0
江南大学	8	0	13	0
兰州大学	1	0	20	0
辽宁大学	0	0	21	0
南昌大学	1	0	20	0
南京大学	2	0	19	0
南京航空航天大学	7	0	14	0
南京理工大学	4	0	17	0
南京林业大学	4	0	16	1
南京农业大学	2	0	18	1
南京师范大学	0	0	21	0

续表

高校名称	优势专业数	传统专业数	潜力专业数	弱势专业数
南京信息工程大学	3	0	18	0
南京邮电大学	2	0	18	1
南京中医药大学	0	0	18	3
南开大学	0	0	20	1
内蒙古大学	0	0	19	2
宁波大学	1	0	19	1
宁夏大学	0	0	19	2
青海大学	0	0	18	3
清华大学	14	0	7	0
厦门大学	1	0	20	0
山东大学	8	0	13	0
陕西师范大学	0	0	21	0
上海财经大学	0	0	0	21
上海大学	1	0	20	0
上海海洋大学	0	0	21	0
上海交通大学	9	0	12	0
上海体育学院	0	0	7	14
上海中医药大学	0	0	14	7
石河子大学	0	0	21	0
首都师范大学	0	0	21	0
四川大学	7	0	14	0
四川农业大学	3	0	17	1
苏州大学	5	0	16	0
太原理工大学	0	0	21	0
天津大学	13	0	8	0
天津医科大学	0	0	15	6
天津中医药大学	0	0	14	7
同济大学	7	0	14	0
武汉大学	5	0	16	0
武汉理工大学	9	0	12	0
西安电子科技大学	3	0	18	0
西安交通大学	8	0	13	0
西北大学	0	0	20	1
西北工业大学	4	0	17	0
西北农林科技大学	1	0	20	0
西藏大学	0	0	5	16
西南大学	0	0	21	0
西南交通大学	4	0	17	0
西南石油大学	5	0	16	0

续表

高校名称	优势专业数	传统专业数	潜力专业数	弱势专业数
新疆大学	0	0	21	0
延边大学	0	0	18	3
云南大学	0	0	20	1
长安大学	4	0	16	1
浙江大学	14	0	7	0
郑州大学	4	0	17	0
中国传媒大学	0	0	8	13
中国地质大学	3	0	18	0
中国海洋大学	0	0	21	0
中国科学技术大学	1	0	20	0
中国矿业大学	6	0	15	0
中国农业大学	4	0	16	1
中国人民大学	0	0	17	4
中国石油大学	8	0	13	0
中国药科大学	1	0	18	2
中国政法大学	0	0	6	15
中南财经政法大学	0	0	6	15
中南大学	11	0	10	0
中山大学	7	0	14	0
中央财经大学	0	0	3	18
中央民族大学	0	0	16	5
重庆大学	5	0	16	0

19.5 中国高校学科融合指数

多学科交叉融合是高校学科发展的必然趋势，也是产生创新性成果的重要途径。高校作为知识创新的重要阵地，多学科交叉融合是提高学科建设水平，提升高校创新能力的有力支撑。对高校学科交叉融合的分析可以帮助高校结合实际调整学科结构，促进多学科交叉融合。

学科融合指数的计算方法如下：根据 Scopus 数据中论文的学科分类体系，重新构建了一个高度 $h=6$ 的学科树。学科树中每个节点代表一个学科，任意 2 个节点间的距离表示其代表的 2 个学科研究内容的相关性。距离越大表示学科相关性越弱，学科跨越程度越大。对一篇论文，根据其所属不同学科，在学科树中可以找到对应的节点并计算出该论文的学科跨越距离。统计各高校统计年度所有论文的学科跨越距离之和，定义为各高校的学科融合指数。

19.6　医疗机构医工结合排行榜

19.6.1　数据与方法

医学与工程学科交叉是现代医学发展的必然趋势。"医工结合"倡导学科间打破壁垒，围绕医学实际需求交叉融合、协同创新。医工结合不仅强调医学与医学以外的理工科的学科交叉，也包括医工与产业界的融合。从 2017 年开始，中国科学技术信息研究所开始评价和发布"中国医疗机构医工结合排行榜"。"中国医疗机构医工结合排行榜"设置 5 项指标表征"医工结合"创新过程中 3 个阶段的表现：从基础研究阶段开始，经过企业需求导向的应用研究阶段，再到成果转化形成产品阶段。5 项指标如下：

①发表 Ei 论文数。基于 2017—2019 年 Ei 收录的医疗机构论文数。

②发表工程技术类论文数。基于 2017—2019 年中国科技论文与引文数据库收录的医疗机构发表工程技术类的论文数。

③企业资助项目产出的论文数。基于 2017—2019 年中国科技论文与引文数据库统计医疗机构论文中获得企业资助的论文数量。

④发明专利数。基于 2017—2019 年德温特世界专利索引收录的医疗机构专利数。

⑤与上市公司关联强度。基于 2017—2019 年中国上市公司年报数据库统计，从上市公司年报中所报道的人员任职、重大项目、重要事项等内容中，利用文本分析方法测度医疗机构与企业联系的范围和强度。

19.6.2　研究分析与结论

统计各医疗机构上述 5 项指标，经过标准化转换后计算得出了五维坐标的矢量长度数值，用于测度各医疗机构的医工结合水平。如表 19-4 所示为根据上述指标统计出的 2019 年医工结合居前 20 位的医疗机构。

表 19-4　2019 年医工结合居前 20 位的医疗机构

排名	医疗机构名称	计分
1	解放军总医院	200.34
2	四川大学华西医院	116.52
3	上海交通大学医学院附属第九人民医院	107.19
4	北京协和医院	107.02
5	武汉大学人民医院	86.21
6	华中科技大学同济医学院附属同济医院	75.08
7	四川大学华西口腔医院	69.09
8	南方医院	64.93
9	江苏省人民医院	60.30
10	首都医科大学附属北京安贞医院	59.67
11	海军军医大学第一附属医院（上海长海医院）	50.04

排名	医疗机构名称	计分
12	郑州大学第一附属医院	49.62
13	空军军医大学第一附属医院（西京医院）	49.57
14	北京大学人民医院	48.50
15	北京大学第一医院	47.77
16	南京鼓楼医院	47.03
17	上海市第六人民医院	45.58
18	西安交通大学医学院第一附属医院	45.00
19	中国医科大学附属盛京医院	44.64
20	中南大学湘雅医院	44.45

19.7　中国高校国际合作地图

19.7.1　数据与方法

科学研究的国际合作是国家科技发展战略中的重要组成部分。通过加强国际合作，叫以达到有效整合创新资源、提高创新效率的作用。因此，国际合作在建设世界一流高校和一流学科中具有非常重要的积极作用。对高校国际合作情况的分析从一定程度上可以反映出高校理论研究的能力、科研合作的管理能力和吸引外部合作的主导能力。

"中国高校国际合作地图"以中国高校与国外机构合作的论文数量作为合作强度的评价指标。同时，评价方法强调合作关系中的主导作用。中国高校主导的国际合作论文的判断标准：①国际合作论文的作者中第一作者的第一单位所属国家为中国；②论文完成单位至少有一个国外单位。某高校主导的国际合作论文数越高，说明该高校科研创新能力及国际合作强度越高。

19.7.2　研究分析与结论

"中国高校国际合作地图"基于 2019 年 SCI 收录的论文数据，从学科领域的角度展示以中国高校为主导的论文国际合作情况。分别选取了中国的综合类院校北京大学、浙江大学、中山大学，工科类院校清华大学、上海交通大学、哈尔滨工业大学，以及农科类院校中国农业大学、西北农林科技大学来进行对比分析。表 19-5 分别列出了各高校国际合作论文数排名居前 3 位的学科领域及在相应学科领域中国际合作排名居前 3 位的国家。

表 19-5　基于学科领域的中国高校国际合作情况

高校名称	排名	国际合作论文篇数排名居前 3 位的学科领域	在相应学科领域国际合作论文篇数排名居前 3 位的国家
北京大学	1	临床医学（444 篇）	美国（211 篇）、英国（30 篇）、澳大利亚（30 篇）
	2	物理学（233 篇）	美国（74 篇）、德国（27 篇）、日本（18 篇）
	3	天文学（211 篇）	美国（58 篇）、德国（28 篇）、英国（11 篇）
浙江大学	1	生物（376 篇）	美国（146 篇）、英国（30 篇）、澳大利亚（26 篇）
	2	化学（288 篇）	美国（112 篇）、英国（28 篇）、德国（23 篇）
	3	临床医学（285 篇）	美国（144 篇）、加拿大（22 篇）、澳大利亚（20 篇）
中山大学	1	临床医学（394 篇）	美国（197 篇）、澳大利亚（50 篇）、加拿大（21 篇）
	2	生物（233 篇）	美国（101 篇）、澳大利亚（16 篇）、加拿大（12 篇）
	3	基础医学（154 篇）	美国（93 篇）、澳大利亚（10 篇）、英国（8 篇）
清华大学	1	电子、通信与自动控制（271 篇）	美国（132 篇）、英国（36 篇）、加拿大（20 篇）
	2	物理学（270 篇）	美国（90 篇）、日本（25 篇）、英国（21 篇）
	3	化学（234 篇）	美国（111 篇）、日本（19 篇）、英国（16 篇）
上海交通大学	1	临床医学（475 篇）	美国（238 篇）、澳大利亚（41 篇）、加拿大（24 篇）
	2	生物（237 篇）	美国（105 篇）、英国（16 篇）、日本（15 篇）
	3	化学（222 篇）	美国（95 篇）、英国（16 篇）、日本（14 篇）
哈尔滨工业大学	1	化学（179 篇）	美国（53 篇）、新加坡（17 篇）、英国（17 篇）
	2	电子、通信与自动控制（178 篇）	美国（29 篇）、加拿大（24 篇）、英国（22 篇）
	3	物理学（142 篇）	美国（41 篇）、俄罗斯（15 篇）、英国（12 篇）
中国农业大学	1	生物（227 篇）	美国（108 篇）、英国（16 篇）、德国（12 篇）
	2	农学（161 篇）	美国（59 篇）、德国（16 篇）、英国（15 篇）
	3	环境科学（118 篇）	美国（40 篇）、丹麦（10 篇）、德国（8 篇）
西北农林科技大学	1	生物（232 篇）	美国（83 篇）、澳大利亚（29 篇）、巴基斯坦（21 篇）
	2	农学（107 篇）	美国（30 篇）、加拿大（17 篇）、澳大利亚（17 篇）
	3	环境科学（80 篇）	美国（23 篇）、巴基斯坦（11 篇）、加拿大（9 篇）

19.8　中国高校科教协同融合指数

19.8.1　数据与方法

2019 年 5 月 28 日，习近平总书记在两院院士大会上提出了对科技创新和人才培养的指示要求："中国要强盛、要复兴，就一定要大力发展科学技术，努力成为世界主要科学中心和创新高地""谁拥有了一流创新人才、拥有了一流科学家，谁就能在科技创新中占据优势"。6 月 11 日，科技部、教育部召开科教协同工作会议，研究推动高校科技创新工作，加强新时代科教协同融合。中国高校作为科学研究和人才培养的重要阵地，是国家创新体系的重要组成部分。构建科学合理的高校科技创新能力评价体系是新时代科教协同融合的"指挥棒",对提高高校科技创新能力,提升高校科研水平具有重要的推动和引导作用。

"中国高校科教协同融合指数"在中国高校科技创新能力评价体系中融入科学研究和人才培养的要素,从学科领域层面基于创新投入、创新产出、学术影响力和人才培养 4 个方面设置 9 项指标。其中,创新投入用获批项目数和获批项目经费来表征,创新产出用发表论文数和发明专利数来表征,学术影响力用论文被引次数和专利被引次数来表征,人才培养用活跃 R&D 人员数、国际合作强度和国际合作广度来表征。具体指标说明如下:

①获批项目数。基于 2019 年度中国高校获批的国家自然科学基金项目数据统计中国高校获批的项目数量,包括;创新研究群体项目、地区科学基金项目、国际(地区)合作与交流项目、国家重大科研仪器研制项目、海外与港澳学者合作研究基金、联合基金项目、国家自然科学基金面上项目、国家自然科学基金青年科学基金项目、应急管理项目、优秀青年科学基金项目、国家自然科学基金重大项目、重大研究计划、重点项目、专项基金项目。

②获批项目经费。基于 2019 年度中国高校获批的国家自然科学基金项目数据统计中国高校获批的项目总经费。

③发表论文数。基于 2019 年 SCI 收录的论文数据,统计中国高校发表的论文数量。

④发明专利数。基于 2019 年德温特世界专利索引和专利引文索引收录的中国高校专利,统计高校发明的专利数量。

⑤论文被引次数。基于 2019 年 SCI 收录的论文数据,统计中国高校发表的论文被引用的总次数。

⑥专利被引次数。基于 2019 年德温特世界专利索引和专利引文索引收录的中国高校专利,统计高校发明专利的总被引次数,用于测度专利学术传播能力。

⑦活跃 R&D 人员数。基于 2019 年 SCI 收录的论文数据,统计中国高校发表 SCI 论文的作者数量。

⑧国际合作强度。基于 2019 年 SCI 收录的论文数据,统计中国高校主导的国际合作论文篇数。

⑨国际合作广度。基于 2019 年 SCI 收录的论文数据,统计中国高校主导的国际合作涉及的国家数量。

19.8.2 研究分析与结论

统计各个高校上述 9 项指标,经过标准化转换后计算得出高校在创新投入、创新产出、学术影响力和人才培养 4 个方面的得分求和,得到各个高校的科教协同融合指数。如表 19-6 所示为双一流高校中分别在数理科学、化学科学、生命科学、地球科学、工程与材料科学、医学科学、信息科学、管理科学 8 个学科领域里科教协同融合指数排名居前 3 位的高校。

表 19-6　不同学科领域科教协同融合指数排名居前 3 位的高校

学科领域	高校名称
数理科学	清华大学、中国科学技术大学、上海交通大学
化学科学	浙江大学、清华大学、中南大学
生命科学	浙江大学、中国农业大学、华中农业大学
地球科学	中国地质大学、中国石油大学、武汉大学
工程与材料科学	清华大学、哈尔滨工业大学、浙江大学
医学科学	上海交通大学、中山大学、浙江大学
信息科学	电子科技大学、西安电子科技大学、清华大学
管理科学	清华大学、合肥工业大学、中国科学技术大学

19.9　中国医疗机构科教协同融合指数

19.9.1　数据与方法

医院的可持续发展需要人才的培养与技术的创新，创建研究型医院是中国医院可持续发展的成功模式，也是提高医院核心竞争力的重要途径，更是建设国际一流医院的必由之路。

"中国医疗机构科教协同融合指数"在科技创新能力评价体系中融入科学研究和人才培养的要素，从学科领域层面基于创新投入、创新产出、学术影响力和人才培养 4 个方面设置 9 项指标。其中，创新投入用获批项目数和获批项目经费来表征，创新产出用发表论文数和发明专利数来表征，学术影响力用论文被引次数和专利被引次数来表征，人才培养用活跃 R&D 人员数、国际合作强度和国际合作广度来表征。具体指标说明如下：

①获批项目数。基于 2019 年度中国医疗机构获批的国家自然科学基金项目数据统计中国高校获批的项目数量，包括创新研究群体项目、地区科学基金项目、国际（地区）合作与交流项目、国家重大科研仪器研制项目、海外与港澳学者合作研究基金、联合基金项目、面上项目、青年科学基金项目、应急管理项目、优秀青年科学基金项目、重大项目、重大研究计划、重点项目、专项基金项目。

②获批项目经费。基于 2019 年度中国医疗机构获批的国家自然科学基金项目数据统计中国高校获批的项目总经费，包括；创新研究群里项目、地区科学基金项目、国际（地区）合作与交流项目、国家重大科研仪器研制项目、海外与港澳学者合作研究基金、联合基金项目、国家自然科学基金面上项目、国家自然科学基金青年科学基金项目、应急管理项目、优秀青年科学基金项目、国家自然科学基金重大项目、重大研究计划、重点项目、专项基金项目。

③发表论文数。基于 2019 年 SCI 收录的论文数据统计中国医疗机构发表的论文数量。

④发明专利数。基于 2019 年德温特世界专利索引和专利引文索引收录的中国医疗机构专利，统计高校发明的专利数量。

⑤论文被引次数。基于 2019 年 SCI 收录的论文数据，统计中国医疗机构发表的论

文被引用的总次数。

⑥专利被引次数。基于 2019 年德温特世界专利索引和专利引文索引收录的中国医疗机构专利，统计医疗机构发明专利的总被引次数，用于测度专利学术传播能力。

⑦活跃 R&D 人员数。基于 2019 年 SCI 收录的论文数据，统计中国医疗机构发表 SCI 论文的作者数量。

⑧国际合作强度。基于 2019 年 SCI 收录的论文数据，统计中国医疗机构主导的国际合作论文篇数。

⑨国际合作广度。基于 2019 年 SCI 收录的论文数据，统计中国医疗机构主导的国际合作涉及的国家数量。

19.9.2　研究分析与结论

统计各个医疗机构上述 9 项指标，经过标准化转换后计算得出医疗机构在创新投入、创新产出、学术影响力和人才培养 4 个方面的得分，求和得到各个医疗机构的科教协同融合指数。如表 19-7 所示为分别在数理科学、化学科学、生命科学、地球科学、工程与材料科学、医学科学、信息科学、管理科学 8 个学科领域里科教协同融合指数排名居前 3 位的医疗机构。

表 19-7　不同学科领域科教协同融合指数排名居前 3 位的医疗机构

学科领域	医疗机构名称
数理科学	四川大学附属华西医院、中山大学附属第一医院、吉林大学白求恩第一医院
化学科学	四川大学附属华西医院、上海交通大学医学院附属仁济医院、中国人民解放军总医院
生命科学	郑州大学第一附属医院、四川大学附属华西医院、中南大学附属湘雅医院
地球科学	—
工程与材料科学	四川大学附属华西医院、中国人民解放军总医院、上海交通大学附属第九人民医院
医学科学	中国人民解放军总医院、四川大学附属华西医院、中南大学附属湘雅医院
信息科学	中国人民解放军总医院、四川大学附属华西医院、浙江大学医学院附属第二医院
管理科学	

19.10　中国高校国际创新资源利用指数

随着科学技术的不断进步，科学研究的范围逐渐扩展，科学研究的难度逐渐加大。高校的国际科技合作对于充分利用全球科技资源，提高自主创新能力有积极的作用。高校在探索和开展科技合作工作时会面临 2 个重要问题：①如何选择最理想的合作资源？②现有的合作资源是不是最好的？从 2019 年开始，中国科学技术信息研究所开始评价和发布"中国高校国际创新资源利用指数"，反映高校对国际创新资源的布局和利用能力，引导高校积极精准开展国际科技合作，提高科技创新效率和创新水平。

高校的国际创新资源利用指数用高校已开展国际合作的科研机构和学科领域内高校理想国际合作机构交集个数标准化后的数值来表示。其中，高校理想国际合作机构通过对全球科研机构的研究水平和合作可能性两个维度进行测度和筛选而得出。科研机构的研究水平用该机构在 2015—2019 年 5 年内发表的高被引论文总数来表征，科研机构的合作可能性用该机构在 2015—2019 年与中国合著发表论文数来表征。以声学、天文学与天体物理学、自动化与控制系统、生物学、人工智能、航天工程、生物医学工程领域为例，选取中国的综合类院校北京大学、浙江大学、中山大学，工科类院校清华大学、上海交通大学、哈尔滨工业大学来进行分析。指数的数值越高，说明高校在该学科领域对国际创新资源的利用能力越高。

19.11 基于代表作评价的高校学科实力评估

为贯彻落实中共中央办公厅、国务院办公厅《关于深化项目评审、人才评价、机构评估改革的意见》《关于进一步弘扬科学家精神加强作风和学风建设的意见》要求，改进科技评价体系，破除科技评价中过度看重论文数量多少、影响因子高低，忽视标志性成果的质量、贡献和影响等不良导向，中国科学技术信息研究所从 2020 年起开展"基于代表作评价的高校学科实力评估"研究。本研究主要是从学科领域的角度，给予一个评价代表的参考标尺。

评估过程分为 3 个步骤。首先，在学科领域内遴选高校代表作。遴选方式为：在某高校同时作为第一作者和通信作者单位发表的论著（Article）集合中，分年度选择被引次数最高的 3 篇论著，作为该校标志性成果。然后，以 ESI 学科基准值作为标尺，根据代表的被引次数确定其位于标尺中的位置，根据赋值表对代表作赋予得分。最后，对高校各年度各论著的得分进行求和，作为评价高校学科实力的指数。如图 19-3 所示以农学为例，列出了对高校在农学学科的实力评估流程。

图 19-3　高校在农学学科的实力评估流程

19.12 讨论

本章以中国科研机构作为研究对象，从中国高校科研成果转化、中国高校学科发展布局、中国高校学科交叉融合、中国高校国际合作地图、中国医疗机构医工结合、中国高校科教协同融合指数、中国医疗机构科教协同融合指数、中国高校国际创新资源利用指数等多个角度进行了统计和分析，我们可以得知：

①产学共创能力排名居前3位的高校是清华大学、华北电力大学和中国石油大学。

②从高校学科布局来看，北京大学、浙江大学、清华大学、上海交通大学已接近国际一流高校水平。

③医工结合排名居前3位的医疗机构是中国人民解放军总医院、四川大学华西医学、上海交通大学医学院附属第九人民医院。

20　加强基础研究，从源头上提高中国科技论文的影响和质量

20.1　引言

2021 年 2 月 26 日科技部主任王志刚在国新办的谈话中说："在研究阶段，有新的发展，有新的规律总结的时候，当然要发表论文，把科研成果固化下来并且和同行进行交流。高水平的科学家应该提供高水平的论文，但论文一定是自己科研活动的结晶。年轻人刚开始搞科研的时候，能够写论文就是好事。"

一篇好的论文应是引领世界科学的发展、传播力大、受众面广、具有时效性，影响力要持久等。据此，什么样的论文才具有影响力？什么样的论文才能算作高质量的论文？以下，我们提出几个学术指标来研判中国已产出的论文的影响力和质量。

2019 年中国 SCI 论文的产出达 425870 篇，比 2018 年的 357603 篇增加 68267 篇，增长 19.1%。在论文数量增长的同时，中国科技论文质量和国际影响力也有一定的提升。中国国际论文被引用次数排名上升，高被引数增加，国际合著论文占比超过 1/4，参与国际大科学和大科学工程产出的论文数持续增加。其保障因素之一是中国的研发人员规模已居世界第一位，已形成了规模庞大、学科齐备、结构完善的科技人才体系，科技人员能力与素质显著提升，为科技和经济发展奠定了坚实的基础。人才是科学技术研究最关键的因素。"十二五"以来，中国研发人员已由 2010 年的 255.4 万人年增加到 2014 年的 371.1 万人年；"十二五"的前 4 年，中国累计培养博士毕业生 20.9 万人，年度海外学成归国人员由 2010 年的 13.5 万人迅速提高到 2014 年的 36.5 万人。再一重大保障是中国 2013 年 R&D 经费支出已居世界第二。

科技部主任王志刚在 2019 年 3 月 10 日全国两会新闻记者会上表示，到 2020 年要进入创新型国家，这是个非常重要的时刻，也是个重大的任务。什么叫作进入创新型国家？可能要有一个基本的界定。2019 年科技部召开的全国科技工作会议上，我们对创新型国家进行了一个描述，即科技实力和创新能力要走在世界前列。具体讲，应该从定性和定量两方面来看这个事情。从定量来讲，去年我们国家按照世界知识产权组织排名，综合科技创新排在第 17 位，到 2020 年原定目标大概在 15 位左右。另外，我们的科技贡献率要达到 60%，去年达到了 58.5%。同时，还有一些定量指标，比如说研发投入、论文数、专利数、高新区等。

就科技论文方面，中国近年来已有不俗的表现：自然科学基金委员会杨卫主任曾在《光明日报》发文说：中国学科发展的全面加速出人意料。材料科学、化学、工程科学3 个学科发展进入总量并行阶段，发表的论文数量均居世界第一，学术影响力超过或接近美国。由数学、物理、天文、信息等学科组成的数理科学群虽尚不及美国，但亮点纷

呈。如在几何与代数交叉、量子信息学、暗物质、超导、人工智能等方面成果突出。大生命科学高速发展。宏观生命科学领域，如农业科学、药学、生物学等发展接近世界前列，中国高影响力研究工作占世界份额达到甚至超过总学术产出占世界的份额。中国各学科领域加权的影响力指数接近世界均值。

中国的基础科学研究经费投入增长。"十一五"末期，中国 R&D 经费支出总额排名在美国和日本之后，居世界第 3 位。到 2013 年，中国已经超越日本，成为世界第二大 R&D 经费支出国，经费规模接近美国的 1/2，是日本的 1.1 倍，中国 R&D 投入强度已接近欧盟 15 国的整体水平。中国大幅加大基础研究投入，到 2019 年达到 1335.6 亿元，占全社会研发经费支出比超过 6%。

国家财政对研发经费的大力投入，中国科研人员的增加及科研的积累和研究环境的宽松，是科技论文质量和学术影响力提升的保证。反映基础研究成果的 SCI 论文数已连续多年排名世界第 2 位，仅落后于美国。在此情况下，我们不仅要发表论文，关键的是要发表高质量、高影响的论文，要对民生、国家的发展起到推动作用。

20.2 中国具有国际影响力的各类论文简要统计与分析

20.2.1 中国在国际合作的大科学和大科学工程项目中产生的论文

大科学研究一般来说是具有投资强度大、多学科交叉、实验设备庞大复杂、研究目标宏大等特点的研究活动，大科学工程是科学技术高度发展的综合体现，是显示各国科技实力的重要标志，中国经过多年的努力和科技力量的积蓄，已与当前科技强国的美国、欧洲、日本等国开展平等合作，为参与制定国际标准，在解决全球性重大问题上做出了应有的贡献。

"大科学"（Big Science，Megascience，Large Science）是国际科技界近年来提出的新概念。从运行模式来看，大科学研究国际合作主要分为 3 个层次：科学家个人之间的合作、科研机构或大学之间的对等合作（一般有协议书）、政府间的合作（有国家级协议，如国际热核聚变实验研究 ITER、欧洲核子研究中心的大型强子对撞机 LHC 等）。

就其研究特点来看，主要表现为：投资强度大、多学科交叉、需要昂贵且复杂的实验设备、研究目标宏大等。根据大型装置和项目目标的特点，大科学研究可分为两类：

第一类是需要巨额投资建造、运行和维护大型研究设施的"工程式"的大科学研究，又称"大科学工程"，其中包括预研、设计、建设、运行、维护等一系列研究开发活动。如国际空间站计划、欧洲核子研究中心的大型强子对撞机（LHC）计划、Cassini 卫星探测计划、Gemini 望远镜计划等，这些大型设备是许多学科领域开展创新研究不可缺少的技术和手段支撑，同时，大科学工程本身又是科学技术高度发展的综合体现，是各国科技实力的重要标志。

第二类是需要跨学科合作的大规模、大尺度的前沿性科学研究项目，通常是围绕一个总体研究目标，由众多科学家有组织、有分工、有协作、相对分散开展研究，如人类基因图谱研究、全球变化研究等即属于这类"分布式"的大科学研究。

多年来，中国科技工作者已参与了各项国际大科学计划项目，和国际同行们合作发表了多篇论文。2019 年，中国参与的作者数大于 1000，机构数大于 50 的国际大科学论文有 395 篇，比 2018 年的 303 篇增加 92 篇。2010—2019 年，发表论文 2099 篇，呈逐年上升之势。涉及的学科为高能物理、天文和天体物理，大型仪器和生命科学。2019 年，参加大科学和大工程合作国际研究的国家和地区更加扩大，人员增多。国家地区数由 125 个增到 144 个，增加 19 个。除一些科技发达国家外，一些第三世界国家（地区）的科技工作者也参与了大科学项目的研究工作。2019 年国际合作研究产生的 395 篇论文中，第一作者国为 31 个，其国家和发表数如表 20-1 所示。在中国参与的单位中，除高等院校、研究院所外，也有比较多的医疗单位参与了大科学合作研究项目。参加的大学、研究院所和医疗机构分别如表 20-2、表 20-3、表 20-4 所示。作者数大于 100，机构数大于 50 的论文数共计 802 篇，也比 2018 年的 571 篇增加 231 篇，涉及的学科主要为高能物理、仪器仪表、生命科学方面，在 802 篇论文中，以中国大陆单位为牵头的论文数由 2018 年的 43 篇增加到 96 篇，参与合作研究的国家（地区）由 2018 年的 12 个增加到 64 个，如表 20-5 所示，涉及的学科有高能物理、核物理和生命科学。作者数大于 100，机构数大于 50 的国际合作论文中，第一作者为中国作者的论文共 96 篇，其第一作者单位共 22 个，如表 20-6 所示。此外，还有众多中国单位参加。

表 20-1　2019 年大科学国际合作第一作者国家及论文篇数

国家名称	篇数	国家名称	篇数	国家名称	篇数	国家名称	篇数
亚美尼亚	111	荷兰	7	比利时	2	加拿大	1
摩洛哥	73	瑞典	6	巴西	2	智利	1
印度	45	荷兰	5	捷克	2	希腊	1
美国	42	丹麦	3	匈牙利	2	新西兰	1
法国	27	芬兰	3	以色列	2	葡萄牙	1
英格兰	17	日本	3	拉脱维亚	2	塞尔维亚	1
德国	15	波兰	3	阿根廷	1	西班牙	1
意大利	11	韩国	3	澳大利亚	1		

2019 年参与大科学国际合作的中国单位共计 176 个，高等院校 59 所，研究单位 22 个及医疗机构 91 个，分别如表 20-2、表 20-3 和表 20-4 所示。

表 20-2　2019 年参与国际合作研究的中国高等院校

序号	高等院校	序号	高等院校	序号	高等院校
1	北京大学	9	电子科技大学	17	河南中医药大学
2	北京工业大学	10	东南大学	18	湖南大学
3	北京航空航天大学	11	福建师范大学	19	华北电力大学
4	北京师范大学	12	复旦大学	20	华东科技大学
5	北京中医药大学	13	广州中医药大学	21	华东师范大学
6	大理学院	14	哈尔滨医科大学	22	华南农业大学
7	大连工业大学	15	海南大学	23	华南师范大学
8	德州学院	16	河南农业大学	24	华中科技大学

续表

序号	高等院校	序号	高等院校	序号	高等院校
25	华中师范大学	37	山东中医药大学	49	西北农林大学
26	暨南大学	38	山西大学	50	西南医科大学
27	南方医科大学	39	山西农业大学	51	湘潭大学
28	南京大学	40	汕头大学	52	新疆医科大学
29	南开大学	41	上海交通大学	53	浙江大学
30	内蒙古医科大学	42	上海中医药大学	54	中国地质大学武汉
31	清华大学	43	首都医科大学	55	中国科技大学
32	厦门大学	44	四川农业大学	56	中国科学院大学
33	三峡大学	45	天津医科大学	57	中国农业大学
34	山东大学	46	武汉大学	58	中南大学
35	山东农业大学	47	武汉理工大学	59	中山大学
36	山东师范大学	48	西安交通大学		

表 20-3 2019 年参与国际合作研究的中国研究机构

序号	研究机构	序号	研究机构	序号	研究机构
1	北京疾控中心	9	山东寄生虫所	17	中国科学院上海应用物理所
2	广东应用生物资源所	10	首都儿科所	18	中国科学院生命科学学院
3	国家心肺血管研究中心	11	中国疾控中心	19	中国科学院微生物所
4	杭州疾控中心	12	中国科学院成都生物所	20	中国科学院遗传与发育生物所
5	军事医科院微生物所	13	中国科学院合肥物质科学院	21	中国科学院长春应用化学所
6	量子物质科学协同创新中心	14	中国科学院高能物理所	22	中国原子能研究院
7	辽宁农科院	15	中国科学院贵阳地球化学所		
8	农业部食品与营养研究所	16	中国科学院理论物理所		

表 20-4 2019 年参与国际合作研究的中国医疗机构

序号	医疗机构	序号	医疗机构	序号	医疗机构
1	包头医学院附 1 院	14	广东医科大学附院	27	济南中心医院
2	北方战区总医院	15	广东总医院	28	解放军总医院
3	北京大学附 1 院	16	广西人民医院	29	开滦总医院
4	北京大学附 3 院	17	广州第 12 医院	30	兰州大学附 1 院
5	北京大学深圳医院	18	广州医科大学附 3 院	31	兰州大学附 2 院
6	北京肿瘤医院	19	贵州省人民医院	32	泸州医学院附院
7	东南大学中大医院	20	海军总医院	33	陆军军医大学西南医院
8	福建医科大学附 1 院	21	杭州第一人民医院	34	陆军军医大学新桥医院
9	复旦大学儿童医院	22	湖北省第 3 人民医院	35	南昌大学附 1 院
10	复旦大学华山医院	23	湖南省人民医院	36	南昌大学附 2 院
11	复旦大学中山医院	24	华中科技大学协和医院	37	南方医科大学南方医院
12	复旦大学肿瘤医院	25	吉林大学第一医院	38	南京大学金陵医院
13	广东省第二总医院	26	吉林省人民医院	39	南京军区福州总医院

续表

序号	医疗机构	序号	医疗机构	序号	医疗机构
40	南京医科大学鼓楼医院	57	首都医科大学北京同仁医院	75	医科院阜外医院
41	内蒙古人民医院	58	首都医科大学北京友谊医院	76	岳阳第一人民医院
42	宁夏医科大学总医院	59	首都医科大学朝阳医院	77	长春人民医院
43	山东大学附 2 院	60	四平中心人民医院	78	浙江大学附 1 院
44	山东大学济南中心医院	61	苏州大学附 1 院	79	浙江大学附 2 院
45	山西大学附 2 院	62	泰达国际心血管病医院	80	浙江大学邵逸夫医院
46	陕西省人民医院	63	天津第 4 中心医院	81	浙江省人民医院
47	上海第一人民医院	64	天津联合家庭卫生保健	82	浙江医院
48	上海东方医院	65	天津联合医学中心	83	中国医科大学第一医院
49	上海交通大学第 6 人民医院	66	天津医科大学总医院	84	中国医科大学盛京医院
50	上海交通大学瑞金医院	67	同济大学同济医院	85	中航集团中心医院
51	上海交通大学上海胸科医院	68	温州医科大学附 1 院	86	中南大学湘雅 2 医院
52	绍兴人民医院	69	温州医科大学附 2 院	87	中南大学湘雅 3 医院
53	深圳大学附 1 院	70	温州医学院附 1 院	88	中日友好医院
54	深圳人民医院	71	武汉亚洲心血管病医院	89	中山大学附 1 院
55	首都医科大学北京安贞医院	72	西安交通大学附 1 院	90	中山大学中山医院
56	首都医科大学北京积水潭医院	73	徐州医科大学附院	91	重庆医科大学附 1 院
		74	延边大学医院		

表 20-5　2019 年参与中国牵头的国际合作研究的国家（地区）

序号	国家（地区）	序号	国家（地区）	序号	国家（地区）	序号	国家（地区）
1	阿根廷	17	德国	33	蒙古	49	斯洛文尼亚
2	澳大利亚	18	加纳	34	荷兰	50	南非
3	奥地利	19	希腊	35	新西兰	51	韩国
4	比利时	20	洪都拉斯	36	北爱尔兰	52	西班牙
5	巴西	21	匈牙利	37	阿曼	53	斯里兰卡
6	加拿大	22	印度	38	巴基斯坦	54	瑞典
7	智利	23	伊朗	39	菲律宾	55	瑞士
8	哥伦比亚	24	爱尔兰	40	波兰	56	中国台湾
9	克罗地亚	25	以色列	41	葡萄牙	57	泰国
10	塞浦路斯	26	意大利	42	罗马尼亚	58	土耳其
11	捷克共和国	27	日本	43	俄罗斯	59	乌克兰
12	丹麦	28	卢森堡	44	沙特阿拉伯	60	乌拉圭
13	厄瓜多尔	29	马达加斯加	45	英国	61	美国
14	英国	30	马来西亚	46	塞内加尔	62	乌兹别克斯坦
15	芬兰	31	毛里求斯	47	新加坡	63	越南
16	法国	32	墨西哥	48	斯洛伐克	64	威尔士

表 20-6　2019 年国际合作论文中国牵头的第一作者单位及论文篇数

单位名称	篇数	单位名称	篇数
中国科学院高能物理研究所	61	河南省人民医院	1
北京大学	4	华中师范大学	1
北京航空航天大学	4	南京大学	1
清华大学	4	山东大学	1
中国科学院上海应用物理研究所	3	上海大学	1
温州第 7 人民医院	2	首都医科大学北京天坛医院	1
中国科学技术大学	2	新疆维吾尔自治区疾病预防控制中	1
中国科学院昆明植物研究所	2	中北大学	1
北京大学第一医院	1	中国科学院国家天文台	1
北京天坛医院；首都医科大学附属？	1	中日友好医院	1
复旦大学附属华山医院	1	重庆医科大学附属儿童医院	1

2016 年 9 月 25 日，有着"超级天眼"之称的 500 米口径球面射电望远镜已在中国贵州平塘县的喀斯特洼坑中落成启用，吸引着世界目光。400 多年后，代表中国科技高度的大射电望远镜，将首批观测目标锁定在直径 10 万光年的银河系边缘，探究恒星起源的秘密，也将在世界天文史上镌刻下新的刻度。这个里程碑的大科学事件是中国为世界做出的巨大贡献，是一个极其重要的大科学工程。"天眼"由中国科学院国家天文台主持建设，从概念到选址再到建成，耗时 22 年，是具有中国自主知识产权、世界最大单口径、最灵敏的射电望远镜。　据悉，目前国际上有 10 项诺贝尔奖是基于天文观测成果的，其中 6 项出自射电望远镜。因此，"天眼"项目正式投入使用后，将有望协助中国科学家冲击诺贝尔奖。根据中国科学院国家天文台表示，中国天眼已经取得发现逾 240 颗脉冲星等系列重大科学成果，并以其当今世界最强灵敏度射电望远镜的巨大潜力，有望捕捉到宇宙大爆炸时期的原初引力波。2021 年 3 月 31 日起，中国"天眼"将面向全世界科学家开放使用。所以，中国天眼的利用高峰时期也将到来，利用中国天眼最大的成就之一，就是发现脉冲星，通过"天眼"获得脉冲星数量达到了世界一流水平。

随着中国科技实力的增强，参与国际大科学研究人员和研究机构将会增多。特别是在以找方为王的大科学项目的研究中，将产生大量高质高影响的论文。

科技部主任王志刚介绍："目前，中国已与 160 个国家建立科技合作关系，签署政府间合作协议 114 项，人才交流协议 346 项，参加国际组织和多边机制超过 200 个，积极参与了国际热核聚变等一系列国际大科学计划和工程。2018 年累计发放外国人才工作许可证 33.6 万份，目前在中国境内工作的外国人超过 95 万人。"可以说，中国已开始具备主持大科学工程项目研究的条件了。

20.2.2　被引次数居世界各学科前 0.1% 的论文数（同行关注）继续增加

2019 年中国作者发表的论文中，被引次数进入各学科前 0.1% 的论文数为 2252 篇，比 2018 年的 1118 篇增加 1134 篇，增长近 1 倍。进入被引次数居世界前 0.1% 的学科数为 34 个，也比 2018 年增加 4 个。论文达百篇的学科数由 2 个增到 9 个，化学学科的论文数保持第一，且数量大增，由 173 篇增加到 439 篇。如表 20-7 和图 20-1 所示。

表 20-7　2019 年被引次数居世界各学科前 0.1% 的论文数

学科	论文篇数	学科	论文篇数
化学	439	水利	16
化工	187	机械、仪表	15
电子、通信与自动控制	185	基础医学	13
环境科学	185	食品	11
材料科学	184	工程与技术基础科学	9
计算技术	175	水产学	6
物理学	146	矿山工程技术	6
数学	116	天文学	5
生物学	105	林学	5
能源科学技术	96	预防医学与卫生学	4
地学	69	畜牧、兽医	4
药学	67	轻工、纺织	4
力学	61	交通运输	4
临床医学	46	冶金、金属学	2
信息、系统科学	42	安全科学技术	2
农学	24	动力与电气	1
土木建筑	17	航空航天	1

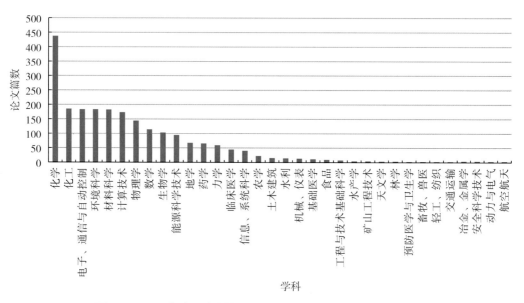

图 20-1　2019 年中国论文被引次数居世界各学科前 0.1% 的论文数

2252 篇中国大陆第一作者论文中，共有 404 个单位发表。中国高校（仅计校园本部，不含附属机构）271 所，共发表 2009 篇论文，占全部发表论文的 89.2%；研究所 80 个发表 162 篇，占 7.2%；医院 50 个发表 77 篇，占 3.4%。发表 20 篇以上论文的高校 26 个，如表 20-8 所示；发表 3 篇以上的研究所 15 个，如表 20-9 所示；发表 2 篇以上的医疗机构 14 个，如表 20-10 所示。另有 3 个公司发表 4 篇。

2019 年，中南大学化学化工学院发表于 *JOULE*，题目为 *Single-Junction Organic Solar Cell with over 15% Efficiency Using Fused-Ring Acceptor with Electron-DeficientCore*，并且以我为主的国际合作论文，在 2019 年高被引 852 次，进入学科十万分之一的高度。

表 20-8　2019 年发表 20 篇以上被引次数居前 0.1% 的高校及论文篇数

高校名称	论文篇数	高校名称	论文篇数
湖南大学	65	武汉理工大学	27
中南大学	62	西安交通大学	27
清华大学	55	北京大学	24
山东科技大学	47	华南理工大学	24
西北工业大学	43	北京邮电大学	23
电子科技大学	38	苏州大学	23
浙江大学	37	同济大学	23
中国科学技术大学	33	北京理工大学	22
哈尔滨工业大学	32	江苏大学	22
华中科技大学	30	天津大学	22
武汉大学	29	大连理工大学	21
重庆大学	29	华北电力大学	20
长沙理工大学	27	中山大学	20

表 20-9　2019 年发表 3 篇以上被引次数居前 0.1% 的研究所及论文篇数

研究所名称	论文篇数
中国科学院化学研究所	12
中国科学院自动化研究所	8
中国科学院长春应用化学研究所	6
中国科学院宁波材料技术与工程研究所	6
中国科学院物理研究所	6
中国科学院遗传与发育生物学研究所	6
中国科学院北京纳米能源与系统研究所	5
中国科学院大连化学物理研究所	5
中国科学院城市环境研究所	4
中国科学院上海生命科学研究院	4
中国科学院深圳先进技术研究院	4
中国科学院过程工程研究所	3
中国科学院理化技术研究所	3
中国科学院青岛生物能源与过程研究所	3
中国科学院上海硅酸盐研究所	3

表 20-10　2019 年发表 2 篇以上被引次数居前 0.1% 的医院及论文篇数

医院名称	论文篇数	医院名称	论文篇数
四川大学华西医院	7	南京医科大学南京第一医院	2
浙江大学附属第一医院	4	上海交通大学瑞金医院	2
郑州大学附属第一医院	4	天津医科大学肿瘤医院	2
中山大学附属肿瘤医院	4	同济大学第十人民医院	2
南京医科大学第一附属医院	3	西安交通大学第一附属医院	2
上海交通大学仁济医院	3	中山大学孙逸仙纪念医院	2
广州医科大学广州妇儿中心	2	中国医学科学院肿瘤医院	2

20.2.3　中国发表于各学科影响因子首位期刊中的论文数仍在增加

2019 年 JCR 176 个学科中，各学科影响因子（IF）居首位的国家及期刊数如表 20-11 所示。除了仍保有的美国、英国、荷兰、德国、澳大利亚、爱尔兰和瑞士这些科技发达国家外，亚洲地区的中国、新加坡和韩国也有这类期刊产生。

表 20-11　2019 年影响因子居首位的国家及期刊数

国家	期刊数	国家	期刊数
美国	76	爱尔兰	1
英国	52	中国	1
荷兰	17	新加坡	1
德国	4	韩国	1
澳大利亚	1	瑞士	1

在 176 个学科中，期刊的影响因子排在首位的国家基本上都是科技发达的欧美国家，能在这类期刊中发表论文具有一定的难度，发表以后会产生较大的影响。由于期刊的学科交叉，一种期刊可能交叉出现在多个学科中。因此，176 个学科影响因子首位的期刊实际只有 155 种。中国 2019 年在其中的 127 种期刊中有论文发表，比 2018 年的 122 种增加 5 种。中国影响因子学科首位的期刊为 1 种，仅保留 FUNGAL DIVERSITY。

2019 年，大陆作者在 SCI 各主题学科影响因子首位期刊中发表论文 11144 篇，比 2018 年增加 2232 篇，分布于我们划分的 32 个学科中，比 2018 年增加 3 个学科。大于 100 篇的学科由 18 个减少到 15 个，化学、能源科学技术和材料科学的发表数仍居前三位。与 2018 年相比，发表数都增加，大于千篇的学科增加到 3 个，如表 20-12 和图 20-2 所示。

没有论文发表的学科有：力学、天文学、测绘、金属冶金、动力与电气、轻工、交通和安全科学。

表 20-12 2019 年各学科影响因子居首位的论文数

学 科	论文篇数	学 科	论文篇数
化学	2899	核科学技术	62
能源科学技术	2003	军事医学与特种医学	41
材料科学	1157	机械、仪表	40
电子、通信与自动控制	820	药学	33
轻工、纺织	813	食品	24
地学	783	工程与技术基础科学	20
生物学	682	预防医学与卫生学	18
水利	387	土木建筑	17
计算技术	260	航空航天	13
临床医学	227	水产学	6
物理学	184	其他	6
基础医学	182	环境科学	5
数学	147	管理学	5
矿山工程技术	112	天文学	3
农学	110	林学	1
化工	83	畜牧、兽医	1

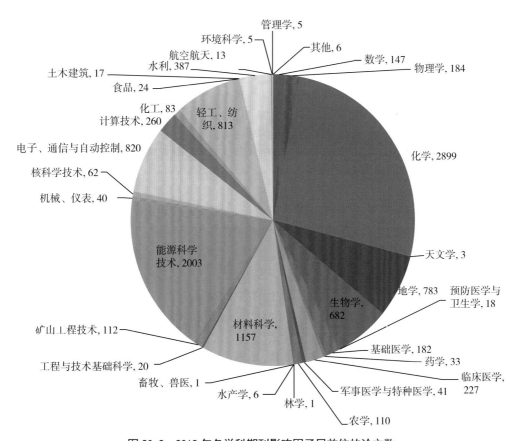

图 20-2 2019 年各学科期刊影响因子居首位的论文数

影响因子居首位的 155 种期刊中，大陆作者只在其中的 127 种期刊（比 2018 年增加 5 种）中有论文发表。发表论文数大于千篇的期刊 1 种，仍为 *APPLIED SURFACE SCIENCE*，大于 100 篇的 22 种（比 2018 年减少 1 种），如表 20-13 所示。

表 20-13　2019 年各学科影响因子居首位期刊中发表论文数大于 100 篇的期刊

期刊名称	论文篇数
APPLIED SURFACE SCIENCE	2013
BIORESOURCE TECHNOLOGY	956
APPLIED CATALYSIS B-ENVIRONMENTAL	686
JOURNAL OF PETROLEUM SCIENCE AND ENGINEERING	549
DYES AND PIGMENTS	499
COMPOSITES PART B-ENGINEERING	493
OCEAN ENGINEERING	479
BIOSENSORS & BIOELECTRONICS	460
IEEE TRANSACTIONS ON INDUSTRIAL ELECTRONICS	443
WATER RESEARCH	387
CELLULOSE	314
JOURNAL OF THE EUROPEAN CERAMIC SOCIETY	300
IEEE TRANSACTIONS ON CYBERNETICS	287
INTERNATIONAL JOURNAL OF ENERGY RESEARCH	263
BIOMATERIALS	228
ENGINEERING GEOLOGY	160
COMMUNICATIONS IN NONLINEAR SCIENCE AND NUMERICAL SIMULATION	145
ACTA MATERIALIA	131
RENEWABLE & SUSTAINABLE ENERGY REVIEWS	122
ULTRASONICS SONOCHEMISTRY	121
COORDINATION CHEMISTRY REVIEWS	114
INTERNATIONAL JOURNAL OF ROCK MECHANICS AND MINING SCIENCES	112

* 上表中论文数仅为 Article，Review 类。

2019 年，中国作者发表于影响因子居首位的期刊中的论文数为 11144 篇，比 2018 年增加 2232 篇，增长 25%，分布于大陆 842 个机构，其中高校（仅计校园本部）515 所，比 2018 年增加 67 所，发表论文 9835 篇，增加 842 篇，占 88.2%；研究单位 182 个，发表论文 889 篇，占 8.0%；医院 131 个，发表 333 篇，占 3.0%；另有公司等部门发表 87 篇（如图 20-3 所示）。发表 100 篇以上的高校 22 个，哈尔滨工业大学发表 262 篇，多年排在高校首位，如表 20-14 所示。在 182 个研究机构中，发表 15 篇以上的研究院所有 15 个，中国科学院生态环境研究中心发表 49 篇，位居研究院所第一，如表 20-15 所示，发表 5 篇（含 5 篇）以上的医疗机构为 20 个，四川大学华西医院发表 18 篇居医疗机构第一，如表 20-16 所示。

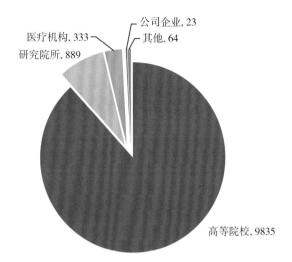

图 20-3 2019 年各学科影响因子居首位的期刊中中国大陆各类机构的论文数

表 20-14 2019 年各学科影响因子居首位期刊中论文数大于 100 篇的高等院校

高等院校	论文篇数	高等院校	论文篇数	高等院校	论文篇数
哈尔滨工业大学	262	重庆大学	155	中国石油大学华东	124
浙江大学	211	西安交通大学	150	武汉大学	118
清华大学	201	中国石油大学（北京）	150	南京大学	112
天津大学	193	湖南大学	141	同济大学	111
华南理工大学	175	中南大学	141	北京科技大学	108
上海交通大学	164	西北工业大学	140	中山大学	105
大连理工大学	163	江苏大学	138		
华中科技大学	162	武汉理工大学	133		

表 20-15 2019 年影响因子居首位期刊中论文数大于 15 篇的研究院所

研究院所	论文篇数
中国科学院生态环境研究中心	49
中国科学院上海硅酸盐研究所	42
中国科学院长春应用化学研究所	30
中国科学院宁波材料技术与工程研究所	27
中国科学院金属研究所	26
中国科学院广州能源研究所	23
中国科学院化学研究所	22
中国科学院福建物质结构研究所	21
中国科学院合肥物质科学研究院	21
中国工程物理研究院	18
中国科学院地理科学与资源研究所	18
中国科学院兰州化学物理研究所	18
中国科学院自动化研究所	18
中国科学院武汉岩土力学研究所	16
中国科学院大连化学物理研究所	15

表 20–16　2019 年影响因子居首位期刊中论文数大于 5 篇的医疗机构

医疗机构	论文篇数	医疗机构	论文篇数
四川大学华西医院	18	上海交通大学第九人民医院	7
郑州大学第一医院	9	浙江大学第二医院	7
中南大学湘雅医院	9	首都医科大学北京友谊医院	6
北京大学第三医院	8	南方医科大学南方医院	6
北京协和医院	8	上海交通大学第六人民医院	6
复旦大学华山医院	8	浙江大学第一医院	6
上海交通大学仁济医院	8	首都医科大学北京同仁医院	5
上海交通大学瑞金医院	8	复旦大学眼耳鼻喉科医院	5
华中科技大学同济医院	7	复旦大学中山医院	5
陆军军医大学西南医院	7	中山大学孙逸仙纪念医院	5

20.2.4　发表于高影响区（影响因子、总被引次数同时居学科前 1/10 且年发表论文篇数达到 50 篇）期刊中的论文数简要统计

总被引次数和影响因子同时都居学科前 1/10 的期刊，应归于高影响的期刊，在这类期刊中发表论文有一定的难度，但在这类期刊中发表的论文的影响也大。期刊的影响因子反映的是期刊论文的平均影响力，受期刊每年发表文献数的变化，发表评述性文献量的多少等因素制约，各年间的影响因子值会有较大的波动，会产生大的跳跃，一些刚创刊不久的期刊，会因发表文献数少但已有文献被引用，从而出现较高的影响因子值，但实际的影响力和影响面都还不算大。而期刊的总被引数会因期刊的规模，刊期的长短，创刊时间等因素而有较大的差别，有些期刊因发文量大而被引机会多从而被引数高，但篇均被引数并不高，总体影响力也不大。因此，同时考虑两个指标因素，还需考虑年发表的论文数规模才能表现期刊的影响。因次，影响因子和总被引数同居学科前列的期刊，而且发表的论文数量已达到一定的规模才能算是真正影响大的期刊。

我们认为，高影响论文是发表在影响因子和总被引数同居各学科前 10%，并且论文（Article、Review）的年发表数大于 50 篇的论文。2019 年，国际上这类自然科学期刊为 403 种，主要由美国，英国，荷兰，德国，瑞士，丹麦，法国，意大利等国家编辑出版。

2019 年，403 种刊中，国际总发表论文数为 209309 篇，中国为 47574 篇，占总数的 22.73%，仅大陆第一作者发表数 40457 篇，占总数的 19.33%。

40457 篇的论文，分布于大陆除西藏外的 30 个地区，北京等 7 个省（市）发表数占比都在 5% 以上，总计超 62%，7 省（市）的发文如表 20–17 所示。

表 20-17　影响因子和总被引数都居前 1/10 的各地区论文篇数

地区	论文篇数	比例	地区	论文篇数	比例	地区	论文篇数	比例
北京	7071	17.478%	湖南	1315	3.250%	云南	313	0.774%
江苏	4347	10.745%	辽宁	1246	3.080%	河北	303	0.749%
上海	3415	8.441%	安徽	1132	2.798%	广西	270	0.667%
广东	3403	8.411%	福建	1131	2.796%	山西	243	0.601%
湖北	2604	6.436%	黑龙江	971	2.400%	贵州	120	0.297%
陕西	2152	5.319%	重庆	842	2.081%	新疆	100	0.247%
浙江	2133	5.272%	河南	739	1.827%	海南	96	0.237%
山东	2011	4.971%	吉林	724	1.790%	内蒙古	80	0.198%
天津	1407	3.478%	甘肃	487	1.204%	宁夏	33	0.082%
四川	1371	3.389%	江西	384	0.949%	青海	14	0.035%

40457 篇论文分布于 37 个学科，大于万篇的学科仅为化学学科，其论文篇数达到 11246 篇，占比达 27.8%，另有 12 个学科的论文数超千篇，如表 20-18 和图 20-4 所示。

表 20-18　2019 年影响因子和总被引数都居前 1/10 的各学科论文数及比例

学科	论文篇数	比例	学科	论文篇数	比例
化学	11246	27.797%	水产学	349	0.863%
环境科学	4934	12.196%	轻工、纺织	312	0.771%
材料科学	2735	6.760%	信息、系统科学	295	0.729%
生物学	2539	6.276%	林学	290	0.717%
能源科学技术	2231	5.514%	工程与技术基础科学	115	0.284%
化工	2139	5.287%	预防医学与卫生学	112	0.277%
计算技术	1877	4.639%	安全科学技术	112	0.277%
电子、通信与自动控制	1649	4.076%	矿山工程技术	111	0.274%
地学	1426	3.525%	核科学技术	64	0.158%
力学	1262	3.119%	管理学	64	0.158%
临床医学	1160	2.867%	土木建筑	49	0.121%
食品	1160	2.867%	军事医学与特种医学	19	0.047%
数学	1149	2.840%	天文学	4	0.010%
药学	632	1.562%	畜牧、兽医	4	0.010%
农学	623	1.540%	中医学	3	0.007%
物理学	516	1.275%	冶金、金属学	3	0.007%
水利	460	1.137%	其他	3	0.007%
机械、仪表	433	1.070%	航空航天	2	0.005%
基础医学	375	0.927%			

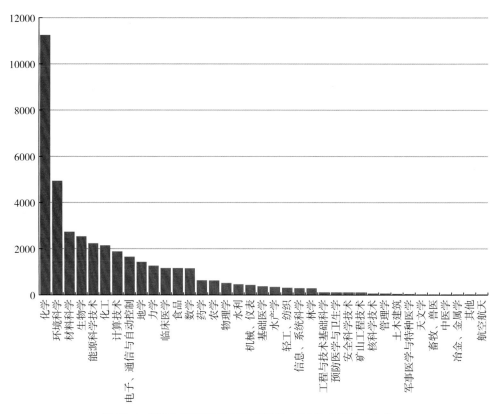

图 20-4　影响因子和总被引数都居前 1/10 的各学科论文数

40457 篇的论文由中国大陆 1346 个单位贡献，其中，高校（校园本部）33761 篇（占83.45%），研究院所 5215 篇（占 12.89%），医疗机构 1382 篇（占 3.04%），公司 87 篇（占0.2%）。各类单位发文数前 10 位如表 20-19、表 20-20 和表 20-21 所示。

表 20-19　论文篇数居前 10 位的高等院校

高等院校名称	论文篇数	排名
清华大学	1016	1
浙江大学	970	2
华中科技大学	726	3
哈尔滨工业大学	687	4
北京大学	686	5
天津大学	603	6
上海交通大学	592	7
中国科学技术大学	591	8
西安交通大学	573	9
华南理工大学	565	10
南京大学	565	10

表 20-20　论文篇数居前 10 位的研究院所

研究院所名称	论文篇数	排名
中国科学院生态环境研究中心	269	1
中国科学院化学研究所	212	2
中国科学院长春应用化学研究所	139	3
中国科学院大连化学物理研究所	129	4
中国科学院福建物质结构研究所	124	5
中国科学院地理科学与资源研究所	121	6
中国科学院上海有机化学研究所	115	7
国家纳米科学中心	106	8
中国科学院上海生命科学研究院	96	9
中国科学院上海硅酸盐研究所	94	10

表 20-21　论文篇数 9 篇以上的 11 个医疗机构

医疗机构名称	论文篇数	排名
四川大学华西医院	82	1
上海交通大学医学院仁济医院	46	2
中山大学附属肿瘤医院	42	3
上海交通大学医学院瑞金医院	32	4
浙江大学医学院附属第二医院	31	5
中南大学湘雅医院	30	6
四川大学华西口腔医院	27	7
华中科技大学附属协和医院	26	8
解放军总医院	25	9
上海交通大学医学院第九人民医院	25	9
上海交通大学医学院第六人民医院	25	9

20.2.5　中国作者在世界有影响的生命科学系列期刊中的发文情况

《自然出版指数》是以国际知名学术出版机构英国自然出版集团（Nature Publishing Group）的《自然》系列期刊在前一年所发表的论文为基础，衡量不同国家和研究机构的科研实力，并对往年的数据进行比较。该指数为评估科研质量提供了新渠道。

2019 年自然系列刊共 48 种，周刊 1 种，其余都是月刊，其中 18 种为评述刊。以国际知名学术出版机构英国自然出版集团的《自然》系列期刊中所发表的论义为基础，可衡量不同国家和研究机构在生命科学领域所取得的成果，以此数据作比较，还可显示各国在生命科学研究领域的国际地位。

2019 年，中国大陆作者在 40 种 *NATURE* 系列刊中发表 Article、Review 论文 1465 篇，比 2018 年的 1036 篇增加 429 篇，增长 41.4%。中国作者发表在自然系列刊物中的论文数占全部论文数 10968 篇的 13.4%，比 2018 年增加 3.3 个百分点。中国作者发表论文的 *NATURE* 系列期刊共 40 种。比 2018 年又增加 1 种。但仍有 8 种刊中无论文发表，有 4

种刊连续两年无论文发表，分别为：*NATURE REVIEWS DISEASE PRIMERS*、*NATURE REVIEWS GENETICS*、*NATURE REVIEWS NEUROSCIENCE*、*NATURE REVIEWS UROLOGY*。发文量最大的期刊仍是 *NATURE COMMUNICATIONS*，2019 年中国作者在此刊中发表了 970 篇论文，比 2018 年增加了 250 篇。中国发文量占期刊全部发文量的比例高于 5% 的期刊数由 20 种增到 30 种，比 2018 年增加 10 种，发文量 10 篇（含 10 篇）以上的期刊为 18 种，也比 2018 年增加 4 种。中国作者发表论文的期刊中，发表论文数占全部论文的百分比高于 10% 的期刊达到 14 种，如表 20–22 所示（按占比顺序排列）。

表 20–22　2019 年中国作者在 *NATURE* 系列期刊中的发文情况

期刊名称	全部论文篇数	中国论文篇数	比例
NATURE PLANTS	127	35	27.559%
NATURE CATALYSIS	112	28	25.000%
NATURE ELECTRONICS	56	12	21.429%
NATURE PHOTONICS	115	21	18.261%
NATURE COMMUNICATIONS	5469	970	17.736%
NATURE CELL BIOLOGY	135	23	17.037%
NATURE CHEMISTRY	124	19	15.323%
NATURE MATERIALS	162	23	14.198%
NATURE NANOTECHNOLOGY	141	20	14.184%
NATURE ENERGY	93	13	13.978%
NATURE CHEMICAL BIOLOGY	137	16	11.679%
NATURE REVIEWS CHEMISTRY	43	5	11.628%
NATURE REVIEWS RHEUMATOLOGY	46	5	10.870%
NATURE	903	92	10.188%
NATURE BIOMEDICAL ENGINEERING	72	7	9.722%
NATURE PHYSICS	190	18	9.474%
NATURE MICROBIOLOGY	236	21	8.898%
NATURE GENETICS	173	14	8.092%
NATURE PROTOCOLS	143	11	7.692%
NATURE BIOTECHNOLOGY	123	9	7.317%
NATURE ASTRONOMY	124	9	7.258%
NATURE REVIEWS MATERIALS	44	3	6.818%
NATURE REVIEWS ENDOCRINOLOGY	46	3	6.522%
NATURE NEUROSCIENCE	192	12	6.250%
NATURE HUMAN BEHAVIOUR	115	7	6.087%
NATURE IMMUNOLOGY	133	8	6.015%
NATURE ECOLOGY & EVOLUTION	175	10	5.714%
NATURE CONSERVATION-BULGARIA	36	2	5.556%
NATURE REVIEWS DRUG DISCOVERY	36	2	5.556%
NATURE GEOSCIENCE	154	8	5.195%
NATURE STRUCTURAL & MOLECULAR BIOLOGY	121	6	4.959%

续表

期刊名称	全部论文篇数	中国论文篇数	比例
NATURE REVIEWS CARDIOLOGY	43	2	4.651%
NATURE REVIEWS NEUROLOGY	47	2	4.255%
NATURE MEDICINE	201	8	3.980%
NATURE REVIEWS IMMUNOLOGY	52	2	3.846%
NATURE REVIEWS MICROBIOLOGY	53	2	3.774%
NATURE CLIMATE CHANGE	133	5	3.759%
NATURE REVIEWS CLINICAL ONCOLOGY	41	1	2.439%
NATURE REVIEWS MOLECULAR CELL BIOLOGY	44	1	2.273%
NATURE METHODS	155	2	1.290%
NATURE SUSTAINABILITY	118	0	0.000%
NATURE REVIEWS GASTROENTEROLOGY & HEPATOLOGY	43	0	0.000%
NATURE REVIEWS GENETICS	45	0	0.000%
NATURE REVIEWS DISEASE PRIMERS	39	0	0.000%
NATURE REVIEWS NEUROSCIENCE	50	0	0.000%
NATURE REVIEWS CANCER	43	0	0.000%
NATURE REVIEWS NEPHROLOGY	42	0	0.000%
NATURE REVIEWS UROLOGY	43	0	0.000%

数据来源：SCIE 2019。

2019 年，中国作者发表在 *NATURE* 系列刊中 Article、Review 的论文 1465 篇。其中，中国高等院校 181 所（仅计校园本部）作者发表 1072 篇，占 73.2%；研究院所 91 个发表 348 篇，占 23.8%；医疗机构 17 个发表 36 篇，占 2.5%；发表 10 篇（含 10 篇）以上的单位 33 个，与 2018 年相比增加 12 个，其中中国高等院校 23 个，研究机构 8 个，医疗机构 2 个。发表单位如表 20–23 所示。

表 20–23   2019 年 *NATURE* 系列刊中发表 10（含 10 篇）篇以上论文单位

单位名称	论文篇数	单位名称	论文篇数	单位名称	论文篇数
清华大学	102	苏州大学	23	中国农业大学	13
北京大学	69	武汉大学	22	吉林大学	12
南京大学	56	中科院物理所	18	上海科技大学	12
中国科学技术大学	55	上海交通大学	17	南京工业大学	11
浙江大学	47	南开大学	16	浙江大学第二医院	11
复旦大学	38	中科院上海有机化学所	16	北京理工大学	10
中科院上海生命科学院	34	上海交通大学仁济医院	15	华东理工大学	10
华中科技大学	30	天津大学	15	华中农业大学	10
厦门大学	29	中科院大连化物所	15	中国工程物理院	10
中科院化学所	26	南方科技大学	14	中科院大学	10
中山大学	24	国家纳米科学中心	13	中科院遗传与发育所	10

20.2.6　极高影响国际期刊中的发文数仍领先其他金砖国家

所谓世界极高影响的期刊是指一年中总被引数大于 10 万次，影响因子超过 30 的国际期刊。2019 年这类期刊数与 2018 年相同，仍为 8 种，如表 20-24 所示。但这 8 种极高影响的期刊，其总被引数和影响因子都有不同程度的提升，世界影响进一步扩大。能在此类期刊中发表的论文，被引用数都比较高，影响也较大。2019 年，中国大陆第一作者在此 8 种期刊中（仅计 Article、Review）发表论文 255 篇，比 2018 年增加 4 篇。255 篇论文分布于大陆 118 个单位，发表的单位数比 2018 年增加 3 个。发表大于 2（含 2）篇的单位为 49 个，高等院校（仅计校园本部）27 所，科研院所 17 个，大学附属医院 5 个，如表 20-25 所示。

表 20-24　2019 年 8 种刊物的主要文献计量指标

期刊名称	总被引次数	影响因子	论文篇数	中国大陆论文篇数	比例	篇均引文数	引用刊数
CELL	258178	38.637	432	26	0.060%	78.1	4529
CHEM REV	200014	52.758	209	27	0.129%	451.0	2295
CHEM SOC REV	150703	42.846	299	58	0.194%	215.7	1994
JAMA-J AM MED ASSOC	158632	45.540	200	3	0.015%	42.0	4906
LANCET	256199	60.392	275	6	0.022%	64.5	5766
NATURE	767209	42.778	903	69	0.076%	49.8	8452
NEW ENGNL J MED	347451	74.699	328	6	0.018%	36.4	5256
SCIENCE	699842	41.845	774	60	0.078%	60.5	8973

注：比例为中国大陆论文数占全部论文数的比例，论文数仅计 Article 和 Review。
数据来源：JCR 2019。

表 20-25　2019 年 8 个顶级期刊中发表 2 篇以上的大陆单位

单位名称	论文篇数	单位名称	论文篇数
清华大学	27	西北工业大学	3
北京大学	15	中国科学院上海有机化学研究所	3
中国科学技术大学	10	中国科学院生物物理研究所	3
浙江大学	8	中山大学	3
中国科学院上海生命科学研究院	8	北京航空航天大学	2
南京大学	7	北京化工大学	2
复旦大学	6	东北师范大学	2
中国科学院物理研究所	5	济南大学	2
华中科技大学	4	军事医科院毒物药物所	2
南开大学	4	南方医科大学附属南方医院	2
上海科技大学	4	南京工业大学	2
深圳大学	4	山东大学	2
天津大学	4	上海交通大学	2
西安交通大学	4	上海交通大学医学院附属瑞金医院	2
福州大学	3	四川大学华西医院	2
湖南大学	3	苏州大学	2

续表

单位名称	论文篇数	单位名称	论文篇数
武汉大学	2	中国科学院上海硅酸盐研究所	2
浙江大学医学院附属邵逸夫医院	2	中国科学院深圳先进技术研究院	2
郑州轻工业学院	2	中国科学院遗传与发育生物学研究所	2
中国科学院北京基因组研究所	2	中国科学院长春应用化学研究所	2
中国科学院动物研究所	2	中国科学院植物研究所	2
中国科学院古脊椎动物与古人类研究所	2	中国农业大学	2
中国科学院国家天文台	2	中南大学	2
中国科学院化学研究所	2	中山大学附属肿瘤医院	2
中国科学院南京地质古生物研究所	2		

数据来源：SCI 2019。

2019 年，从在金砖五国的发文量看，中国大陆在 8 刊的各刊发文量都是最高的，可以说，中国大陆的重大基础研究产出量大大高于金砖其他 4 国，如表 20–26 所示。但与美国相比，也还有较大的差距。

表 20–26　2019 年金砖五国和美国的发文数

期刊名称	美国	中国	印度	巴西	南非	俄罗斯
CELL	419	57	6	5	3	6
CHEM REV	105	44	6	3	1	1
CHEM SOC REV	57	90	1	0	0	4
JAMA J AM MED ASSOC	912	25	5	12	5	5
LANCET	518	170	51	26	7	3
NATURE	1066	200	25	22	47	22
NEW ENGL J MED	919	42	29	33	4	5
SCIENCE	1077	168	24	43	29	7

注：以上各国论文数（Article、Review）含非第一作者数，中国各刊数中还含大陆外地区数。

20.2.7　中国作者的国际论文吸收外部信息的能力继续增强

论文的参考文献数，即引文数，是论文吸收外部信息量大小的标示，也是评价论文翔实情况的指标，对外部信息了解愈多，吸收外部信息能力愈强，才能正确评价自己的论文在同学科中的位置。参考文献事关出版伦理和学术道德，表现科学研究的水平、严谨和延续性，参考文献还事关作者的写作素养和写作态度。因此，重视参考文献的数量和列入文献中是很重要的事情。

2019 年，中国大陆作者发表了 425870 篇论文。其中 Article 408051 篇，篇均引文数为 40.3 篇，与 2018 年发表的论文相比，Article 的均引文数增加了 1.30 篇；Review 17819 篇，篇均引文数达 97.0，与 2018 年发表的论文相比，Review 的均引文数增加 4.70 篇。就其 2010—2019 年看，Article 的平均引文数依次为 28.5 篇、29.8 篇、31.3 篇、32.4 篇、33.6 篇、35.0 篇、36.2 篇、37.4 篇、39.0 篇和 40.3 篇；Review 的平均引文数依次为 77.5 篇、79.8 篇、80.4 篇、82.8 篇、86.5 篇、87.7 篇、87.4 篇、90.1 篇、92.3 篇和 97.0 篇，如图 20–5 所示。Article、Review 的平均引文数都呈直线上升。

从中国科学技术信息研究所对自然科学科技论文划分的 40 个学科看，2019 年发表的 Article 论文中，仍有 38 个学科的平均引文数超 30 篇，仅 2 个学科稍低于 30 篇，如表 20-27 所示。引文数高达 500 篇的 Article 有 8 篇，中科院微生物所的一篇论文的引文数达 2947 篇，其题目为 *Notes，outline and divergence times of Basidiomycota*。2019 年发表的 Review 中，平均引文数超百篇的学科达 15 个，比 2018 年减少 1 个。超 70 篇（国际均水平）的学科有 29 个，如表 20-28 所示。引文数超 500 篇的 Review 51 篇，引文数最高的一篇达 1990 篇，为华南农业大学发表，题目为 *Cocatalysts for Selective Photoreduction of* CO_2 *into Solar Fuels*，不管是 Article 还是 Review，显示出中国作者 SCI 论文吸收外部信息的能力持续增高，可读水平也不错。

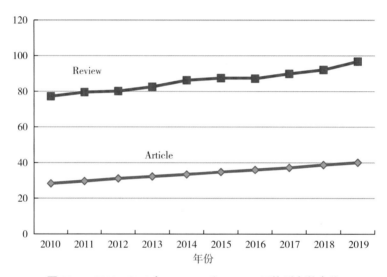

图 20-5　2010—2019 年 Article 和 Review 平均引文数变化

表 20-27　2019 年各学科 Article 类论文平均引文数

学科	平均引文数	学科	平均引文数	学科	平均引文数
天文学	57.336	食品	41.452	畜牧、兽医	36.489
测绘科学技术	55.000	安全科学技术	40.607	军事医学与特种医学	35.771
林学	54.300	其他	40.286	动力与电气	35.683
地学	52.129	计算技术	39.226	信息、系统科学	34.908
水产学	50.864	力学	38.878	工程与技术基础科学	34.541
环境科学	50.806	预防医学与卫生学	38.611	临床医学	34.339
农学	47.379	轻工、纺织	38.440	电子、通信与自动控制	33.338
化学	45.646	中医学	38.250	航空航天	32.707
管理学	44.489	材料科学	38.047	机械、仪表	31.641
矿山工程技术	43.499	交通运输	38.022	冶金、金属学	31.251
化工	43.459	土木建筑	37.815	核科学技术	29.609
水利	43.002	药学	37.569	数学	29.466
生物学	42.726	基础医学	37.311		
能源科学技术	42.179	物理学	37.138		

数据来源：SCIE 2019。

表 20-28　2019 年各学科 Review 类论文平均引文数

学科	平均引文数	学科	平均引文数	学科	平均引文数
力学	148.686	农学	100.843	基础医学	80.898
材料科学	141.915	矿山工程技术	100.063	管理学	73.857
化学	136.530	林学	99.667	预防医学与卫生学	72.244
化工	135.880	电子、通信与自动控制	94.885	其他	67.813
物理学	132.852	计算技术	94.874	军事医学与特种医学	61.677
能源科学	128.543	水产学	94.769	中医学	61.191
地学	126.068	冶金、金属学	94.107	临床医学	57.013
环境科学	121.750	机械、仪表	93.410	轻工、纺织	54.185
食品	120.933	天文学	92.500	信息、系统科学	53.250
动力与电气	111.364	水利	89.492	数学	49.049
生物学	105.999	航空航天	86.212	核科学技术	48.643
药学	103.346	畜牧、兽医	82.737	安全科学技术	47.667
土木建筑	101.511	工程与技术基础科学	81.912	交通运输	46.882

数据来源：SCIE 2019。

20.2.8　以我为主的国际合作论文数正不断增加

国际合作是完成国际重大科技项目和计划必然要采取的方式，中国作为科技发展中国家，经多年的努力，已取得举世瞩目的成就，但还需通过国际合作来提升国家的科学技术水平和科技的国际地位。而在合作研究中，最能反映一个国家研究实力和水平的还是以我为主的研究，经多年的努力工作，随着中国科技实力的增强，中国在国际的影响力的提高，以我为主，参与中国的合作研究项目增多，中国科技工作者已发表了相当数量的以我为主的合作论文。

2019 年，中国产生的国际合作论文数（仅计 Article 和 Review 两类文献）为 130119 篇，其中，以我为主的合作论文数是 96151 篇，占全部合作论文的 73.9%。比 2018 年增长 3.4 个百分点。合作论文数比 2018 年的 104460 篇增加 25659 篇，增长 24.6%，以我为主的论文数由 73684 篇增加到 96151 篇，增加 22467 篇，增长 30.5%。这些论文分布在中国大陆的 31 个省（市、自治区），如表 20-29 所示。合作论文数多的地区仍是科技相对发达、科技人员较多、高校和科研机构较为集中的地区，北京和江苏省就各产生了这类论文超万篇，两地的合作论文数就占全国 31 个省（市、自治区）的 27.8%。论文数居前 5 位的地区，以我为主的合作论文总数达 49932 篇，占全国的该类论文比超过一半以上，占全部的 51.9%。临近香港的广东省，具有便利的地区优势，与海外机构合作研究机会也多，产生的这类论文数进入全国前 5 位。全国 31 个省（市、自治区）都有以我为主的国际合作论文发表。也就是说，各地区都有自己特有的学科优势来吸引海外人士参与合作研究。

表 20-29   2019 年以我为主的国际合作论文的地区分布

地区	论文篇数	比例	地区	论文篇数	比例	地区	论文篇数	比例
北京	16044	16.686%	天津	2734	2.843%	河北	717	0.746%
江苏	10706	11.135%	福建	2442	2.540%	广西	690	0.718%
广东	8984	9.344%	安徽	2368	2.463%	贵州	418	0.435%
上海	8201	8.529%	黑龙江	2094	2.178%	新疆	362	0.376%
湖北	5997	6.237%	海南	1943	2.021%	重庆	210	0.218%
陕西	5157	5.363%	吉林	1884	1.959%	内蒙古	197	0.205%
浙江	5102	5.306%	河南	1642	1.708%	宁夏	92	0.096%
四川	4115	4.280%	山西	962	1.001%	青海	62	0.064%
山东	3949	4.107%	云南	931	0.968%	西藏	14	0.015%
湖南	3360	3.495%	甘肃	922	0.959%			
辽宁	2939	3.057%	江西	913	0.950%			

数据来源：SCI 2019。

2019 年，从以我为主的国际合作论文的学科分布看，SCI 论文数多的学科合作论文数也多。与 2018 年相比，合作论文数排在前 10 位的学科变化不大，化学，生物学，物理学，临床医学，材料科学和电子、通信与自动控制仍居前 6 位，与 2018 年相同，前6 个学科的以我为主的合作论文数达 50236 篇，占总数 96151 的 52.2%。除所划分的自然科学学科中都有此类论文发表外，自然科学与社会科学交叉的教育学和经济学等学科也有该类论文发表。除发表超万篇的学科外，发表千篇以上的学科由 2018 年的 17 个增到 19 个，如表 20-30 和图 20-6 所示。

表 20-30   2019 年以我为主的国际合作论文的学科分布

学科名称	论文篇数	学科名称	论文篇数	学科名称	论文篇数
化学	11498	药学	1938	林学	472
生物学	10071	土木建筑	1626	畜牧、兽医	389
电子、通信与自动控制	7819	农学	1572	核科学技术	367
临床医学	7197	预防医学与卫生学	1544	轻工、纺织	259
物理学	7005	力学	1248	水产学	258
材料科学	6646	机械、仪表	1234	航空航天	240
地学	6004	食品	1126	冶金、金属学	219
环境科学	5382	天文学	1001	动力与电气	201
计算技术	5346	水利	665	矿山工程技术	191
基础医学	3855	信息、系统科学	557	其他	170
能源科学技术	3120	交通运输	524	中医学	144
数学	2741	工程与技术基础科学	512	军事医学与特种医学	142
化工	2280	管理学	486	安全科学技术	102

数据来源：SCIE 2019。

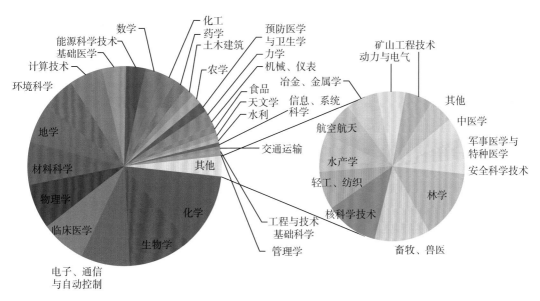

图 20-6　2019 年以我为主的国际合作论文的学科分布

2019 年，以我为主国际合作研究发表论文 96151 篇的大陆单位近 2200 个，其中，发表论文的高校 840 所（仅为校园本部，不含附属机构）共计 76482 篇，占全部的 79.5%，研究单位 522 个，共计 10367 篇，占全部论文的 10.8%；医疗机构 612 个，发表论文 8986 篇，占比 9.7%；另有 150 个公司等部门也发表了以我为主的国际合作论文 316 篇。

以我为主发表论文的高校论文 76482 篇，比 2018 年增加 17605 篇，发表 1000 篇以上的高校由 2018 年的 5 个增加到 10 个，除千篇高校外，大于 500 篇的高校数保持 35 个，如表 20-31 所示。

表 20-31　2019 年以我为主国际合作论文数大于 500 篇的高等院校

高等院校	论文篇数	高等院校	论文篇数	高等院校	论文篇数
浙江大学	1915	同济大学	905	中国农业大学	679
清华大学	1844	西北工业大学	897	武汉理工大学	620
上海交通大学	1415	北京航空航天大学	866	中国地质大学武汉	611
北京大学	1317	大连理工大学	863	西北农林科技大学	607
西安交通大学	1297	深圳大学	848	东北大学	603
华中科技大学	1295	吉林大学	826	江南大学	602
哈尔滨工业大学	1203	山东大学	812	江苏大学	588
天津大学	1152	南京大学	801	南京航空航天大学	585
中山大学	1107	复旦大学	774	上海大学	584
中南大学	1048	重庆大学	774	北京师范大学	564
电子科技大学	982	北京理工大学	755	南京信息工程大学	561
武汉大学	967	四川大学	741	苏州大学	558
中国科学技术大学	941	厦门大学	714	河海大学	557
华南理工大学	932	北京科技大学	706	华中农业大学	532
东南大学	927	湖南大学	691	南京理工大学	520

以我为主国际合作研究产生论文的研究机构 522 个，共计 10367 篇，比 2018 年增加 2008 篇，占全部论文的 10.8%，论文数不少于百篇的研究机构由 2018 年的 13 个增到 25 个，除中国工程物理研究院和中国疾病预防控制中心外，都是中科院所属机构。中国科学院深圳先进技术研究院发表数 210 篇，位居第一，如表 20-32 所示。

表 20-32　2019 年以我为主国际合作论文数不少于 100 篇的研究机构

研究机构	论文篇数	研究机构	论文篇数
中科院深圳先进技术研究院	210	中科院昆明植物研究所	116
中科院合肥物质科学研究院	189	中科院遥感与数字地球研究所	114
中科院生态环境研究中心	185	中科院宁波材料技术与工程研究所	113
中科院地理科学与资源研究所	184	中科院国家天文台	110
中科院地质与地球物理研究所	180	中国疾病预防控制中心	108
中国工程物理研究院	169	中科院新疆生态与地理研究所	104
中科院物理研究所	164	中科院东北地理与农业生态研究所	103
中科院大气物理研究所	138	中科院化学研究所	103
中国林业科学研究院	135	中科院长春应用化学研究所	103
中科院上海生命科学研究院	130	中科院南京地质古生物研究所	101
中科院高能物理研究所	122	中科院上海硅酸盐研究所	101
中科院广州地球化学研究所	121	中科院金属研究所	100
中科院北京纳米能源与系统研究所	119		

发表以我为主合作论文的医疗机构 612 个，共计 8986 篇，占 9.7%。医院数由 2018 年的 629 个减至 612 个，减少 17 个，论文数由 6062 篇增到 8986 篇，增加 2924 篇，论文数不少于 50 篇的医院由 30 个增至 53 个，如表 20-33 所示。四川大学华西医院发表论文 326 篇，位居第一。

表 20-33　2019 年以我为主国际合作论文数不少于 50 篇的医疗机构

医疗机构	论文篇数	医疗机构	论文篇数
四川大学华西医院	326	中国医学科学院肿瘤医院	77
中南大学湘雅医院	180	中国医学科学院阜外医院	74
北京协和医院	153	温州医科大学第二医院	73
中南大学湘雅二医院	148	广东省人民医院	72
华中科技大学同济医院	139	广州医科大学第一医院	72
吉林大学白求恩第一医院	137	浙江大学邵逸夫医院	72
上海交通大学瑞金医院	132	南京大学鼓楼医院	69
解放军总医院	128	天津医科大学总医院	69
中山大学第一医院	118	北京大学第三医院	67
上海交通大学仁济医院	116	上海交通大学第六人民医院	67
浙江大学第二医院	116	中国医科大学第一医院	67
郑州大学第一医院	116	北京大学肿瘤医院	66
浙江大学第一医院	115	中山大学孙逸仙纪念医院	66

续表

医疗机构	论文篇数	医疗机构	论文篇数
华中科技大学协和医院	111	温州医科大学第一医院	65
复旦大学华山医院	108	首都医科大学北京同仁医院	63
西安交通大学第一医院	102	苏州大学第一医院	63
首都医科大学北京宣武医院	100	复旦大学肿瘤医院	62
四川大学华西口腔医院	99	上海交通大学新华医院	62
南京医科大学第一医院	97	同济大学第十人民医院	62
北京大学第一医院	95	首都医科大学北京安贞医院	60
复旦大学中山医院	95	中南大学湘雅三医院	57
中山大学肿瘤医院	93	北京大学人民医院	56
南方医科大学南方医院	92	陆军军医大学西南医院	56
中山大学第三医院	88	山东省立医院	55
上海交通大学第九人民医院	87	空军军医大学西京医院	53
重庆医科大学第一医院	85	上海交通大学第一人民医院	50
武汉大学中南医院	84		

20.2.9　中国作者在国际更多的期刊中发表了热点论文

2019 年，中国大陆作者发表论文（Article、Review）425870 篇，比 2018 年 357603 篇增加 68267 篇，增长 19.1%，当年即得到引用的论文 276261 篇，比 2018 年增加 68955 篇，增长 33.3%。2019 年论文被引比例达 64.9%，比 2018 年增加 6.9 个百分点。论文当年发表后即被引用，一般来说都是当前大家关注的研究热点。

期刊论文当年发表当年即被引用的次数与期刊全部论文之比计量学名词叫即年指标（IMM），即篇均被引数，论文发表快速被人们引用，应该说这类论文反映的是研究热点或是当前大家较为关注的研究，也显示论文的实际影响。如果发表论文的当年被引数超过期刊论文的篇均被引数值，说明这是些活跃的热点论文。2019 年，中国大陆即年得到引用的 276261 篇论文中，有 246075 篇论文的被引数超过期刊的篇均被引数，占比高达 89.1%。

2019 年，中国发表的论文中，被引数高于 IMM 的期刊为 6849 种，比 2018 年 6250 种增加 599 种。发表数大于 100 篇的期刊有 513 种，其中大于 1000 篇的期刊有 16 种，大于 500 篇的期刊有 69 种，如表 20-34 所示。在中国论文被引数大于期刊 IMM 的篇数大于 500 篇的 69 种期刊中，占全部期刊论文数的百分比大都已超 50%，*SENSORS AND ACTUATORS B-CHEMICA* 的该数值更高达 84.4%。说明中国作者发表于该类期刊的论文具有较高的影响，可以说，该类期刊的影响因子值的提升是中国这类论文做出的贡献。

表 20–34　2019 年中国作者热点论文数大于 500 篇的期刊

期刊名称	期刊论文数	论文篇数[*]	比例
IEEE ACCESS	10121	4682	46.260%
JOURNAL OF ALLOYS AND COMPOUNDS	2860	2168	75.804%
ACS APPLIED MATERIALS & INTERFACES	2718	2026	74.540%
SCIENCE OF THE TOTAL ENVIRONMENT	2460	1982	80.569%
APPLIED SURFACE SCIENCE	2009	1585	78.895%
RSC ADVANCES	2627	1545	58.812%
CHEMICAL ENGINEERING JOURNAL	1667	1362	81.704%
JOURNAL OF MATERIALS CHEMISTRY A	1750	1340	76.571%
SENSORS	2081	1339	64.344%
SCIENTIFIC REPORTS	2400	1330	55.417%
APPLIED SCIENCES-BASEL	2165	1289	59.538%
JOURNAL OF CLEANER PRODUCTION	1570	1280	81.529%
CERAMICS INTERNATIONAL	1815	1120	61.708%
CHEMICAL COMMUNICATIONS	1570	1082	68.917%
OPTICS EXPRESS	1536	1062	69.141%
MEDICINE	2858	1060	37.089%
MOLECULES	1397	953	68.218%
SUSTAINABILITY	2336	953	40.796%
MATERIALS	1493	933	62.492%
ENVIRONMENTAL SCIENCE AND POLLUTION RESEARCH	1296	921	71.065%
ENERGIES	1566	913	58.301%
REMOTE SENSING	1275	896	70.275%
CHEMOSPHERE	1132	885	78.180%
ELECTROCHIMICA ACTA	1103	880	79.782%
NANOSCALE	1179	870	73.791%
INTERNATIONAL JOURNAL OF BIOLOGICAL MACROMOLECULES	1151	868	75.413%
MATERIALS RESEARCH EXPRESS	2048	814	39.746%
ACS SUSTAINABLE CHEMISTRY & ENGINEERING	1091	806	73.877%
BIORESOURCE TECHNOLOGY	955	798	83.560%
INTERNATIONAL JOURNAL OF HYDROGEN ENERGY	1173	798	68.031%
SENSORS AND ACTUATORS B-CHEMICAL	929	784	84.392%
JOURNAL OF CELLULAR BIOCHEMISTRY	1235	771	62.429%
FUEL	994	752	75.654%
ANGEWANDTE CHEMIE-INTERNATIONAL EDITION	927	748	80.690%
ORGANIC LETTERS	974	738	75.770%
CONSTRUCTION AND BUILDING MATERIALS	1145	731	63.843%
INTERNATIONAL JOURNAL OF ENVIRONMENTAL RESEARCH AND PUBLIC HEALTH	1222	725	59.329%
JOURNAL OF MATERIALS CHEMISTRY C	1004	716	71.315%
ENERGY	999	707	70.771%

续表

期刊名称	期刊论文数	论文篇数*	比例
ONCOLOGY LETTERS	1165	701	60.172%
NATURE COMMUNICATIONS	916	697	76.092%
JOURNAL OF AGRICULTURAL AND FOOD CHEMISTRY	890	694	77.978%
EUROPEAN REVIEW FOR MEDICAL AND PHARMACOLOGICAL SCIENCES	1121	692	61.731%
BIOCHEMICAL AND BIOPHYSICAL RESEARCH COMMUNICATIONS	993	687	69.184%
JOURNAL OF CELLULAR PHYSIOLOGY	1130	672	59.469%
NEW JOURNAL OF CHEMISTRY	944	664	70.339%
INDUSTRIAL & ENGINEERING CHEMISTRY RESEARCH	931	662	71.106%
JOURNAL OF COLLOID AND INTERFACE SCIENCE	851	655	76.968%
MOLECULAR MEDICINE REPORTS	1056	655	62.027%
ANALYTICAL CHEMISTRY	839	636	75.805%
PLOS ONE	1287	626	48.640%
ENVIRONMENTAL POLLUTION	849	624	73.498%
POLYMERS	852	624	73.239%
BIOMEDICINE & PHARMACOTHERAPY	953	601	63.064%
ONCOTARGETS AND THERAPY	947	601	63.464%
JOURNAL OF PHYSICAL CHEMISTRY C	833	596	71.549%
JOURNAL OF MATERIALS SCIENCE-MATERIALS IN ELECTRONICS	999	592	59.259%
MATERIALS LETTERS	1083	592	54.663%
EXPERIMENTAL AND THERAPEUTIC MEDICINE	1065	582	54.648%
FOOD CHEMISTRY	806	574	71.216%
PHYSICA A-STATISTICAL MECHANICS AND ITS APPLICATIONS	884	566	64.027%
FRONTIERS IN MICROBIOLOGY	844	559	66.232%
JOURNAL OF HAZARDOUS MATERIALS	686	554	80.758%
APPLIED CATALYSIS B-ENVIRONMENTAL	685	540	78.832%
ADVANCED FUNCTIONAL MATERIALS	677	539	79.616%
ECOTOXICOLOGY AND ENVIRONMENTAL SAFETY	751	537	71.505%
INTERNATIONAL JOURNAL OF ADVANCED MANUFACTURING TECHNOLOGY	823	520	63.183%
INTERNATIONAL JOURNAL OF HEAT AND MASS TRANSFER	846	520	61.466%
JOURNAL OF POWER SOURCES	629	511	81.240%

* 高于期刊 IMM 的中国论文数。

2019 年，中国大陆作者的论文即年被引数高于期刊 IMM 的论文分布在我们所划分的 39 个学科中，论文数超万篇的学科为 8 个，比 2018 年增加 2 个。论文数居多的学科与 2018 年基本相同，化学、生物学、物理、临床医学和材料科学仍处于前 5 位。超 1000 篇的学科为 15 个，如表 20-35 所示。

表 20-35 2019 年热点论文的学科分布

学科	论文篇数	学科	论文篇数	学科	论文篇数
化学	41233	数学	4728	核科学技术	838
生物学	27574	食品	3436	航空航天	827
材料科学	20357	土木建筑	3348	林学	794
临床医学	19787	机械、仪表	3329	交通运输	709
物理学	19605	农学	3006	信息、系统科学	684
电子、通信与自动控制	15186	力学	2783	水产学	639
基础医学	11496	预防医学与卫生学	2738	管理学	638
环境科学	11258	水利	1322	中医学	588
地学	9694	工程与技术基础科学	1158	动力与电气	586
药学	8419	畜牧、兽医	1064	矿山工程技术	470
计算技术	8413	天文学	996	军事医学与特种医学	305
能源科学技术	8302	轻工、纺织	938	安全科学技术	179
化工	7634	冶金、金属学	857	其他	157

数据来源：SCIE 2019。

20.2.10 中国在主要产出学术成果的各类实验室发表论文状况

2019 年，中国的 SCI 论文（Article、Review）共计 425870 篇，中国各类实验室发表的论文数为 127952 篇，占 30%。全部论文被引用 1 次以上的论文数为 276261 篇，被引率为 64.9%，中国各类实验室发表的论文篇数为 127952 篇，被引数 1 次以上的论文为 103918 篇，被引率为 70.3%，实验室论文的被引率高于全国 5.4 个百分点。实验室被引率也比 2018 年高出 6.6 个百分点。

从发表论文的地区分布看，大陆 31 个省（市、自治区）都有产生于实验室的论文。高等院校、研究所多拥有实验室数量高的地区论文数大。北京、江苏、上海和广东地区产生的实验室论文数超万篇。论文的地区分布还十分不均，由于资源配置、人才不均等情况差别大，近期还会维持这种状况，如表 20-36 所示。

每个学科基本都有论文发表，从发表数量看，化学、生物、材料和物理学科实验室的发表量已超万篇。除万篇外，超千篇的学科也有 17 个，如表 20-38 所示。

表 20-36 中国各类实验室论文的地区分布

地区	论文篇数	比例	地区	论文篇数	比例	地区	论文篇数	比例
北京	26424	17.872%	湖南	4302	2.910%	云南	1354	0.916%
江苏	15308	10.354%	吉林	4141	2.801%	山西	1318	0.891%
上海	11644	7.875%	安徽	3876	2.622%	新疆	821	0.555%
广东	10093	6.826%	黑龙江	3658	2.474%	贵州	781	0.528%
湖北	9454	6.394%	重庆	3605	2.438%	海南	610	0.413%
陕西	8722	5.899%	福建	3173	2.146%	内蒙古	341	0.231%
山东	6715	4.542%	甘肃	2580	1.745%	青海	275	0.186%
四川	6116	4.137%	河南	1978	1.338%	宁夏	175	0.118%
浙江	5822	3.938%	河北	1486	1.005%	西藏	6	0.004%
天津	5702	3.857%	江西	1466	0.992%			
辽宁	4497	3.042%	广西	1408	0.952%			

数据来源：SCIE 2019。

147851 篇实验室论文分布于大陆 236 个城市，发表 500 篇以上的城市 38 个，38 个城市中，上万篇 3 个城市为北京、上海和南京；上千篇的城市有 25 个；大于 500 篇的城市有 38 个，如表 20-37 所示。

表 20-37　中国各类实验室论文数大于 500 篇的城市分布

城市	论文篇数	比例	城市	论文篇数	比例	城市	论文篇数	比例
北京	26424	17.872%	合肥	3390	2.293%	苏州	1221	0.826%
上海	11644	7.875%	青岛	3293	2.227%	太原	1194	0.808%
南京	10253	6.935%	兰州	2565	1.735%	咸阳	883	0.597%
武汉	9145	6.185%	大连	2488	1.683%	郑州	763	0.516%
广州	7710	5.215%	济南	2306	1.560%	贵阳	676	0.457%
西安	7669	5.187%	沈阳	1849	1.251%	南宁	660	0.446%
天津	5702	3.857%	深圳	1835	1.241%	宁波	642	0.434%
成都	5395	3.649%	福州	1656	1.120%	桂林	635	0.429%
杭州	4572	3.092%	无锡	1475	0.998%	海口	570	0.386%
长春	3986	2.696%	厦门	1425	0.964%	乌鲁木齐	569	0.385%
重庆	3605	2.438%	南昌	1315	0.889%	秦皇岛	567	0.383%
长沙	3532	2.389%	昆明	1310	0.886%	湘潭	541	0.366%
哈尔滨	3487	2.358%	徐州	1251	0.846%			

表 20-38　中国各类实验室论文的学科分布

学科	论文篇数	比例	学科	论文篇数	比例
化学	30878	20.885%	水产学	1028	0.695%
生物学	18625	12.597%	畜牧、兽医	876	0.592%
材料科学	14822	10.025%	林学	646	0.437%
物理学	14174	9.587%	数学	640	0.433%
地学	7943	5.372%	轻工、纺织	623	0.421%
电子、通信与自动控制	7164	4.845%	工程与技术基础科学	593	0.401%
环境科学	6744	4.561%	冶金、金属学	571	0.386%
临床医学	5923	4.006%	核科学技术	563	0.381%
基础医学	5126	3.467%	天文学	545	0.369%
化工	5053	3.418%	航空航天	414	0.280%
能源科学技术	4932	3.336%	交通运输	382	0.258%
药学	3458	2.339%	动力与电气	374	0.253%
计算技术	3000	2.029%	矿山工程技术	282	0.191%
农学	2369	1.602%	信息、系统科学	183	0.124%
机械、仪表	1989	1.345%	中医学	176	0.119%
食品	1874	1.267%	军事医学与特种医学	143	0.097%
土木建筑	1707	1.155%	管理学	75	0.051%
力学	1608	1.088%	安全科学技术	55	0.037%
预防医学与卫生学	1166	0.789%	其他	34	0.023%
水利	1093	0.739%			

数据来源：SCIE 2019。

　　中国的各类实验室数量已十分庞大，仅就 2019 年发表论文的数量看，大约有 14000 多个各类大小实验室发表论文，发表 50 篇以上的实验室 608 个。其中，大于 100 篇的 279 个，大于 300 篇的 33 个，如表 20-39 所示。在大于 300 篇的 33 个实验室中，篇均被引数最高的仍是 *State Key Lab Adv Technol Mat Synth & Proc*，论文平均被引数达 9 次，比 2018 年提高 2 次；发表论文的期刊平均影响因子、篇均引文数和篇均即年指标最高的都是 *Beijing Natl Lab Mol Sci*，平均影响因子达 9.818；篇均引文数高达 58.1；篇均即年指标为 2.261。2019 年，全国论文平均被引数为 2.8，实验室为 3.5，发表论文期刊影响因子，全国为 3.812，实验室为 4.126。实验室发表的论文这两个指标都高于全国平均水平。

表 20-39　中国发表论文 300 篇以上的实验室各类指标

实验室名称	论文篇数	篇均被引次数	篇均影响因子	篇均即年指标	篇均引文数
State Key Lab Food Sci & Technol	783	4	4.597	1.168	48.7
State Key Lab Fine Chem	592	5	6.309	1.554	53.9
Hefei Natl Lab Phys Sci Microscale	565	6	7.854	1.824	49.5
State Key Lab Chem Engn	554	4	5.399	1.346	49.8
State Key Lab Heavy Oil Proc	517	4	5.666	1.479	51.3
State Key Lab Chem Resource Engn	467	5	6.175	1.569	50.1
Wuhan Natl Lab Optoelect	447	4	5.943	1.364	40.3
State Key Lab Solidificat Proc	440	3	4.415	1.173	39.9
State Key Lab Petr Resources & Prospecting	422	3	3.287	0.948	53.6
State Key Lab Oil & Gas Reservoir Geol & Exploita	417	3	3.319	0.906	45.6
State Key Lab Polymer Mat Engn	417	4	5.117	1.289	50.1
State Key Lab Oncol South China	414	3	6.507	1.636	33.0
State Key Lab Adv Technol Mat Synth & Proc	389	9	7.605	1.849	51.3
State Key Lab Pollut Control & Resource Reuse	382	5	6.396	1.574	52.3
State Key Lab Mat Oriented Chem Engn	379	5	6.049	1.535	51.6
Natl Lab Solid State Microstruct	366	5	6.738	1.569	48.4
State Key Lab Integrated Optoelect	364	4	4.920	1.187	41.3
State Key Lab Powder Met	364	4	4.947	1.302	40.4
State Key Lab Oral Dis	359	2	3.799	0.852	54.0
State Key Lab Mech Behav Mat	352	5	5.920	1.412	45.5
State Key Joint Lab Environm Simulat & Pollut Con	350	5	6.550	1.628	54.3
State Key Lab Elect Insulat & Power Equipment	349	2	3.646	0.865	34.2
State Key Lab Elect Thin Films & Integrated Devic	337	3	4.343	1.053	35.1
State Key Lab Mech Transmiss	334	4	3.654	0.963	37.1
State Key Lab Informat Photon & Opt Commun	332	5	3.333	0.806	37.1
State Key Lab Integrated Serv Networks	322	2	4.345	1.009	35.3
Beijing Natl Lab Mol Sci	316	6	9.818	2.261	58.1
State Key Lab Modificat Chem Fibers & Polymer Mat	315	5	6.534	1.578	46.3
State Key Lab Adv Design & Mfg Vehicle Body	313	5	4.019	1.081	45.0
State Key Lab Silicon Mat	310	4	6.328	1.627	50.0

数据来源：SCIE 2019。

20.3 讨论

基础研究是产出论文的原动力，2018 年和 2019 年相比，由于中国加大了基础研究经费和人员的投入，从中国产出的国际论文统计看，其反映论文影响的被引数看，2018年，Article 论文平均被引 2.10 篇，Review 论文平均被引 3.86 篇，到 2019 年，分别达到 2.74篇和 5.26 篇，都有明显的增加。2019 年中国作者发表的论文中，被引数进入各学科前 0.1%的论文数为 2252 篇，比 2018 年的 1118 篇增加 1134 篇，增长近 1 倍。

20.3.1 中国参与国际大科学合作的能力增强，引领大科学的能力正在提高

2019 年，中国不仅在高能物理、天体物理、大型仪器装备等领域积极参与国际合作研究，在关系人们生命安全和健康领域，也都与世界各国加强合作研究，并取得多项成果。参加单位和人员更加扩大，不仅有著名大学、研究所参与，也有了较多的医疗机构特别是较多的基层医疗机构参加。国际合作是各国在解决世界共同难题的重要方式，特别是经历了 2020 年以来的新冠肺炎疫情，中国在世界抗击和治疗方面起了很大的作用，在此方面，我们将会有较多的优质论文发表。中国天眼已向全世界科技人员开放，未来将会不断有由中国引领的科技成果发布。

20.3.2 在国际影响力大的期刊发表了更多的论文

2019 年，中国大陆作者在 40 种《自然》系列刊中发表 Article、Review 论文 1465 篇，比 2018 年的 1036 篇增加 429 篇，增长 41.4%。中国作者发表在《自然》系列刊物中的论文数占全部论文数 10968 篇的 13.4%，比 2018 年增加 3.3 个百分点。2019 年，在期刊影响因子大于 30，总被引数超 10 万次的世界极高影响的期刊中的发文数增加，在一些期刊中的中国发文比达 20%，其结果大大提高了中国论文的影响。

20.3.3 以我为主研发力量增强，发表国际论文数增多

2019 年，中国产生的国际合作论文数（仅计 Article、Review 两类文献）为 130119 篇，其中，以我为主的合作论文数是 96151 篇，占全部合作论文的 73.9%，比 2018 年增长 3.4个百分点。合作论文数比 2018 年的 104460 篇增加 25659 篇，增长 24.6%，以我为主的论文数由 73684 篇增到 96151 篇，增加 22467 篇，增长 30.5%。

20.3.4 发表论文作者基础更加扎实，吸收外部信息能力增强

2019 年，中国大陆作者发表了 425870 篇论文，其中，Article 408051 篇，篇均引文数为 40.3 篇，与 2018 年发表的论文相比，Article 的均引文数增加了 1.30 篇；Review17819 篇，篇均引文数达 97.0，与 2018 年发表的论文相比，Review 的篇均引文数增加 4.70

篇。这些指标值已达到或超过世界平均水平，表明作者吸收外部能力增强。

目前，中国产生高影响论文的主力军仍为各高等院校，还要继续发挥高等院校在这些方面的作用。

20.3.5 更加发挥科学实验室在基础研究工作中的作用

重点实验室是国家科技创新体系的重要组成部分，是国家组织高水平基础研究和应用基础研究、聚集和培养优秀科技人才、开展高水平学术交流、科研装备先进的重要基地。其主要任务是针对学科发展前沿和国民经济、社会发展及国家安全的重要科技领域和方向，开展创新性研究。国家还会根据需要建立更多的国家级别的实验室。为此，我们要继续加大和发挥各类实验室在基础研究中的作用。当前，科技部正在加快组建国家实验室，重组国家重点实验室体系，发挥高校和科研院所国家队作用，培育更多创新型领军企业。

20.3.6 建立创新型国家需高学术影响力论文的支撑

基础科学是创新的基础，只有基础打好了，创新才有动力和来源。SCI 论文就是基础科学研究成果的表现。我们的论文的影响力提高了，论文的质量提高了，表示基础科学研究水平的提高。在国家加大基础研发经费投入的环境下，我们应在国际上发表更有影响力和学术水平更高的科技论文。在科学技术和其他各个方面，中国正处于由大国变成强国的历史时期，我们有信心和力量在不远的未来实现建立一个世界科技强国的目标。

注：本文数据主要采集自可进行国际比较，并能进行学术指标评估的 Clarivate Analytics（原 Thomson）公司出产的 SCI 2019 和 JCR 2019 数据。以上文字和图表中所列据 Web of SCI，SCIE，JCR 等，是作者根据这些系统提供的数据加工整理产生的。以上各章节中所描述的论文仅指文献类型中的 Article 和 Review。

参考文献

[1] 中国科学技术信息研究所 . 2018 年度中国科技论文统计与分析（年度研究报告）[M]. 北京：科学技术文献出版社，2020：230-259.

[2] 高校做科研，望向更远处 [N]. 光明日报，2020-03-18.

[3] 中国已与 160 个国家建立科技合作关系 [N]. 科技日报，2019-01-27.

[4] 2011—2017 年中国基础科学研究经费投入 [N]. 科普时报，2019-03-08.

[5] 中国高质量科研对世界总体贡献居全球第二位 [N]. 光明日报，2016-01-15

[6] 我国科技人力资源总量突破 8000 万 [N]. 科技日报，2016-04-21.

[7] 2016 自然指数排行榜：中国高质量科研产出呈现两位数增长 [N]. 科技日报，2016-04-21.

[8] "中国天眼" 将对全球科学界开放 [N]. 科普时报，2021-01-18.

[9] 参考文献的主要作用与学术论文的创新性评审 [J]. 编辑学报，2014（2）：91-92.

[10] Thomson Scientific 2019.ISI Web of Knowledge: Web of Science [DB/OL]. [2021−04−17]. http:// portal.isiknowledge.com/web of science.

[11] Thomson Scientific 2019.ISI Web of Knowledge：Journal citation reports 2019[DB/OL]. [2021− 04−17]. http://portal.isiknowledge.com/journal citation reports.

附　录

CHINESE JOURNAL OF NATURAL MEDICINES

CHINESE JOURNAL OF OCEANOLOGY AND LIMNOLOGY

CHINESE JOURNAL OF ORGANIC CHEMISTRY

CHINESE JOURNAL OF POLYMER SCIENCE

CHINESE JOURNAL OF STRUCTURAL CHEMISTRY

CHINESE MEDICAL JOURNAL

CHINESE OPTICS LETTERS

CHINESE PHYSICS B

CHINESE PHYSICS C

CHINESE PHYSICS LETTERS

COMMUNICATIONS IN THEORETICAL PHYSICS

CROP JOURNAL

CSEE JOURNAL OF POWER AND ENERGY SYSTEMS

CURRENT MEDICAL SCIENCE

CURRENT ZOOLOGY

DEFENCE TECHNOLOGY

DIGITAL COMMUNICATIONS AND NETWORKS

EARTHQUAKE ENGINEERING AND ENGINEERING VIBRATION

ECOSYSTEM HEALTH AND SUSTAINABILITY ENGINEERING

EYE AND VISION

FOREST ECOSYSTEMS

FRICTION

FRONTIERS IN ENERGY

FRONTIERS OF CHEMICAL SCIENCE AND ENGINEERING

FRONTIERS OF COMPUTER SCIENCE

FRONTIERS OF EARTH SCIENCE

FRONTIERS OF ENVIRONMENTAL SCIENCE & ENGINEERING

FRONTIERS OF INFORMATION TECHNOLOGY & ELECTRONIC ENGINEERING

FRONTIERS OF MATERIALS SCIENCE

FRONTIERS OF MATHEMATICS IN CHINA

FRONTIERS OF MECHANICAL ENGINEERING

FRONTIERS OF MEDICINE

FRONTIERS OF PHYSICS

FRONTIERS OF STRUCTURAL AND CIVIL ENGINEERING

FUNGAL DIVERSITY

GENOMICS PROTEOMICS & BIOINFORMATICS

GEOSCIENCE FRONTIERS

GREEN ENERGY & ENVIRONMENT

HEPATOBILIARY & PANCREATIC DISEASES INTERNATIONAL

HIGH POWER LASER SCIENCE AND ENGINEERING

HORTICULTURAL PLANT JOURNAL

HORTICULTURE RESEARCH

IEEE–CAA JOURNAL OF AUTOMATICA SINICA

INFECTIOUS DISEASES OF POVERTY

INSECT SCIENCE

INTEGRATIVE ZOOLOGY

INTERNATIONAL JOURNAL OF DIGITAL EARTH

INTERNATIONAL JOURNAL OF DISASTER RISK SCIENCE

INTERNATIONAL JOURNAL OF MINERALS METALLURGY AND MATERIALS

INTERNATIONAL JOURNAL OF MINING SCIENCE AND TECHNOLOGY

INTERNATIONAL JOURNAL OF ORAL SCIENCE

INTERNATIONAL JOURNAL OF SEDIMENT RESEARCH

INTERNATIONAL SOIL AND WATER CONSERVATION RESEARCH

JOURNAL OF ADVANCED CERAMICS

JOURNAL OF ANIMAL SCIENCE AND BIOTECHNOLOGY

JOURNAL OF ARID LAND

JOURNAL OF BIONIC ENGINEERING

JOURNAL OF CENTRAL SOUTH UNIVERSITY

JOURNAL OF COMPUTATIONAL MATHEMATICS

JOURNAL OF COMPUTER SCIENCE AND TECHNOLOGY

JOURNAL OF EARTH SCIENCE

JOURNAL OF ENERGY CHEMISTRY

JOURNAL OF ENVIRONMENTAL SCIENCES

JOURNAL OF FORESTRY RESEARCH

JOURNAL OF GENETICS AND GENOMICS

JOURNAL OF GEOGRAPHICAL SCIENCES

JOURNAL OF GERIATRIC CARDIOLOGY

JOURNAL OF HUAZHONG UNIVERSITY OF
SCIENCE AND TECHNOLOGY–MEDICAL
SCIENCES

JOURNAL OF HYDRODYNAMICS

JOURNAL OF INFRARED AND MILLIMETER
WAVES

JOURNAL OF INNOVATIVE OPTICAL HEALTH
SCIENCES

JOURNAL OF INORGANIC MATERIALS

JOURNAL OF INTEGRATIVE AGRICULTURE

JOURNAL OF INTEGRATIVE MEDICINE–JIM

JOURNAL OF INTEGRATIVE PLANT BIOLOGY

JOURNAL OF IRON AND STEEL RESEARCH
INTERNATIONAL

JOURNAL OF MAGNESIUM AND ALLOYS

JOURNAL OF MATERIALS SCIENCE &
TECHNOLOGY

JOURNAL OF MATERIOMICS

JOURNAL OF METEOROLOGICAL RESEARCH

JOURNAL OF MODERN POWER SYSTEMS AND
CLEAN ENERGY

JOURNAL OF MOLECULAR CELL BIOLOGY

JOURNAL OF MOUNTAIN SCIENCE

JOURNAL OF OCEAN UNIVERSITY OF CHINA

JOURNAL OF OCEANOLOGY AND LIMNOLOGY

JOURNAL OF PALAEOGEOGRAPHY–ENGLISH

JOURNAL OF PHARMACEUTICAL ANALYSIS

JOURNAL OF PLANT ECOLOGY

JOURNAL OF RARE EARTHS

JOURNAL OF ROCK MECHANICS AND
GEOTECHNICAL ENGINEERING

JOURNAL OF SPORT AND HEALTH SCIENCE

JOURNAL OF SYSTEMATICS AND EVOLUTION

JOURNAL OF SYSTEMS ENGINEERING AND
ELECTRONICS

JOURNAL OF SYSTEMS SCIENCE & COMPLEXITY

JOURNAL OF SYSTEMS SCIENCE AND SYSTEMS
ENGINEERING

JOURNAL OF THERMAL SCIENCE

JOURNAL OF TRADITIONAL CHINESE MEDICINE

JOURNAL OF TROPICAL METEOROLOGY

JOURNAL OF WUHAN UNIVERSITY OF
TECHNOLOGY–MATERIALS SCIENCE EDITION

JOURNAL OF ZHEJIANG UNIVERSITY–SCIENCE A

JOURNAL OF ZHEJIANG UNIVERSITY–SCIENCE B

LIGHT–SCIENCE & APPLICATIONS

MATTER AND RADIATION AT EXTREMES

MICROSYSTEMS & NANOENGINEERING

MILITARY MEDICAL RESEARCH

MOLECULAR PLANT

NANO RESEARCH

NANO–MICRO LETTERS

NATIONAL SCIENCE REVIEW

NEURAL REGENERATION RESEARCH

NEUROSCIENCE BULLETIN

NEW CARBON MATERIALS

NPJ COMPUTATIONAL MATERIALS

NUCLEAR SCIENCE AND TECHNIQUES

NUMERICAL MATHEMATICS–THEORY
METHODS AND APPLICATIONS

PARTICUOLOGY

PEDOSPHERE

PETROLEUM EXPLORATION AND
DEVELOPMENT

PETROLEUM SCIENCE

PHOTONIC SENSORS

PHOTONICS RESEARCH

PLANT DIVERSITY

PLASMA SCIENCE & TECHNOLOGY

PROGRESS IN BIOCHEMISTRY AND
BIOPHYSICS

PROGRESS IN CHEMISTRY

PROGRESS IN NATURAL SCIENCE–MATERIALS
INTERNATIONAL

PROTEIN & CELL

RARE METAL MATERIALS AND ENGINEERING

RARE METALS

RESEARCH IN ASTRONOMY AND
ASTROPHYSICS

RICE SCIENCE

SCIENCE BULLETIN

SCIENCE CHINA–CHEMISTRY

SCIENCE CHINA–EARTH SCIENCES

SCIENCE CHINA–INFORMATION SCIENCES	SPECTROSCOPY AND SPECTRAL ANALYSIS
SCIENCE CHINA–LIFE SCIENCES	STROKE AND VASCULAR NEUROLOGY
SCIENCE CHINA–MATERIALS	TRANSACTIONS OF NONFERROUS METALS
SCIENCE CHINA–MATHEMATICS	SOCIETY OF CHINA
SCIENCE CHINA–PHYSICS MECHANICS & ASTRONOMY	TSINGHUA SCIENCE AND TECHNOLOGY
SCIENCE CHINA–TECHNOLOGICAL SCIENCES	VIROLOGICA SINICA
SIGNAL TRANSDUCTION AND TARGETED THERAPY	WORLD JOURNAL OF EMERGENCY MEDICINE
	WORLD JOURNAL OF PEDIATRICS
	ZOOLOGICAL RESEARCH

附录 2 2019 年 Inspec 收录的中国期刊

ACTA OPTICA SINICA	COMPUTER ENGINEERING AND SCIENCE
ACTA PHOTONICA SINICA	COMPUTER INTEGRATED MANUFACTURING SYSTEMS
ACTA PHYSICA SINICA	CONTROL THEORY & APPLICATIONS
ACTA PHYSICO–CHIMICA SINICA	CORROSION SCIENCE AND PROTECTION TECHNOLOGY
ACTA SCIENTIARUM NATURALIUM UNIVERSITATIS PEKINENSIS	COTTON TEXTILE TECHNOLOGY
ADVANCED TECHNOLOGY OF ELECTRICAL ENGINEERING AND ENERGY	EARTH SCIENCE
APPLIED MATHEMATICS AND MECHANICS (CHINESE EDITION)	ELECTRIC MACHINES AND CONTROL
BATTERY BIMONTHLY	ELECTRIC POWER AUTOMATION EQUIPMENT
BUILDING ENERGY EFFICIENCY	ELECTRIC POWER CONSTRUCTION
CHINA MECHANICAL ENGINEERING	ELECTRIC POWER INFORMATION AND COMMUNICATION TECHNOLOGY
CHINA RAILWAY SCIENCE	ELECTRIC POWER SCIENCE AND ENGINEERING
CHINA SURFACTANT DETERGENT & COSMETICS	ELECTRIC WELDING MACHINE
CHINA TEXTILE SCIENCE	ELECTRICAL MEASUREMENT AND INSTRUMENTATION
CHINESE JOURNAL OF ELECTRON DEVICES	ELECTRONIC COMPONENTS AND MATERIALS
CHINESE JOURNAL OF LASERS	ELECTRONIC SCIENCE AND TECHNOLOGY
CHINESE JOURNAL OF LIQUID CRYSTALS AND DISPLAYS	ELECTRONICS OPTICS & CONTROL
CHINESE JOURNAL OF NONFERROUS METALS	ELECTROPLATING & FINISHING
CHINESE JOURNAL OF SENSORS AND ACTUATORS	ENGINEERING JOURNAL OF WUHAN UNIVERSITY
CHINESE OPTICS LETTERS	ENGINEERING LETTERS
COMPUTATIONAL ECOLOGY AND SOFTWARE	GEOMATICS AND INFORMATION SCIENCE OF WUHAN UNIVERSITY
COMPUTER AIDED ENGINEERING	HIGH POWER LASER AND PARTICLE BEAMS
COMPUTER ENGINEERING	HIGH VOLTAGE APPARATUS
COMPUTER ENGINEERING AND APPLICATIONS	IAENG INTERNATIONAL JOURNAL OF APPLIED MATHEMATICS

IAENG INTERNATIONAL JOURNAL OF COMPUTER SCIENCE

IMAGING SCIENCE AND PHOTOCHEMISTRY

INDUSTRIAL ENGINEERING AND MANAGEMENT

INDUSTRIAL ENGINEERING JOURNAL

INDUSTRY AND MINE AUTOMATION

INFRARED AND LASER ENGINEERING

INSTRUMENT TECHNIQUE AND SENSOR

INSULATING MATERIALS

INTERNATIONAL JOURNAL OF AGRICULTURAL AND BIOLOGICAL ENGINEERING

JOURNAL OF ACADEMY OF ARMORED FORCE ENGINEERING

JOURNAL OF AERONAUTICAL MATERIALS

JOURNAL OF AEROSPACE POWER

JOURNAL OF APPLIED OPTICS

JOURNAL OF APPLIED SCIENCES – ELECTRONICS AND INFORMATION ENGINEERING

JOURNAL OF ATMOSPHERIC AND ENVIRONMENTAL OPTICS

JOURNAL OF BEIJING INSTITUTE OF TECHNOLOGY

JOURNAL OF BEIJING NORMAL UNIVERSITY (NATURAL SCIENCE)

JOURNAL OF BEIJING UNIVERSITY OF AERONAUTICS AND ASTRONAUTICS

JOURNAL OF BEIJING UNIVERSITY OF TECHNOLOGY

JOURNAL OF CENTRAL SOUTH UNIVERSITY (SCIENCE AND TECHNOLOGY)

JOURNAL OF CHINA THREE GORGES UNIVERSITY (NATURAL SCIENCES)

JOURNAL OF CHINA UNIVERSITY OF PETROLEUM (NATURAL SCIENCE EDITION)

JOURNAL OF CHINESE SOCIETY FOR CORROSION AND PROTECTION

JOURNAL OF CHONGQING UNIVERSITY (ENGLISH EDITION)

JOURNAL OF COMPUTATIONAL MATHEMATICS

JOURNAL OF COMPUTER APPLICATIONS

JOURNAL OF DALIAN UNIVERSITY OF TECHNOLOGY

JOURNAL OF DATA ACQUISITION AND PROCESSING

JOURNAL OF DETECTION & CONTROL

JOURNAL OF DONGHUA UNIVERSITY (ENGLISH EDITION)

JOURNAL OF EAST CHINA UNIVERSITY OF SCIENCE AND TECHNOLOGY (NATURAL SCIENCE EDITION)

JOURNAL OF ELECTRONIC SCIENCE AND TECHNOLOGY

JOURNAL OF FOOD SCIENCE AND TECHNOLOGY

JOURNAL OF FRONTIERS OF COMPUTER SCIENCE AND TECHNOLOGY

JOURNAL OF GUANGDONG UNIVERSITY OF TECHNOLOGY

JOURNAL OF HEBEI UNIVERSITY OF SCIENCE AND TECHNOLOGY

JOURNAL OF HEBEI UNIVERSITY OF TECHNOLOGY

JOURNAL OF HENAN UNIVERSITY OF SCIENCE & TECHNOLOGY (NATURAL SCIENCE)

JOURNAL OF HUAZHONG UNIVERSITY OF SCIENCE AND TECHNOLOGY (NATURAL SCIENCE EDITION)

JOURNAL OF HUNAN UNIVERSITY (NATURAL SCIENCES)

JOURNAL OF JILIN UNIVERSITY (SCIENCE EDITION)

JOURNAL OF LANZHOU UNIVERSITY OF TECHNOLOGY

JOURNAL OF MECHANICAL ENGINEERING

JOURNAL OF MINERALOGY AND PETROLOGY

JOURNAL OF NANJING UNIVERSITY OF AERONAUTICS & ASTRONAUTICS

JOURNAL OF NANJING UNIVERSITY OF POSTS AND TELECOMMUNICATIONS (NATURAL SCIENCE EDITION)

JOURNAL OF NANJING UNIVERSITY OF SCIENCE AND TECHNOLOGY

JOURNAL OF NATIONAL UNIVERSITY OF DEFENSE TECHNOLOGY

JOURNAL OF NAVAL UNIVERSITY OF ENGINEERING

JOURNAL OF NORTHEASTERN UNIVERSITY (NATURAL SCIENCE)

JOURNAL OF PROJECTILES, ROCKETS, MISSILES AND GUIDANCE

JOURNAL OF QINGDAO UNIVERSITY OF SCIENCE AND TECHNOLOGY (NATURAL SCIENCE EDITION)

JOURNAL OF QINGDAO UNIVERSITY OF TECHNOLOGY

JOURNAL OF ROCKET PROPULSION

JOURNAL OF SHANGHAI JIAO TONG UNIVERSITY

JOURNAL OF SHENZHEN UNIVERSITY SCIENCE AND ENGINEERING

JOURNAL OF SOFTWARE

JOURNAL OF SOLID ROCKET TECHNOLOGY

JOURNAL OF SOUTH CHINA UNIVERSITY OF TECHNOLOGY (NATURAL SCIENCE EDITION)

JOURNAL OF SOUTHEAST UNIVERSITY (ENGLISH EDITION)

JOURNAL OF SOUTHEAST UNIVERSITY (NATURAL SCIENCE EDITION)

JOURNAL OF SYSTEM SIMULATION

JOURNAL OF TEST AND MEASUREMENT TECHNOLOGY

JOURNAL OF THE CHINA SOCIETY FOR SCIENTIFIC AND TECHNICAL INFORMATION

JOURNAL OF TIANJIN UNIVERSITY (SCIENCE AND TECHNOLOGY)

JOURNAL OF TRAFFIC AND TRANSPORTATION ENGINEERING

JOURNAL OF VIBRATION ENGINEERING

JOURNAL OF WUHAN UNIVERSITY (NATURAL SCIENCE EDITION)

JOURNAL OF XIAMEN UNIVERSITY (NATURAL SCIENCE)

JOURNAL OF XI'AN JIAOTONG UNIVERSITY

JOURNAL OF XI'AN UNIVERSITY OF TECHNOLOGY

JOURNAL OF XIDIAN UNIVERSITY

JOURNAL OF YANGZHOU UNIVERSITY (NATURAL SCIENCE EDITION)

JOURNAL OF ZHEJIANG UNIVERSITY (ENGINEERING SCIENCE)

JOURNAL OF ZHEJIANG UNIVERSITY (SCIENCE EDITION)

JOURNAL OF ZHEJIANG UNIVERSITY OF TECHNOLOGY

JOURNAL OF ZHENGZHOU UNIVERSITY (ENGINEERING SCIENCE)

LASER & OPTOELECTRONICS PROGRESS

LASER TECHNOLOGY

LIGHT INDUSTRY MACHINERY

MICROELECTRONICS

MICROMOTORS

MICRONANOELECTRONIC TECHNOLOGY

OPTICS AND PRECISION ENGINEERING

ORDNANCE INDUSTRY AUTOMATION

PHOTONICS RESEARCH

PROCESS AUTOMATION INSTRUMENTATION

SCIENCE & TECHNOLOGY REVIEW

SEMICONDUCTOR TECHNOLOGY

SHANGHAI METALS

SPACECRAFT ENGINEERING

SPECIAL CASTING & NONFERROUS ALLOYS

SPECIAL OIL & GAS RESERVOIRS

SYSTEMS ENGINEERING AND ELECTRONICS

TECHNICAL ACOUSTICS

TELECOMMUNICATION ENGINEERING

TOBACCO SCIENCE & TECHNOLOGY

TRANSACTIONS OF BEIJING INSTITUTE OF TECHNOLOGY

TRANSACTIONS OF NANJING UNIVERSITY OF AERONAUTICS & ASTRONAUTICS

WATER RESOURCES AND POWER

附录 3　2019 年 Medline 收录的中国科技期刊

ACTA BIOCHIMICA ET BIOPHYSICA SINICA

ACTA MECHANICA SINICA = LI XUE XUE BAO

ACTA PHARMACOLOGICA SINICA

ANIMAL MODELS AND EXPERIMENTAL MEDICINE

ANIMAL NUTRITION =ZHONGGUO XU MU SHOU YI XUE HUI

ASIAN JOURNAL OF ANDROLOGY

BEIJING DA XUE XUE BAO. YI XUE BAN = JOURNAL OF PEKING UNIVERSITY. HEALTH SCIENCES

BIOMEDICAL AND ENVIRONMENTAL SCIENCES : BES

BONE RESEARCH

BUILDING SIMULATION

CANCER BIOLOGY & MEDICINE

CELL RESEARCH

CELLULAR & MOLECULAR IMMUNOLOGY

CHINESE CHEMICAL LETTERS = ZHONGGUO HUA XUE KUAI BAO

CHINESE JOURNAL OF CANCER RESEARCH = CHUNG–KUO YEN CHENG YEN CHIU

CHINESE JOURNAL OF INTEGRATIVE MEDICINE

CHINESE JOURNAL OF NATURAL MEDICINES

CHINESE JOURNAL OF TRAUMATOLOGY = ZHONGHUA CHUANG SHANG ZA ZHI

CHINESE MEDICAL JOURNAL

CHINESE MEDICAL SCIENCES JOURNAL = CHUNG–KUO I HSUEH K'O HSUEH TSA CHIH

CHRONIC DISEASES AND TRANSLATIONAL MEDICINE

CURRENT MEDICAL SCIENCE

CURRENT ZOOLOGY

ENGINEERING

FA YI XUE ZA ZHI

FORENSIC SCIENCES RESEARCH

FRONTIERS OF CHEMICAL SCIENCE AND ENGINEERING

FRONTIERS OF ENVIRONMENTAL SCIENCE & ENGINEERING

FRONTIERS OF MEDICINE

GENOMICS, PROTEOMICS & BIOINFORMATICS

HUA XI KOU QIANG YI XUE ZA ZHI = HUAXI KOUQIANG YIXUE ZAZHI = WEST CHINA JOURNAL OF STOMATOLOGY

HUAN JING KE XUE= HUANJING KEXUE

INFECTIOUS DISEASES OF POVERTY

INSECT SCIENCE

INTERNATIONAL JOURNAL OF COAL SCIENCE & TECHNOLOGY

INTERNATIONAL JOURNAL OF MINING SCIENCE AND TECHNOLOGY

INTERNATIONAL JOURNAL OF NURSING SCIENCES

INTERNATIONAL JOURNAL OF OPHTHALMOLOGY

INTERNATIONAL JOURNAL OF ORAL SCIENCE

JOURNAL OF ANALYSIS AND TESTING

JOURNAL OF ANIMAL SCIENCE AND BIOTECHNOLOGY

JOURNAL OF BIOMEDICAL RESEARCH

JOURNAL OF ENVIRONMENTAL SCIENCES (CHINA)

JOURNAL OF GENETICS AND GENOMICS = YI CHUAN XUE BAO

JOURNAL OF GERIATRIC CARDIOLOGY : JGC

JOURNAL OF INTEGRATIVE MEDICINE

JOURNAL OF INTEGRATIVE PLANT BIOLOGY

JOURNAL OF MOLECULAR CELL BIOLOGY

JOURNAL OF OTOLOGY

JOURNAL OF PHARMACEUTICAL ANALYSIS

JOURNAL OF SPORT AND HEALTH SCIENCE

JOURNAL OF ZHEJIANG UNIVERSITY. SCIENCE. B

LIGHT, SCIENCE & APPLICATIONS

LIN CHUANG ER BI YAN HOU TOU JING WAI KE ZA ZHI = JOURNAL OF CLINICAL OTORHINOLARYNGOLOGY, HEAD, AND NECK SURGERY

LIVER RESEARCH

MICROSYSTEMS & NANOENGINEERING

MILITARY MEDICAL RESEARCH

MOLECULAR PLANT

NAN FANG YI KE DA XUE XUE BAO = JOURNAL OF SOUTHERN MEDICAL UNIVERSITY

NANO RESEARCH

NATIONAL SCIENCE REVIEW

NEURAL REGENERATION RESEARCH

NEUROSCIENCE BULLETIN

PEDIATRIC INVESTIGATION

PETROLEUM SCIENCE

PLANT DIVERSITY

PRECISION CLINICAL MEDICINE

PROBABILITY, UNCERTAINTY AND QUANTITATIVE RISK

PROTEIN & CELL

QUANTITATIVE BIOLOGY BEIJING CHINA

SCIENCE BULLETIN

SCIENCE CHINA. CHEMISTRY

SCIENCE CHINA. LIFE SCIENCES

SE PU = CHINESE JOURNAL OF CHROMATOGRAPHY

SHANGHAI KOU QIANG YI XUE = SHANGHAI JOURNAL OF STOMATOLOGY

SHENG LI XUE BAO : [ACTA PHYSIOLOGICA SINICA]

SHENG WU GONG CHENG XUE BAO = CHINESE JOURNAL OF BIOTECHNOLOGY

SHENG WU YI XUE GONG CHENG XUE ZA ZIII = JOURNAL OF BIOMEDICAL ENGINEERING = SHENGWU YIXUE GONGCHENGXUE ZAZHI

SICHUAN DA XUE XUE BAO. YI XUE BAN = JOURNAL OF SICHUAN UNIVERSITY. MEDICAL SCIENCE EDITION

SIGNAL TRANSDUCTION AND TARGETED THERAPY

STROKE AND VASCULAR NEUROLOGY

VIROLOGICA SINICA

WEI SHENG YAN JIU = JOURNAL OF HYGIENE RESEARCH

WORLD JOURNAL OF EMERGENCY MEDICINE

WORLD JOURNAL OF GASTROENTEROLOGY

WORLD JOURNAL OF OTORHINOLARYNGOLOGY – HEAD AND NECK SURGERY

XI BAO YU FEN ZI MIAN YI XUE ZA ZHI = CHINESE JOURNAL OF CELLULAR AND MOLECULAR IMMUNOLOGY

YI CHUAN = HEREDITAS

YING YONG SHENG TAI XUE BAO = THE JOURNAL OF APPLIED ECOLOGY

ZHEJIANG DA XUE XUE BAO. YI XUE BAN = JOURNAL OF ZHEJIANG UNIVERSITY. MEDICAL SCIENCES

ZHEN CI YAN JIU = ACUPUNCTURE RESEARCH

ZHONG NAN DA XUE XUE BAO. YI XUE BAN = JOURNAL OF CENTRAL SOUTH UNIVERSITY. MEDICAL SCIENCES

ZHONGGUO DANG DAI ER KE ZA ZHI = CHINESE JOURNAL OF CONTEMPORARY PEDIATRICS

ZHONGGUO FEI AI ZA ZHI = CHINESE JOURNAL OF LUNG CANCER

ZHONGGUO GU SHANG = CHINA JOURNAL OF ORTHOPAEDICS AND TRAUMATOLOGY

ZHONGGUO SHI YAN XUE YE XUE ZA ZHI

ZHONGGUO XIU FU CHONG JIAN WAI KE ZA ZHI = ZHONGGUO XIUFU CHONGJIAN WAIKE ZAZHI = CHINESE JOURNAL OF REPARATIVE AND RECONSTRUCTIVE SURGERY

ZHONGGUO XUE XI CHONG BING FANG ZHI ZA ZHI = CHINESE JOURNAL OF SCHISTOSOMIASIS CONTROL

ZHONGGUO YI LIAO QI XIE ZA ZHI = CHINESE JOURNAL OF MEDICAL INSTRUMENTATION

ZHONGGUO YI XUE KE XUE YUAN XUE BAO. ACTA ACADEMIAE MEDICINAE SINICAE

ZHONGGUO YING YONG SHENG LI XUE ZA ZHI = ZHONGGUO YINGYONG SHENGLIXUE ZAZHI = CHINESE JOURNAL OF APPLIED PHYSIOLOGY

ZHONGGUO ZHEN JIU = CHINESE ACUPUNCTURE & MOXIBUSTION

ZHONGGUO ZHONG YAO ZA ZHI = ZHONGGUO ZHONGYAO ZAZHI = CHINA JOURNAL OF CHINESE MATERIA MEDICA

ZHONGHUA BING LI XUE ZA ZHI = CHINESE JOURNAL OF PATHOLOGY

ZHONGHUA ER BI YAN HOU TOU JING WAI KE ZA ZHI = CHINESE JOURNAL OF OTORHINOLARYNGOLOGY HEAD AND NECK SURGERY

ZHONGHUA ER KE ZA ZHI = CHINESE JOURNAL OF PEDIATRICS

ZHONGHUA FU CHAN KE ZA ZHI

ZHONGHUA GAN ZANG BING ZA ZHI = ZHONGHUA GANZANGBING ZAZHI = CHINESE JOURNAL OF HEPATOLOGY

ZHONGHUA JIE HE HE HU XI ZA ZHI = ZHONGHUA JIEHE HE HUXI ZAZHI = CHINESE JOURNAL OF TUBERCULOSIS AND RESPIRATORY DISEASES

ZHONGHUA KOU QIANG YI XUE ZA ZHI = ZHONGHUA KOUQIANG YIXUE ZAZHI = CHINESE JOURNAL OF STOMATOLOGY

ZHONGHUA LAO DONG WEI SHENG ZHI YE BING ZA ZHI = ZHONGHUA LAODONG WEISHENG ZHIYEBING ZAZHI = CHINESE JOURNAL OF INDUSTRIAL HYGIENE AND OCCUPATIONAL DISEASES

ZHONGHUA LIU XING BING XUE ZA ZHI = ZHONGHUA LIUXINGBINGXUE ZAZHI

ZHONGHUA NAN KE XUE = NATIONAL JOURNAL OF ANDROLOGY

ZHONGHUA NEI KE ZA ZHI

ZHONGHUA SHAO SHANG ZA ZHI = ZHONGHUA SHAOSHANG ZAZHI = CHINESE JOURNAL OF BURNS

ZHONGHUA WAI KE ZA ZHI =CHINESE JOURNAL OF SURGERY

ZHONGHUA WEI CHANG WAI KE ZA ZHI = CHINESE JOURNAL OF GASTROINTESTINAL SURGERY

ZHONGHUA WEI ZHONG BING JI JIU YI XUE

ZHONGHUA XIN XUE GUAN BING ZA ZHI

ZHONGHUA XUE YE XUE ZA ZHI = ZHONGHUA XUEYEXUE ZAZHI

ZHONGHUA YAN KE ZA ZHI= CHINESE JOURNAL OF OPHTHALMOLOGY

ZHONGHUA YI SHI ZA ZHI (BEIJING, CHINA : 1980)

ZHONGHUA YI XUE YI CHUAN XUE ZA ZHI = ZHONGHUA YIXUE YICHUANXUE ZAZHI = CHINESE JOURNAL OF MEDICAL GENETICS

ZHONGHUA YI XUE ZA ZHI

ZHONGHUA YU FANG YI XUE ZA ZHI =CHINESE JOURNAL OF PREVENTIVE MEDICINE

ZHONGHUA ZHONG LIU ZA ZHI =CHINESE JOURNAL OF ONCOLOGY

ZOOLOGICAL RESEARCH

附录 4　2019 年 CA plus 核心期刊（Core Journal）收录的中国期刊

ACTA PHARMACOLOGICA SINICA

BONE RESEARCH

BOPUXUE ZAZHI

CAILIAO RECHULI XUEBAO

CHEMICA SINICA

CHEMICAL RESEARCH IN CHINESE UNIVERSITIES

CHINESE CHEMICAL LETTERS

CHINESE JOURNAL OF CHEMICAL ENGINEERING

CHINESE JOURNAL OF CHEMICAL PHYSICS

CHINESE JOURNAL OF CHEMISTRY

CHINESE JOURNAL OF GEOCHEMISTRY

CHINESE JOURNAL OF POLYMER SCIENCE

CHINESE JOURNAL OF STRUCTURAL CHEMISTRY

CHINESE PHYSICS C

CUIHUA XUEBAO

DIANHUAXUE

DIQIU HUAXUE

FENXI HUAXUE

FENZI CUIHUA

GAODENG XUEXIAO HUAXUE XUEBAO	JOURNAL OF THE CHINESE ADVANCED
GAOFENZI CAILIAO KEXUE YU GONGCHENG	MATERIALS SOCIETY
GAOFENZI XUEBAO	JOURNAL OF THE CHINESE CHEMICAL
GAOXIAO HUAXUE GONGCHENG XUEBAO	SOCIETY (WEINHEIM, GERMANY)
GONGNENG GAOFENZI XUEBAO	LINCHAN HUAXUE YU GONGYE
GUANGPUXUE YU GUANGPU FENXI	PHARMACIA SINICA
GUIJINSHU	RANLIAO HUAXUE XUEBAO
GUISUANYAN XUEBAO	RARE METALS (BEIJING, CHINA)
GUOCHENG GONGCHENG XUEBAO	RENGONG JINGTI XUEBAO
HECHENG XIANGJIAO GONGYE	SCIENCE CHINA: CHEMISTRY
HUADONG LIGONG DAXUE XUEBAO, ZIRAN	SHIYOU HUAGONG
KEXUEBAN	SHIYOU XUEBAO, SHIYOU JIAGONG
HUAGONG XUEBAO (CHINESE EDITION)	SHUICHULI JISHU
HUANJING HUAXUE	WUJI HUAXUE XUEBAO
HUANJING KEXUE XUEBAO	WULI HUAXUE XUEBAO
HUAXUE	WULI XUEBAO
HUAXUE FANYING GONGCHENG YU GONGYI	YINGXIANG KEXUE YU GUANG HUAXUE
HUAXUE SHIJI	YINGYONG HUAXUE
HUAXUE TONGBAO	YOUJI HUAXUE
HUAXUE XUEBAO	ZHIPU XUEBAO
JINSHU XUEBAO	ZHONGGUO SHENGWU HUAXUE YU FENZI
JISUANJI YU YINGYONG HUAXUE	SHENGWU XUEBAO
	ZHONGGUO WUJI FENXI HUAXUE

附录 5 2019 年 Ei 收录的中国科技期刊

ACTA GEOCHIMICA	CAILIAO DAOBAO
ACTA MECHANICA SOLIDA SINICA	CAILIAO GONGCHENG
ACTA METALLURGICA SINICA (ENGLISH	CAILIAO YANJIU XUEBAO
LETTERS)	CEHUI XUEBAO
APPLIED MATHEMATICS AND MECHANICS	CHINA OCEAN ENGINEERING
(ENGLISH EDITION)	CHINESE JOURNAL OF AERONAUTICS
BAOZHA YU CHONGJI	CHINESE JOURNAL OF CATALYSIS
BEIJING DAXUE XUEBAO ZIRAN KEXUE BAN	CHINESE JOURNAL OF CHEMICAL
BEIJING HANGKONG HANGTIAN DAXUE	ENGINEERING
XUEBAO	CHINESE JOURNAL OF ELECTRONICS
BEIJING LIGONG DAXUE XUEBAO	CHINESE JOURNAL OF MECHANICAL
BEIJING YOUDIAN DAXUE XUEBAO	ENGINEERING (ENGLISH EDITION)
BIAOMIAN JISHU	CHINESE OPTICS LETTERS
BINGGONG XUEBAO	CHINESE PHYSICS B
BUILDING SIMULATION	CHUAN BO LI XUE
CAIKUANG YU ANQUAN GONGCHENG	CONTROL THEORY AND TECHNOLOGY
XUEBAO	DADI GOUZAO YU CHENGKUANGXUE

DEFENCE TECHNOLOGY

DIANGONG JISHU XUEBAO

DIANJI YU KONGZHI XUEBAO

DIANLI XITONG ZIDONGHUA

DIANLI ZIDONGHUA SHEBEI

DIANWANG JISHU

DIANZI KEJI DAXUE XUEBAO

DIANZI YU XINXI XUEBAO

DILI XUEBAO

DIQIU KEXUE ZHONGGUO DIZHI DAXUE XUEBAO

DIQIU WULI XUEBAO

DIXUE QIANYUAN

DIZHEN DIZHI

DIZHI XUEBAO

DONGBEI DAXUE XUEBAO

DONGNAN DAXUE XUEBAO (ZIRAN KEXUE BAN)

EARTHQUAKE ENGINEERING AND ENGINEERING VIBRATION

FAGUANG XUEBAO

FANGZHI XUEBAO

FENXI HUAXUE

FRONTIERS OF CHEMICAL SCIENCE AND ENGINEERING

FRONTIERS OF COMPUTER SCIENCE

FRONTIERS OF ENVIRONMENTAL SCIENCE AND ENGINEERING

FRONTIERS OF INFORMATION TECHNOLOGY & ELECTRONIC ENGINEERING

FRONTIERS OF OPTOELECTRONICS

FRONTIERS OF STRUCTURAL AND CIVIL ENGINEERING

FUHE CAILIAO XUEBAO

GAO XIAO HUA XUE GONG CHENG XUE BAO

GAODENG XUEXIAO HUAXUE XUEBAO

GAODIANYA JISHU

GAOFENZI CAILIAO KEXUE YU GONGCHENG

GONGCHENG KEXUE XUEBAO

GONGCHENG KEXUE YU JISHU

GONGCHENG LIXUE

GUANG PU XUE YU GUANG PU FEN XI

GUANGXUE JINGMI GONGCHENG

GUANGXUE XUEBAO

GUANGZI XUEBAO

GUOFANG KEJI DAXUE XUEBAO

HANGKONG DONGLI XUEBAO

HANGKONG XUEBAO

HANJIE XUEBAO

HANNENG CAILIAO

HARBIN GONGCHENG DAXUE XUEBAO

HARBIN GONGYE DAXUE XUEBAO

HEDONGLI GONGCHENG

HIGH TECHNOLOGY LETTERS

HONGWAI YU HAOMIBO XUEBAO

HONGWAI YU JIGUANG GONGCHENG

HSIAN CHIAO TUNG TA HSUEH

HUAGONG JINZHAN

HUAGONG XUEBAO

HUANAN LIGONG DAXUE XUEBAO

HUANJING KEXUE

HUAZHONG KEJI DAXUE XUEBAO (ZIRAN KEXUE BAN)

HUNAN DAXUE XUEBAO

HUOZHAYAO XUEBAO

HUPO KEXUE

INTERNATIONAL JOURNAL OF AUTOMATION AND COMPUTING

INTERNATIONAL JOURNAL OF INTELLIGENT COMPUTING AND CYBERNETICS

INTERNATIONAL JOURNAL OF MINERALS, METALLURGY AND MATERIALS

INTERNATIONAL JOURNAL OF MINING SCIENCE AND TECHNOLOGY

JIANZHU CAILIAO XUEBAO

JIANZHU JIEGOU XUEBAO

JIAOTONG YUNSHU GONGCHENG XUEBAO

JIAOTONG YUNSHU XITONG GONGCHENG YU XINXI

JILIN DAXUE XUEBAO (GONGXUEBAN)

JINGXI HUAGONG

JINSHU XUEBAO

JIQIREN

JISUANJI FUZHU SHEJI YU TUXINGXUE XUEBAO

JISUANJI JICHENG ZHIZAO XITONG

JISUANJI XUEBAO

JISUANJI YANJIU YU FAZHAN

JIXIE GONGCHENG XUEBAO

JOURNAL OF BEIJING INSTITUTE OF TECHNOLOGY (ENGLISH EDITION)

JOURNAL OF BIONIC ENGINEERING

JOURNAL OF CENTRAL SOUTH UNIVERSITY (ENGLISH EDITION)

JOURNAL OF CHINA UNIVERSITIES OF POSTS AND TELECOMMUNICATIONS

JOURNAL OF COMPUTER SCIENCE AND TECHNOLOGY

JOURNAL OF ENERGY CHEMISTRY

JOURNAL OF ENVIRONMENTAL SCIENCES (CHINA)

JOURNAL OF HYDRODYNAMICS

JOURNAL OF IRON AND STEEL RESEARCH INTERNATIONAL

JOURNAL OF MATERIALS SCIENCE AND TECHNOLOGY

JOURNAL OF RARE EARTHS

JOURNAL OF SHANGHAI JIAOTONG UNIVERSITY (SCIENCE)

JOURNAL OF SOUTHEAST UNIVERSITY (ENGLISH EDITION)

JOURNAL OF SYSTEMS ENGINEERING AND ELECTRONICS

JOURNAL OF SYSTEMS SCIENCE AND COMPLEXITY

JOURNAL OF SYSTEMS SCIENCE AND SYSTEMS ENGINEERING

JOURNAL OF THERMAL SCIENCE

JOURNAL OF ZHEJIANG UNIVERSITY: SCIENCE A

JOURNAL WUHAN UNIVERSITY OF TECHNOLOGY, MATERIALS SCIENCE EDITION

KEXUE TONGBAO (CHINESE)

KONGZHI LILUN YU YINGYONG

KONGZHI YU JUECE

KUEI SUAN JEN HSUEH PAO

KUNG CHENG JE WU LI HSUEH PAO

LIGHT: SCIENCE & APPLICATIONS

LINYE KEXUE

LIXUE JINZHAN

LIXUE XUEBAO

LIXUE XUEBAO

MEITAN XUEBAO

MOCAXUE XUEBAO

NANO RESEARCH

NANO–MICRO LETTERS

NEIRANJI XUEBAO

NONGYE GONGCHENG XUEBAO

NONGYE JIXIE XUEBAO

OPTOELECTRONICS LETTERS

PARTICUOLOGY

PHOTONIC SENSORS

PLASMA SCIENCE AND TECHNOLOGY

QIAOLIANG JIANSHE

QICHE GONGCHENG

QINGHUA DAXUE XUEBAO

RANLIAO HUAXUE XUEBAO

RARE METALS

RUAN JIAN XUE BAO

SCIENCE BULLETIN

SCIENCE CHINA CHEMISTRY

SCIENCE CHINA EARTH SCIENCES

SCIENCE CHINA INFORMATION SCIENCES

SCIENCE CHINA: PHYSICS, MECHANICS AND ASTRONOMY

SHANGHAI JIAOTONG DAXUE XUEBAO

SHENGWU YIXUE GONGCHENGXUE ZAZHI

SHENGXUE XUEBAO

SHIPIN KEXUE

SHIYOU DIQIU WULI KANTAN

SHIYOU KANTAN YU KAIFA

SHIYOU XUEBAO

SHIYOU XUEBAO, SHIYOU JIAGONG

SHIYOU YU TIANRANQI DIZHI

SHUIKEXUE JINZHAN

SHUILI XUEBAO

TAIYANGNENG XUEBAO

TIANJIN DAXUE XUEBAO (ZIRAN KEXUE YU GONGCHENG JISHU BAN)	*YAOGAN XUEBAO*
TIANRANQI GONGYE	*YI QI YI BIAO XUE BAO*
TIEDAO GONGCHENG XUEBAO	*YINGYONG JICHU YU GONGCHENG KEXUE XUEBAO*
TIEDAO XUEBAO	*YUANZINENG KEXUE JISHU*
TIEN TZU HSUEH PAO	*YUHANG XUEBAO*
TONGJI DAXUE XUEBAO	*ZHEJIANG DAXUE XUEBAO (GONGXUE BAN)*
TONGXIN XUEBAO	*ZHENDONG CESHI YU ZHENDUAN*
TRANSACTIONS OF NANJING UNIVERSITY OF AERONAUTICS AND ASTRONAUTICS	*ZHENDONG GONGCHENG XUEBAO*
TRANSACTIONS OF NONFERROUS METALS SOCIETY OF CHINA (ENGLISH EDITION)	*ZHENDONG YU CHONGJI*
	ZHIPU XUEBAO
TRANSACTIONS OF TIANJIN UNIVERSITY	*ZHONGGUO BIAOMIAN GONGCHENG*
TSINGHUA SCIENCE AND TECHNOLOGY	*ZHONGGUO DIANJI GONGCHENG XUEBAO*
TUIJIN JISHU	*ZHONGGUO GONGLU XUEBAO*
TUMU GONGCHENG XUEBAO	*ZHONGGUO GUANGXUE*
WATER SCIENCE AND ENGINEERING	*ZHONGGUO GUANXING JISHU XUEBAO*
WUHAN DAXUE XUEBAO (XINXI KEXUE BAN)	*ZHONGGUO HUANJING KEXUE*
WUJI CAILIAO XUEBAO	*ZHONGGUO JIGUANG*
WULI XUEBAO	*ZHONGGUO JIXIE GONGCHENG*
XI TONG GONG CHENG YU DIAN ZI JI SHU	*ZHONGGUO KEXUE JISHU KEXUE (CHINESE)*
XI'AN DIANZI KEJI DAXUE XUEBAO	*ZHONGGUO KEXUE: CAILIAOKEXUE (YINGWENBAN)*
XIBEI GONGYE DAXUE XUEBAO	
XINAN JIAOTONG DAXUE XUEBAO	*ZHONGGUO KUANGYE DAXUE XUEBAO*
XINXING TAN CAILIAO	*ZHONGGUO SHIPIN XUEBAO*
XITONG GONGCHENG LILUN YU SHIJIAN	*ZHONGGUO SHIYOU DAXUE XUEBAO (ZIRAN KEXUE BAN)*
XIYOU JINSHU	*ZHONGGUO TIEDAO KEXUE*
XIYOU JINSHU CAILIAO YU GONGCHENG	*ZHONGGUO YOUSE JINSHU XUEBAO*
YANSHI XUEBAO	*ZHONGGUO ZAOCHUAN*
YANSHILIXUE YU GONGCHENG XUEBAO	*ZHONGNAN DAXUE XUEBAO (ZIRAN KEXUE BAN)*
YANTU GONGCHENG XUEBAO	
YANTU LIXUE	*ZIDONGHUA XUEBAO*

附录 6　2019 年中国内地第一作者在 *NATURE*、*SCIENCE* 和 *CELL* 期刊上发表的论文

论文题目	第一作者	所属机构	来源期刊	被引次数
Thermodynamically stabilized β–CsPbI$_3$–based perovskite solar cells with efficiencies > 18%	Wang, Yong	上海交通大学	*SCIENCE*	134
Cytosine base editor generates substantial off-target single-nucleotide variants in mouse embryos	Zuo, Erwei	中国科学院上海生命科学研究院	*SCIENCE*	133
A Eu^{3+}-Eu^{2+} ion redox shuttle imparts operational durability to Pb-I perovskite solar cells	Wang, Ligang	北京大学	*SCIENCE*	131

论文题目	第一作者	所属机构	来源期刊	被引次数
Catalogue of topological electronic materials	Zhang, Tiantian	中国科学院物理研究所	*NATURE*	124
Cytosine, but not adenine, base editors induce genome-wide off-target mutations in rice	Jin, Shuai	中国科学院遗传与发育生物学研究所	*SCIENCE*	109
Comprehensive search for topological materials using symmetry indicators	Tang, Feng	南京大学	*NATURE*	108
A molecular perovskite solid solution with piezoelectricity stronger than lead zirconate titanate	Liao, Weiqiang	南昌大学	*SCIENCE*	89
Photocatalytic decarboxylative alkylations mediated by triphenylphosphine and sodium iodide	Fu, Mingchen	中国科学技术大学	*SCIENCE*	85
Incompatible and sterile insect techniques combined eliminate mosquitoes	Zheng, Xiaoying	中山大学	*NATURE*	84
Proteomics identifies new therapeutic targets of early-stage hepatocellular carcinoma	Jiang, Ying	国家蛋白质科学中心（北京）	*NATURE*	72
Giant piezoelectricity of Sm-doped $Pb(Mg_{1/3}Nb_{2/3})O_3-PbTiO_3$ single crystals	Li, Fei	西安交通大学	*SCIENCE*	69
PTC-bearing mRNA elicits a genetic compensation response via Upf3a and COMPASS components	Ma, Zhipeng	浙江大学	*NATURE*	68
Managing nitrogen to restore water quality in China	Yu, Chaoqing	清华大学	*NATURE*	66
Epitaxial growth of a 100-square-centimetre single-crystal hexagonal boron nitride monolayer on copper	Wang, Li	北京大学	*NATURE*	64
Atomically dispersed iron hydroxide anchored on Pt for preferential oxidation of CO in H_2	Cao, Lina	中国科学技术大学	*NATURE*	61
Cryo-EM structures and dynamics of substrate-engaged human 26S proteasome	Dong, Yuanchen	北京大学	*NATURE*	59
Structure and Degradation of Circular RNAs Regulate PKR Activation in Innate Immunity	Liu, Chuxiao	中国科学院上海巴斯德研究所	*CELL*	57
Large-area graphene-nanomesh/carbon-nanotube hybrid membranes for ionic and molecular nanofiltration	Yang, Yanbing	武汉大学	*SCIENCE*	56
Structures of human $Na_v1.7$ channel in complex with auxiliary subunits and animal toxins	Shen, Huaizong	清华大学	*SCIENCE*	55
Anti-tumour immunity controlled through mRNA m6 A methylation and YTHDF1 in dendritic cells	Han, Dali	中国科学院北京基因组研究所	*NATURE*	54
Engineering bunched Pt-Ni alloy nanocages for efficient oxygen reduction in practical fuel cells	Tian, Xinlong	华中科技大学	*SCIENCE*	54

续表

论文题目	第一作者	所属机构	来源期刊	被引次数
PdMo bimetallene for oxygen reduction catalysis	Luo, Mingchuan	北京大学	*NATURE*	50
Off-target RNA mutation induced by DNA base editing and its elimination by mutagenesis	Zhou, Changyang	中国科学院上海生命科学研究院	*NATURE*	50
Quantum Hall effect based on Weyl orbits in Cd_3As_2	Zhang, Cheng	复旦大学	*NATURE*	49
Ultrahigh-energy density lead-free dielectric films via polymorphic nanodomain design	Pan, Hao	清华大学	*SCIENCE*	46
Pantropical climate interactions	Cai, Wenju	中国海洋大学	*SCIENCE*	46
Crystal Structure of the Human Cannabinoid Receptor CB2	Li, Xiaoting	上海科技大学	*CELL*	45
Stabilizing heterostructures of soft perovskite semiconductors	Wang, Yanbo	上海交通大学	*SCIENCE*	43
Observation of unconventional chiral fermions with long Fermi arcs in CoSi	Rao, Zhicheng	中国科学院物理研究所	*NATURE*	41
Reconstitution and structure of a plant NLR resistosome conferring immunity	Wang, Jizong	清华大学	*SCIENCE*	40
Freestanding crystalline oxide perovskites down to the monolayer limit	Ji, Dianxiang	南京大学	*NATURE*	39
Realization of a three-dimensional photonic topological insulator	Yang, Yihao	浙江大学	*NATURE*	39
Structural basis of Notch recognition by human gamma-secretase	Yang, Guanghui	清华大学	*NATURE*	39
A late Middle Pleistocene Denisovan mandible from the Tibetan Plateau	Chen, Fahu	中国科学院青藏高原地球科学卓越创新中心	*NATURE*	38
Observation of magnetically tunable Feshbach resonances in ultracold ^{23}Na $^{40}K+^{40}K$ collisions	Yang, Huan	中国科学技术大学	*SCIENCE*	38
High thermoelectric performance in low-cost $SnS_{0.91}Se_{0.09}$ crystals	He, Wenke	北京航空航天大学	*SCIENCE*	37
Ligand-triggered allosteric ADP release primes a plant NLR complex	Wang, Jizong	中国科学院遗传与发育生物学研究所	*SCIENCE*	37
Crystal Structures of Membrane Transporter MmpL3, an Anti-TB Drug Target	Zhang, Bing	上海科技大学	*CELL*	37
Tuning element distribution, structure and properties by composition in high-entropy alloys	Ding, Qingqing	浙江大学	*NATURE*	35
Structure of the human LAT1-4F2hc heteromeric amino acid transporter complex	Yan, Renhong	清华大学	*NATURE*	35
Recognition of the amyloid precursor protein by human gamma-secretase	Zhou, Rui	清华大学	*SCIENCE*	35
Molecular basis for pore blockade of human Na^+ channel $Na_v 1.2$ by the μ-conotoxin KIIIA	Pan, Xiaojing	清华大学	*SCIENCE*	34

论文题目	第一作者	所属机构	来源期刊	被引次数
Genome-wide analysis identifies NR4A1 as a key mediator of T cell dysfunction	Liu, Xindong	陆军军医大学第一附属医院；第三军医大学第一附属医院；西南医院	*NATURE*	32
Giant nonreciprocal second-harmonic generation from antiferromagnetic bilayer CrI_3	Sun, Zeyuan	复旦大学	*NATURE*	31
Mammalian Near-Infrared Image Vision through Injectable and Self-Powered Retinal Nanoantennae	Ma, Yuqian	中国科学技术大学	*CELL*	30
Acetylation blocks cGAS activity and inhibits self-DNA-Induced autoimmunity	Dai, Jiang	国家生物医学分析中心	*CELL*	30
Generation of multicomponent atomic schrodinger cat states of up to 20 qubits	Song, Chao	浙江大学	*SCIENCE*	29
Lactate is a natural suppressor of RLR signaling by targeting MAVS	Zhang, Weina	国家生物医学分析中心	*CELL*	29
Intercellular interaction dictates cancer cell ferroptosis via NF2–YAP signalling	Wu, Jiao	空军军医大学；第四军医大学	*NATURE*	28
Fate mapping via Ms4a3–expression history traces monocyte-derived cells	Liu, Zhaoyuan	上海交通大学医学院	*CELL*	28
Chang'E-4 initial spectroscopic identification of lunar far-side mantle-derived materials	Li, Chunlai	中国科学院国家天文台	*NATURE*	27
Observation of parity-time symmetry breaking in a single-spin system	Wu, Yang	中国科学技术大学	*SCIENCE*	27
Mechanisms of RALF peptide perception by a heterotypic receptor complex	Xiao, Yu	清华大学	*NATURE*	26
Mechanism of DNA translocation underlying chromatin remodelling by Snf2	Li, Meijing	清华大学	*NATURE*	26
The Qingjiang biota–A burgess shale–type fossil lagerstatte from the early cambrian of South China	Fu, Dongjing	西北大学	*SCIENCE*	26
Plant cell-surface GIPC sphingolipids sense salt to trigger Ca^{2+} influx	Jiang, Zhonghao	深圳大学	*NATURE*	25
A magnetar-powered X–ray transient as the aftermath of a binary neutron-star merger	Xue, Y. Q.	中国科学技术大学	*NATURE*	25
Colossal barocaloric effects in plastic crystals	Li, Bing	中国科学院金属研究所	*NATURE*	25
Strongly correlated quantum walks with a 12-qubit superconducting processor	Yan, Zhiguang	中国科学技术大学	*SCIENCE*	25
Structural basis for blue-green light harvesting and energy dissipation in diatoms	Wang, Wenda	中国科学院植物研究所	*SCIENCE*	25
Phase-change heterostructure enables ultralow noise and drift for memory operation	Ding, Keyuan	深圳大学	*SCIENCE*	22

续表

论文题目	第一作者	所属机构	来源期刊	被引次数
Synergistic sorbent separation for one-step ethylene purification from a four-component mixture	Chen, Kaijie	西北工业大学	*SCIENCE*	22
Stress-induced metabolic disorder in peripheral CD4+ T cells leads to anxiety-like behavior	Fan, Keqi	浙江大学	*CELL*	22
Three-dimensional quantum Hall effect and metal-insulator transition in ZrTe$_5$	Tang, Fangdong	南方科技大学	*NATURE*	21
Large plasticity in magnesium mediated by pyramidal dislocations	Liu, Boyu	西安交通大学	*SCIENCE*	21
Time-resolved protein activation by proximal decaging in living systems	Wang, Jie	北京大学	*NATURE*	20
Structure and dynamics of the active human parathyroid hormone receptor-1	Zhao, Lihua	中国科学院上海药物研究所	*SCIENCE*	20
Modular click chemistry libraries for functional screens using a diazotizing reagent	Meng, Genyi	中国科学院上海有机化学研究所	*NATURE*	19
Towards artificial general intelligence with hybrid Tianjic chip architecture	Pei, Jing	清华大学	*NATURE*	19
A bacterial effector reveals the V-ATPase-ATG16L1 axis that initiates xenophagy	Xu, Yue	中国农业大学	*CELL*	19
Topologically enabled ultrahigh-Q guided resonances robust to out-of-plane scattering	Jin, Jicheng	北京大学	*NATURE*	18
Landscape and dynamics of single immune cells in hepatocellular carcinoma	Zhang, Qiming	北京大学	*CELL*	18
Structural basis of nucleosome recognition and modification by MLL methyltransferases	Xue, Han	中国科学院上海生命科学研究院	*NATURE*	17
Enzyme-catalysed [6+4] cycloadditions in the biosynthesis of natural products	Zhang, Bo	南京大学	*NATURE*	17
Resetting histone modifications during human parental-to-zygotic transition	Xia, Weikun	清华大学	*SCIENCE*	17
Large-scale ruminant genome sequencing provides insights into their evolution and distinct traits	Chen, Lei	西北工业大学	*SCIENCE*	17
Genetic basis of ruminant headgear and rapid antler regeneration	Wang, Yu	西北农林科技大学	*SCIENCE*	17
p53 regulation of ammonia metabolism through urea cycle controls polyamine biosynthesis	Li, Le	清华大学	*NATURE*	16
Super-elastic ferroelectric single-crystal membrane with continuous electric dipole rotation	Dong, Guohua	西安交通大学	*SCIENCE*	16
Cysteine-rich peptides promote interspecific genetic isolation in Arabidopsis	Zhong, Sheng	北京大学	*SCIENCE*	16

论文题目	第一作者	所属机构	来源期刊	被引次数
Inducing and exploiting vulnerabilities for the treatment of liver cancer	Wang, Cun	上海交通大学医学院附属仁济医院；上海交通大学医学院仁济临床医学院	*NATURE*	15
Structural basis of assembly of the human T cell receptor-CD3 complex	Dong, De	哈尔滨工业大学	*NATURE*	15
Atypical behaviour and connectivity in SHANK$_3$-mutant macaques	Zhou, Yang	中国科学院深圳先进技术研究院	*NATURE*	15
Architecture of African swine fever virus and implications for viral assembly	Wang, Nan	中国科学院生物物理研究所	*SCIENCE*	15
Atomically precise, custom-design origami graphene nanostructures	Chen, Hui	中国科学院物理研究所	*SCIENCE*	15
Teosinte ligule allele narrows plant architecture and enhances high-density maize yields	Tian, Jinge	中国农业大学	*SCIENCE*	15
A wide star-black-hole binary system from radial–velocity measurements	Liu, Jifeng	中国科学院国家天文台	*NATURE*	14
Metal-free directed sp(2)–C–H borylation	Lv, Jiahang	南京大学	*NATURE*	14
Allele-selective lowering of mutant HTT protein by HTT–LC$_3$ linker compounds	Li, Zhaoyang	复旦大学附属华山医院	*NATURE*	14
Structure and mechanogating of the mammalian tactile channel PIEZO$_2$	Wang, Li	清华大学	*NATURE*	14
Modulation of cardiac ryanodine receptor 2 by calmodulin	Gong, Deshun	清华大学	*NATURE*	14
High-temperature bulk metallic glasses developed by combinatorial methods	Li, Mingxing	中国科学院物理研究所	*NATURE*	14
TMK1-mediated auxin signalling regulates differential growth of the apical hook	Cao, Min	中国科学院上海生命科学研究院植物逆境生物学研究中心	*NATURE*	14
Direct observation of van der Waals stacking-dependent interlayer magnetism	Chen, Weijong	复旦大学	*SCIENCE*	14
Cryo-EM structure of the mammalian ATP synthase tetramer bound with inhibitory protein IF1	Gu, Jinke	清华大学	*SCIENCE*	14
Integrated Proteogenomic Characterization of HBV-Related Hepatocellular Carcinoma	Gao, Qiang	复旦大学附属中山医院	*CELL*	14
Structure studies of the CRISPR-Csm complex reveal mechanism of Co-transcriptional interference	You, Lilan	中国科学院生物物理研究所	*CELL*	14
Molecular architecture of lineage allocation and tissue organization in early mouse embryo	Peng, Guangdun	中国科学院上海生命科学研究院	*NATURE*	13
Cryo-EM structures of herpes simplex virus type 1 portal vertex and packaged genome	Liu, Yuntao	中国科学技术大学	*NATURE*	13

续表

论文题目	第一作者	所属机构	来源期刊	被引次数
Nuclear hnRNPA2B1 initiates and amplifies the innate immune response to DNA viruses	Wang, Lei	南开大学	*SCIENCE*	13
Long-term functional maintenance of primary human hepatocytes in vitro	Xiang, Chengang	北京大学	*SCIENCE*	13
The formation of Jupiter's diluted core by a giant impact	Liu, Shangfei	中山大学	*NATURE*	12
A vitamin-C-derived DNA modification catalysed by an algal TET homologue	Xue, Jianhuang	中国科学院上海生命科学研究院	*NATURE*	12
Genomes of subaerial zygnematophyceae provide insights into land plant evolution	Cheng, Shifeng	中国农业科学院	*CELL*	12
Structures of the catalytically activated yeast spliceosome reveal the mechanism of branching	Wan, Ruixue	清华大学	*CELL*	12
Regulation of HIV-1 Gag-Pol expression by shiftless, an inhibitor of programmed-1 ribosomal frameshifting	Wang, Xinlu	中国科学院生物物理研究所	*CELL*	12
High-temperature superconductivity in monolayer $Bi_2Sr_2CaCu_2O_{8+\delta}$	Yu, Yijun	复旦大学	*NATURE*	11
Site-specific allylic C–H bond functionalization with a copper-bound N-centred radical	Li, Jiayuan	中国科学院上海有机化学研究所	*NATURE*	11
Ultrahigh-pressure isostructural electronic transitions in hydrogen	Ji, Cheng	高压科学与技术研究中心	*NATURE*	11
Highly enantioselective carbene insertion into N–H bonds of aliphatic amines	Li, Maolin	南开大学	*SCIENCE*	11
Differential soil fungus accumulation and density dependence of trees in a subtropical forest	Chen, Lei	中国科学院植物研究所	*SCIENCE*	11
Molecular basis for ligand modulation of a mammalian voltage-Gated Ca^{2+} Channel	Zhao, Yanyu	清华大学	*CELL*	11
Probing the critical nucleus size for ice formation with graphene oxide nanosheets	Bai, Guoying	中国科学院化学研究所	*NATURE*	10
Crosslinking ionic oligomers as conformable precursors to calcium carbonate	Liu, Zhaoming	浙江大学	*NATURE*	10
A new Jurassic scansoriopterygid and the loss of membranous wings in theropod dinosaurs	Wang, Min	中国科学院古脊椎动物与古人类研究所	*NATURE*	10
Problem-solving males become more attractive to female budgerigars	Chen, Jiani	中国科学院动物研究所	*SCIENCE*	10
Structural insights into the process of GPCR-G protein complex formation	Liu, Xiangyu	清华大学	*CELL*	10
Per-nucleus crossover covariation and implications for evolution	Wang, Shunxin	山东大学	*CELL*	10
Cryo-EM structure and assembly of an extracellular contractile injection system	Jiang, Feng	中国医学科学院病原生物学研究所	*CELL*	10

论文题目	第一作者	所属机构	来源期刊	被引次数
Structural insights into the mechanism of human soluble guanylate cyclase	Kang, Yunlu	北京大学	*NATURE*	9
Reconstituting the transcriptome and DNA methylome landscapes of human implantation	Zhou, Fan	北京大学第三医院；北京大学第三临床医学院	*NATURE*	9
Torsional refrigeration by twisted, coiled, and supercoiled fibers	Wang, Run	南开大学	*SCIENCE*	9
The pigment−protein network of a diatom photosystem Ⅱ-light-harvesting antenna supercomplex	Pi, Xiong	清华大学	*SCIENCE*	9
Global entangling gates on arbitrary ion qubits	Lu, Yao	清华大学	*NATURE*	8
Inferring earth's discontinuous chemical layering from the 660−kilometer boundary topography	Wu, Wenbo	中国科学院测量与地球物理研究所	*SCIENCE*	8
Molecular basis of arthritogenic alphavirus receptor MXRA8 binding to chikungunya virus envelope protein	Song, Hao	中国科学院北京生命科学研究所	*CELL*	8
Human neonatal Fc receptor is the cellular uncoating receptor for enterovirus B	Zhao, Xin	中国科学院微生物研究所	*CELL*	8
Cryo−EM structures of apo and antagonist-bound human Cav 3.1	Zhao, Yanyu	西湖大学	*NATURE*	7
Death march of a segmented and trilobate bilaterian elucidates early animal evolution	Chen, Zhe	中国科学院南京地质古生物研究所	*NATURE*	7
UDP-glucose accelerates SNAI1 mRNA decay and impairs lung cancer metastasis	Wang, Xiongjun	中国科学院上海生命科学研究院	*NATURE*	7
Structure of the RSC complex bound to the nucleosome	Ye, Youpi	清华大学	*SCIENCE*	7
Generation of solar spicules and subsequent atmospheric heating	Samanta, Tanmoy	北京大学	*SCIENCE*	7
Cryo-EM structures of the human cation-chloride cotransporter KCC1	Liu, Si	浙江大学医学院附属邵逸夫医院	*SCIENCE*	6
A Translation-Activating Function of MIWI/piRNA during Mouse Spermiogenesis	Dai, Peng	中国科学院上海生命科学研究院	*CELL*	6
The piRNA Response to Retroviral Invasion of the Koala Genome	Yu, Tianxiong	同济大学附属肺科医院；上海市肺科医院	*CELL*	6
A middle Cambrian arthropod with chelicerae and proto-book gills	Aria, Cedric	中国科学院南京地质古生物研究所	*NATURE*	5
N−6−methyladenosine RNA modification-mediated cellular metabolism rewiring inhibits viral replication	Liu, Yang	中国医学科学院基础医学研究所	*SCIENCE*	5
Mechanism of beta(2)AR regulation by an intracellular positive allosteric modulator	Liu, Xiangyu	清华大学	*SCIENCE*	5
A Cold−sensing receptor encoded by a glutamate receptor gene	Gong, Jianke	华中科技大学	*CELL*	5

续表

论文题目	第一作者	所属机构	来源期刊	被引次数
An evolutionarily stable strategy to colonize spatially extended habitats	Liu, Weirong	中国科学院深圳先进技术研究院	*NATURE*	4
Tailored multifunctional micellar brushes via crystallization-driven growth from a surface	Cai, Jiandong	上海科技大学	*SCIENCE*	4
In vitro culture of cynomolgus monkey embryos beyond early gastrulation	Ma, Huaixiao	中国科学院动物研究所	*SCIENCE*	4
Biological adaptations in the Arctic cervid, the reindeer (Rangifer tarandus)	Lin, Zeshan	西北工业大学	*SCIENCE*	4
Mucosal Profiling of Pediatric-Onset Colitis and IBD Reveals Common Pathogenics and Therapeutic Pathways	Huang, Bing	广州医科大学广州妇女儿童医疗中心，广州市妇幼保健院，广州市儿童医院，广州市妇婴医院	*CELL*	4
LECT2, a Ligand for Tie1, Plays a Crucial Role in Liver Fibrogenesis	Xu, Meng	南方医科大学附属南方医院；南方医科大学南方医院	*CELL*	4
Cretaceous fossil reveals a new pattern in mammalian middle ear evolution	Wang, Haibing	中国科学院古脊椎动物与古人类研究所	*NATURE*	3
Fast inflows as the adjacent fuel of supermassive black hole accretion disks in quasars	Zhou, Hongyan	国家海洋局第二海洋研究所	*NATURE*	3
Dissecting primate early post–implantation development using long–term in vitro embryo culture	Niu, Yuyu		*SCIENCE*	3
Palmitoylation of NOD1 and NOD2 is required for bacterial sensing	Lu, Yan	浙江大学医学院附属邵逸夫医院	*SCIENCE*	3
New Jurassic mammaliaform sheds light on early evolution of mammal-like hyoid bones	Zhou, Chang–Fu	沈阳师范大学	*SCIENCE*	2
Key role for CTCF in establishing chromatin structure in human embryos	Chen, Xuepeng	中国科学院北京基因组研究所	*NATURE*	1
Intermediate bosonic metallic state in the superconductor-insulator transition	Yang, Chao	电子科技大学	*SCIENCE*	1
Satellite testing of a gravitationally induced quantum decoherence model	Xu, Ping	中国科学技术大学	*SCIENCE*	1
Reconfigurable ferromagnetic liquid droplets	Liu, Xubo	北京化工大学	*SCIENCE*	1
Phylogenetic evidence for Sino-Tibetan origin in northern China in the Late Neolithic	Zhang, Menghan	复旦大学	*NATURE*	0

附录 7 2019 年《美国数学评论》收录的中国科技期刊

ACTA MATH. APPL.SIN.	*CHIN. ANN. MATH. SER. B*
ACTA MATH. APPL.SIN.ENGL.SER.	*CHINESE ANN. MATH.SER. A*
ACTA MATH. SCI.SER.A CHIN. ED.	*CINESE J. APPL. PROBAB. STATIST.*
ACTA MATH. SCI.SER.B ENGL.ED.	*COMMUN.MAHT.RES.*
ACTA MATH. SIN. (ENGL.SER.)	*FRONT. MATH. CHINA*
ACTA MATH. SINICA (CHIN.SER.)	*J. COMPUT. MATH.*
ADV. MATH. (CHINA)	*J. MATH. RES. APPL.*
ANN. APPL. MATH	*MATH. NUMER. SIN.*
APPL. MATH. J. CHINESE UNIV.SER. A	*SCI. CHINA MATH.*
APPL. MATH. J. CHINESE UNIV.SER. B	

附录 8 2019 年 SCIE 收录中国论文数居前 100 位的期刊

排名	期刊名称	收录中国论文篇数
1	*IEEE ACCESS*	10504
2	*SCIENTIFIC REPORTS*	3025
3	*ACS APPLIED MATERIALS & INTERFACES*	2997
4	*JOURNAL OF ALLOYS AND COMPOUNDS*	2964
5	*MEDICINE*	2897
6	*EUROPEAN JOURNAL OF IMMUNOLOGY*	2788
7	*RSC ADVANCES*	2740
8	*SCIENCE OF THE TOTAL ENVIRONMENT*	2698
9	*SUSTAINABILITY*	2522
10	*BASIC & CLINICAL PHARMACOLOGY & TOXICOLOGY*	2484
11	*APPLIED SCIENCES–BASEL*	2277
12	*SENSORS*	2211
13	*MATERIALS RESEARCH EXPRESS*	2127
14	*APPLIED SURFACE SCIENCE*	2084
15	*JOURNAL OF MATERIALS CHEMISTRY A*	1949
16	*CERAMICS INTERNATIONAL*	1862
17	*CHEMICAL ENGINEERING JOURNAL*	1744
18	*JOURNAL OF CLEANER PRODUCTION*	1732
19	*CHEMICAL COMMUNICATIONS*	1689
20	*ENERGIES*	1677
21	*OPTICS EXPRESS*	1676
22	*INTERNATIONAL JOURNAL OF CLINICAL AND EXPERIMENTAL MEDICINE*	1643
23	*MATERIALS*	1572
24	*PLOS ONE*	1561
25	*NATURE COMMUNICATIONS*	1494
26	*MOLECULES*	1492
27	*MITOCHONDRIAL DNA PART B–RESOURCES*	1491

续表

排名	期刊名称	收录中国论文篇数
28	REMOTE SENSING	1378
29	INTERNATIONAL JOURNAL OF ENVIRONMENTAL RESEARCH AND PUBLIC HEALTH	1376
30	ENVIRONMENTAL SCIENCE AND POLLUTION RESEARCH	1357
31	ABSTRACTS OF PAPERS OF THE AMERICAN CHEMICAL SOCIETY	1335
32	NANOSCALE	1320
33	INTERNATIONAL JOURNAL OF MOLECULAR SCIENCES	1286
34	JOURNAL OF CELLULAR BIOCHEMISTRY	1249
35	CONSTRUCTION AND BUILDING MATERIALS	1239
36	INTERNATIONAL JOURNAL OF HYDROGEN ENERGY	1233
37	CHEMOSPHERE	1222
38	INTERNATIONAL JOURNAL OF BIOLOGICAL MACROMOLECULES	1183
39	ONCOLOGY LETTERS	1178
40	ELECTROCHIMICA ACTA	1162
41	ACS SUSTAINABLE CHEMISTRY & ENGINEERING	1160
42	JOURNAL OF CELLULAR PHYSIOLOGY	1152
43	EUROPEAN REVIEW FOR MEDICAL AND PHARMACOLOGICAL SCIENCES	1128
44	ANGEWANDTE CHEMIE–INTERNATIONAL EDITION	1120
45	MATERIALS LETTERS	1115
46	FUEL	1079
47	JOURNAL OF MATERIALS CHEMISTRY C	1077
48	ENERGY	1075
49	EXPERIMENTAL AND THERAPEUTIC MEDICINE	1069
50	MOLECULAR MEDICINE REPORTS	1066
51	BIOCHEMICAL AND BIOPHYSICAL RESEARCH COMMUNICATIONS	1051
52	ORGANIC LETTERS	1035
53	JOURNAL OF MATERIALS SCIENCE–MATERIALS IN ELECTRONICS	1031
54	BIORESOURCE TECHNOLOGY	1009
55	MEDICAL SCIENCE MONITOR	995
56	JOURNAL OF PHYSICAL CHEMISTRY C	988
57	BIOMEDICINE & PHARMACOTHERAPY	986
58	INDUSTRIAL & ENGINEERING CHEMISTRY RESEARCH	981
58	NEW JOURNAL OF CHEMISTRY	981
60	MATHEMATICAL PROBLEMS IN ENGINEERING	974
61	SENSORS AND ACTUATORS B–CHEMICAL	970
62	ONCOTARGETS AND THERAPY	955
63	JOURNAL OF AGRICULTURAL AND FOOD CHEMISTRY	937
64	INTERNATIONAL JOURNAL OF HEAT AND MASS TRANSFER	928
65	FRONTIERS IN MICROBIOLOGY	926

续表

排名	期刊名称	收录中国论文篇数
66	*PHYSICA A–STATISTICAL MECHANICS AND ITS APPLICATIONS*	924
67˙	*ENVIRONMENTAL POLLUTION*	923
68	*PHYSICAL REVIEW B*	920
69	*POLYMERS*	892
70	*ANALYTICAL CHEMISTRY*	886
71	*JOURNAL OF COLLOID AND INTERFACE SCIENCE*	884
72	*INTERNATIONAL JOURNAL OF ADVANCED MANUFACTURING TECHNOLOGY*	883
72	*NEUROCOMPUTING*	883
74	*WATER*	874
75	*FOOD CHEMISTRY*	866
76	*CLUSTER COMPUTING–THE JOURNAL OF NETWORKS SOFTWARE TOOLS AND APPLICATIONS*	861
77	*OPTIK*	860
78	*APPLIED THERMAL ENGINEERING*	857
79	*BIOMED RESEARCH INTERNATIONAL*	852
80	*ADVANCED FUNCTIONAL MATERIALS*	821
81	*ACTA PHYSICA SINICA*	796
82	*ADVANCED MATERIALS*	786
83	*ECOTOXICOLOGY AND ENVIRONMENTAL SAFETY*	778
84˙	*CANCER MANAGEMENT AND RESEARCH*	776
85	*MATERIALS SCIENCE AND ENGINEERING A–STRUCTURAL MATERIALS PROPERTIES MICROSTRUCTURE AND PROCESSING*	774
86	*PEERJ*	772
87	*CHINESE PHYSICS B*	770
88	*MULTIMEDIA TOOLS AND APPLICATIONS*	763
89	*APPLIED ENERGY*	762
89	*NANO ENERGY*	762
91	*JOURNAL OF THE AMERICAN CHEMICAL SOCIETY*	761
92	*APPLIED OPTICS*	756
93	*PHYSICAL CHEMISTRY CHEMICAL PHYSICS*	752
94	*NANOMATERIALS*	749
95	*APPLIED CATALYSIS B–ENVIRONMENTAL*	740
96	*ACS OMEGA*	736
97	*JOURNAL OF MATERIALS SCIENCE*	734
98	*FISH & SHELLFISH IMMUNOLOGY*	732
99	*CHEMISTRYSELECT*	730
100	*FRONTIERS IN PHARMACOLOGY*	727

附录 9 2019 年 Ei 收录的中国论文数居前 100 位的期刊

期刊名称	收录中国论文篇数	期刊名称	收录中国论文篇数
IEEE Access	5657	Journal of Hazardous Materials	942
Materials Research Express	2780	Journal of Materials Chemistry C	937
Journal of Alloys and Compounds	2518	Neurocomputing	934
RSC Advances	2510	Angewandte Chemie – International Edition	930
ACS Applied Materials and Interfaces	2413	Zhendong yu Chongji/Journal of Vibration and Shock	921
Science of the Total Environment	2229	Bioresource Technology	910
Sensors (Switzerland)	2003	Environmental Pollution	900
Chemical Engineering Journal	1965	Materials Letters	899
Ceramics International	1919	Sensors and Actuators, B: Chemical	883
Applied Surface Science	1815	Journal of Materials Science: Materials in Electronics	876
Journal of Cleaner Production	1741		
Journal of Materials Chemistry A	1594	Physica A: Statistical Mechanics and its Applications	873
Energies	1588		
Materials	1427	Zhongguo Dianji Gongcheng Xuebao/Proceedings of the Chinese Society of Electrica	853
Optics Express	1419		
Chemosphere	1329		
Construction and Building Materials	1307	Industrial and Engineering Chemistry Research	833
Shipin Kexue/Food Science	1227	Wuli Xuebao/Acta Physica Sinica	829
Remote Sensing	1166		
Nanoscale	1160	Huanjing Kexue/Environmental Science	795
International Journal of Hydrogen Energy	1102		
		Physical Review B	788
Electrochimica Acta	1078	Polymers	788
Energy	1029	Applied Thermal Engineering	786
Nongye Gongcheng Xuebao/ Transactions of the Chinese Society of Agricultural Engi	1007	Journal of Agricultural and Food Chemistry	781
		Water (Switzerland)	777
Mathematical Problems in Engineering	1006	Analytical Chemistry	766
		Journal of Physical Chemistry C	749
ACS Sustainable Chemistry and Engineering	993	Xiyou Jinshu Cailiao Yu Gongcheng/Rare Metal Materials and Engineering	747
Fuel	968		

期刊名称	收录中国论文篇数	期刊名称	收录中国论文篇数
International Journal of Heat and Mass Transfer	743	Journal of the Electrochemical Society	624
Optik	734	Optics Communications	612
Journal of Colloid and Interface Science	731	Dalton Transactions	608
Food Chemistry	726	Small	602
Nongye Jixie Xuebao/ Transactions of the Chinese Society for Agricultural Machine	711	Energy Storage Materials	595
		Guangxue Xuebao/Acta Optica Sinica	595
Applied Optics	703	Dianwang Jishu/Power System Technology	593
Advanced Functional Materials	698		
Yantu Lixue/Rock and Soil Mechanics	686	Chinese Physics B	588
		Applied Energy	582
Diangong Jishu Xuebao/ Transactions of China Electrotechnical Society	679	Dianli Xitong Zidonghua/ Automation of Electric Power Systems	581
Materials Science and Engineering A	674	Hongwai yu Jiguang Gongcheng/ Infrared and Laser Engineering	579
Huagong Jinzhan/Chemical Industry and Engineering Progress	673	Optics Letters	578
		Advanced Materials	577
Surface Technology	671	Spectrochimica Acta – Part A: Molecular and Biomolecular Spectroscopy	574
Applied Catalysis B: Environmental	669		
Complexity	667	Carbon	571
Zhongguo Jixie Gongcheng/ China Mechanical Engineering	660	Guang Pu Xue Yu Guang Pu Fen Xi/Spectroscopy and Spectral Analysis	569
Jixie Gongcheng Xuebao/Journal of Mechanical Engineering	652		
		Energy and Fuels	566
Journal of Power Sources	651	Carbohydrate Polymers	564
Zhongguo Huanjing Kexue/ China Environmental Science	650	Journal of Materials Science	553
		Applied Physics Letters	546
AIP Advances	638	Gaodianya Jishu/High Voltage Engineering	539
International Journal of Advanced Manufacturing Technology	636		
Huagong Xuebao/CIESC Journal	635	Colloids and Surfaces A: Physicochemical and Engineering Aspects	536
Nano Energy	634		

续表

期刊名称	收录中国论文篇数	期刊名称	收录中国论文篇数
Kung Cheng Je Wu Li Hsueh Pao/Journal of Engineering Thermophysics	536	*Journal of Intelligent and Fuzzy Systems*	530
Meitan Xuebao/Journal of the China Coal Society	536	*Journal of Petroleum Science and Engineering*	526
Information Sciences	534	*Energy Conversion and Management*	525

附录10 2019 年影响因子居前 100 位的中国科技期刊

序号	期刊名称	影响因子	序号	期刊名称	影响因子
1	地理学报	5.794	29	中华消化外科杂志	2.409
2	地理研究	3.926	30	石油实验地质	2.381
3	电力系统自动化	3.651	31	中国地质	2.374
4	石油勘探与开发	3.637	32	经济地理	2.367
5	CHINESE JOURNAL OF CANCER RESEARCH	3.591	33	自动化学报	2.349
			34	中国农业科学	2.302
6	中国石油勘探	3.553	35	中国实用外科杂志	2.301
7	石油学报	3.439	36	应用生态学报	2.293
8	电力系统保护与控制	3.312	37	中国土地科学	2.284
9	地理科学进展	3.261	38	电力工程技术	2.261
10	电网技术	3.215	39	环境科学	2.256
11	南开管理评论	3.153	40	测绘学报	2.253
12	管理世界	3.090	41	智慧电力	2.246
13	中华护理杂志	2.942	42	中国科学 地球科学	2.242
14	地理科学	2.890	43	油气地质与采收率	2.241
15	自然资源学报	2.835	44	中华内科杂志	2.195
16	计算机学报	2.786	45	煤炭学报	2.189
17	中国循环杂志	2.758	46	电力自动化设备	2.179
18	中国电机工程学报	2.756	47	中国中药杂志	2.178
19	中国感染与化疗杂志	2.699	48	中草药	2.169
20	生态学报	2.675	49	高电压技术	2.158
21	中国肿瘤	2.611	50	中国人口资源与环境	2.148
22	植物营养与肥料学报	2.610	51	中国实验方剂学杂志	2.120
23	应用气象学报	2.605	52	第四纪研究	2.119
24	土壤学报	2.542	53	农业工程学报	2.116
25	电工技术学报	2.527	54	岩性油气藏	2.114
26	天然气工业	2.459	55	中国生态农业学报	2.112
27	中华糖尿病杂志	2.430	56	中华骨质疏松和骨矿盐疾病杂志	2.092
28	资源科学	2.410			

序号	期刊名称	影响因子	序号	期刊名称	影响因子
57	高原气象	2.090	79	岩石学报	1.877
58	管理科学	2.056	80	中国癌症杂志	1.876
59	中华心血管病杂志	2.050	81	地球信息科学学报	1.866
60	中华肿瘤杂志	2.045	82	CELL RESEARCH	1.857
61	针刺研究	2.038	83	遥感学报	1.842
62	城市规划学刊	2.025	84	中国科学院院刊	1.832
63	中国实用妇科与产科杂志	2.019	85	中华妇产科杂志	1.823
64	植物生态学报	2.004	86	干旱区研究	1.816
65	岩石力学与工程学报	1.998	87	中国环境科学	1.799
66	中国矿业大学学报	1.993	88	管理评论	1.789
67	力学学报	1.988	89	植物遗传资源学报	1.788
68	中国软科学	1.988	90	草业学报	1.787
69	软件学报	1.979	91	色谱	1.786
70	石油与天然气地质	1.972	92	中华流行病学杂志	1.786
71	中华神经科杂志	1.965	93	科研管理	1.781
72	管理科学学报	1.947	94	科学学研究	1.778
73	中华外科杂志	1.932	95	水科学进展	1.775
74	中华预防医学杂志	1.909	96	临床肝胆病杂志	1.766
75	气象	1.904	97	地球科学	1.754
76	地质学报	1.903	98	化学学报	1.748
77	仪器仪表学报	1.903	99	中华骨科杂志	1.747
78	水利学报	1.877	100	中国医院管理	1.743

附录 11　2019 年总被引次数居前 100 位的中国科技期刊

序号	期刊名称	总被引次数	序号	期刊名称	总被引次数
1	生态学报	25080	15	中草药	11160
2	中国电机工程学报	21334	16	岩石力学与工程学报	11119
3	农业工程学报	19953	17	中华中医药杂志	10902
4	食品科学	18820	18	电工技术学报	10582
5	电力系统自动化	15229	19	岩石学报	10544
6	应用生态学报	14071	20	中国农学通报	10080
7	中国中药杂志	13040	21	岩土力学	9747
8	电网技术	12644	22	煤炭学报	9705
9	中国农业科学	12159	23	中华医院感染学杂志	9229
10	环境科学	12057	24	机械工程学报	9188
11	管理世界	11942	25	电力系统保护与控制	9158
12	中国实验方剂学杂志	11576	26	高电压技术	8421
13	食品工业科技	11390	27	生态学杂志	7879
14	地理学报	11280	28	中华护理杂志	7736

序号	期刊名称	总被引次数	序号	期刊名称	总被引次数
29	农业机械学报	7693	65	食品研究与开发	5548
30	地球物理学报	7537	66	辽宁中医杂志	5489
31	中国环境科学	7424	67	土壤学报	5473
32	中华医学杂志	7354	68	中国医药导报	5457
33	地理研究	7286	69	地学前缘	5288
34	中国药房	7213	70	石油勘探与开发	5269
35	环境科学学报	7171	71	中华现代护理杂志	5246
36	中国组织工程研究	7141	72	中成药	5185
37	中国全科医学	7106	73	植物生态学报	5105
38	经济地理	7081	74	地理科学进展	5088
39	科学通报	7055	75	电力自动化设备	5071
40	岩土工程学报	6925	76	中药材	5035
41	振动与冲击	6885	77	环境工程学报	4986
41	山东医药	6885	78	中国科学 地球科学	4952
43	物理学报	6859	79	计算机应用研究	4940
44	中医杂志	6850	80	医学综述	4935
45	重庆医学	6780	81	中国人口资源与环境	4915
46	现代预防医学	6712	82	天然气工业	4904
47	实用医学杂志	6524	83	食品与发酵工业	4889
48	中华中医药学刊	6507	84	中国针灸	4862
49	护理学杂志	6491	85	水利学报	4805
50	科学技术与工程	6204	86	草业学报	4798
51	植物营养与肥料学报	6170	87	中华流行病学杂志	4786
52	护理研究	6132	88	光学学报	4778
53	水土保持学报	6114	89	现代生物医学进展	4731
54	地理科学	6102	90	仪器仪表学报	4691
55	现代中西医结合杂志	6010	91	光谱学与光谱分析	4688
56	地质学报	6001	92	中华心血管病杂志	4686
57	作物学报	5984	93	工程力学	4575
58	江苏农业科学	5968	94	林业科学	4560
59	生态环境学报	5893	95	系统工程理论与实践	4536
60	自然资源学报	5871	96	煤炭科学技术	4524
61	农业环境科学学报	5834	97	化工学报	4426
62	计算机工程与应用	5765	98	园艺学报	4374
63	资源科学	5756	99	中国中西医结合杂志	4336
64	石油学报	5707	100	西北植物学报	4299

附　表

附表 1　2019 年度国际科技论文总数居世界前列的国家（地区）

国家（地区）	2019 年收录的科技论文篇数			2019 年收录的科技论文总篇数	占科技论文总数比例	排名
	SCI	Ei	CPCI-S			
世界科技论文总数	2292834	800106	476647	3569587	100.0%	
美国	586146	138677	152841	877664	24.6%	1
中国	495875	287650	58498	842023	23.6%	2
英国	179732	41087	31479	252298	7.1%	3
德国	144665	43336	26674	214675	6.0%	4
日本	105550	35778	22363	163691	4.6%	5
印度	95813	46679	18630	161122	4.5%	6
意大利	100100	24767	19417	144284	4.0%	7
法国	95911	29573	16533	142017	4.0%	8
加拿大	94191	25419	16226	135836	3.8%	9
澳大利亚	87185	23488	10191	120864	3.4%	10
西班牙	82532	22368	14084	118984	3.3%	11
韩国	75775	28516	11523	115814	3.2%	12
俄罗斯	48221	23059	15281	86561	2.4%	13
巴西	62546	15897	7671	86114	2.4%	14
荷兰	54705	11507	8970	75182	2.1%	15
伊朗	47355	23023	2330	72708	2.0%	16
瑞士	44077	10313	7264	61654	1.7%	17
土耳其	39392	11530	5314	56236	1.6%	18
波兰	37005	11806	7406	56217	1.6%	19
瑞典	36590	9423	5474	51487	1.4%	20
比利时	30350	7153	5015	42518	1.2%	21
丹麦	26549	5982	4218	36749	1.0%	22
奥地利	22922	5991	4149	33062	0.9%	23
葡萄牙	21609	6485	4642	32736	0.9%	24
沙特阿拉伯	20923	8610	1876	31409	0.9%	25
墨西哥	20551	6076	2622	29249	0.8%	26
新加坡	17864	7954	3336	29154	0.8%	27
埃及	18525	6966	2089	27580	0.8%	28
捷克	17121	5462	4244	26827	0.8%	29
以色列	18263	4587	3322	26172	0.7%	30

注：2019 年中国台湾省三系统论文总数 48063 篇，占 1.3%；香港特区三系统论文总数 31999 篇，占 0.9%；澳门特区三系统论文总数 3806 篇，占 0.1%。

附表 2　2019 年 SCI 收录的主要国家（地区）发表科技论文情况

国家（地区）	历年排名					2019 年发表的科技论文总篇数	占收录科技论文总数比例
	2015 年	2016 年	2017 年	2018 年	2019 年		
世界科技论文总数						2292834	100%
美国	1	1	1	1	1	586146	25.6%
中国	2	2	2	2	2	495875	21.6%
英国	3	3	3	3	3	179732	7.8%
德国	4	4	4	4	4	144665	6.3%
日本	5	5	5	5	5	105550	4.6%
意大利	7	7	7	7	6	100100	4.4%
法国	6	6	6	6	7	95911	4.2%
印度	10	9	9	9	8	95813	4.2%
加拿大	8	8	8	8	9	94191	4.1%
澳大利亚	9	10	10	10	10	87185	3.8%
西班牙	11	11	11	11	11	82532	3.6%
韩国	12	12	12	12	12	75775	3.3%
巴西	13	13	13	13	13	62546	2.7%
荷兰	14	14	14	14	14	54705	2.4%
俄罗斯	15	15	15	15	15	48221	2.1%
伊朗	18	18	17	17	16	47355	2.1%
瑞士	16	16	16	16	17	44077	1.9%
土耳其	17	17	18	18	18	39392	1.7%
波兰	19	19	20	19	19	37005	1.6%
瑞典	20	20	19	20	20	36590	1.6%
比利时	21	21	21	21	21	30350	1.3%
丹麦	22	22	22	22	22	26549	1.2%
奥地利	23	23	23	23	23	22922	1.0%
葡萄牙	26	26	24	24	24	21609	0.9%
沙特阿拉伯	27	27	27	26	25	20923	0.9%
墨西哥	25	25	25	25	26	20551	0.9%
埃及					27	18525	0.8%
以色列	24	24	26	27	28	18263	0.8%
挪威	31	30	29	29	29	17872	0.8%
新加坡	28	28	28	28	30	17864	0.8%

注：2019 年 SCI 收录中国台湾地区论文数为 30827 篇，占 1.3%；香港特区 SCI 论文数为 19286 篇；占 0.8%；澳门特区 SCI 论文数为 2363 篇，占 0.1%。

附表 3　2019 年 CPCI-S 收录的主要国家（地区）发表科技论文情况

国家（地区）	历年排名					2019 年发表的科技论文总篇数	占收录科技论文总数比例
	2015 年	2016 年	2017 年	2018 年	2019 年		
世界科技论文总数						476647	100%
美国	1	1	1	1	1	152841	32.1%
中国	2	2	2	2	2	58498	12.3%
德国	4	4	4	4	3	26674	5.6%
英国	3	3	3	3	4	31479	6.6%
日本	5	6	5	5	5	22363	4.7%
意大利	7	8	8	7	6	19417	4.1%
印度	6	5	6	6	7	18630	3.9%
法国	8	7	7	8	8	16533	3.5%
加拿大	9	9	10	10	9	16226	3.4%
俄罗斯	12	10	9	9	10	15281	3.2%
西班牙	10	11	11	11	11	14084	3.0%
韩国	11	12	12	13	12	11523	2.4%
澳大利亚	13	13	14	14	13	10191	2.1%
印度尼西亚	0	0	13	12	14	9286	1.9%
荷兰	15	15	18	15	15	8970	1.9%
巴西	14	16	17	17	16	7671	1.6%
波兰	16	14	15	16	17	7406	1.6%
瑞士	17	18	20	18	18	7264	1.5%
瑞典	19	21	21	21	19	5474	1.1%
土耳其	20	17	19	20	20	5314	1.1%
比利时	22	22	24	22	21	5015	1.1%
葡萄牙	23	24	25	24	22	4642	1.0%
捷克	18	20	22	23	23	4244	0.9%
丹麦	26	27	27	25	24	4218	0.9%
奥地利	25	25	26	26	25	4149	0.9%
马来西亚	21	19	16	19	26	3688	0.8%
罗马尼亚	24	23	23	27	27	3367	0.7%
新加坡	28	26	28	28	28	3336	0.7%
以色列	30	29	30	30	29	3322	0.7%
希腊	27	30	29	29	30	3114	0.7%

注：2019 年 CPCI-S 收录中国台湾地区论文数为 6519 篇，占 1.4%；香港特区论文数为 3697 篇，占 0.8%；澳门特区论文数为 391 篇，占 0.1%。

附表 4　2019 年 Ei 收录的主要国家（地区）科技论文情况

国家（地区）	历年排名					2019 年收录的科技论文总篇数	占收录科技论文总数比例
	2015 年	2016 年	2017 年	2018 年	2019 年		
世界科技论文总数						800106	100%
中国	1	1	1	1	1	287650	36.0%
美国	2	2	2	2	2	138677	48.2%
印度	5	4	3	4	3	46679	33.7%
德国	3	3	4	3	4	43336	92.8%
英国	6	5	5	5	5	41087	94.8%
日本	4	6	6	6	6	35778	87.1%
法国	7	7	7	7	7	29573	82.7%
韩国	8	8	8	8	8	28516	96.4%
加拿大	10	10	10	10	9	25419	89.1%
意大利	9	9	9	9	10	24767	97.4%
澳大利亚	13	13	14	14	11	23488	94.8%
俄罗斯	12	12	13	13	12	23059	98.2%
伊朗	14	14	11	12	13	23023	99.8%
西班牙	11	11	12	11	14	22368	97.2%
巴西	15	15	15	15	15	15897	71.1%
波兰	16	16	16	16	16	11806	74.3%
土耳其	19	18	18	18	17	11530	97.7%
荷兰	17	17	17	17	18	11507	99.8%
瑞士	18	19	19	19	19	10313	89.6%
瑞典	20	20	20	20	20	9423	91.4%
沙特阿拉伯	24	22	22	22	21	8610	91.4%
新加坡	21	21	21	21	22	7954	92.4%
比利时	22	24	23	23	23	7153	89.9%
埃及		30	30	29	24	6966	97.4%
马来西亚	23	23	24	24	25	6555	94.1%
葡萄牙	25	25	25	25	26	6485	98.9%
墨西哥	30	27	29	28	27	6076	93.7%
奥地利	26	26	26	27	28	5991	98.6%
丹麦	28	29	28	26	29	5982	99.8%
捷克	27	28	27	30	30	5462	91.3%

注：2019 年 Ei 收录的中国台湾地区论文数为 10717 篇，占 1.3%；香港特区论文数为 9016 篇，占 1.1%；澳门特区论文数为 1052 篇，占 0.1%。

附表 5 2019 年 SCI、Ei 和 CPCI-S 收录的中国科技论文学科分布情况

学科		SCI		Ei		CPCI-S		论文总篇数	排名
		论文篇数	比例	论文篇数	比例	论文篇数	比例		
数学	O1A	11064	2.46%	6929	2.55%	176	0.34%	18169	15
力学	O1B	4629	1.03%	5380	1.98%	49	0.10%	10058	19
信息、系统科学	O1C	1309	0.29%	873	0.32%	37	0.07%	2219	33
物理学	O4	36842	8.18%	18338	6.76%	3503	6.84%	58683	4
化学	O6	61656	13.69%	16680	6.15%	1840	3.59%	80176	2
天文学	PA	2155	0.48%	642	0.24%	31	0.06%	2828	29
地学	PB	17549	3.90%	15941	5.88%	1468	2.87%	34958	8
生物学	Q	49850	11.07%	30181	11.13%	751	1.47%	80782	1
预防医学与卫生学	RA	5894	1.31%	0	0.00%	38	0.07%	5932	22
基础医学	RB	25740	5.72%	453	0.17%	3497	6.83%	29690	11
药物学	RC	16727	3.72%	0	0.00%	145	0.28%	16872	16
临床医学	RD	47683	10.59%	0	0.00%	5084	9.93%	52767	6
中医学	RE	1168	0.26%	0	0.00%	0	0.00%	1168	37
军事医学与特种医学	RF	793	0.18%	0	0.00%	0	0.00%	793	39
农学	SA	5467	1.21%	266	0.10%	33	0.06%	5766	23
林学	SB	1402	0.31%	0	0.00%	0	0.00%	1402	36
畜牧、兽医	SC	2351	0.52%	0	0.00%	0	0.00%	2351	31
水产学	SD	1856	0.41%	0	0.00%	0	0.00%	1856	35
测绘科学技术	T1	1	0.00%	3378	1.25%	4	0.01%	3383	27
材料科学	T2	34891	7.75%	22024	8.12%	1466	2.86%	58381	5
工程与技术基础学科	T3	2366	0.53%	1662	0.61%	3153	6.16%	7181	21
矿山工程技术	TD	858	0.19%	1374	0.51%	6	0.01%	2238	32
能源科学技术	TE	12222	2.71%	17786	6.56%	3620	7.07%	33628	9
冶金、金属学	TF	1841	0.41%	13359	4.93%	6	0.01%	15206	17
机械、仪表	TH	6251	1.39%	11146	4.11%	792	1.55%	18189	14
动力与电气	TK	987	0.22%	19420	7.16%	51	0.10%	20458	13
核科学技术	TL	1860	0.41%	322	0.12%	669	1.31%	2851	28
电子、通信与自动控制	TN	29619	6.58%	22260	8.21%	9463	18.48%	61342	3
计算技术	TP	17098	3.80%	14305	5.27%	13489	26.34%	44892	7
化工	TQ	11133	2.47%	500	0.18%	104	0.20%	11737	18
轻工、纺织	TS	1506	0.33%	473	0.17%	1	0.00%	1980	34
食品	TT	4923	1.09%	74	0.03%	70	0.14%	5067	25
土木建筑	TU	5649	1.25%	26361	9.72%	166	0.32%	32176	10
水利	TV	2615	0.58%	20	0.01%	18	0.04%	2653	30
交通运输	U	1273	0.28%	6675	2.46%	293	0.57%	8241	20
航空航天	V	1675	0.37%	3413	1.26%	300	0.59%	5388	24
安全科学技术	W	277	0.06%	373	0.14%	217	0.42%	867	38
环境科学	X	17462	3.88%	8138	3.00%	466	0.91%	26066	12
管理学	ZA	1030	0.23%	2354	0.87%	3	0.01%	3387	26

续表

学科		SCI		Ei		CPCI-S		论文总篇数	排名
		论文篇数	比例	论文篇数	比例	论文篇数	比例		
其他	ZB	543	0.12%	140	0.05%	198	0.39%	881	
合计		450215	100.00%	271240	100.00%	51207	100.00%	772662	

附表 6 2019 年 SCI、Ei 和 CPCI-S 收录的中国科技论文地区分布情况

地区	SCI		Ei		CPCI-S		论文总篇数	排名
	论文篇数	比例	论文篇数	比例	论文篇数	比例		
北京	66310	16.18%	46622	17.19%	12009	21.47%	124941	1
天津	13127	3.00%	8020	2.96%	1598	2.58%	22745	12
河北	5968	1.28%	4075	1.50%	615	1.75%	10658	19
山西	5099	1.05%	3380	1.25%	239	0.51%	8718	22
内蒙古	1718	0.33%	981	0.36%	215	0.34%	2914	27
辽宁	16070	3.66%	11343	4.18%	1395	4.24%	28808	10
吉林	10902	2.40%	6377	2.35%	645	2.23%	17924	16
黑龙江	11730	2.66%	9131	3.37%	1368	3.24%	22229	13
上海	35349	8.68%	20198	7.45%	4767	7.97%	60314	3
江苏	47225	10.73%	29642	10.93%	4320	8.31%	81187	2
浙江	23033	5.17%	12185	4.49%	2275	3.48%	37493	8
安徽	11946	2.61%	7626	2.81%	1448	2.44%	21020	14
福建	9457	2.05%	4993	1.84%	741	1.65%	15191	18
江西	5711	1.07%	3335	1.23%	358	1.21%	9404	21
山东	25117	5.20%	11011	4.06%	1855	4.95%	37983	7
河南	11364	2.32%	5942	2.19%	802	1.80%	18108	15
湖北	24219	5.46%	15471	5.70%	2525	5.75%	42215	6
湖南	16345	3.30%	10687	3.94%	1173	3.11%	28205	11
广东	32633	6.53%	13606	5.02%	3911	6.27%	50150	4
广西	4063	0.81%	1951	0.72%	331	0.80%	6345	24
海南	1319	0.22%	412	0.15%	101	0.28%	1832	28
重庆	10070	2.29%	6113	2.25%	979	2.02%	17162	17
四川	20505	4.28%	12217	4.50%	2620	4.18%	35342	9
贵州	2598	0.44%	1066	0.39%	220	0.49%	3884	25
云南	4584	0.98%	2007	0.74%	390	0.77%	6981	23
西藏	79	0.01%	20	0.01%	8	0.01%	107	31
陕西	24440	5.25%	17967	6.62%	3685	6.89%	46092	5
甘肃	5785	1.30%	3338	1.23%	346	0.82%	9469	20
青海	503	0.11%	200	0.07%	47	0.07%	750	30
宁夏	719	0.11%	327	0.12%	66	0.12%	1112	29
新疆	2227	0.54%	997	0.37%	155	0.24%	3379	26
总计	450215	100.00%	271240	100.00%	51207	100.00%	772662	

附表 7　2019 年 SCI、Ei 和 CPCI-S 收录的中国科技论文分学科地区分布情况

学科	北京	天津	河北	山西	内蒙古	辽宁	吉林	黑龙江	上海	江苏	浙江
数学	2281	512	236	291	98	530	315	471	1240	1950	854
力学	1940	360	93	66	21	453	123	490	925	1127	522
信息、系统科学	345	63	35	13	5	106	27	68	129	270	75
物理学	9031	1865	913	986	236	1759	1916	1803	4663	5988	2712
化学	10118	3262	963	1278	287	3009	2845	2046	6462	8418	4055
天文学	847	41	20	24	4	63	44	24	208	343	47
地学	8676	687	367	272	98	983	813	729	1692	3725	1081
生物学	10765	2122	1050	803	322	2560	2299	2001	6477	8486	4655
预防医学与卫生学	946	134	80	44	35	136	127	176	471	579	404
基础医学	3515	752	556	181	183	927	617	455	2866	2926	2103
药物学	1490	367	292	154	91	846	487	369	1269	1737	1075
临床医学	8616	1283	748	400	126	1435	1084	638	6534	4307	3687
中医学	257	35	13	7	5	27	25	18	115	92	61
军事医学与特种医学	187	26	25	6	0	23	3	4	127	34	27
农学	1064	50	84	61	42	173	117	194	92	688	294
林学	407	4	10	5	4	34	24	133	12	156	56
畜牧、兽医	304	9	35	34	52	28	107	113	39	289	102
水产	52	26	6	5	4	56	18	28	166	167	152
测绘科学技术	639	86	51	41	10	119	69	73	246	355	130
材料科学	7934	1908	859	997	300	3065	1475	2029	4664	5981	2358
工程与技术基础学科	1251	224	116	66	11	336	144	238	555	776	287
矿山工程技术	413	14	28	74	10	140	35	30	42	353	41
能源科学技术	6923	1212	562	470	158	1263	574	1152	2209	3322	1390
冶金、金属学	2485	387	352	298	81	1408	295	520	1043	1332	499
机械、仪表	2768	563	352	199	62	994	376	862	1420	1941	735
动力与电气	3586	752	279	207	57	772	470	746	1554	2274	915
核科学技术	559	28	19	33	7	69	16	114	318	110	55
电子、通信与自动控制	10312	1892	885	481	149	2183	1248	2598	4098	6877	2710
计算技术	9290	1040	508	309	125	1677	580	988	3325	4336	2035
化工	1694	648	129	203	23	619	210	407	832	1350	656
轻工、纺织	148	94	32	18	9	46	58	30	253	295	144
食品	671	133	47	46	30	181	116	173	145	797	330
土木建筑	4991	927	383	295	116	1326	443	1179	2670	4121	1323
水利	486	104	31	27	11	107	44	70	145	376	93
交通运输	1728	211	92	53	25	280	225	239	795	870	274
航空航天	1429	109	44	25	1	146	62	354	286	787	94
安全科学技术	160	15	7	5	0	29	20	16	103	91	22
环境科学	5848	679	278	200	107	710	428	564	1701	3145	1255
管理学	588	107	63	37	8	171	36	62	285	335	145
其他	197	14	15	4	1	19	9	25	138	81	40
合计	124941	22745	10658	8718	2914	28808	17924	22229	60314	81187	37493

续表

学科	浙江	安徽	福建	江西	山东	河南	湖北	湖南	广东	广西	海南	重庆
数学	854	654	472	283	1140	639	898	923	1043	182	38	454
力学	522	262	112	71	313	146	441	420	436	32	2	208
信息、系统科学	75	75	42	27	131	66	103	115	161	16	11	53
物理学	2712	2532	1079	772	2532	1440	2987	2101	2973	406	63	1089
化学	4055	2508	2183	1330	4480	2256	4112	2834	5294	734	209	1529
天文学	47	148	34	26	97	49	141	68	141	33	4	25
地学	1081	657	481	333	2087	502	3399	1086	1639	196	63	461
生物学	4655	1789	2018	1125	4997	2348	4362	2291	6375	870	497	2029
预防医学与卫生学	404	137	92	60	302	153	343	159	635	47	27	154
基础医学	2103	818	529	413	1922	815	1646	790	2887	368	163	887
药物学	1075	377	296	242	1411	644	870	486	1466	210	97	371
临床医学	3687	797	1053	609	2556	1205	2143	1572	5794	538	85	1235
中医学	61	21	26	16	39	30	43	22	146	8	1	8
军事医学与特种医学	27	2	16	2	87	8	18	13	95	7	1	18
农学	294	95	137	65	273	213	325	179	323	71	59	107
林学	56	10	77	27	22	23	25	33	70	20	22	6
畜牧、兽医	102	53	26	40	112	93	116	84	144	25	9	60
水产	152	9	98	26	315	25	179	36	327	21	33	13
测绘科学技术	130	82	66	39	151	89	313	142	141	14	4	83
材料科学	2358	1528	1071	903	2654	1311	2994	2516	3372	476	68	1355
工程与技术基础学科	287	187	96	96	367	135	395	294	342	53	10	128
矿山工程技术	41	58	18	18	121	75	140	189	50	14	0	74
能源科学技术	1390	849	525	261	1652	655	2043	1016	1755	226	25	793
冶金、金属学	499	410	219	272	544	295	753	1014	550	104	19	392
机械、仪表	735	526	260	211	623	346	873	696	690	107	15	579
动力与电气	915	624	336	180	698	422	1142	715	969	163	20	465
核科学技术	55	377	31	18	112	27	127	47	178	9	2	34
电子、通信与自动控制	2710	1813	1021	528	2370	1271	3019	2444	3665	406	62	1500
计算技术	2035	1493	806	439	1740	1023	2611	1865	3080	342	62	918
化工	656	245	247	125	710	222	494	507	692	56	9	218
轻工、纺织	144	48	47	27	115	53	122	44	128	17	5	47
食品	330	164	185	148	246	121	293	108	448	38	43	52
土木建筑	1323	650	577	287	1247	573	2008	1668	1548	237	47	885
水利	93	51	40	34	111	84	205	54	138	21	2	43
交通运输	274	170	125	63	255	140	477	386	329	50	5	221
航空航天	94	65	30	29	94	48	244	334	114	15	0	28
安全科学技术	22	37	29	4	33	14	56	40	28	4	0	21
环境科学	1255	513	594	220	1169	474	1561	733	1750	185	47	496
管理学	145	167	82	30	126	70	161	152	180	15	2	92
其他	40	19	15	5	29	5	33	29	54	9	1	31
合计	37493	21020	15191	9404	37983	18108	42215	28205	50150	6345	1832	17162

学科	四川	贵州	云南	西藏	陕西	甘肃	青海	宁夏	新疆	合计
数学	764	164	187	2	1034	340	29	49	96	18169
力学	393	15	39	0	937	83	1	9	18	10058
信息、系统科学	115	8	9	0	126	20	1	2	2	2219
物理学	3041	237	392	6	4029	829	33	89	181	58683
化学	3395	440	728	4	3435	1331	73	146	412	80176
天文学	56	27	148	0	78	45	2	1	40	2828
地学	1527	291	265	6	1980	599	48	34	181	34958
生物学	3102	599	1384	37	3701	958	139	152	469	80782
预防医学与卫生学	258	43	58	1	219	58	12	10	32	5932
基础医学	1104	267	349	6	958	307	21	73	286	29690
药物学	748	157	256	3	696	186	31	52	96	16872
临床医学	3198	270	323	6	1746	422	42	82	233	52767
中医学	66	17	16	0	29	15	2	3	5	1168
军事医学与特种医学	27	5	5	0	25	0	0	0	2	793
农学	204	50	119	2	398	146	17	27	97	5766
林学	37	15	47	0	82	28	0	1	12	1402
畜牧、兽医	162	4	13	7	146	86	16	3	40	2351
水产	45	0	9	0	24	5	7	0	4	1856
测绘科学技术	140	15	21	0	186	59	2	1	16	3383
材料科学	2671	268	614	1	3901	818	51	67	172	58381
工程与技术基础学科	338	26	55	0	551	73	7	5	19	7181
矿山工程技术	84	23	45	0	112	18	5	6	8	2238
能源科学技术	1611	96	245	6	2172	261	21	72	109	33628
冶金、金属学	487	71	187	0	906	221	11	13	38	15206
机械、仪表	899	55	95	0	1647	241	9	10	35	18189
动力与电气	1008	51	145	2	1630	191	12	10	63	20458
核科学技术	225	4	4	0	237	72	1	4	14	2851
电子、通信与自动控制	3506	156	246	3	5329	397	18	36	119	61342
计算技术	2014	132	289	3	3356	314	38	46	108	44892
化工	524	54	99	0	556	130	13	23	42	11737
轻工、纺织	74	7	10	0	69	29	4	0	7	1980
食品	117	39	58	3	254	47	4	5	25	5067
土木建筑	1480	88	160	3	2340	416	31	30	127	32176
水利	91	6	25	2	162	51	5	7	27	2653
交通运输	517	5	41	0	559	88	3	5	10	8241
航空航天	145	5	10	0	853	26	1	3	7	5388
安全科学技术	39	1	3	0	80	5	0	0	5	867
环境科学	851	167	267	4	1295	532	39	36	218	26066
管理学	213	5	13	0	220	20	1	0	1	3387
其他	66	1	2	0	34	2	0	0	3	881
合计	35342	3884	6981	107	46092	9469	750	1112	3379	772662

附表 8　2019 年 SCI、Ei 和 CPCI-S 收录的中国科技论文分地区机构分布情况

单位：篇

地区	高等院校	科研机构	企业	医疗机构	其他	合计
北京	82585	36135	1980	2203	2038	124941
天津	20894	1287	17	278	269	22745
河北	9214	670	54	554	166	10658
山西	7707	768	23	150	70	8718
内蒙古	2642	168	2	48	54	2914
辽宁	25261	2980	17	337	213	28808
吉林	14755	2581	0	456	132	17924
黑龙江	21273	690	6	137	123	22229
上海	50223	7311	115	1756	909	60314
江苏	74556	4893	108	895	735	81187
浙江	31939	3143	62	1766	583	37493
安徽	18423	2313	16	110	158	21020
福建	12807	1869	5	369	141	15191
江西	8602	514	3	178	107	9404
山东	31624	2934	75	2906	444	37983
河南	15415	1541	40	847	265	18108
湖北	38400	3025	63	432	295	42215
湖南	26857	775	11	389	173	28205
广东	42207	5161	328	1570	884	50150
广西	5496	629	1	136	83	6345
海南	1278	343	0	163	48	1832
重庆	16117	689	22	166	168	17162
四川	30483	3873	180	503	303	35342
贵州	2952	678	1	174	79	3884
云南	5304	1298	19	220	140	6981
西藏	17	64	0	10	16	107
陕西	42057	2933	189	573	340	46092
甘肃	6988	2131	21	256	73	9469
青海	454	248	0	38	10	750
宁夏	1013	60	0	15	24	1112
新疆	2358	823	8	125	65	3379
总计	649901	92527	3366	17760	9108	772662

附表 9　2019 年 SCI 收录 2 种文献类型论文数居前 50 位的中国高等院校

排名	高等院校	论文篇数	排名	高等院校	论文篇数
1	浙江大学	8416	26	苏州大学	3085
2	上海交通大学	8119	27	北京理工大学	2915
3	四川大学	6300	28	东北大学	2887
4	中南大学	6296	29	中国石油大学	2875
5	华中科技大学	6156	30	首都医科大学	2873
6	清华大学	5968	31	中国矿业大学	2861
7	吉林大学	5940	32	北京科技大学	2816
8	中山大学	5769	33	中国地质大学	2696
9	北京大学	5445	34	南京航空航天大学	2635
10	西安交通大学	5357	35	郑州大学	2623
11	哈尔滨工业大学	5277	36	江苏大学	2577
12	复旦大学	5056	37	湖南大学	2374
13	山东大学	4789	38	厦门大学	2351
14	武汉大学	4742	39	中国农业大学	2280
15	天津大学	4604	40	西北农林科技大学	2175
16	东南大学	3811	41	西安电子科技大学	2166
17	华南理工大学	3707	42	兰州大学	2158
18	同济大学	3635	43	江南大学	2107
19	大连理工大学	3524	44	南昌大学	2104
20	中国科学技术大学	3417	45	深圳大学	2072
21	北京航空航天大学	3362	46	上海大学	2066
22	西北工业大学	3294	47	南京理工大学	2002
23	南京大学	3286	48	华东理工大学	1999
24	电子科技大学	3135	49	国防科技大学	1992
25	重庆大学	3103	50	南开大学	1974

附表 10　2019 年 SCI 收录 2 种文献类型论文数居前 50 位的中国研究机构

排名	研究机构	论文篇数	排名	研究机构	论文篇数
1	中国工程物理研究院	1007	11	国家纳米科学中心	488
2	中国科学院合肥物质科学研究院	814	12	中国水产科学研究院	477
3	中国科学院化学研究所	713	13	中国科学院海西研究院	475
4	中国科学院地理科学与资源研究所	711	14	中国科学院地质与地球物理研究所	464
5	中国科学院生态环境研究中心	701	15	中国科学院物理研究所	448
6	中国科学院长春应用化学研究所	641	16	中国科学院宁波工业技术研究院	440
7	中国科学院大连化学物理研究所	556	17	中国科学院上海硅酸盐研究所	439
8	中国林业科学研究院	531	18	中国科学院过程工程研究所	403
9	中国科学院金属研究所	526	19	中国科学院深圳先进技术研究院	395
10	中国科学院海洋研究所	497	20	中国科学院兰州化学物理研究所	393

续表

排名	研究机构	论文篇数	排名	研究机构	论文篇数
21	中国科学院大气物理研究所	381	37	中国科学院上海应用物理研究所	256
22	中国科学院水利部水土保持研究所	378	38	中国科学院自动化研究所	251
23	中国科学院遥感与数字地球研究所	369	39	中国中医科学院	249
24	中国医学科学院肿瘤研究所	367	40	中国科学院南京土壤研究所	244
25	中国科学院长春光学精密机械与物理研究所	352	41	中国科学院动物研究所	243
26	中国科学院理化技术研究所	349	42	中国科学院植物研究所	242
27	中国科学院上海生命科学研究院	340	43	中国科学院广州能源研究所	238
28	中国科学院高能物理研究所	320	44	中国科学院国家天文台	237
29	中国疾病预防控制中心	316	45	中国科学院南京地理与湖泊研究所	233
30	中国科学院广州地球化学研究所	305	46	中国科学院青岛生物能源与过程研究所	228
31	中国科学院水生生物研究所	301	47	中国科学院上海微系统与信息技术研究所	227
32	中国科学院半导体研究所	289	48	中国科学院新疆生态与地理研究所	221
33	中国科学院上海光学精密机械研究所	283	49	中国医学科学院药物研究所	219
33	中国科学院昆明植物研究所	283	49	中国科学院东北地理与农业生态研究所	219
35	中国科学院上海有机化学研究所	271			
36	中国科学院南海海洋研究所	268			

附表 11　2019 年 CPCI-S 收录科技论文数居前 50 位的中国高等院校

排名	高等院校	论文篇数	排名	高等院校	论文篇数
1	清华大学	1493	19	西北工业大学	501
2	上海交通大学	1333	20	西安电子科技大学	476
3	北京大学	1256	21	同济大学	455
4	浙江大学	1181	22	北京交通大学	436
5	电子科技大学	1025	23	南京大学	425
6	哈尔滨工业大学	960	24	武汉大学	417
7	中山大学	905	25	中南大学	414
8	西安交通大学	889	26	大连理工大学	387
9	北京邮电大学	866	27	山东大学	385
10	华中科技大学	858	28	南京理工大学	378
11	复旦大学	808	29	苏州大学	368
12	北京航空航天大学	696	30	首都医科大学	349
13	东南大学	659	31	上海大学	347
14	中国科学技术大学	646	32	南京航空航天大学	334
15	国防科技大学	597	33	武汉理工大学	322
16	天津大学	592	34	重庆大学	318
17	北京理工大学	580	35	西南交通大学	309
18	四川大学	530	36	华北电力大学	300

排名	高等院校	论文篇数	排名	高等院校	论文篇数
37	深圳大学	288	45	哈尔滨工程大学	225
38	吉林大学	283	46	郑州大学	224
39	华南理工大学	279	46	中国医学科学院北京协和医学院	224
39	北京工业大学	279			
41	南京邮电大学	272	48	合肥工业大学	200
42	中国石油大学	264	49	东北大学	199
43	厦门大学	249	49	北京科技大学	199
44	中国科学院大学	231			

附表 12　2019 年 CPCI-S 收录科技论文数居前 50 位的中国研究机构

排名	研究机构	论文篇数	排名	研究机构	论文篇数
1	中国科学院深圳先进技术研究院	199	25	机械科学研究总院	35
2	中国科学院计算技术研究所	176	26	中国科学院大连化学物理研究所	34
3	中国科学院自动化研究所	167	27	中国科学院广州能源研究所	33
4	中国科学院信息工程研究所	157	28	中国水产科学研究院	32
5	中国医学科学院肿瘤研究所	147	28	中国医学科学院基础医学研究所	32
6	中国工程物理研究院	137	30	中国科学院光电研究院	31
7	中国科学院西安光学精密机械研究所	116	31	中国标准化研究院	29
8	中国科学院电子学研究所	105	32	中国科学院高能物理研究所	27
9	中国科学院半导体研究所	88	32	中国科学院国家空间科学中心	27
10	中国科学院遥感与数字地球研究所	86	32	中国科学院空间应用工程与技术中心	27
11	中国科学院电工研究所	85	35	中国科学院上海生命科学研究院	26
12	中国科学院上海光学精密机械研究所	80	35	中国科学院国家天文台	26
13	中国科学院微电子研究所	72	37	深圳华大基因	25
14	中国科学院合肥物质科学研究院	70	38	中国科学院化学研究所	23
14	中国科学院声学研究所	70	38	中国科学院地质与地球物理研究所	23
16	西北核技术研究所	56	40	中国科学院上海技术物理研究所	22
17	中国科学院软件研究所	49	40	军事医学科学院	22
18	中国科学院上海微系统与信息技术研究所	47	42	中国科学院上海应用物理研究所	21
19	中国农业科学院植物保护研究所	46	42	中国科学院力学研究所	21
20	中国科学院地理科学与资源研究所	45	44	中国科学院生态环境研究中心	19
21	中国科学院沈阳自动化研究所	43	45	中国科学院近代物理研究所	18
22	中国科学院理化技术研究所	41	46	中国科学院过程工程研究所	17
22	中国计量科学研究院	41	46	中国科学院工程热物理研究所	17
24	中国科学院光电技术研究所	36	46	中国科学院上海天文台	17
			46	国家气象中心	17
			46	国家卫星气象中心	17

附表 13　2019 年 Ei 收录科技论文数居前 50 位的中国高等院校

排名	高等院校	论文篇数	排名	高等院校	论文篇数
1	清华大学	4944	26	中国科学技术大学	2407
2	哈尔滨工业大学	4618	27	电子科技大学	2322
3	浙江大学	4519	28	北京大学	2138
4	上海交通大学	4225	29	湖南大学	2124
5	天津大学	4074	30	中国地质大学	2100
6	西安交通大学	3920	31	西南交通大学	2036
7	中南大学	3649	32	江苏大学	1999
8	华中科技大学	3451	33	南京理工大学	1960
9	华南理工大学	3339	34	华北电力大学	1920
10	大连理工大学	3142	35	中山大学	1836
11	东南大学	3075	36	北京交通大学	1824
12	吉林大学	3068	37	南京大学	1803
13	西北工业大学	3060	38	武汉理工大学	1793
14	北京航空航天大学	2955	39	西安电子科技大学	1791
15	重庆大学	2950	40	北京工业大学	1653
16	四川大学	2894	41	国防科技大学	1648
17	同济大学	2887	42	合肥工业大学	1647
18	武汉大学	2864	43	上海大学	1603
19	东北大学	2832	44	哈尔滨工程大学	1578
20	中国石油大学	2817	45	江南大学	1474
21	南京航空航天大学	2661	46	复旦大学	1448
22	北京理工大学	2647	47	河海大学	1442
23	北京科技大学	2640	48	华东理工大学	1426
24	中国矿业大学	2522	49	深圳大学	1373
25	山东大学	2429	50	南京工业大学	1339

附录 14　2019 年 Ei 收录科技论文数居前 50 位的中国研究机构

排名	研究机构	论文篇数	排名	研究机构	论文篇数
1	中国科学院合肥物质科学研究院	810	11	中国科学院地理科学与资源研究所	362
2	中国工程物理研究院	682	12	中国科学院理化技术研究所	336
3	中国科学院金属研究所	554	13	中国科学院兰州化学物理研究所	331
4	中国科学院长春应用化学研究所	506	14	中国科学院过程工程研究所	320
5	中国科学院化学研究所	483	14	中国科学院海西研究院	320
6	中国科学院生态环境研究中心	460	16	中国科学院宁波工业技术研究院	283
7	中国科学院物理研究所	457	17	中国科学院上海光学精密机械研究所	282
8	中国科学院大连化学物理研究所	426	18	中国科学院半导体研究所	281
9	中国科学院上海硅酸盐研究所	400	19	中国科学院遥感与数字地球研究所	277
10	中国科学院长春光学精密机械与物理研究所	377	20	中国科学院地质与地球物理研究所	272

排名	研究机构	论文篇数	排名	研究机构	论文篇数
21	国家纳米科学中心	254	36	中国科学院广州地球化学研究所	163
22	中国林业科学研究院	242	37	中国科学院上海应用物理研究所	159
23	中国科学院深圳先进技术研究院	236	38	中国科学院沈阳自动化研究所	156
24	中国科学院山西煤炭化学研究所	219	39	中国科学院电工研究所	150
24	中国科学院武汉岩土力学研究所	219	40	中国科学院电子学研究所	148
26	中国农业科学院其他	218	41	中国科学院上海有机化学研究所	145
27	中国科学院广州能源研究所	201	42	中国科学院地球化学研究所	144
27	中国科学院力学研究所	201	43	中国科学院青岛生物能源与过程研究所	141
29	中国科学院工程热物理研究所	200	44	中国科学院城市环境研究所	140
30	中国科学院自动化研究所	188	45	中国科学院上海技术物理研究所	135
31	中国科学院西安光学精密机械研究所	182	46	中国科学院微电子研究所	134
32	中国科学院上海微系统与信息技术研究所	178	47	中国科学院声学研究所	130
			48	中国科学院海洋研究所	127
33	中国科学院大气物理研究所	174	49	中国科学院高能物理研究所	124
33	中国水利水电科学研究院	174	50	中国空气动力研究与发展中心	122
35	中国科学院南京地理与湖泊研究所	173			

附表 15　1980—2019 年 SCIE 收录的中国科技论文在国内外科技期刊上发表的比例

年度	论文总篇数	在中国期刊上发表		在非中国期刊上发表	
		论文篇数	所占比例	论文篇数	所占比例
1980	847	297	35.1%	550	64.9%
1981	1598	549	34.4%	1049	65.6%
1982	2439	642	26.3%	1797	73.7%
1983	2509	520	20.7%	1989	79.3%
1984	2634	452	17.2%	2182	82.8%
1985	2679	464	17.3%	2215	82.7%
1986	3508	580	16.5%	2928	83.5%
1987	4392	582	13.3%	3810	86.7%
1988	5126	331	6.5%	4795	93.5%
1989	4597	1016	22.1%	3581	77.9%
1990	6055	1344	22.2%	4711	77.8%
1991	5408	1118	20.7%	4290	79.3%
1992	6224	1003	16.1%	5221	83.9%
1993	6645	1007	15.2%	5638	84.8%
1994	6721	838	12.5%	5883	87.5%
1995	7980	1087	13.6%	6893	86.4%
1996	8200	734	9.0%	7466	91.0%
1997	10033	1708	17.0%	8325	83.0%
1998	11456	2119	18.5%	9337	81.5%

续表

年度	论文总篇数	在中国期刊上发表		在非中国期刊上发表	
		论文篇数	所占比例	论文篇数	所占比例
1999	19936	7647	38.4%	12289	61.6%
2000	22608	9208	40.7%	13400	59.3%
2001	25889	9580	37%	16309	63%
2002	31572	11425	36.2%	20147	63.8%
2003	38092	12441	32.7%	25651	67.3%
2004	45351	13498	29.8%	31853	70.2%
2005	62849	16669	26.5%	46180	73.5%
2006	71184	16856	23.7%	54328	76.3%
2007	79669	18410	23.1%	61259	76.9%
2008	92337	20804	22.5%	71533	77.5%
2009	108806	22229	20.4%	86577	79.6%
2010	121026	25934	21.4%	95092	78.6%
2011	136445	22988	16.8%	113457	83.2%
2012	158615	22903	14.4%	135712	85.6%
2013	204061	23271	11.4%	180790	88.6%
2014	235139	22805	9.7%	212334	90.3%
2015	265469	22324	8.4%	243145	91.6%
2016	290647	21789	7.5%	268858	92.5%
2017	323878	21331	6.6%	302547	93.4%
2018	376354	21480	5.7%	354874	94.3%
2019	450215	22568	5.0%	427647	95.0%

备注：1989—1998 年数据来源于 SCI（光盘版），1999 年始数据来自于 SCI（扩展版）。

附表 16　1995—2019 年 Ei 收录的中国科技论文在国内外科技期刊上发表的比例

年度	论文总篇数	在中国期刊上发表		在非中国期刊上发表	
		论文篇数	所占比例	论文篇数	所占比例
1995	6791	3038	44.70%	3753	55.30%
1996	8035	4997	62.20%	3038	37.80%
1997	9834	5121	52.10%	4713	47.90%
1998	8220	4160	50.61%	4060	49.40%
1999	13155	8324	63.30%	4831	36.70%
2000	13991	8293	59.30%	5698	40.70%
2001	15605	9055	58.00%	6550	42.00%
2002	19268	12810	66.50%	6458	33.50%
2003	26857	13528	50.40%	13329	49.60%
2004	32881	17442	53.00%	15439	47.00%
2005	60301	35262	58.50%	25039	41.50%
2006	65041	33454	51.40%	31587	48.60%

年度	论文总篇数	在中国期刊上发表		在非中国期刊上发表	
		论文篇数	所占比例	论文篇数	所占比例
2007	75568	40656	53.80%	34912	46.20%
2008	85381	45686	53.50%	39695	46.50%
2009	98115	46415	47.30%	51700	52.70%
2010	119374	56578	47.40%	62796	52.60%
2011	116343	54602	46.90%	61741	53.10%
2012	116429	51146	43.90%	65283	56.10%
2013	163688	49912	30.50%	113776	69.50%
2014	172569	54727	31.73%	117842	68.29%
2015	217313	62532	28.78%	154781	71.22%
2016	213385	55263	25.90%	158122	74.10%
2017	214226	47545	22.19%	166681	77.81%
2018	249732	48527	19.43%	201205	80.57%
2019	271240	53574	19.75%	217666	80.25%

附表 17　2005—2019 年 Medline 收录的中国科技论文在国内外科技期刊上发表的比例

年度	论文总篇数	在中国期刊上发表		在非中国期刊上发表	
		论文篇数	所占比例	论文篇数	所占比例
2005	27460	14452	52.6 %	13008	47.4 %
2006	31118	13546	43.5 %	17572	56.5 %
2007	33116	14476	43.7 %	18640	56.3 %
2008	41460	15400	37.1 %	26060	62.9 %
2009	47581	15216	32.0 %	32365	68.0 %
2010	56194	15468	27.5 %	40726	72.5 %
2011	64983	15812	24.3 %	49171	75.7 %
2012	77427	16292	21.0 %	61135	79.0 %
2013	90021	15468	17.2 %	74553	82.8 %
2014	104444	15022	14.4 %	89422	85.6 %
2015	117086	16383	14.0 %	100703	86.0 %
2016	128163	12847	10.0 %	115316	90.0 %
2017	141344	15352	10.9 %	125992	89.1 %
2018	188471	15603	8.3 %	172868	91.7 %
2019	222441	15333	6.9 %	207108	93.1 %

数据来源：Medline 2005—2019。

附表 18　2019 年 Ei 收录的中国台湾地区和香港特区的论文按学科分布情况

学科	中国台湾地区			中国香港地区		
	论文篇数	所占比例	学科排名	论文篇数	所占比例	学科排名
数学	165	2.13%	15	103	2.92%	14
力学	101	1.31%	17	73	2.07%	17
信息、系统科学	50	0.65%	20	18	0.51%	22
物理学	501	6.48%	6	222	6.28%	6
化学	312	4.03%	13	125	3.54%	12
天文学	13	0.17%	25	2	0.06%	29
地学	763	9.87%	2	304	8.60%	3
生物学	1078	13.94%	1	405	11.46%	2
基础医学	26	0.34%	23	8	0.23%	23
农学	4	0.05%	29	2	0.06%	29
测绘科学技术	96	1.24%	18	98	2.77%	15
材料科学	539	6.97%	5	188	5.32%	8
工程与技术基础学科	49	0.63%	21	32	0.91%	20
矿山工程技术	17	0.22%	24	5	0.14%	25
能源科学技术	356	4.60%	9	190	5.38%	7
冶金、金属学	340	4.40%	10	156	4.42%	11
机械、仪表	327	4.23%	12	89	2.52%	16
动力与电气	474	6.13%	8	182	5.15%	9
核科学技术	3	0.04%	32	2	0.06%	29
电子、通信与自动控制	665	8.60%	3	244	6.91%	5
计算技术	584	7.55%	4	249	7.05%	4
化工	7	0.09%	28	6	0.17%	24
轻工、纺织	13	0.17%	25	5	0.14%	25
食品	4	0.05%	29	2	0.06%	29
土木建筑	493	6.37%	7	425	12.03%	1
水利	88	1.14%	19	53	1.50%	18
交通运输	166	2.15%	14	108	3.06%	13
航空航天	33	0.43%	22	20	0.57%	21
安全科学技术	9	0.12%	27	3	0.08%	28
环境科学	335	4.33%	11	162	4.59%	10
管理学	119	1.54%	16	47	1.33%	19
其他	4	0.05%	29	5	0.14%	25
总计	7734	100%		3533	100.00%	

附表 19 2009—2019 年 SCI 网络版收录的中国科技论文在 2019 年被引情况按学科分布

学科	未被引论文篇数	被引论文篇数	被引次数	总论文篇数	平均被引次数	论文未被引率
化学	41659	399734	9113388	441393	20.65	9.44%
其他	45	134	1418	179	7.92	25.14%
环境科学	8791	77900	1408017	86691	16.24	10.14%
能源科学技术	4857	53890	1064463	58747	18.12	8.27%
化工	4170	45601	836876	49771	16.81	8.38%
天文学	1913	17227	274340	19140	14.33	9.99%
材料科学	25009	188514	3164299	213523	14.82	11.71%
生物学	39766	274571	4055177	314337	12.90	12.65%
农学	4366	30095	431428	34461	12.52	12.67%
食品	3387	22823	331525	26210	12.65	12.92%
地学	13599	88269	1263125	101868	12.40	13.35%
动力与电气	446	5806	86873	6252	13.90	7.13%
管理学	848	7305	109955	8153	13.49	10.40%
药物学	15382	66588	840547	81970	10.25	18.77%
计算技术	17017	81835	1255982	98852	12.71	17.21%
基础医学	38718	126120	1616598	164838	9.81	23.49%
电子、通信与自动控制	24479	106639	1441102	131118	10.99	18.67%
水产学	1466	9633	111081	11099	10.01	13.21%
信息、系统科学	1665	7185	94224	8850	10.65	18.81%
工程与技术基础学科	4568	12683	165277	17251	9.58	26.48%
测绘科学技术	3	17	213	20	10.65	15.00%
军事医学与特种医学	544	2666	29912	3210	9.32	16.95%
物理学	44825	235680	2783792	280505	9.92	15.98%
预防医学与卫生学	6939	24765	295361	31704	9.32	21.89%
土木建筑	3239	22371	272015	25610	10.62	12.65%
临床医学	89505	230578	3022406	320083	9.44	27.96%
安全科学技术	89	1003	15738	1092	14.41	8.15%
力学	2930	22992	272045	25922	10.49	11.30%
机械、仪表	6562	30029	307594	36591	8.41	17.93%
矿山工程技术	565	3240	39259	3805	10.32	14.85%
水利	2453	11145	147842	13598	10.87	18.04%
林学	908	5153	50062	6061	8.26	14.98%
交通运输	945	5762	75809	6707	11.30	14.09%
数学	25005	79858	854105	104863	8.14	23.85%
航空航天	1381	6318	54522	7699	7.08	17.94%
核科学技术	2330	7610	51754	9940	5.21	23.44%
轻工、纺织	194	1847	16998	2041	8.33	9.51%
冶金、金属学	3765	17390	141037	21155	6.67	17.80%
中医学	1413	7723	65770	9136	7.20	15.47%
畜牧、兽医	2921	9225	71067	12146	5.85	24.05%

附表 20 2009—2019 年 SCI 网络版收录的中国科技论文在 2019 年被引情况按地区分布

地区	未被引论文篇数	被引论文篇数	被引次数	总论文篇数	平均被引次数	论文未被引率
北京	67200	367050	6076083	434250	13.99	15.47%
天津	11366	63800	987488	75166	13.14	15.12%
河北	6938	24817	268500	31755	8.46	21.85%
山西	4785	20227	229289	25012	9.17	19.13%
内蒙古	2008	6127	55739	8135	6.85	24.68%
辽宁	14794	81371	1212341	96165	12.61	15.38%
吉林	10730	54670	924846	65400	14.14	16.41%
黑龙江	10153	58778	842431	68931	12.22	14.73%
上海	35176	197426	3303353	232602	14.20	15.12%
江苏	39793	224361	3353021	264154	12.69	15.06%
浙江	21648	112466	1691071	134114	12.61	16.14%
安徽	10757	57931	971731	68688	14.15	15.66%
福建	7643	44008	743742	51651	14.40	14.80%
江西	5597	21189	255731	26786	9.55	20.90%
山东	21155	108467	1406784	129622	10.85	16.32%
河南	11183	45110	500174	56293	8.89	19.87%
湖北	19211	114676	1820109	133887	13.59	14.35%
湖南	13003	73242	1063406	86245	12.33	15.08%
广东	28135	133968	2031262	162103	12.53	17.36%
广西	3918	15822	162504	19740	8.23	19.85%
海南	1435	4346	39230	5781	6.79	24.82%
重庆	9358	47447	635911	56805	11.19	16.47%
四川	20056	89023	1086029	109079	9.96	18.39%
贵州	2558	7852	75207	10410	7.22	24.57%
云南	4535	21076	238978	25611	9.33	17.71%
西藏	78	179	1297	257	5.05	30.35%
陕西	21544	109817	1408875	131361	10.73	16.40%
甘肃	5079	31307	490320	36386	13.48	13.96%
青海	524	1702	14801	2226	6.65	23.54%
宁夏	658	2073	18532	2731	6.79	24.09%
新疆	2830	9762	104322	12592	8.28	22.47%

附表 21　2009—2019 年 SCI 网络版收录的中国科技论文累计被引篇数居前 50 位的高等院校

排名	高等院校	被引篇数	被引次数	排名	高等院校	被引篇数	被引次数
1	浙江大学	52772	918751	26	电子科技大学	14752	193147
2	上海交通大学	50284	777993	27	厦门大学	14594	271878
3	清华大学	40468	855637	28	首都医科大学	14475	149614
4	北京大学	36747	702153	29	北京理工大学	13977	219185
5	四川大学	34805	474464	30	华东理工大学	13930	271474
6	华中科技大学	33638	560289	31	北京科技大学	13691	196448
7	复旦大学	32615	614777	32	中国农业大学	13559	210026
8	中山大学	31351	526807	33	兰州大学	13479	235478
9	吉林大学	29856	430818	34	南开大学	13045	306719
10	中南大学	29349	416416	35	中国石油大学	12675	162846
11	哈尔滨工业大学	29060	454936	36	中国地质大学	12596	193522
12	山东大学	28920	419040	37	湖南大学	12590	280702
13	西安交通大学	28787	407377	38	东北大学	12081	142757
14	武汉大学	23991	402725	39	北京师范大学	11786	196154
15	天津大学	23713	365079	40	郑州大学	11661	154263
16	南京大学	22860	467012	41	江苏大学	11641	173417
17	中国科学技术大学	22047	501666	42	西北农林科技大学	11555	154160
18	同济大学	21338	324524	43	江南大学	11144	162265
19	大连理工大学	20313	331517	44	南京医科大学	11009	164160
20	东南大学	20253	323992	45	南京农业大学	10740	161515
21	华南理工大学	19811	377584	46	上海大学	10614	158058
22	北京航空航天大学	18663	253321	47	南京航空航天大学	10595	145638
23	苏州大学	18023	354778	48	中国矿业大学	10437	125666
24	重庆大学	15292	208031	49	西安电子科技大学	10433	121344
25	西北工业大学	15132	198054	50	北京化工大学	10406	205880

附表 22　2009—2019 年 SCI 网络版收录的中国科技论文累计被引篇数居前 50 位的研究机构

排名	研究机构	被引篇数	被引次数
1	中国科学院长春应用化学研究所	6986	267985
2	中国科学院化学研究所	6894	261615
3	中国科学院合肥物质科学研究院	5730	98840
4	中国科学院大连化学物理研究所	5241	166036
5	中国工程物理研究院	4966	44539
6	中国科学院生态环境研究中心	4666	110549
7	中国科学院物理研究所	4372	123862
8	中国科学院金属研究所	4148	116800
9	中国科学院地理科学与资源研究所	3863	67494
10	中国科学院上海硅酸盐研究所	3780	105252
11	中国科学院上海生命科学研究院	3512	102184

排名	研究机构	被引篇数	被引次数
12	中国科学院海西研究院	3462	92724
13	中国科学院兰州化学物理研究所	3458	85386
14	中国科学院地质与地球物理研究所	3439	64624
15	中国科学院海洋研究所	3280	43962
16	中国科学院过程工程研究所	3266	68928
17	中国科学院大气物理研究所	2674	49462
18	中国科学院理化技术研究所	2668	69258
19	中国科学院上海有机化学研究所	2656	89701
20	中国科学院半导体研究所	2623	39713
21	中国科学院宁波工业技术研究院	2549	56311
22	国家纳米科学中心	2535	93492
23	中国科学院广州地球化学研究所	2453	61457
24	中国科学院高能物理研究所	2407	41273
25	中国疾病预防控制中心	2367	49671
26	中国科学院动物研究所	2350	40513
27	中国水产科学研究院	2332	23679
28	中国科学院上海光学精密机械研究所	2330	26472
29	中国林业科学研究院	2275	24258
30	中国科学院昆明植物研究所	2253	34377
31	中国科学院上海药物研究所	2177	47213
32	中国科学院南海海洋研究所	2018	26485
33	中国科学院植物研究所	2004	40623
34	中国科学院水生生物研究所	1969	28292
35	中国科学院遥感与数字地球研究所	1927	22755
36	中国科学院南京土壤研究所	1873	39391
37	中国科学院长春光学精密机械与物理研究所	1831	28438
38	中国科学院微生物研究所	1828	34429
39	中国科学院上海应用物理研究所	1703	31239
40	中国科学院深圳先进技术研究院	1693	35588
41	中国科学院数学与系统科学研究院	1667	26653
42	中国科学院自动化研究所	1661	37910
43	中国医学科学院肿瘤研究所	1609	23485
44	中国中医科学院	1594	19564
45	中国科学院寒区旱区环境与工程研究所	1577	27560
46	中国科学院上海微系统与信息技术研究所	1570	18243
47	中国医学科学院药物研究所	1509	19079
48	中国科学院国家天文台	1504	18692
49	中国农业科学院植物保护研究所	1485	19189
50	中国科学院山西煤炭化学研究所	1473	32189

附表 23　2019 年 CSTPCD 收录的中国科技论文按学科分布

学科	论文篇数	所占比例	排名
数学	4091	0.91%	26
力学	1946	0.43%	33
信息、系统科学	327	0.07%	39
物理学	4161	0.93%	25
化学	8456	1.89%	19
天文学	408	0.09%	38
地学	14145	3.16%	8
生物学	10200	2.28%	17
预防医学与卫生学	14562	3.25%	7
基础医学	11373	2.54%	13
药学	11665	2.60%	12
临床医学	118071	26.37%	1
中医学	21605	4.82%	4
军事医学与特种医学	1945	0.43%	34
农学	21603	4.82%	5
林学	3941	0.88%	27
畜牧、兽医	6374	1.42%	20
水产学	1933	0.43%	35
测绘科学技术	2919	0.65%	31
材料科学	5885	1.31%	22
工程与技术基础学科	3833	0.86%	28
矿山工程技术	5959	1.33%	21
能源科学技术	5122	1.14%	24
冶金、金属学	10937	2.44%	15
机械、仪表	10383	2.32%	16
动力与电气	3651	0.82%	29
核科学技术	1237	0.28%	36
电子、通信与自动控制	24903	5.56%	3
计算技术	27795	6.21%	2
化工	11843	2.64%	11
轻工、纺织	2307	0.52%	32
食品	9547	2.13%	18
土木建筑	13306	2.97%	10
水利	3300	0.74%	30
交通运输	10959	2.45%	14
航空航天	5123	1.14%	23
安全科学技术	247	0.06%	40
环境科学	14093	3.15%	9
管理学	863	0.19%	37
其他	16812	3.75%	6
合计	447830	100.00%	

附表 24　2019 年 CSTPCD 收录的中国科技论文按地区分布

地区	论文篇数	所占比例	排名
北京	60222	13.45%	1
天津	12667	2.83%	13
河北	14817	3.31%	12
山西	8497	1.90%	18
内蒙古	4393	0.98%	27
辽宁	17195	3.84%	11
吉林	7593	1.70%	23
黑龙江	10062	2.25%	17
上海	27659	6.18%	3
江苏	38466	8.59%	2
浙江	17446	3.90%	10
安徽	12050	2.69%	14
福建	7837	1.75%	21
江西	6324	1.41%	26
山东	20197	4.51%	8
河南	17518	3.91%	9
湖北	23055	5.15%	6
湖南	11997	2.68%	15
广东	25751	5.75%	5
广西	7936	1.77%	19
海南	3465	0.77%	28
重庆	10683	2.39%	16
四川	21507	4.80%	7
贵州	6553	1.46%	25
云南	7789	1.74%	22
西藏	398	0.09%	31
陕西	26767	5.98%	4
甘肃	7888	1.76%	20
青海	2173	0.49%	29
宁夏	1906	0.43%	30
新疆	6651	1.49%	24
不详	368	0.08%	32
总计	447830	100.00%	

附表 25　2019 年 CSTPCD 收录的中国科技论文篇数分学科按地区分布

学科	北京	天津	河北	山西	内蒙古	辽宁	吉林	黑龙江
数学	297	92	106	176	90	122	90	72
力学	288	65	63	45	16	111	14	50
信息、系统科学	30	7	10	7	4	31	5	8
物理学	703	132	87	153	37	108	225	61
化学	860	304	242	253	73	416	325	172
天文学	113	9	4	6	0	5	6	3
地学	2950	404	449	120	134	344	283	258
生物学	1217	270	162	202	213	270	209	312
预防医学与卫生学	2661	351	372	187	97	369	113	235
基础医学	1517	286	367	170	125	317	151	255
药学	1724	256	459	144	107	492	230	178
临床医学	14325	2739	5664	1635	933	4419	1657	2238
中医学	3308	692	669	236	130	754	436	685
军事医学与特种医学	352	72	83	23	19	70	18	19
农学	1725	198	644	887	382	608	508	759
林学	696	9	56	64	69	91	44	337
畜牧、兽医	601	59	195	122	303	106	348	290
水产学	53	46	20	6	7	60	13	25
测绘科学技术	387	74	30	20	10	127	20	16
材料科学	607	189	124	105	126	408	61	132
工程与技术基础学科	493	170	121	84	25	187	86	127
矿山工程技术	1011	13	270	509	128	469	68	57
能源科学技术	1207	389	128	28	16	180	28	282
冶金、金属学	1282	278	536	275	149	946	151	267
机械、仪表	1064	295	394	471	81	506	203	219
动力与电气	616	204	116	64	80	153	57	109
核科学技术	349	11	7	19	8	12	5	31
电子、通信与自动控制	3529	874	922	464	107	678	459	372
计算技术	3438	903	729	711	173	1239	483	585
化工	1261	565	330	291	116	647	175	272
轻工、纺织	102	89	65	9	15	51	15	39
食品	757	272	184	161	130	326	203	445
土木建筑	1855	560	225	143	148	440	74	235
水利	413	119	39	45	11	79	25	27
交通运输	1335	446	193	85	47	467	286	208
航空航天	1402	209	61	38	9	227	65	141
安全科学技术	49	6	6	4	5	7	8	11
环境科学	2214	572	379	276	154	585	160	229
管理学	150	37	6	7	4	82	12	13
其他	3281	401	300	252	112	666	274	288
总计	60222	12667	14817	8497	4393	17195	7593	10062

学科	上海	江苏	浙江	安徽	福建	江西	山东	河南	湖北
数学	193	271	140	159	131	84	148	187	148
力学	164	247	75	59	33	28	37	34	110
信息、系统科学	18	33	13	8	9	5	25	17	15
物理学	349	321	145	214	71	52	113	107	173
化学	537	643	435	251	231	158	399	337	345
天文学	33	74	1	10	2	1	8	1	14
地学	350	992	335	299	182	218	1058	336	735
生物学	644	748	413	225	327	147	465	291	447
预防医学与卫生学	1261	1088	684	362	211	182	688	321	870
基础医学	858	821	541	346	261	126	485	404	522
药学	744	1054	680	336	244	151	492	471	663
临床医学	8520	9738	5469	4126	1853	1011	4746	5217	6700
中医学	1231	1495	914	458	309	388	1012	968	911
军事医学与特种医学	160	146	84	46	28	13	96	69	88
农学	351	1487	708	330	619	413	1333	1215	843
林学	21	275	203	33	210	87	72	76	55
畜牧、兽医	115	540	130	114	103	73	292	339	174
水产学	387	114	137	13	63	12	256	28	128
测绘科学技术	87	219	59	49	41	50	171	243	431
材料科学	390	421	166	160	97	177	240	312	333
工程与技术基础学科	306	317	177	105	43	65	143	131	224
矿山工程技术	45	336	19	233	59	128	357	351	160
能源科学技术	114	132	67	13	13	4	621	75	285
冶金、金属学	598	868	245	259	105	318	462	419	405
机械、仪表	591	1176	362	266	123	147	530	519	546
动力与电气	399	332	136	95	26	15	151	86	180
核科学技术	126	37	16	69	8	24	22	11	47
电子、通信与自动控制	1562	2671	742	822	382	328	809	836	1503
计算技术	1681	3173	1040	903	465	463	1120	1080	1304
化工	746	1083	533	260	159	234	696	444	411
轻工、纺织	206	389	220	26	45	24	107	173	66
食品	361	860	437	186	232	182	550	586	396
土木建筑	1212	1380	542	225	295	150	442	418	745
水利	99	521	118	38	15	58	82	262	388
交通运输	1098	910	259	138	154	155	368	199	936
航空航天	301	574	48	59	33	61	128	59	97
安全科学技术	1	15	5	7	11	0	3	8	8
环境科学	720	1449	468	352	298	265	730	405	650
管理学	72	83	24	15	15	17	25	20	64
其他	1008	1433	656	381	331	310	715	463	935
总计	27659	38466	17446	12050	7837	6324	20197	17518	23055

学科	湖南	广东	广西	海南	重庆	四川	贵州	云南
数学	100	168	115	22	153	185	108	68
力学	64	49	16	3	34	98	9	8
信息、系统科学	10	8	4	1	9	13	0	5
物理学	108	180	40	5	51	210	48	43
化学	233	445	159	43	152	298	171	178
天文学	5	9	7	0	2	9	13	34
地学	269	590	264	51	118	898	206	232
生物学	254	611	218	137	222	410	267	477
预防医学与卫生学	250	1152	281	94	400	854	201	246
基础医学	338	864	188	89	454	427	262	259
药学	279	621	196	157	290	609	184	171
临床医学	2329	8433	2419	1470	3022	6788	1430	1607
中医学	785	1902	616	227	224	831	364	349
军事医学与特种医学	21	108	25	9	76	93	13	28
农学	679	726	565	478	399	631	787	931
林学	156	196	203	110	57	85	102	322
畜牧、兽医	189	325	154	36	144	317	142	144
水产学	39	281	55	31	35	32	27	15
测绘科学技术	85	171	70	10	69	113	23	47
材料科学	234	241	66	17	113	260	75	113
工程与技术基础学科	136	149	46	5	68	141	27	38
矿山工程技术	251	63	36	2	227	93	126	170
能源科学技术	15	186	14	6	64	493	12	5
冶金、金属学	554	413	104	8	258	469	96	220
机械、仪表	236	292	106	4	248	572	110	75
动力与电气	86	141	27	2	54	94	11	54
核科学技术	33	79	2	0	10	197	3	3
电子、通信与自动控制	674	1404	327	63	751	1260	245	305
计算技术	672	1213	416	74	685	1103	318	386
化工	256	649	165	40	160	420	200	189
轻工、纺织	47	96	25	4	11	98	20	79
食品	278	668	211	80	269	515	227	191
土木建筑	548	861	212	40	425	471	96	151
水利	85	79	43	11	52	166	39	61
交通运输	594	605	119	13	468	710	108	83
航空航天	168	34	6	0	25	314	6	5
安全科学技术	8	14	3	1	6	22	1	9
环境科学	413	673	240	53	318	621	274	267
管理学	34	40	3	1	17	30	7	10
其他	482	1012	170	68	543	557	195	211
总计	11997	25751	7936	3465	10683	21507	6553	7789

续表

学科	西藏	陕西	甘肃	青海	宁夏	新疆	不详	合计
数学	2	326	199	12	30	95	2	4091
力学	1	167	46	1	11	0	0	1946
信息、系统科学	0	18	11	0	1	2	0	327
物理学	0	274	116	1	11	20	3	4161
化学	5	439	156	50	48	95	3	8456
天文学	1	23	0	0	0	15	0	408
地学	25	890	511	220	40	373	11	14145
生物学	43	324	289	58	67	247	14	10200
预防医学与卫生学	24	416	164	46	88	278	16	14562
基础医学	11	457	163	51	68	187	3	11373
药学	5	380	110	44	27	164	3	11665
临床医学	50	5185	1408	789	385	1693	73	118071
中医学	9	852	427	101	62	247	13	21605
军事医学与特种医学	1	124	20	8	5	23	5	1945
农学	65	1169	751	159	315	930	8	21603
林学	21	128	41	13	21	88	0	3941
畜牧、兽医	34	190	337	71	101	285	1	6374
水产学	11	11	6	2	2	17	1	1933
测绘科学技术	0	192	51	23	2	28	1	2919
材料科学	2	513	95	21	34	43	10	5885
工程与技术基础学科	0	299	78	8	16	12	6	3833
矿山工程技术	7	631	52	33	14	40	1	5959
能源科学技术	0	386	100	11	10	235	3	5122
冶金、金属学	0	919	219	24	36	46	8	10937
机械、仪表	2	935	227	5	16	61	1	10383
动力与电气	0	276	44	7	5	30	1	3651
核科学技术	0	49	52	0	1	6	0	1237
电子、通信与自动控制	11	2166	291	30	87	214	15	24903
计算技术	6	2561	445	76	101	213	16	27795
化工	4	1016	215	96	78	115	17	11843
轻工、纺织	1	233	5	11	2	31	3	2307
食品	14	358	186	35	69	178	0	9547
土木建筑	3	930	278	32	29	85	56	13306
水利	5	218	66	20	25	90	1	3300
交通运输	5	679	218	21	8	40	4	10959
航空航天	0	987	50	0	1	9	6	5123
安全科学技术	0	20	5	1	2	1	0	247
环境科学	13	817	239	51	41	164	3	14093
管理学	0	62	1	0	1	3	8	863
其他	17	1147	216	42	46	248	52	16812
总计	398	26767	7888	2173	1906	6651	368	447830

附表 26　2019 年 CSTPCD 收录的中国科技论文篇数分地区按机构分布

地区	论文篇数					
	高等院校	研究机构	医疗机构[①]	企业	其他	合计
北京	30953	15172	6412	4576	3109	60222
天津	8498	1174	1379	1224	392	12667
河北	7804	962	4510	906	635	14817
山西	6612	768	383	587	147	8497
内蒙古	3245	268	398	304	178	4393
辽宁	12862	1349	1492	820	672	17195
吉林	6105	858	167	331	132	7593
黑龙江	8706	745	201	241	169	10062
上海	20433	2747	1719	1946	814	27659
江苏	28881	2944	3837	1991	813	38466
浙江	10142	1746	3787	1177	594	17446
安徽	8641	790	1731	643	245	12050
福建	5545	854	809	389	240	7837
江西	4939	564	423	206	192	6324
山东	13177	2414	2620	1357	629	20197
河南	11033	1585	3055	1241	604	17518
湖北	15866	1907	3678	1086	518	23055
湖南	9271	677	1037	766	246	11997
广东	14610	2811	4486	2604	1240	25751
广西	5061	1050	1203	262	360	7936
海南	1343	583	1297	83	159	3465
重庆	7885	816	1186	547	249	10683
四川	13494	2583	3738	1093	599	21507
贵州	4874	621	405	354	299	6553
云南	4766	1334	752	532	405	7789
西藏	186	111	49	22	30	398
陕西	20206	1956	2326	1683	596	26767
甘肃	5274	1272	741	345	256	7888
青海	735	393	672	142	231	2173
宁夏	1374	215	90	151	76	1906
新疆	4505	852	698	355	241	6651
不详	4	2	0	2	360	368
总计	297030	52123	55281	27966	15430	447830

数据来源：CSTPCD2019。

①此处医院的数据不包括高等院校所属医院数据。

附表 27　2019 年 CSTPCD 收录的中国科技论文篇数分学科按机构分布

学科	论文篇数					
	高等院校	研究机构	医疗机构①	企业	其他	合计
数学	3965	74	2	24	26	4091
力学	1655	225	3	40	23	1946
信息、系统科学	298	17	1	5	6	327
物理学	3301	755	2	46	57	4161
化学	6064	1321	25	493	553	8456
天文学	203	185		4	16	408
地学	6660	3968	4	919	2594	14145
生物学	7591	2015	157	140	297	10200
预防医学与卫生学	7737	3386	2516	110	813	14562
基础医学	7763	1155	2054	159	242	11373
药学	6615	1039	3062	350	599	11665
临床医学	71393	2917	42206	219	1336	118071
中医学	15596	1221	4201	266	321	21605
军事医学与特种医学	1057	139	648	5	96	1945
农学	12547	7164	5	529	1358	21603
林学	2563	1051	—	36	291	3941
畜牧、兽医	4405	1484	13	214	258	6374
水产学	1196	658	1	33	45	1933
测绘科学技术	1811	580	—	160	368	2919
材料科学	4537	772	1	489	86	5885
工程与技术基础学科	2948	549	—	240	96	3833
矿山工程技术	3273	402	1	2145	138	5959
能源科学技术	2312	1190	—	1509	111	5122
冶金、金属学	7434	1084	4	2296	119	10937
机械、仪表	7901	1134	37	1052	259	10383
动力与电气	2700	324	2	577	48	3651
核科学技术	434	551	6	192	54	1237
电子、通信与自动控制	16939	3417	20	3733	794	24903
计算技术	23145	2332	99	1478	741	27795
化工	8083	1277	20	2208	255	11843
轻工、纺织	1641	171	2	415	78	2307
食品	6956	1428	—	654	491	9529
土木建筑	9715	955	4	2300	332	13306
水利	2014	653	—	408	225	3300
交通运输	6971	884	1	2810	293	10959
航空航天	2992	1584	3	278	266	5123
安全科学技术	147	49	—	9	42	247
环境科学	9858	2192	21	1072	950	14093
管理学	785	51	2	7	18	863
其他	13825	1770	140	342	753	16830
总计	297030	52123	55263	27966	15448	447830

数据来源：CSTPCD2019。

①此处医院的数据不包括高等院校所属医院数据。

附表 28　2019 年 CSTPCD 收录各学科科技论文的引用文献情况

学科	论文篇数	引文总篇数（A）	篇均引文篇数
数学	4091	71172	17.40
力学	1946	45529	23.40
信息、系统科学	327	6969	21.31
物理学	4161	119417	28.70
化学	8456	244533	28.92
天文学	408	14467	35.46
地学	14145	520079	36.77
生物学	10200	349465	34.26
预防医学与卫生学	14562	237781	16.33
基础医学	11373	261765	23.02
药学	11665	229248	19.65
临床医学	118071	2372138	20.09
中医学	21605	439535	20.34
军事医学与特种医学	1945	33671	17.31
农学	21603	566281	26.21
林学	3941	113392	28.77
畜牧、兽医	6374	167327	26.25
水产学	1933	61541	31.84
测绘科学技术	2919	53200	18.23
材料科学	5885	161822	27.50
工程与技术基础学科	3833	85167	22.22
矿山工程技术	5959	90740	15.23
能源科学技术	5122	112064	21.88
冶金、金属学	10937	186849	17.08
机械、仪表	10383	154232	14.85
动力与电气	3651	70871	19.41
核科学技术	1237	19822	16.02
电子、通信与自动控制	24903	451211	18.12
计算技术	27795	526093	18.93
化工	11843	243574	20.57
轻工、纺织	2307	35274	15.29
食品	9547	254933	26.70
土木建筑	13306	233556	17.55
水利	3300	61729	18.71
交通运输	10959	160144	14.61
航空航天	5123	98308	19.19
安全科学技术	247	5899	23.88
环境科学	14093	376861	26.74
管理学	863	22577	26.16
其他	16812	432610	25.73

附表 29　2019 年 CSTPCD 收录科技论文数居前 50 位的高等院校

排名	高等院校	论文篇数	排名	高等院校	论文篇数
1	首都医科大学	6028	26	河海大学	1636
2	上海交通大学	5594	27	重庆医科大学	1635
3	北京大学	4084	28	南京航空航天大学	1607
4	四川大学	3641	29	南京大学	1593
5	武汉大学	3325	30	贵州大学	1580
6	华中科技大学	2962	30	空军军医大学	1580
7	浙江大学	2929	32	南京中医药大学	1574
8	吉林大学	2905	33	华南理工大学	1567
9	复旦大学	2840	34	新疆医科大学	1525
10	南京医科大学	2718	35	山东大学	1523
11	中南大学	2600	36	东南大学	1479
12	同济大学	2490	37	中国矿业大学	1477
13	西安交通大学	2434	38	江苏大学	1461
14	中山大学	2405	39	兰州大学	1460
15	郑州大学	2306	40	上海中医药大学	1448
16	安徽医科大学	2263	41	苏州大学	1443
17	中国医科大学	2115	42	海军军医大学	1435
18	北京中医药大学	2077	43	山西医科大学	1427
19	哈尔滨医科大学	1992	44	天津医科大学	1425
20	天津大学	1834	45	华北电力大学	1386
21	广东中医药大学	1738	46	中国地质大学	1382
22	清华大学	1732	47	南昌大学	1364
23	中国石油大学	1670	48	大连理工大学	1334
24	江南大学	1666	48	昆明理工大学	1334
25	西南交通大学	1657	50	太原理工大学	1316

附表 30　2019 年 CSTPCD 收录科技论文数居前 50 位的研究机构

排名	研究机构	论文篇数	排名	研究机构	论文篇数
1	中国中医科学院	1315	12	福建省农业科学院	315
2	中国疾病预防控制中心	769	13	江苏省农业科学院	309
3	中国林业科学研究院	707	14	中国地质科学院	301
4	中国水产科学研究院	542	15	云南省农业科学院	300
5	中国科学院地理科学与资源研究所	519	16	山东省农业科学院	275
6	中国工程物理研究院	484	17	广东省农业科学院	265
7	中国食品药品检定研究院	460	18	中国水利水电科学研究院	237
8	中国热带农业科学院	450	19	中国科学院长春光学精密机械与物理研究所	227
9	山西省农业科学院	386	20	广西农业科学院	218
10	中国医学科学院肿瘤研究所	376	21	中国科学院金属研究所	208
11	中国科学院合肥物质科学研究院	324			

排名	研究机构	论文篇数	排名	研究机构	论文篇数
22	湖北省农业科学院	207	36	四川省农业科学院	154
23	中国科学院声学研究所	205	37	西安热工研究院有限公司	151
24	中国环境科学研究院	203	38	浙江省农业科学院	150
25	中国空气动力研究与发展中心	196	38	中国医学科学院血液学研究所	150
26	中国科学院生态环境研究中心	192	40	北京矿冶研究总院	146
26	南京水利科学研究院	192	41	甘肃省农业科学院	145
28	贵州省农业科学院	188	41	中国农业科学院特产研究所	145
29	上海市农业科学院	183	43	中国科学院沈阳自动化研究所	139
30	河南省农业科学院	174	44	北京市疾病预防控制中心	138
31	中国科学院地质与地球物理研究所	172	45	新疆农业科学院	136
32	中航工业北京航空材料研究院	157	46	中国医学科学院药用植物研究所	134
33	中国农业科学院北京畜牧兽医研究所	156	47	长江水利委员会长江科学院	129
34	中国农业科学院农业资源与农业区划研究所	155	47	中国科学院上海技术物理研究所	129
34	中国科学院海洋研究所	155	49	中国科学院大气物理研究所	128
			50	中国农业科学院植物保护研究所	127

附表 31　2019 年 CSTPCD 收录科技论文数居前 50 位的医疗机构

排名	医疗机构	论文篇数	排名	医疗机构	论文篇数
1	解放军总医院	1952	17	河南省人民医院	628
2	四川大学华西医院	1468	18	复旦大学附属中山医院	622
3	北京协和医院	1211	18	中国医科大学附属第一医院	622
4	武汉大学人民医院	1172	20	首都医科大学附属北京安贞医院	613
5	中国医科大学附属盛京医院	1000	21	首都医科大学附属北京友谊医院	611
6	郑州大学第一附属医院	960	22	安徽省立医院	606
7	江苏省人民医院	771	23	重庆医科大学附属第一医院	599
8	西安交通大学医学院第一附属医院	753	24	安徽医科大学第一附属医院	597
9	华中科技大学同济医学院附属同济医院	750	25	新疆医科大学第一附属医院	591
10	哈尔滨医科大学附属第一医院	744	26	北京大学人民医院	577
11	空军军医大学第一附属医院（西京医院）	724	27	吉林大学白求恩第一医院	576
12	首都医科大学宣武医院	671	28	上海交通大学医学院附属瑞金医院	573
13	北京大学第三医院	662	29	北京大学第一医院	563
14	南京鼓楼医院	638	30	上海交通大学医学院附属第九人民医院	551
15	海军军医大学第一附属医院（上海长海医院）	635	31	西南医科大学附属医院	537
16	昆山市中医医院	634	32	华中科技大学同济医学院附属协和医院	522
			33	哈尔滨医科大学附属第二医院	490

续表

排名	医疗机构	论文篇数	排名	医疗机构	论文篇数
34	武汉大学中南医院	488	43	上海市第六人民医院	438
35	南方医院	478	44	广州中医药大学第一附属医院	430
36	中国人民解放军东部战区总医院	471	45	吉林大学第二医院	426
37	西安交通大学第二附属医院	450	46	首都医科大学附属北京朝阳医院	425
38	首都医科大学附属北京同仁医院	449	47	中南大学湘雅医院	423
39	青岛大学附属医院	448	48	广西医科大学第一附属医院	418
39	广东省中医院	448	49	上海中医药大学附属曙光医院	409
41	中国医学科学院阜外心血管病医院	447	50	遵义医学院附属医院	405
42	首都医科大学附属北京天坛医院	444			

附表 32 2019 年 CSTPCD 收录科技论文数居前 30 位的农林牧渔类高等院校

排名	高等院校	论文篇数	排名	高等院校	论文篇数
1	西北农林科技大学	1282	16	山西农业大学	640
2	中国农业大学	1039	17	山东农业大学	620
3	南京农业大学	913	18	吉林农业大学	588
4	东北林业大学	846	19	河北农业大学	577
5	南京林业大学	838	19	河南农业大学	577
6	北京林业大学	830	21	云南农业大学	535
7	湖南农业大学	823	22	沈阳农业大学	416
8	福建农林大学	808	23	江西农业大学	390
9	内蒙古农业大学	786	24	安徽农业大学	380
10	新疆农业大学	759	24	浙江农林大学	380
11	华中农业大学	740	26	西南林业大学	372
12	华南农业大学	709	27	中南林业科技大学	347
13	东北农业大学	679	28	黑龙江八一农垦大学	300
14	四川农业大学	672	29	青岛农业大学	299
15	甘肃农业大学	671	30	北京农学院	188

附表 33 2019 年 CSTPCD 收录科技论文数居前 30 位的师范类高等院校

排名	师范类高等院校	论文篇数	排名	师范类高等院校	论文篇数
1	北京师范大学	665	8	华南师范大学	320
2	西北师范大学	544	9	湖南师范大学	284
3	华东师范大学	488	10	杭州师范大学	281
4	贵州师范大学	482	11	河南师范大学	259
5	陕西师范大学	452	12	首都师范大学	253
6	福建师范大学	402	13	云南师范大学	244
7	南京师范大学	361	14	重庆师范大学	240

排名	师范类高等院校	论文篇数	排名	师范类高等院校	论文篇数
15	华中师范大学	239	23	内蒙古师范大学	180
16	江西师范大学	223	24	四川师范大学	177
17	东北师范大学	208	25	广西师范大学	172
18	山东师范大学	204	26	上海师范大学	162
19	安徽师范大学	202	27	沈阳师范大学	154
20	辽宁师范大学	200	28	新疆师范大学	150
21	浙江师范大学	194	29	江苏师范大学	149
22	天津师范大学	188	30	信阳师范学院	137

附表 34　2019 年 CSTPCD 收录科技论文数居前 30 位的医药学类高等院校

排名	医药学类高等院校	论文篇数	排名	医药学类高等院校	论文篇数
1	首都医科大学	6028	16	天津医科大学	1425
2	南京医科大学	2718	17	南方医科大学	1293
3	安徽医科大学	2263	18	陆军军医大学	1275
4	中国医科大学	2115	19	广西医科大学	1215
5	北京中医药大学	2077	20	河北医科大学	1163
6	哈尔滨医科大学	1992	21	浙江中医药大学	1089
7	广州中医药大学	1738	22	温州医学院	1075
8	重庆医科大学	1635	23	山东中医药大学	1015
9	空军军医大学	1580	24	天津中医药大学	1003
10	昆山市中医院	1574	25	昆明医学院	987
10	南京中医药大学	1574	26	黑龙江中医药大学	916
12	新疆医科大学	1525	27	遵义医学院	915
13	上海中医药大学	1448	28	西南医科大学	908
14	海军军医大学	1435	29	辽宁中医药大学	878
15	山西医科大学	1427	30	湖南中医药大学	845

附表 35　2019 年 CSTPCD 收录的中国科技论文数居前 50 位的城市

排名	城市	论文篇数	排名	城市	论文篇数
1	北京	60222	9	重庆	10672
2	上海	27659	10	杭州	9772
3	南京	20871	11	郑州	9438
4	西安	20084	12	长沙	8987
5	武汉	17856	13	沈阳	8805
6	广州	16165	14	哈尔滨	7963
7	成都	14464	15	合肥	7454
8	天津	12667	16	青岛	7273

续表

排名	城市	论文篇数	排名	城市	论文篇数
17	兰州	7139	34	海口	2524
18	昆明	6410	35	徐州	2418
19	长春	6282	36	宁波	2056
20	太原	6252	37	保定	2016
21	济南	5473	38	西宁	2016
22	大连	5052	39	厦门	1940
23	石家庄	4815	40	镇江	1921
24	乌鲁木齐	4761	41	唐山	1832
25	南昌	4759	42	洛阳	1761
26	贵阳	4723	43	银川	1699
27	南宁	4437	44	桂林	1698
28	福州	4237	45	绵阳	1572
29	深圳	3832	46	常州	1445
30	无锡	3112	47	烟台	1439
31	咸阳	3106	48	秦皇岛	1392
32	呼和浩特	2693	49	扬州	1380
33	苏州	2673	50	温州	1271

附表 36　2019 年 CSTPCD 统计科技论文被引次数居前 50 位的高等院校

排名	高等院校	被引次数	排名	高等院校	被引次数
1	北京大学	29100	21	重庆大学	11473
2	上海交通大学	26646	22	天津大学	11470
3	首都医科大学	23713	23	中国农业大学	11417
4	浙江大学	21827	24	华南理工大学	10528
5	武汉大学	20014	25	北京中医药大学	10499
6	清华大学	19185	26	南京农业大学	10386
7	中南大学	18226	27	山东大学	9794
8	同济大学	17670	28	哈尔滨工业大学	9660
9	四川大学	17191	29	东南大学	9442
10	中国地质大学	17033	30	河海大学	9146
11	华中科技大学	16603	31	南京中医药大学	9071
12	中山大学	16088	32	西南大学	8973
13	西北农林科技大学	15294	33	郑州大学	8957
14	复旦大学	15150	34	安徽医科大学	8885
15	中国石油大学	14485	35	南京航空航天大学	8717
16	中国矿业大学	14419	36	西北工业大学	8679
17	吉林大学	14369	37	南京医科大学	8599
18	南京大学	13284	38	西南交通大学	8560
19	华北电力大学	12236	39	大连理工大学	8361
20	西安交通大学	12161	40	兰州大学	8197

排名	高等院校	被引次数	排名	高等院校	被引次数
41	北京航空航天大学	7915	46	合肥工业大学	7523
42	中国医科大学	7911	47	上海中医药大学	7440
43	江苏大学	7793	48	南方医科大学	7317
44	北京师范大学	7782	49	海军军医大学	7058
45	湖南大学	7709	50	江南大学	6910

附表 37　2019 年 CSTPCD 统计科技论文被引次数居前 50 位的研究机构

排名	研究机构	被引次数	排名	研究机构	被引次数
1	中国科学院地理科学与资源研究所	11164	25	中国科学院武汉岩土力学研究所	1656
2	中国中医科学院	8314	26	中国科学院沈阳应用生态研究所	1643
3	中国疾病预防控制中心	6918	27	山西省农业科学院	1625
4	中国林业科学研究院	5411	28	山东省农业科学院	1585
5	中国科学院地质与地球物理研究所	4828	29	中国科学院遥感与数字地球研究所	1577
6	中国水产科学研究院	4779	30	中国工程物理研究院	1571
7	中国地质科学院矿产资源研究所	3430	31	福建省农业科学院	1473
8	中国医学科学院肿瘤研究所	3251	31	广东省农业科学院	1473
9	中国地质科学院地质研究所	3235	33	中国地震局地质研究所	1458
10	中国科学院生态环境研究中心	3218	34	中国农业科学院作物科学研究所	1457
11	中国科学院寒区旱区环境与工程研究所	2992	35	中国食品药品检定研究院	1427
12	江苏省农业科学院	2779	36	中国科学院地球化学研究所	1418
13	中国科学院长春光学精密机械与物理研究所	2649	37	云南省农业科学院	1362
14	中国科学院南京土壤研究所	2571	38	中国地质科学院	1286
15	中国农业科学院农业资源与农业区划研究所	2254	39	北京市农林科学院	1273
16	中国环境科学研究院	2138	40	中国科学院海洋研究所	1272
17	中国科学院南京地理与湖泊研究所	2115	41	中国科学院亚热带农业生态研究所	1247
18	中国热带农业科学院	2103	42	中国科学院水利部成都山地灾害与环境研究所	1206
19	中国科学院大气物理研究所	2099	43	中国科学院植物研究所	1191
20	中国气象科学研究院	2042	44	河南省农业科学院	1156
21	中国科学院广州地球化学研究所	2016	45	中国医学科学院药用植物研究所	1132
22	中国水利水电科学研究院	1934	46	中国社会科学院研究生院	1104
22	中国科学院新疆生态与地理研究所	1934	47	中国地质科学院地质力学研究所	1080
24	中国科学院东北地理与农业生态研究所	1815	48	中国地震局地球物理研究所	1076
			49	浙江省农业科学院	1056
			50	中国气象局兰州干旱气象研究所	1043

附表 38　2019 年 CSTPCD 统计科技论文被引次数居前 50 位的医疗机构

排名	医疗机构	被引次数	排名	医疗机构	被引次数
1	解放军总医院	13379	26	中国医科大学附属第一医院	2375
2	北京协和医院	6002	27	中南大学湘雅医院	2308
3	四川大学华西医院	5953	28	南京鼓楼医院	2274
4	北京大学第一医院	3696	29	首都医科大学附属北京友谊医院	2264
5	华中科技大学同济医学院附属同济医院	3662	30	中山大学附属第一医院	2175
6	北京大学第三医院	3500	31	哈尔滨医科大学附属第一医院	2160
7	中国医科大学附属盛京医院	3459	32	上海交通大学医学院附属仁济医院	2127
8	武汉大学人民医院	3392	33	华中科技大学同济医学院附属协和医院	2076
9	郑州大学第一附属医院	3332	34	安徽省立医院	2054
10	中国人民解放军东部战区总医院	3211	35	首都医科大学附属北京朝阳医院	2015
11	北京大学人民医院	3097	36	青岛大学附属医院	1960
12	中国中医科学院广安门医院	2901	37	上海中医药大学附属曙光医院	1919
13	江苏省人民医院	2882	37	中日友好医院	1919
14	海军军医大学第一附属医院（上海长海医院）	2833	39	上海交通大学医学院附属新华医院	1890
15	首都医科大学宣武医院	2791	40	哈尔滨医科大学附属第二医院	1877
16	南方医院	2640	41	中国医学科学院阜外心血管病医院	1863
17	上海交通大学医学院附属瑞金医院	2587	42	西安交通大学医学院第一附属医院	1860
18	安徽医科大学第一附属医院	2519	43	广西医科大学第一附属医院	1847
19	重庆医科大学附属第一医院	2517	44	首都医科大学附属北京同仁医院	1840
20	首都医科大学附属北京安贞医院	2503	45	中南大学湘雅二医院	1824
21	复旦大学附属华山医院	2476	46	海军军医大学第二附属医院（上海长征医院）	1821
22	上海市第六人民医院	2455	47	上海交通大学医学院附属第九人民医院	1809
23	空军军医大学第一附属医院（西京医院）	2427	48	广东省中医院	1789
24	新疆医科大学第一附属医院	2425	49	吉林大学白求恩第一医院	1768
25	复旦大学附属中山医院	2385	50	北京医院	1713

附表 39　2019 年 CSTPCD 收录的各类基金资助来源产出论文情况

排名	基金来源	论文篇数	所占比例
1	国家自然科学基金委员会基金项目	121615	37.05%
2	科技部基金项目	43464	13.24%
3	国内大学、研究机构和公益组织资助	13624	4.15%
4	江苏省基金项目	6600	2.01%
5	广东省基金项目	5772	1.76%
6	上海市基金项目	5769	1.76%
7	陕西省基金项目	5499	1.68%
8	国内企业资助	5493	1.67%

排名	基金来源	论文篇数	所占比例
9	北京市基金项目	5452	1.66%
10	河北省基金项目	5414	1.65%
11	浙江省基金项目	5153	1.57%
12	四川省基金项目	5045	1.54%
13	河南省基金项目	4828	1.47%
14	教育部基金项目	4522	1.38%
15	山东省基金项目	4460	1.36%
16	农业农村部基金项目	3793	1.16%
17	湖北省基金项目	3431	1.05%
18	广西壮族自治区基金项目	3153	0.96%
19	国家社会科学基金	3071	0.94%
20	辽宁省基金项目	2880	0.88%
21	安徽省基金项目	2860	0.87%
22	重庆市基金项目	2772	0.84%
23	湖南省基金项目	2689	0.82%
24	福建省基金项目	2465	0.75%
25	贵州省基金项目	2459	0.75%
26	山西省基金项目	2336	0.71%
27	吉林省基金项目	2076	0.63%
28	黑龙江省基金项目	2028	0.62%
29	其他部委基金项目	1990	0.61%
30	天津市基金项目	1943	0.59%
31	军队系统基金	1747	0.53%
32	中国科学院基金项目	1690	0.51%
33	云南省基金项目	1641	0.50%
34	新疆维吾尔自治区基金项目	1588	0.48%
35	海南省基金项目	1578	0.48%
36	江西省基金项目	1530	0.47%
37	国家中医药管理局基金项目	1519	0.46%
38	国土资源部基金项目	1485	0.45%
39	甘肃省基金项目	1383	0.42%
40	内蒙古自治区基金项目	1220	0.37%
41	人力资源和社会保障部基金项目	1032	0.31%
42	青海省基金项目	782	0.24%
43	宁夏回族自治区基金项目	655	0.20%
44	海外公益组织、基金机构、学术机构、研究机构资助	625	0.19%
45	国家林业局基金项目	492	0.15%
46	国家国防科技工业局基金项目	373	0.11%
47	中国气象局基金项目	373	0.11%
48	国家卫生计生委基金项目	327	0.10%

续表

排名	基金来源	论文篇数	所占比例
49	工业和信息化部基金项目	303	0.09%
50	海外个人资助	283	0.09%
51	中国地震局基金项目	279	0.09%
52	中国工程院基金项目	250	0.08%
53	国家海洋局基金项目	235	0.07%
54	西藏自治区基金项目	205	0.06%
55	水利部基金项目	178	0.05%
56	国内个人资助	142	0.04%
57	环境保护部基金项目	120	0.04%
58	交通运输部基金项目	116	0.04%
59	住房和城乡建设部基金项目	107	0.03%
60	中国科学技术协会基金项目	84	0.03%
61	国家发展和改革委员会基金项目	51	0.02%
62	国家测绘局基金项目	25	0.01%
63	海外公司和跨国公司资助	25	0.01%
64	中国社会科学院基金项目	10	0.00%
65	国家食品药品监督管理局基金项目	9	0.00%
66	国家铁路局基金项目	5	0.00%
	其他资助	23099	7.04%
	合计	328222	

附表40 2019年CSTPCD收录的各类基金资助产出论文的机构分布

机构类型	基金论文篇数	所占比例
高校	239382	72.93%
医疗机构	28104	8.56%
研究机构	39714	12.10%
公司企业	11969	3.65%
管理部门及其他	9053	2.76%
合计	328222	100.00%

附表41 2019年CSTPCD收录的各类基金资助产出论文的学科分布

序号	学科	基金论文篇数	所占比例	学科排名
1	数学	3752	1.14%	24
2	力学	1685	0.51%	32
3	信息、系统科学	272	0.08%	38
4	物理学	3780	1.15%	23
5	化学	7096	2.16%	18

序号	学科	基金论文篇数	所占比例	学科排名
6	天文学	360	0.11%	37
7	地学	12940	3.94%	6
8	生物学	9569	2.92%	9
9	预防医学与卫生学	8931	2.72%	10
10	基础医学	8715	2.66%	11
11	药学	7264	2.21%	17
12	临床医学	67897	20.69%	1
13	中医学	17616	5.37%	5
14	军事医学与特种医学	1049	0.32%	34
15	农学	20267	6.17%	3
16	林学	3702	1.13%	25
17	畜牧、兽医	5911	1.80%	19
18	水产学	1884	0.57%	31
19	测绘科学技术	2416	0.74%	30
20	材料科学	4836	1.47%	20
21	工程与技术基础学科	3000	0.91%	27
22	矿山工程技术	4152	1.26%	22
23	能源科学技术	4209	1.28%	21
24	冶金、金属学	7563	2.30%	14
25	机械、仪表	7338	2.24%	16
26	动力与电气	2928	0.89%	28
27	核科学技术	678	0.21%	36
28	电子、通信与自动控制	18404	5.61%	4
29	计算技术	21977	6.70%	2
30	化工	7895	2.41%	13
31	轻工、纺织	1625	0.50%	33
32	食品	7964	2.43%	12
33	土木建筑	10013	3.05%	8
34	水利	2727	0.83%	29
35	交通运输	7531	2.29%	15
36	航空航天	3282	1.00%	26
37	安全科学技术	238	0.07%	39
38	环境科学	12035	3.67%	7
39	管理学	759	0.23%	35
40	其他	13962	4.25%	
	合计	328222	100.00%	

附表 42　2019 年 CSTPCD 收录的各类基金资助产出论文的地区分布

序号	地区	基金论文篇数	所占比例	排名
1	北京	41958	12.78%	1
2	天津	9223	2.81%	14
3	河北	10494	3.20%	12
4	山西	6235	1.90%	21
5	内蒙古	3436	1.05%	27
6	辽宁	12482	3.80%	10
7	吉林	5849	1.78%	23
8	黑龙江	7964	2.43%	17
9	上海	19547	5.96%	4
10	江苏	28726	8.75%	2
11	浙江	12720	3.88%	9
12	安徽	8791	2.68%	15
13	福建	6291	1.92%	20
14	江西	5353	1.63%	26
15	山东	14175	4.32%	8
16	河南	12216	3.72%	11
17	湖北	15806	4.82%	6
18	湖南	9484	2.89%	13
19	广东	18607	5.67%	5
20	广西	6732	2.05%	18
21	海南	2545	0.78%	28
22	重庆	7969	2.43%	16
23	四川	14846	4.52%	7
24	贵州	5604	1.71%	24
25	云南	6175	1.88%	22
26	西藏	321	0.10%	31
27	陕西	19700	6.00%	3
28	甘肃	6430	1.96%	19
29	青海	1353	0.41%	30
30	宁夏	1578	0.48%	29
31	新疆	5518	1.68%	25
32	不详	94	0.03%	32
	合计	328222	100.00%	

附表 43 2019 年 CSTPCD 收录的基金论文数居前 50 位的高等院校

排名	高等院校	基金论文篇数	排名	高等院校	基金论文篇数
1	上海交通大学	3560	26	南京航空航天大学	1338
2	首都医科大学	3539	27	华南理工大学	1318
3	四川大学	2487	28	中国地质大学	1269
4	北京大学	2313	29	西北农林科技大学	1232
5	武汉大学	2310	30	上海中医药大学	1222
6	浙江大学	2185	31	东南大学	1220
7	中南大学	2041	32	中国医科大学	1219
8	吉林大学	1986	33	南京大学	1217
9	西安交通大学	1891	34	新疆医科大学	1205
10	同济大学	1870	35	大连理工大学	1198
11	华中科技大学	1867	36	昆明理工大学	1195
12	复旦大学	1757	37	太原理工大学	1176
13	北京中医药大学	1705	38	华北电力大学	1169
14	郑州大学	1592	39	广州中医药大学	1163
15	天津大学	1566	40	哈尔滨医科大学	1158
16	中山大学	1553	41	江苏大学	1138
17	中国石油大学	1508	42	合肥工业大学	1135
18	贵州大学	1503	43	兰州大学	1123
19	南京医科大学	1490	44	南昌大学	1118
20	安徽医科大学	1453	45	北京工业大学	1107
21	西南交通大学	1453	45	南京中医药大学	1107
22	江南大学	1428	47	山东大学	1098
23	河海大学	1387	48	东北大学	1094
24	清华大学	1375	49	西南大学	1089
25	中国矿业大学	1357	50	重庆大学	1045

附表 44 2019 年 CSTPCD 收录的基金论文数居前 50 位的研究机构

排名	研究机构	基金论文篇数
1	中国林业科学研究院	679
2	中国水产科学研究院	535
3	中国疾病预防控制中心	522
4	中国科学院地理科学与资源研究所	505
5	中国中医科学院	473
6	中国热带农业科学院	433
7	中国工程物理研究院	370
8	山西省农业科学院	364
9	福建省农业科学院	314
10	江苏省农业科学院	298

续表

排名	研究机构	基金论文篇数
11	云南省农业科学院	294
12	中国药品生物制品检定研究所	291
13	中国科学院合肥物质科学研究院	287
14	山东省农业科学院	265
15	广东省农业科学院	263
16	中国水利水电科学研究院	220
17	广西壮族自治区农业科学院	216
18	中国科学院长春光学精密机械与物理研究所	202
19	湖北省农业科学院	197
20	中国环境科学研究院	192
21	中国医学科学院肿瘤研究所	189
22	南京水利科学研究院	186
23	中国科学院生态环境研究中心	183
23	贵州省农业科学院	183
25	上海市农业科学研究院	176
26	中国科学院声学研究所	175
27	河南省农业科学院	170
28	中国科学院金属研究所	167
29	中国科学院地质与地球物理研究所	163
30	浙江省农业科学院	148
30	四川省农业科学院	148
32	甘肃省农业科学院	144
33	中国科学院海洋研究所	141
34	中国农业科学院特产研究所	134
35	新疆农业科学院	133
36	中国科学院大气物理研究所	127
37	长江科学院	123
38	中国科学院沈阳自动化研究所	117
39	中国科学院水利部成都山地灾害与环境研究所	114
40	中国医学科学院药用植物研究所	113
41	中国科学院新疆生态与地理研究所	112
42	北京市农林科学院	111
43	中国科学院南海海洋研究所	109
43	河北省农林科学院	109
45	吉林省农业科学院	107
46	中国科学院大连化学物理研究所	106
47	中国科学院上海光学精密机械研究所	105
47	中国科学院南京地理与湖泊研究所	105
49	中国科学院过程工程研究所	104
49	中国科学院遥感应用研究所	104

附表 45　2019 年 CSTPCD 收录的论文按作者合著关系的学科分布

学科	单一作者		同机构合著		同省合著		省际合著		国际合著		论文总篇数
	论文篇数	比例	论文篇数	比例	论文篇数	比例	论文篇数	比例	论文篇数	比例	
数学	598	14.6%	2258	55.2%	590	14.4%	573	14.0%	72	1.8%	4091
力学	64	3.3%	1169	60.1%	232	11.9%	437	22.5%	44	2.3%	1946
信息、系统科学	28	8.6%	195	59.6%	50	15.3%	50	15.3%	4	1.2%	327
物理学	151	3.6%	2548	61.2%	542	13.0%	756	18.2%	164	3.9%	4161
化学	284	3.4%	5535	65.5%	1301	15.4%	1214	14.4%	122	1.4%	8456
天文学	40	9.8%	174	42.6%	50	12.3%	106	26.0%	38	9.3%	408
地学	594	4.2%	6687	47.3%	1947	13.8%	4554	32.2%	363	2.6%	14145
生物学	216	2.1%	6054	59.4%	1887	18.5%	1759	17.2%	284	2.8%	10200
预防医学与卫生学	887	6.1%	8663	59.5%	3360	23.1%	1528	10.5%	124	0.9%	14562
基础医学	349	3.1%	6719	59.1%	2720	23.9%	1460	12.8%	125	1.1%	11373
药物学	425	3.6%	6942	59.5%	2696	23.1%	1494	12.8%	108	0.9%	11665
临床医学	5924	5.0%	76664	64.9%	25526	21.6%	9448	8.0%	509	0.4%	118071
中医学	967	4.5%	10702	49.5%	7104	32.9%	2683	12.4%	149	0.7%	21605
军事医学与特种医学	64	3.3%	1188	61.1%	381	19.6%	298	15.3%	14	0.7%	1945
农学	523	2.4%	12601	58.3%	4627	21.4%	3642	16.9%	210	1.0%	21603
林学	117	3.0%	2104	53.4%	833	21.1%	840	21.3%	47	1.2%	3941
畜牧、兽医	117	1.8%	3644	57.2%	1450	22.7%	1120	17.6%	43	0.7%	6374
水产学	25	1.3%	1056	54.6%	405	21.0%	432	22.3%	15	0.8%	1933
测绘科学技术	179	6.1%	1544	52.9%	367	12.6%	815	27.9%	14	0.5%	2919
材料科学技术	205	3.5%	3412	58.0%	888	15.1%	1199	20.4%	181	3.1%	5885
工程与技术基础学科	158	4.1%	2417	63.1%	515	13.4%	675	17.6%	68	1.8%	3833
矿山工程技术	1057	17.7%	2824	47.4%	664	11.1%	1381	23.2%	33	0.6%	5959
能源科学技术	426	8.3%	2045	39.9%	693	13.5%	1899	37.1%	59	1.2%	5122
冶金、金属学	701	6.4%	6215	56.8%	1629	14.9%	2249	20.6%	143	1.3%	10937
机械、仪表	587	5.7%	6535	62.9%	1440	13.9%	1741	16.8%	80	0.8%	10383
动力与电气	115	3.1%	2171	59.5%	507	13.9%	804	22.0%	54	1.5%	3651
核科学技术	29	2.3%	841	68.0%	118	9.5%	237	19.2%	12	1.0%	1237
电子、通信与自动控制	1453	5.8%	14032	56.3%	3797	15.2%	5368	21.6%	253	1.0%	24903
计算技术	2223	8.0%	17934	64.5%	3676	13.2%	3639	13.1%	323	1.2%	27795
化工	1027	8.7%	7302	61.7%	1666	14.1%	1736	14.7%	112	0.9%	11843
轻工、纺织	225	9.8%	1312	56.9%	323	14.0%	431	18.7%	16	0.7%	2307
食品	309	3.2%	5958	62.4%	1819	19.1%	1398	14.6%	63	0.7%	9547
土木建筑	1177	8.8%	6973	52.4%	2156	16.2%	2776	20.9%	224	1.7%	13306
水利	175	5.3%	1736	52.6%	472	14.3%	864	26.2%	53	1.6%	3300

续表

学科	单一作者		同机构合著		同省合著		省际合著		国际合著		论文总篇数
	论文篇数	比例	论文篇数	比例	论文篇数	比例	论文篇数	比例	论文篇数	比例	
交通运输	1012	9.2%	5826	53.2%	1465	13.4%	2538	23.2%	118	1.1%	10959
航空航天	171	3.3%	3259	63.6%	588	11.5%	1054	20.6%	51	1.0%	5123
安全科学技术	29	11.7%	119	48.2%	43	17.4%	53	21.5%	3	1.2%	247
环境科学	739	5.2%	7660	54.4%	2656	18.8%	2869	20.4%	169	1.2%	14093
管理学	84	9.7%	468	54.2%	143	16.6%	151	17.5%	17	2.0%	863
交叉学科与其他	1949	11.6%	9197	54.7%	2553	15.2%	2813	16.7%	300	1.8%	16812
总计	25403	5.7%	264683	59.1%	83879	18.7%	69084	15.4%	4781	1.1%	447830

附表 46　2019 年 CSTPCD 收录的论文按作者合著关系的地区分布

地区	单一作者		同机构合著		同省合著		省际合著		国际合著		论文总篇数
	论文篇数	比例	论文篇数	比例	论文篇数	比例	论文篇数	比例	论文篇数	比例	
北京	3545	5.9%	34091	56.6%	10697	17.8%	10883	18.1%	1006	1.7%	60222
天津	674	5.3%	7562	59.7%	1993	15.7%	2308	18.2%	130	1.0%	12667
河北	697	4.7%	8944	60.4%	2982	20.1%	2150	14.5%	44	0.3%	14817
山西	612	7.2%	4868	57.3%	1596	18.8%	1342	15.8%	79	0.9%	8497
内蒙古	284	6.5%	2484	56.5%	879	20.0%	722	16.4%	24	0.5%	4393
辽宁	1001	5.8%	10730	62.4%	2654	15.4%	2635	15.3%	175	1.0%	17195
吉林	267	3.5%	4617	60.8%	1413	18.6%	1218	16.0%	78	1.0%	7593
黑龙江	381	3.8%	6295	62.6%	1685	16.7%	1584	15.7%	117	1.2%	10062
上海	1675	6.1%	17394	62.9%	4611	16.7%	3559	12.9%	420	1.5%	27659
江苏	1800	4.7%	23350	60.7%	7334	19.1%	5539	14.4%	443	1.2%	38466
浙江	889	5.1%	10148	58.2%	3736	21.4%	2453	14.1%	220	1.3%	17446
安徽	563	4.7%	7544	62.6%	2084	17.3%	1762	14.6%	97	0.8%	12050
福建	573	7.3%	4616	58.9%	1459	18.6%	1077	13.7%	112	1.4%	7837
江西	267	4.2%	3835	60.6%	1026	16.2%	1158	18.3%	38	0.6%	6324
山东	1128	5.6%	10876	53.8%	4598	22.8%	3418	16.9%	177	0.9%	20197
河南	1405	8.0%	10124	57.8%	3091	17.6%	2799	16.0%	99	0.6%	17518
湖北	1116	4.8%	14130	61.3%	4063	17.6%	3488	15.1%	258	1.1%	23055
湖南	452	3.8%	7043	58.7%	2364	19.7%	1992	16.6%	146	1.2%	11997
广东	1376	5.3%	14839	57.6%	5689	22.1%	3534	13.7%	313	1.2%	25751
广西	379	4.8%	4804	60.5%	1729	21.8%	983	12.4%	41	0.5%	7936
海南	150	4.3%	2125	61.3%	584	16.9%	584	16.9%	22	0.6%	3465
重庆	734	6.9%	6679	62.5%	1654	15.5%	1528	14.3%	88	0.8%	10683
四川	1236	5.7%	12952	60.2%	4127	19.2%	3015	14.0%	177	0.8%	21507
贵州	205	3.1%	3705	56.5%	1448	22.1%	1151	17.6%	44	0.7%	6553
云南	281	3.6%	4706	60.4%	1649	21.2%	1076	13.8%	77	1.0%	7789

地区	单一作者		同机构合著		同省合著		省际合著		国际合著		论文总篇数
	论文篇数	比例	论文篇数	比例	论文篇数	比例	论文篇数	比例	论文篇数	比例	
西藏	18	4.5%	197	49.5%	17	4.3%	165	41.5%	1	0.3%	398
陕西	2607	9.7%	15080	56.3%	5056	18.9%	3810	14.2%	214	0.8%	26767
甘肃	269	3.4%	4708	59.7%	1566	19.9%	1276	16.2%	69	0.9%	7888
青海	296	13.6%	1229	56.6%	292	13.4%	352	16.2%	4	0.2%	2173
宁夏	79	4.1%	1088	57.1%	400	21.0%	326	17.1%	13	0.7%	1906
新疆	216	3.2%	3838	57.7%	1366	20.5%	1181	17.8%	50	0.8%	6651
其他	228	62.0%	82	22.3%	37	10.1%	16	4.3%	5	1.4%	368
总计	25403	5.7%	264683	59.1%	83879	18.7%	69084	15.4%	4781	1.1%	447830

附表47　2019年CSTPCD统计被引次数较多的基金资助项目情况

排名	基金资助项目	被引次数	所占比例
1	国家自然科学基金项目	267941	36.90%
2	科学技术部基金项目	105434	14.52%
3	其他资助	32991	4.54%
4	国内大学、研究机构和公益组织资助	31446	4.33%
5	其他部委基金项目	23129	3.19%
6	江苏省基金项目	15584	2.15%
7	广东省基金项目	15536	2.14%
8	教育部基金项目	15320	2.11%
9	国家社会科学基金	12851	1.77%
10	上海市基金项目	12516	1.72%
11	浙江省基金项目	10469	1.44%
12	北京市基金项目	9777	1.35%
13	河北省基金项目	9389	1.29%
14	河南省基金项目	8334	1.15%
15	陕西省基金项目	8334	1.15%
16	四川省基金项目	8182	1.13%
17	山东省基金项目	8023	1.10%
18	农业部基金项目	7142	0.98%
19	湖南省基金项目	6000	0.83%
20	湖北省基金项目	5981	0.82%
21	辽宁省基金项目	5721	0.79%
22	广西壮族自治区基金项目	5568	0.77%
23	国内企业资助	9131	1.26%
24	福建省基金项目	5127	0.71%
25	黑龙江基金项目	4656	0.64%
26	贵州省基金项目	4463	0.61%

续表

排名	基金资助项目	被引次数	所占比例
27	安徽省基金项目	4358	0.60%
28	重庆市基金项目	4282	0.59%
29	吉林省基金项目	3806	0.52%
30	军队系统基金	3713	0.51%
31	山西省基金项目	3675	0.51%
32	中国科学院基金项目	3356	0.46%
33	天津市基金项目	3336	0.46%
34	国家中医药管理局基金项目	3259	0.45%
35	云南省基金项目	3242	0.45%
36	江西省基金项目	3206	0.44%
37	新疆维吾尔自治区基金项目	3176	0.44%
38	甘肃省基金项目	2915	0.40%
39	国土资源部基金项目	2509	0.35%
40	海南省基金项目	1852	0.26%
41	内蒙古自治区基金项目	1846	0.25%
42	人力资源和社会保障部基金项目	1529	0.21%
43	国家卫生计生委基金项目	1492	0.21%
44	国家林业局基金项目	1491	0.21%
45	地质行业科学技术发展基金	1080	0.15%
46	国家国防科技工业局基金项目	1030	0.14%
47	宁夏回族自治区基金项目	975	0.13%
48	国家海洋局基金项目	848	0.12%
49	中国气象局基金项目	822	0.11%
50	水利部基金项目	795	0.11%

附表 48　2019 年 CSTPCD 统计被引的各类基金资助论文次数按学科分布情况

学科	被引次数	所占比例	排名
数学	4345	0.60%	32
力学	3738	0.51%	33
信息、系统科学	1002	0.14%	36
物理学	5283	0.73%	28
化学	12211	1.68%	19
天文学	636	0.09%	38
地学	39459	5.43%	5
生物学	28022	3.86%	8
预防医学与卫生学	17106	2.36%	12
基础医学	18702	2.58%	10
药学	13666	1.88%	17

学科	被引次数	所占比例	排名
临床医学	112382	15.48%	1
中医学	39477	5.44%	4
军事医学与特种医学	2141	0.29%	35
农学	58637	8.07%	2
林学	10210	1.41%	21
畜牧、兽医	11655	1.61%	20
水产学	5115	0.70%	29
测绘科学技术	5331	0.73%	27
材料科学	7197	0.99%	23
工程与技术基础学科	4871	0.67%	30
矿山工程技术	9529	1.31%	22
能源科学技术	12688	1.75%	18
冶金、金属学	14745	2.03%	14
机械、仪表	14295	1.97%	15
动力与电气	6920	0.95%	25
核科学技术	768	0.11%	37
电子、通信与自动控制	38277	5.27%	6
计算技术	45510	6.27%	3
化工	14064	1.94%	16
轻工、纺织	4646	0.64%	31
食品	17463	2.40%	11
土木建筑	21148	2.91%	9
水利	5775	0.80%	26
交通运输	15186	2.09%	13
航空航天	7056	0.97%	24
安全科学技术	587	0.08%	39
环境科学	32919	4.53%	7
管理学	2931	0.40%	34
其他	60465	8.33%	
合计	726158		

附表 49　2019 年 CSTPCD 统计被引的各类基金资助论文次数按地区分布情况

地区	被引次数	所占比例	排名
北京	113178	15.59%	1
天津	19630	2.70%	13
河北	19037	2.62%	14
山西	10530	1.45%	25
内蒙古	5899	0.81%	27
辽宁	27326	3.76%	10

续表

地区	被引次数	所占比例	排名
吉林	13421	1.85%	20
黑龙江	18851	2.60%	15
上海	42709	5.88%	3
江苏	67772	9.33%	2
浙江	29316	4.04%	9
安徽	17268	2.38%	17
福建	13962	1.92%	19
江西	10949	1.51%	24
山东	30866	4.25%	7
河南	23752	3.27%	12
湖北	35014	4.82%	6
湖南	24438	3.37%	11
广东	41976	5.78%	4
广西	12172	1.68%	22
海南	4018	0.55%	28
重庆	18575	2.56%	16
四川	30136	4.15%	8
贵州	9375	1.29%	26
云南	11702	1.61%	23
西藏	443	0.14%	31
陕西	41090	5.66%	5
甘肃	14703	2.02%	18
青海	1899	0.26%	30
宁夏	2915	0.40%	29
新疆	12194	1.68%	21
其他	1042	0.06%	
总计	726158	100.00%	

附表 50　2019 年 CSTPCD 收录科技论文数居前 30 位的企业

排名	单位	论文篇数
1	国家电网公司	2938
2	中国石油天然气集团公司	1470
3	中国石油化工集团公司	922
4	中国海洋石油总公司	753
5	中国核工业集团公司	649
6	中国电子科技集团公司	588
7	中国兵器工业集团公司	474
8	中国煤炭科工集团	468
9	中国航天科技集团公司	400

排名	单位	论文篇数
10	中国电力科学研究院有限公司	302
11	中国航空工业集团公司	265
12	中国交通建设集团有限公司	256
13	中国铁建股份有限公司	204
14	中国钢研科技集团有限公司	161
15	西安热工研究院有限公司	151
16	矿冶科技集团有限公司	146
17	中国船舶重工集团公司	140
17	中国中铁股份有限公司	140
19	中国建筑科学研究院有限公司	122
20	中国铁道科学研究院集团有限公司	111
21	中国南方电网有限责任公司	110
22	机械科学研究总院集团有限公司	96
23	中国机械工业集团有限公司	87
24	有研科技集团有限公司	62
24	中国医药集团总公司	62
26	中国冶金科工集团有限公司	51
27	武汉邮电科学研究院有限公司	50
28	中国兵器装备集团公司	48
28	中国建筑材料集团有限公司	48
30	北京市建筑设计研究院有限公司	46

附表 51 2019 年 SCI 收录中国数学领域科技论文数居前 20 位的机构排名

排名	单位	论文篇数
1	中山大学	141
2	山东大学	137
3	中南大学	129
4	哈尔滨工业大学	128
5	北京大学	125
6	西北工业大学	124
7	中国科学技术大学	118
8	曲阜师范大学	113
9	北京师范大学	107
9	兰州大学	107
11	西安交通大学	106
12	山东科技大学	104
13	南京师范大学	101
13	天津大学	101
15	大连理工大学	100

续表

排名	单位	论文篇数
15	复旦大学	100
15	清华大学	100
15	上海大学	100
19	中国科学院数学与系统科学研究院	99
20	华东师范大学	98

附表 52　2019 年 SCI 收录中国物理学领域科技论文数居前 20 位的机构排名

排名	单位	论文篇数
1	中国科学技术大学	709
2	西安交通大学	691
3	清华大学	682
4	华中科技大学	673
5	浙江大学	650
6	哈尔滨工业大学	627
7	天津大学	527
8	上海交通大学	516
9	北京大学	505
10	吉林大学	492
11	南京大学	473
12	电子科技大学	413
12	四川大学	413
14	北京理工大学	392
15	复旦大学	384
16	北京航空航天大学	370
17	中国工程物理研究院	356
18	大连理工大学	347
19	东南大学	346
20	山东大学	341

附表 53　2019 年 SCI 收录中国化学领域科技论文数居前 20 位的机构排名

排名	单位	论文篇数
1	吉林大学	1150
2	浙江大学	1038
3	四川大学	990
4	清华大学	901
5	天津大学	848
6	苏州大学	809

排名	单位	论文篇数
7	华南理工大学	790
8	中南大学	782
9	哈尔滨工业大学	771
10	中国科学技术大学	744
11	华中科技大学	722
12	南开大学	689
13	华东理工大学	678
14	上海交通大学	669
15	南京大学	657
16	北京化工大学	639
17	北京大学	637
18	山东大学	627
19	复旦大学	621
20	中山大学	613

附表 54　2019 年 SCI 收录中国天文学领域科技论文数居前 20 位的机构排名

排名	单位	论文篇数
1	中国科学院国家天文台	189
2	北京大学	128
3	南京大学	114
4	中国科学院高能物理研究所	109
5	中国科学院云南天文台	100
6	中国科学技术大学	99
7	中国科学院紫金山天文台	80
8	北京师范大学	73
9	中国科学院上海天文台	55
10	山东大学	51
11	中山大学	48
12	上海交通大学	44
13	北京航空航天大学	43
14	清华大学	40
14	中国科学院空间科学与应用研究中心	40
16	武汉大学	36
17	中国科学院理论物理研究所	34
18	复旦大学	25
18	兰州大学	25
20	南京师范大学	23

附表 55　2019 年 SCI 收录中国地学领域科技论文数居前 20 位的机构排名

排名	单位	论文篇数
1	中国地质大学	1087
2	武汉大学	632
3	中国石油大学	477
4	南京信息工程大学	460
5	中国海洋大学	384
6	中国科学院地质与地球物理研究所	344
7	中国矿业大学	324
8	南京大学	312
9	中国科学院大气物理研究所	290
10	同济大学	286
11	吉林大学	284
12	河海大学	279
13	中山大学	278
14	北京师范大学	272
15	北京大学	248
16	浙江大学	245
17	中国科学院地理科学与资源研究所	237
18	中国科学院遥感与数字地球研究所	220
19	中南大学	207
20	成都理工大学	174

附表 56　2019 年 SCI 收录中国生物学领域科技论文数居前 20 位的机构排名

排名	单位	论文篇数
1	浙江大学	1071
2	上海交通大学	917
3	中山大学	814
4	南京农业大学	768
5	吉林大学	752
6	西北农林科技大学	739
7	复旦大学	712
8	四川大学	668
9	山东大学	663
10	中国农业大学	649
11	中南大学	609
12	北京大学	605
13	华中农业大学	603
14	华中科技大学	541
15	武汉大学	534
16	南京医科大学	446
17	西南大学	429
18	华南农业大学	409
19	福建农林大学	407
20	四川农业大学	382

附表 57 2019 年 SCI 收录中国医学领域科技论文数居前 20 位的机构排名

排名	单位	论文篇数
1	上海交通大学	2776
2	复旦大学	2462
3	首都医科大学	2381
4	中山大学	2355
5	四川大学	2339
6	浙江大学	2277
7	北京大学	2024
8	中南大学	1716
9	华中科技大学	1635
10	吉林大学	1592
11	南京医科大学	1429
11	山东大学	1429
13	中国医科大学	1266
14	南方医科大学	1163
15	武汉大学	1068
16	苏州大学	1027
17	温州医学院	1004
18	西安交通大学	974
19	天津医科大学	961
20	重庆医科大学	903

附表 58 2019 年 SCI 收录中国农学领域科技论文数居前 20 位的机构排名

排名	单位	论文篇数
1	西北农林科技大学	504
2	中国农业大学	491
3	南京农业大学	401
4	华中农业大学	291
5	四川农业大学	279
6	华南农业大学	259
7	北京林业大学	253
8	浙江大学	202
9	东北林业大学	173
10	中国水产科学研究院	166
11	中国林业科学研究院	162
12	山东农业大学	160
13	东北农业大学	152
13	福建农林大学	152
15	南京林业大学	150
15	扬州大学	150
17	西南大学	135
18	沈阳农业大学	120
18	中国海洋大学	120
20	湖南农业大学	99

附表 59　2019 年 SCI 收录中国材料科学领域科技论文数居前 20 位的机构排名

排名	单位	论文篇数
1	哈尔滨工业大学	787
2	北京科技大学	786
3	中南大学	714
4	西北工业大学	665
5	东北大学	614
6	上海交通大学	600
7	西安交通大学	563
8	清华大学	553
9	华南理工大学	551
10	四川大学	529
11	天津大学	482
12	吉林大学	468
13	华中科技大学	454
14	北京航空航天大学	436
15	武汉理工大学	431
16	重庆大学	425
17	浙江大学	424
18	南京航空航天大学	394
19	大连理工大学	388
20	山东大学	349

附表 60　2019 年 SCI 收录中国环境科学领域科技论文数居前 20 位的机构排名

排名	单位	论文篇数
1	清华大学	389
2	浙江大学	383
3	北京师范大学	347
4	中国科学院生态环境研究中心	337
5	北京大学	297
6	南京大学	295
7	同济大学	276
8	中国地质大学	253
9	中国科学院地理科学与资源研究所	239
10	中国农业大学	226
11	中国矿业大学	219
12	中山大学	217
13	武汉大学	210
14	华北电力大学	202
15	河海大学	201
16	哈尔滨工业大学	199
17	上海交通大学	198
17	西北农林科技大学	198
19	中南大学	178
20	山东大学	164

附表 61　2019 年 SCI 收录科技期刊数量较多的出版机构排名

排名	出版机构	收录期刊数
1	SPRINGER NATURE	47
2	SCIENCE PRESS	31
3	ELSEVIER	20
4	HIGHER EDUCATION PRESS	10
5	KEAI PUBLISHING LTD	8
6	WILEY	6
6	ZHEJIANG UNIV	6
8	BMC	5
9	IOP PUBLISHING LTD	5
10	OXFORD UNIV PRESS	5

附表 62　2019 年 SCI 收录中国科技论文数居前 50 位的城市

排名	城市	论文篇数	排名	城市	论文篇数
1	北京	66310	26	太原	4221
2	上海	35349	27	厦门	3783
3	南京	28412	28	徐州	3379
4	广州	22891	29	镇江	3200
5	武汉	22309	30	无锡	2564
6	西安	21325	31	宁波	2472
7	成都	17613	32	咸阳	2448
8	杭州	15866	33	南宁	2335
9	长沙	13806	34	石家庄	2059
10	天津	13127	35	贵阳	2028
11	哈尔滨	10617	36	温州	1942
12	重庆	10070	37	乌鲁木齐	1594
13	长春	9972	38	常州	1515
14	青岛	9726	39	扬州	1513
15	合肥	9400	40	烟台	1405
16	沈阳	8327	41	保定	1387
17	济南	8290	42	绵阳	1310
18	大连	6383	43	桂林	1309
19	深圳	6280	44	秦皇岛	1300
20	郑州	6264	45	新乡	1246
21	兰州	5651	46	呼和浩特	1178
22	福州	4911	47	湘潭	1173
23	南昌	4614	48	海口	1148
24	苏州	4290	49	济宁	1042
25	昆明	4287	50	洛阳	1008

附表 63　2019 年 Ei 收录中国科技论文数居前 50 位的城市

排名	城市	论文篇数	排名	城市	论文篇数
1	北京	46222	26	深圳	2409
2	上海	20198	27	大连	1999
3	南京	18897	28	昆明	1910
4	西安	16782	29	苏州	1813
5	武汉	14494	30	厦门	1810
6	成都	10494	31	无锡	1585
7	广州	10047	32	宁波	1407
8	杭州	9533	33	绵阳	1347
9	长沙	8893	34	秦皇岛	1154
10	哈尔滨	8567	35	湘潭	978
11	天津	8020	36	张家口	960
12	合肥	6206	37	咸阳	960
13	重庆	6113	38	贵阳	950
14	长春	5978	39	南宁	915
15	沈阳	5239	40	桂林	891
16	济南	4479	41	石家庄	886
17	青岛	4262	42	乌鲁木齐	773
18	郑州	3386	43	常州	742
19	兰州	3278	44	呼和浩特	717
20	盘锦	3144	45	扬州	625
21	太原	3062	46	洛阳	611
22	徐州	2824	47	保定	599
23	南昌	2641	48	泉州	564
24	镇江	2479	49	烟台	559
25	福州	2410	50	淄博	491

附表 64　2019 年 CPCI-S 收录中国科技论文数居前 50 位的城市

排名	城市	论文篇数	排名	城市	论文篇数
1	北京	12009	12	哈尔滨	1259
2	上海	4767	13	长沙	1072
3	西安	3620	14	重庆	979
4	南京	3045	15	济南	911
5	武汉	2465	16	大连	718
6	成都	2344	17	沈阳	579
7	广州	2293	18	青岛	568
8	杭州	1844	19	长春	549
9	天津	1598	20	郑州	538
10	深圳	1324	21	苏州	497
11	合肥	1265	22	昆明	342